全彩图解变频空调器维修极速入门

李志锋　主编

机械工业出版社

本书作者有超过10年的空调器维修经验，并且一直工作在维修第一线，书中很多内容都是作者长期维修经验的总结，非常有价值。本书采用电路原理图和实物照片相结合，并在图片上增加标注的方法来介绍变频空调器维修所必须掌握的基本知识和检修方法，重点介绍变频空调器基础维修知识，主要内容包括变频空调器基础知识，变频空调器专用元器件，变频空调器电控系统基础，更换变频空调器室内机主板和室外机电控盒，变频空调器漏水、噪声和通风系统故障，变频空调器制冷系统和开关管故障，变频空调器常见故障。另外，本书附赠有视频维修资料（通过“机械工业出版社E视界”微信公众号下载），内含变频空调器维修实际操作视频文件，能带给读者更直观的感受，便于读者学习理解。

本书适合初学、自学空调器维修人员阅读，也适合空调器维修售后服务人员、技能提高人员阅读，还可以作为职业院校、培训学校空调器相关专业学生的参考书。

图书在版编目（CIP）数据

全彩图解变频空调器维修极速入门 / 李志锋主编 . —北京：机械工业出版社，2019.4（2024.8重印）
（变频空调器维修三部曲）
ISBN 978-7-111-62279-6

Ⅰ . ①全…　Ⅱ . ①李…　Ⅲ . ①变频空调器 – 维修 – 图解
Ⅳ . ① TM925.120.7-64

中国版本图书馆 CIP 数据核字（2019）第 049151 号

机械工业出版社（北京市百万庄大街 22 号　邮政编码 100037）
策划编辑：刘星宁　　　　　　责任编辑：朱　林
责任校对：潘　蕊　刘志文　封面设计：马精明
责任印制：单爱军
北京虎彩文化传播有限公司印刷
2024年 8 月第 1 版第 9 次印刷
184mm × 260mm · 13.5 印张 · 334 千字
标准书号：ISBN 978-7-111-62279-6
定价：58.00 元

Preface

前言

最近几年，变频空调器由于具有明显的节能性和舒适性已经成为了市场的主流产品，很多产品也已经进入了维修期，随之而来的是维修服务需求的大量增加。并且变频空调器每年都会有大量的新机型、新技术不断涌现，更新迭代速度也在不断加快。新从业的维修人员有希望在短期掌握变频空调器维修基本技能的需求，原有的维修人员也有提高维修技术、掌握新方法和新技术的需求。本套丛书正是为了满足这些需求而编写的。

本套丛书共分为三本，分别为《全彩图解变频空调器维修极速入门》《全彩图解变频空调器电控系统维修》和《全彩图解变频空调器维修实例精解》。

本套丛书从入门（基础）—电控（提高）—实例（精通）三个学习层次，逐步深入，覆盖变频空调器维修所涉及的各种专项知识和技能，满足一线维修人员的需求，构建完整的知识体系。本套丛书的作者有超过 10 年的空调器维修经验，并在多个大型品牌售后服务部门工作过，书中内容源于自己长期实践经验的总结，很多内容在其他同类书中很难找到，非常有价值。另外，本套丛书免费提供维修视频供读者学习使用，视频内容涉及变频空调器维修实际操作技能，能够帮助读者快速掌握相关技能。读者可通过“机械工业出版社 E 视界”微信公众号下载。

《全彩图解变频空调器维修极速入门》是本套丛书中的一种，重点介绍变频空调器基础维修知识，主要内容包括变频空调器基础知识，变频空调器专用元器件，变频空调器电控系统基础，更换变频空调器室内机主板和室外机电控盒，变频空调器漏水、噪声和通风系统故障，变频空调器制冷系统和开关管故障，变频空调器常见故障。

提醒读者注意的是，为了与电路板上实际元器件文字符号保持一致，书中部分元器件文字符号未按国家标准修改。本书测量电子元器件时，如未特别说明，均使用数字万用表进行测量。

本书由李志锋主编，参与本书编写并为本书编写提供帮助的人员有周涛、李嘉妍、李明相、班艳、刘提、刘均、金闯、金华勇、金坡、李文超、金科技、高立平、辛朝会、王松、陈文成、王志奎等。值此成书之际，对他们的辛勤工作表示衷心的感谢。

由于作者能力水平所限加之编写时间仓促，书中错漏之处难免，希望广大读者提出宝贵意见。

作 者

目　录 CONTENTS

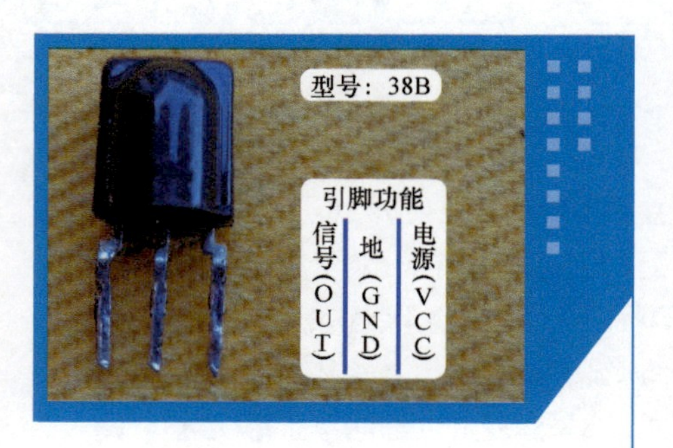

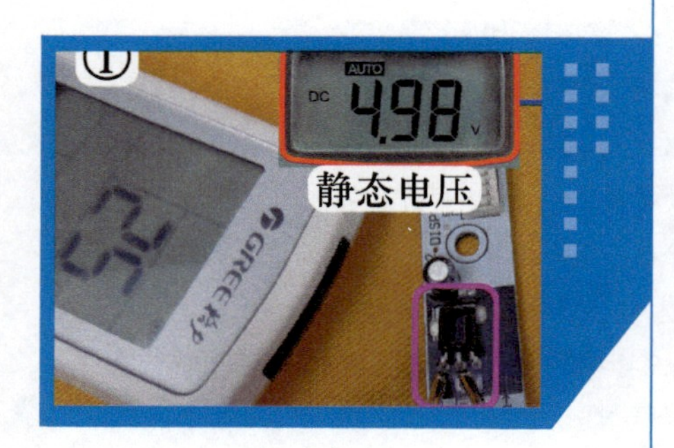

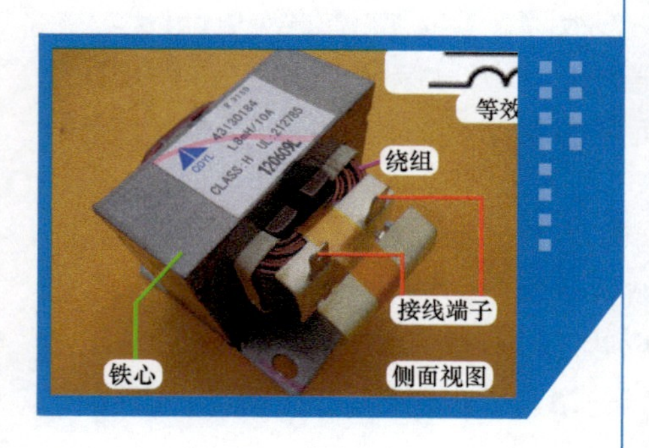

第一章 Chapter 1

变频空调器基础知识

第一节　变频空调器和定频空调器硬件的区别

本节选用格力定频和变频空调器的两款机型，比较两类空调器硬件之间的相同点和不同点，使读者对变频空调器有初步的了解。

定频空调器选用典型机型 KFR-23GW/（23570）Aa-3，变频空调器选用的 KFR-32GW/（32556）FNDe-3 是一款普通的直流变频空调器。

一、室内机

1. 外观

室内机外观见图 1-1，两类空调器的进风格栅、进风口、出风口、上下导风板、显示板组件的设计形状或作用基本相同，部分部件甚至可以通用。

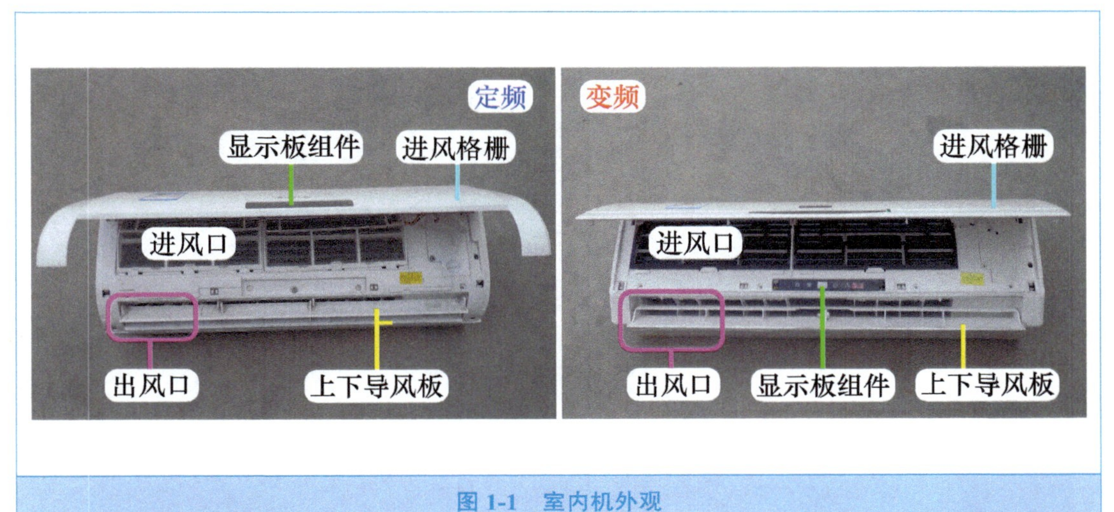

图 1-1　室内机外观

2. 主要部件设计位置

室内机主要部件设计位置见图 1-2，两类空调器的主要部件设计位置基本相同，包括蒸发器、电控盒、接水盘、步进电机、上下导风板、室内风扇（贯流风扇）和室内风机等。

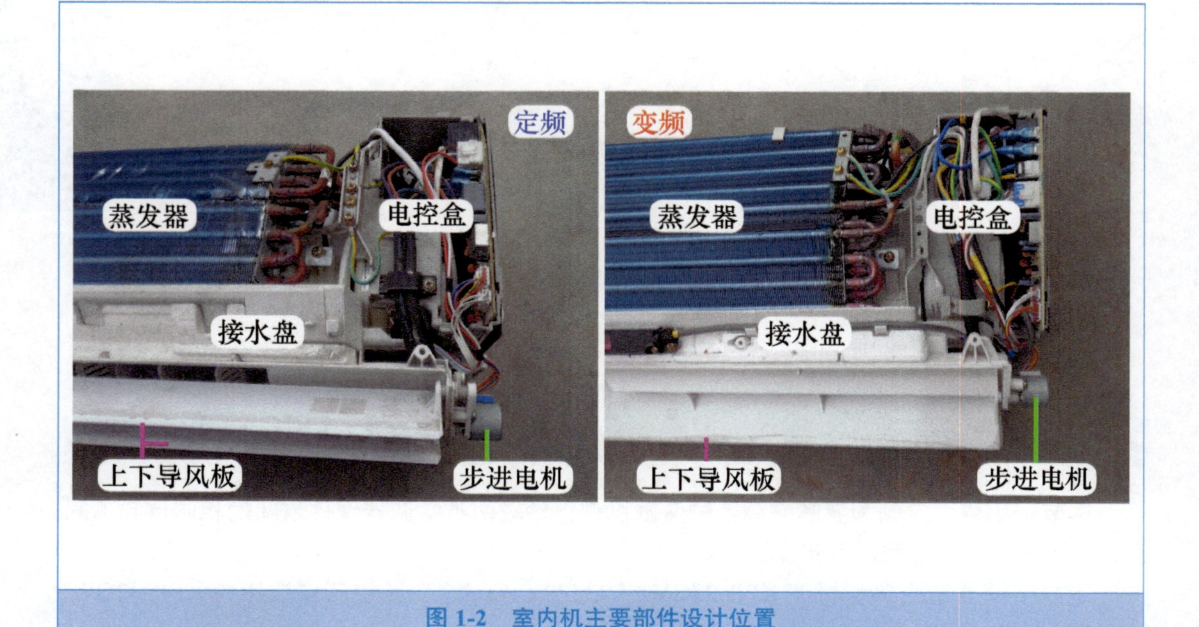

图 1-2　室内机主要部件设计位置

3. 制冷系统部件

室内机制冷系统部件见图 1-3，两类空调器中的设计相同，只有蒸发器。

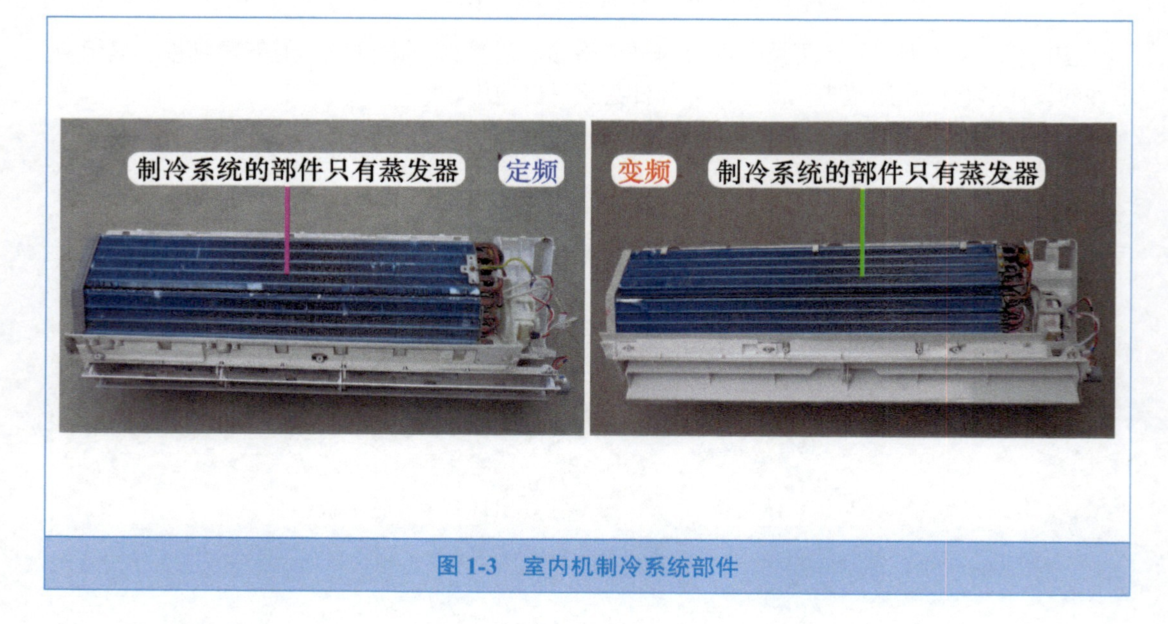

图 1-3　室内机制冷系统部件

4. 通风系统

室内机通风系统见图 1-4，两类空调器通风系统使用相同形式的室内风扇（贯流风扇），均由带有霍尔反馈功能的室内风机（PG 电机）驱动，贯流风扇和室内风机在两类空调器中可以相互通用。

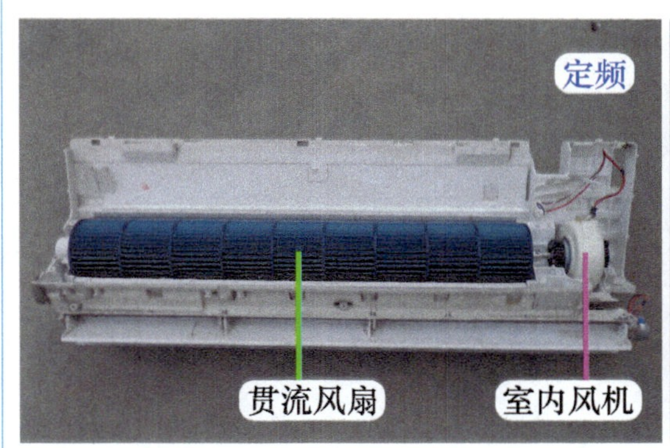

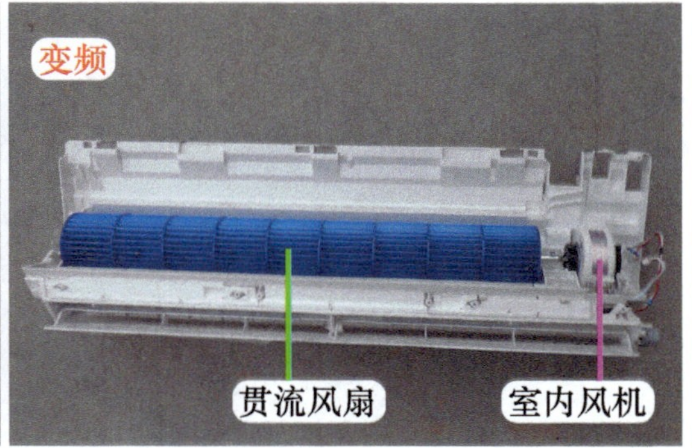

图 1-4 室内机通风系统

5. 辅助系统

接水盘和导风板在两类空调器中的设计位置和作用相同。

6. 电控系统

两类空调器的室内机主板，在控制原理方面最大的区别在于，定频空调器的室内机主板是整个电控系统的控制中心，对空调器整机进行控制，室外机不再设置电路板；变频空调器的室内机主板只是电控系统的一部分，工作时处理输入的信号，处理后将信号传送至室外机主板，才能对空调器整机进行控制，也就是说室内机主板和室外机主板一起才能构成一套完整的电控系统。

（1）室内机主板

由于两类空调器的室内机主板单元电路相似，在硬件方面有许多相同的地方。见图 1-5，其中不同之处在于定频空调器室内机主板使用 3 个继电器为室外机压缩机、室外风机和四通阀线圈供电；变频空调器的室内机主板只使用 1 个主控继电器为室外机供电，并增加通信电路与室外机主板传递信息。

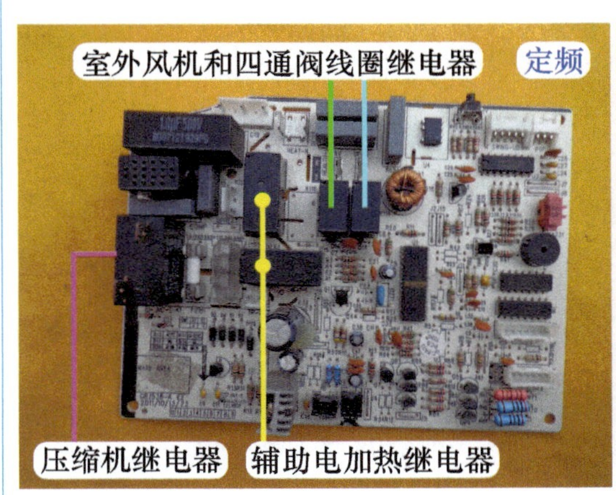

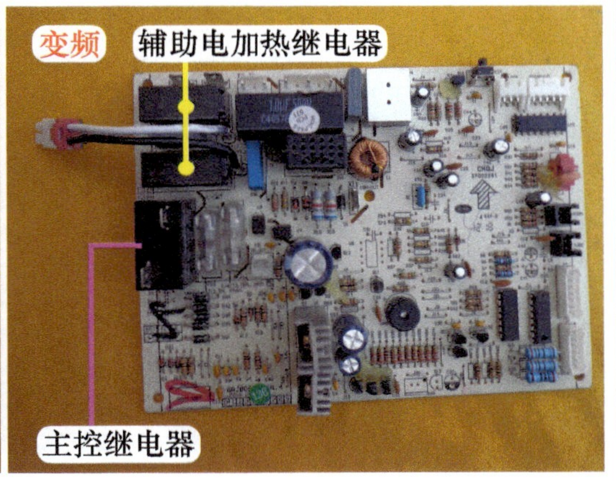

图 1-5 室内机主板

（2）接线端子

从两类空调器接线端子上也能看出控制原理的区别，见图 1-6，定频空调器的室内外机连接线端子上共有 5 根引线，分别是零线、压缩机引线、四通阀线圈引线、室外风机引线和地线；而变频空调器则只有 4 根引线，分别是零线、通信线、相线和地线。

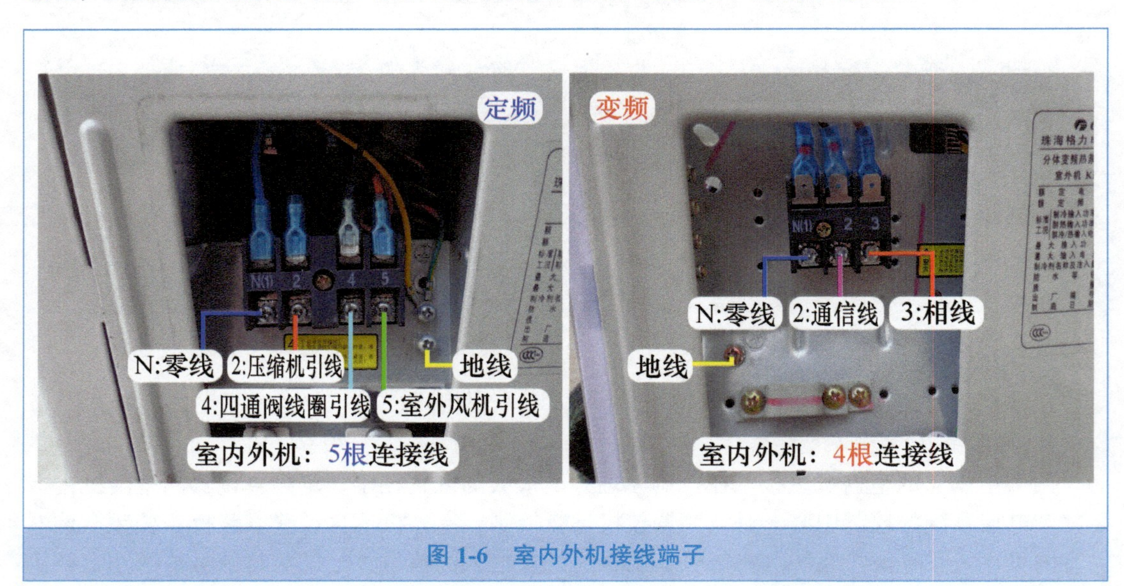

图 1-6　室内外机接线端子

二、室外机

1. 外观

室外机外观见图 1-7，从外观上看，两类空调器的进风口、出风口、管道接口、接线端子等部件的位置和形状基本相同，没有明显的区别。

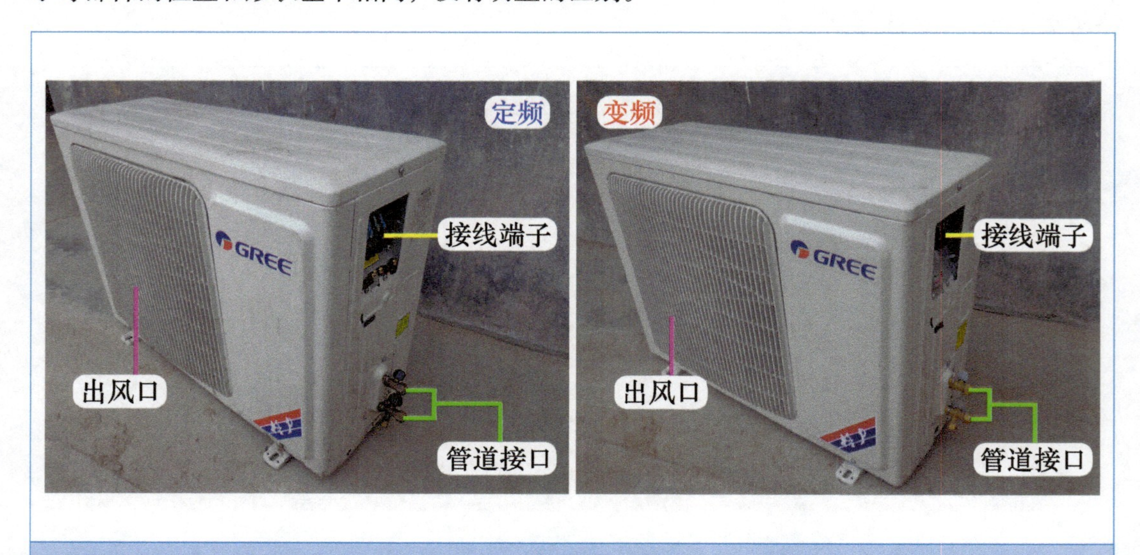

图 1-7　室外机外观

2. 主要部件设计位置

室外机主要部件设计位置见图 1-8，室外机的主要部件如冷凝器、室外风扇（轴流风扇）、室外风机（轴流电机）、压缩机、毛细管、四通阀和电控盒的设计位置也基本相同。

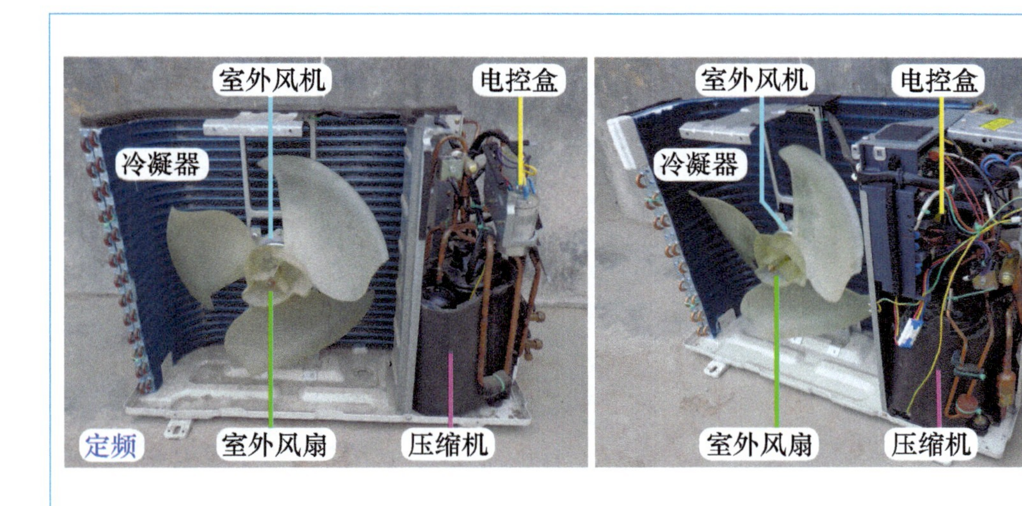

图 1-8 室外机主要部件设计位置

3. 制冷系统

在制冷系统方面，两类空调器中的冷凝器、毛细管、四通阀、单向阀和辅助毛细管等部件的设计位置和工作原理基本相同，有些部件可以通用，见图 1-9。

两类空调器最大的区别在于压缩机，其设计位置和作用相同，但工作原理（或称为方式）不同，定频空调器供电为输入的市电交流 220V，由室内机主板提供，转速、制冷量、耗电量均为额定值，而变频空调器压缩机的供电由室外机主板上的模块提供，运行时转速、制冷量、耗电量均可连续变化。

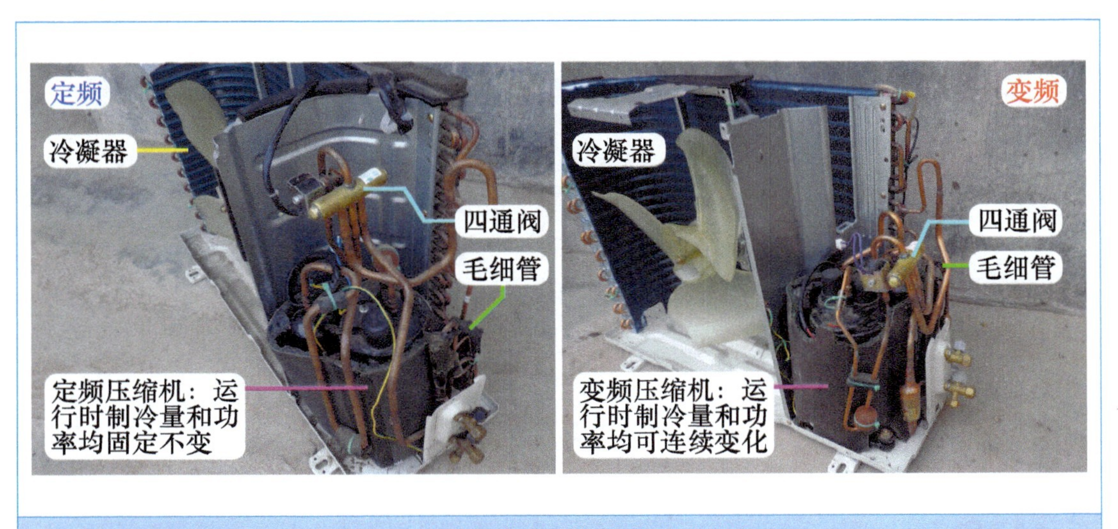

图 1-9 室外机制冷系统主要部件安装位置

4. 节流方式

节流方式见图 1-10，定频空调器通常使用毛细管作为节流方式，交流变频空调器和直流变频空调器也通常使用毛细管作为节流方式，只有部分全直流变频空调器或高档空调器使用电子膨胀阀作为节流方式。

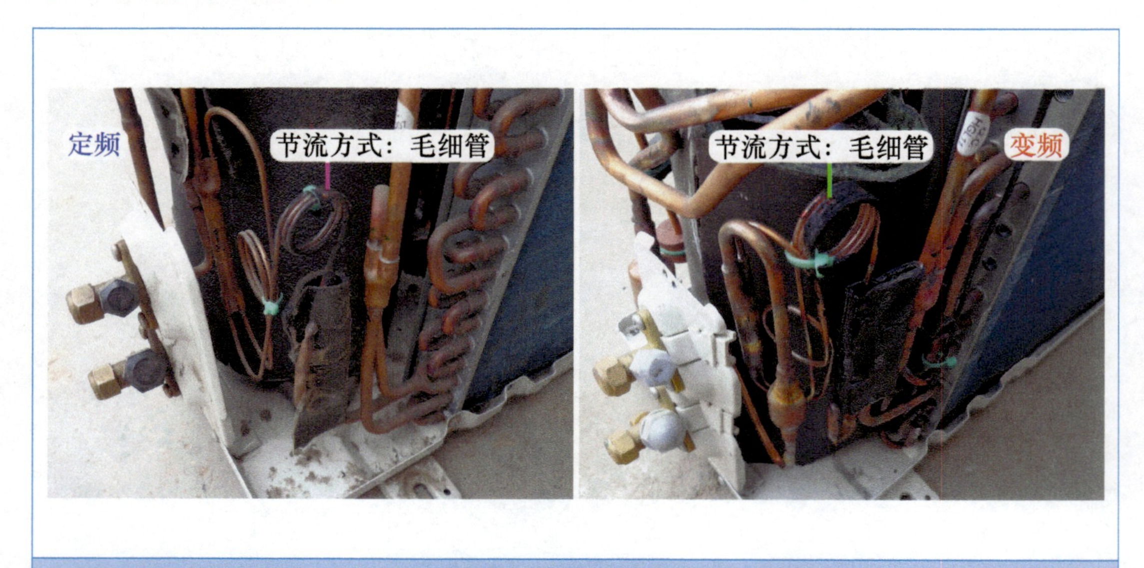

图 1-10 节流方式

5. 通风系统

室外机通风系统见图 1-11，两类空调器的室外机通风系统部件为室外风机和室外风扇，工作原理和外观基本相同，室外风机均使用交流 220V 供电；不同之处是定频空调器由室内机主板供电，变频空调器由室外机主板供电。

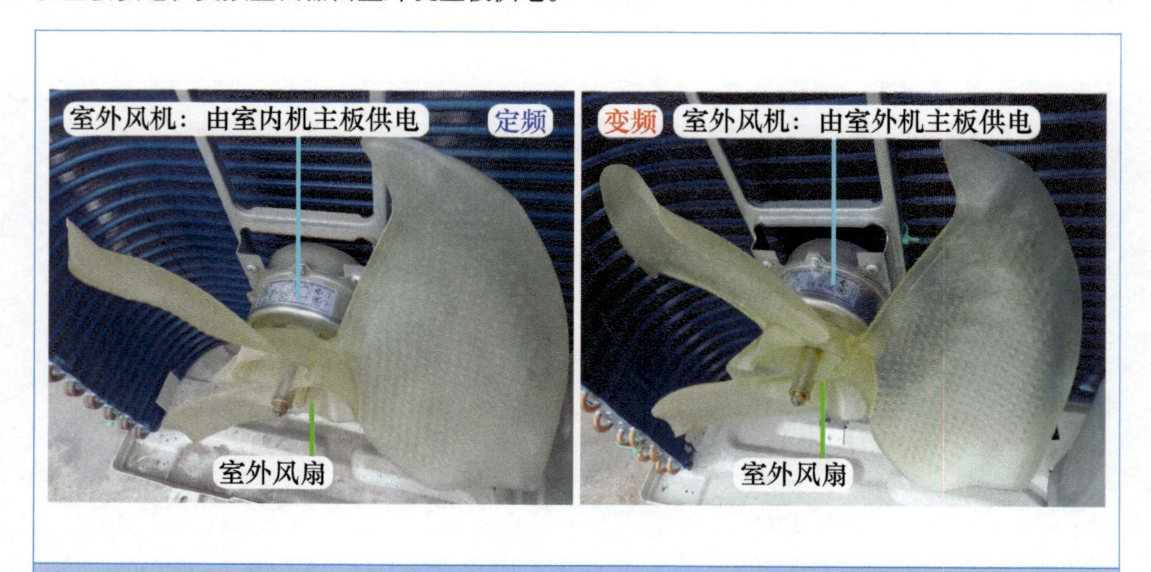

图 1-11 室外机通风系统

6. 制冷 / 制热模式转换

两类空调器的制冷 / 制热模式转换部件均为四通阀，见图 1-12，工作原理和设计位置相同，四通阀在两类空调器中也可以通用，四通阀线圈供电均为交流 220V；不同之处是定频空调器由室内机主板供电，变频空调器由室外机主板供电。

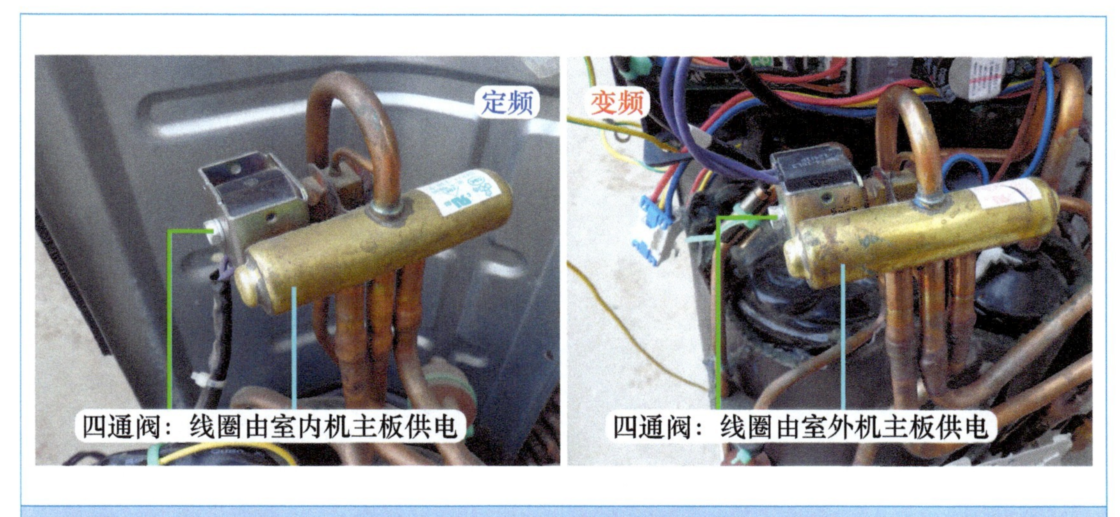

图 1-12　四通阀

7. 电控系统

两类空调器在硬件方面的最大区别是室外机电控系统，区别如下。

（1）室外机主板和模块

见图 1-13，定频空调器室外机未设计电控系统，只有压缩机电容和室外风机电容，而变频空调器则设计有复杂的电控系统，主要部件是室外机主板和模块等（本机室外机主板和模块为一体化设计）。

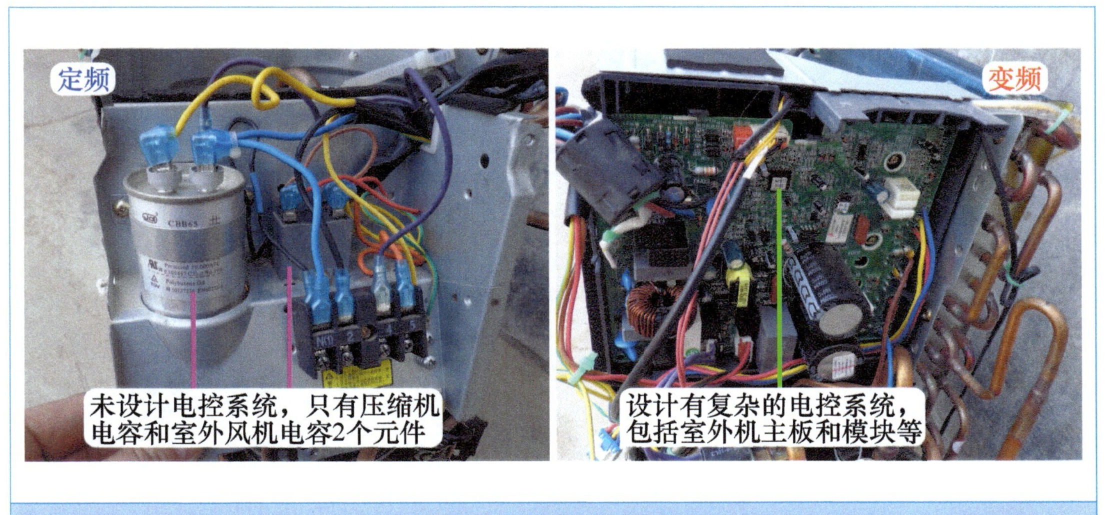

图 1-13　室外机电控系统

（2）压缩机工作方式

压缩机工作方式见图 1-14。

定频空调器压缩机由电容直接起动运行，工作电压为交流 220V、频率为 50Hz、转速约为 2950r/min。

变频空调器压缩机由模块供电，工作电压为交流 30 ~ 220V、频率为 15 ~ 120Hz、转速为 1500 ~ 9000 r/min。

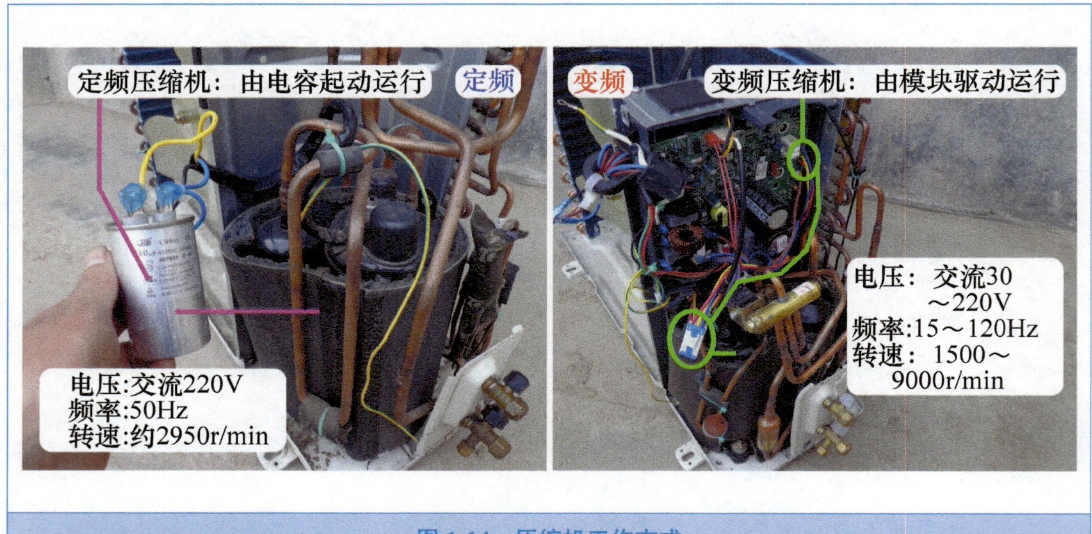

图 1-14　压缩机工作方式

（3）电磁干扰保护

电磁干扰保护见图 1-15。

变频空调器由于模块等部件工作在开关状态，使得电路中电流谐波成分增加，降低了功率因数，因此增加了滤波电感等部件，定频空调器则不需要设计此类部件。

定频

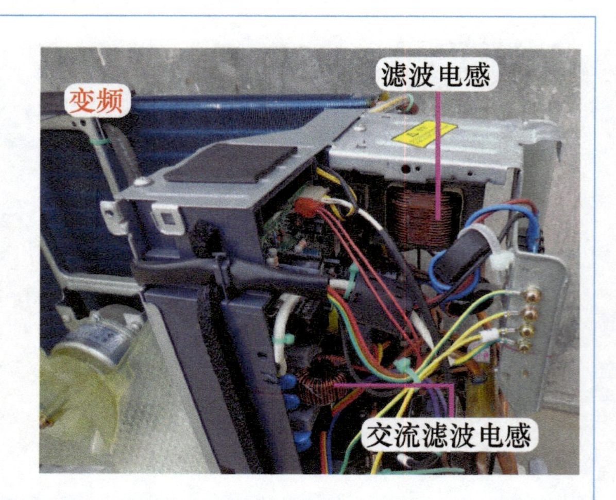

图 1-15　电磁干扰保护

（4）温度检测

温度检测见图 1-16。

变频空调器为了对压缩机运行时进行最好的控制，设计了室外环温传感器、室外管温传感器、压缩机排气传感器，定频空调器一般没有设计此类器件（只有部分机型设计有室外管温传感器）。

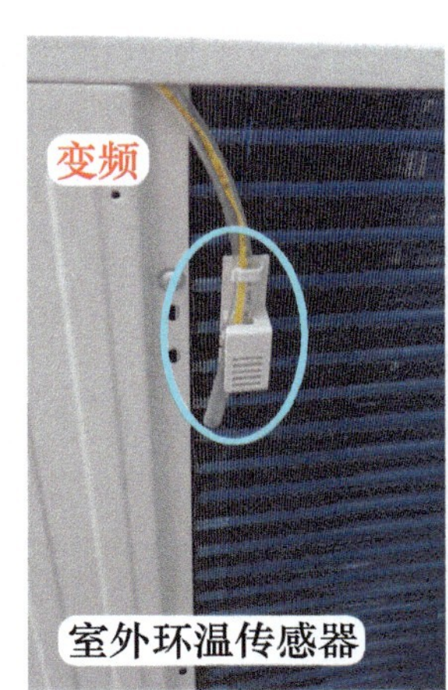

图 1-16　温度检测

三、结论

1. 通风系统

室内机均使用贯流式通风系统，室外机均使用轴流式通风系统，两类空调器相同。

2. 制冷系统

均由压缩机、冷凝器、毛细管、蒸发器四大部件组成，区别是压缩机工作原理不同。

3. 主要部件设计位置

两类空调器基本相同。

4. 电控系统

两类空调器电控系统工作原理不同，硬件方面室内机有相同之处，最主要的区别是室外机电控系统。

5. 压缩机

压缩机是定频空调器和变频空调器最根本的区别，变频空调器的室外机电控系统就是为控制变频压缩机而设计的。

也可以简单地理解为，将定频空调器的压缩机换成变频压缩机，并配备与之配套的电控系统（方法是增加室外机电控系统，更换室内机主板部分元器件），那么这台定频空调器就可以改称为变频空调器。

第二节 变频空调器的节电原理、工作原理和分类

一、变频空调器的节电原理和工作原理

1. 节电原理

最普通的交流变频空调器和典型的定频空调器相比，只是压缩机的运行方式不同，定频空调器压缩机供电由市电直接提供，电压为交流220V，频率为50Hz，理论转速为3000r/min，运行时由于阻力等原因，实际转速约为2950r/min，因此制冷量也是固定不变的。

变频空调器压缩机的供电由模块提供，模块输出模拟三相交流电，其频率可以在15 ~ 120Hz之间变化，电压可以在30 ~ 220V之间变化，因而压缩机转速可以在1500 ~ 9000r/min的范围内变化。

压缩机转速升高时，制冷量随之加大，制冷效果变好，制冷模式下房间温度迅速下降，相对应此时空调器耗电量也随之上升；当房间内温度下降到设定温度附近时，电控系统控制压缩机转速降低，制冷量下降，维持房间温度，相对应的此时耗电量也随之下降，从而达到节电的目的。

2. 工作原理

图1-17为变频空调器工作原理框图，图1-18为其实物图。

室内机主板CPU接收遥控器发送的设定模式和设定温度信号，与室内环温传感器温度相比较，如达到开机条件，则控制室内机主板主控继电器触点闭合，向室外机供电；室内机主板CPU同时根据室内管温传感器温度信号，结合内置的运行程序计算出压缩机的目标运行频率，通过通信电路传送至室外机主板CPU，室外机主板CPU再根据室外环温传感器、室外管温传感器、压缩机排气传感器、市电电压等信号，综合室内机主板CPU传送的信息，得出压缩机的实际运行频率，输出控制信号至IPM（智能功率模块）。

IPM是将直流300V转换为频率和电压均可调的三相变频装置，内含6个大功率IGBT（开关管），构成三相上下桥式驱动电路，室外机主板CPU输出的控制信号使每只IGBT导通180°，且同一桥臂的两只IGBT中的一只导通时，另一只必须关断，否则会造成直流300V直接短路。并且相邻两相的IGBT导通相位差为120°，在任意360°内都有3个IGBT导通以接通三相负载。在IGBT导通与截止的过程中，输出的三相模拟交流电中带有可以变化的频率，且在一个周期内，如IGBT导通时间长而截止时间短，则输出的三相交流电的电压相对应就会升高，从而达到频率和电压均可调的目的。

IPM输出的三相模拟交流电，加在压缩机的三相感应电动机上，压缩机运行，系统工作在制冷或制热模式。如果室内温度与设定温度的差值较大，室内机主板CPU处理后送至室外机主板CPU，输出控制信号使IPM内部的IGBT导通时间长而截止时间短，从而输出频率和电压均相对较高的三相模拟交流电并加至压缩机，压缩机转速加快，单位制冷量也随之加大，达到快速制冷的目的；反之，当房间温度与设定温度的差值变小时，室外机主板CPU输出的控制信号，使得IPM输出较低的频率和电压，压缩机转速变慢，降低制冷量。

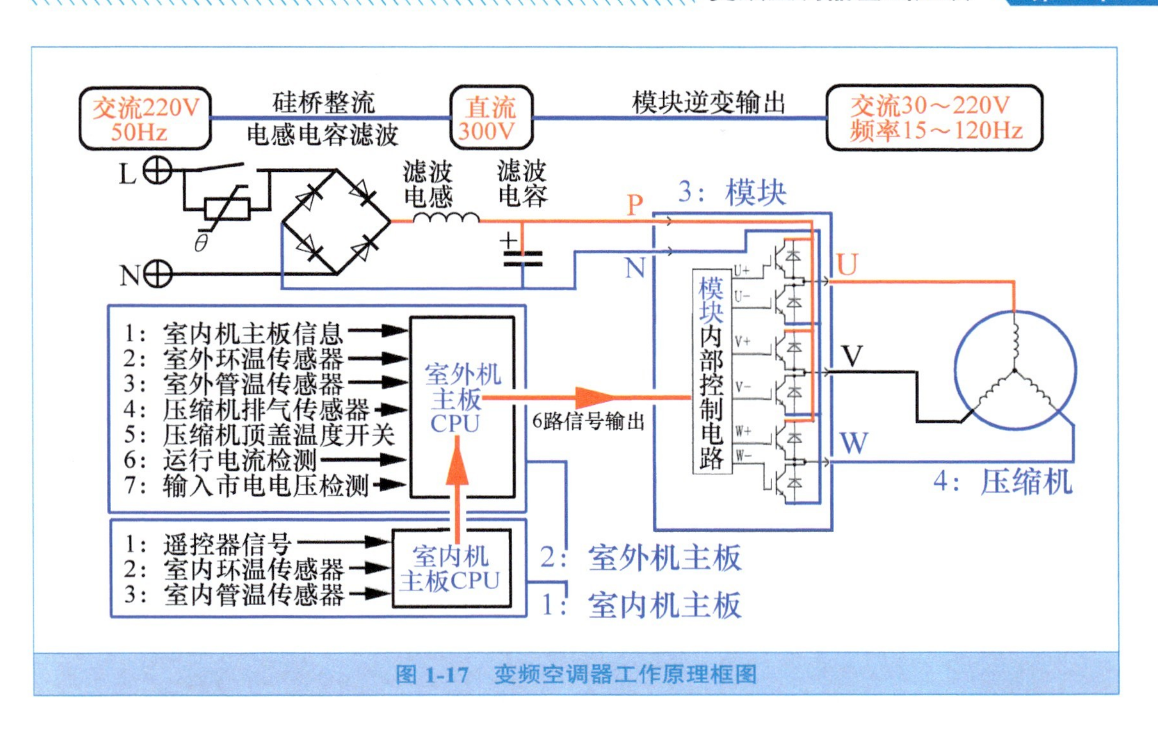

图 1-17 变频空调器工作原理框图

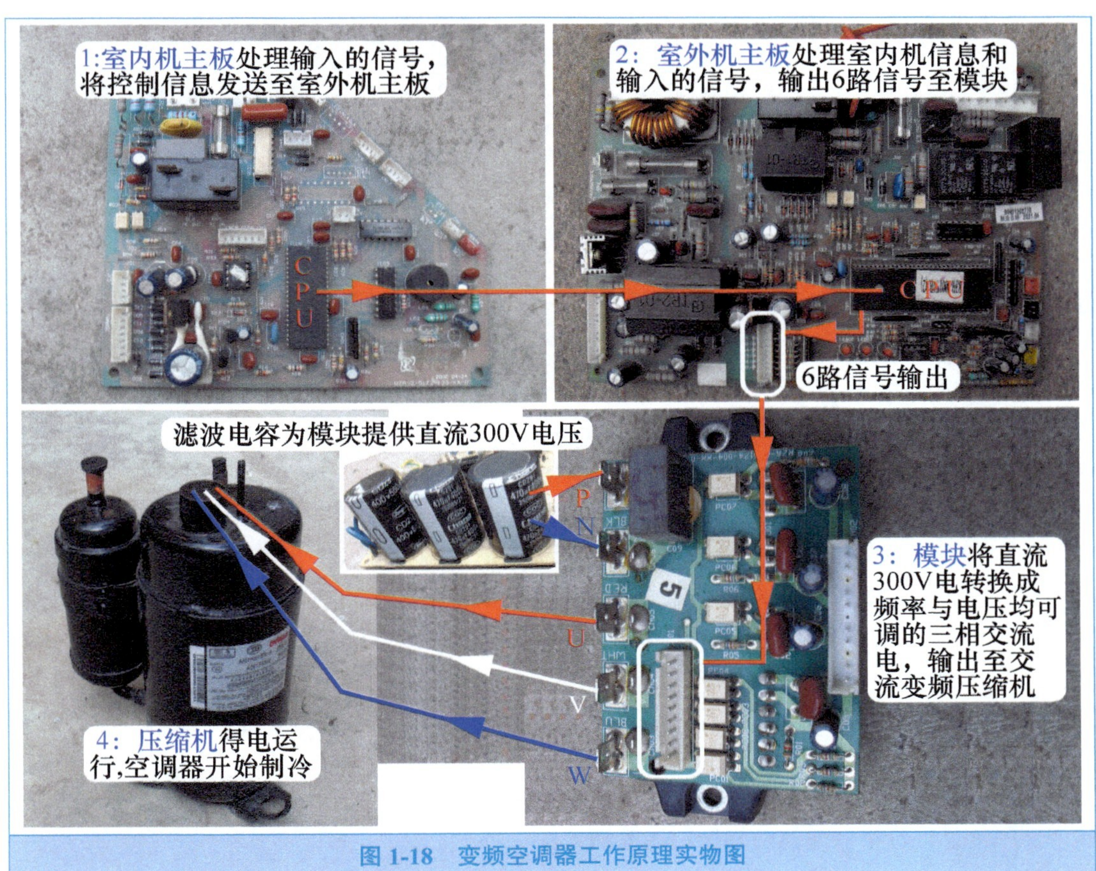

图 1-18 变频空调器工作原理实物图

二、变频空调器的分类

变频空调器根据压缩机工作原理和室内外风机的供电状况可分为 3 种类型，即交流变频空调器、直流变频空调器、全直流变频空调器。

1. 交流变频空调器

交流变频空调器见图 1-19，是最早的变频空调器，也是目前市场上保有量最大的类型，现在通常已经进入维修期或淘汰期。

室内风机和室外风机与普通定频空调器上的相同，均为交流异步电机，由市电交流 220V 直接起动运行。只是压缩机转速可以变化，供电为 IPM 提供的模拟三相交流电。

制冷剂通常使用和普通定频空调器相同的 R22，一般使用常见的毛细管作为节流部件。

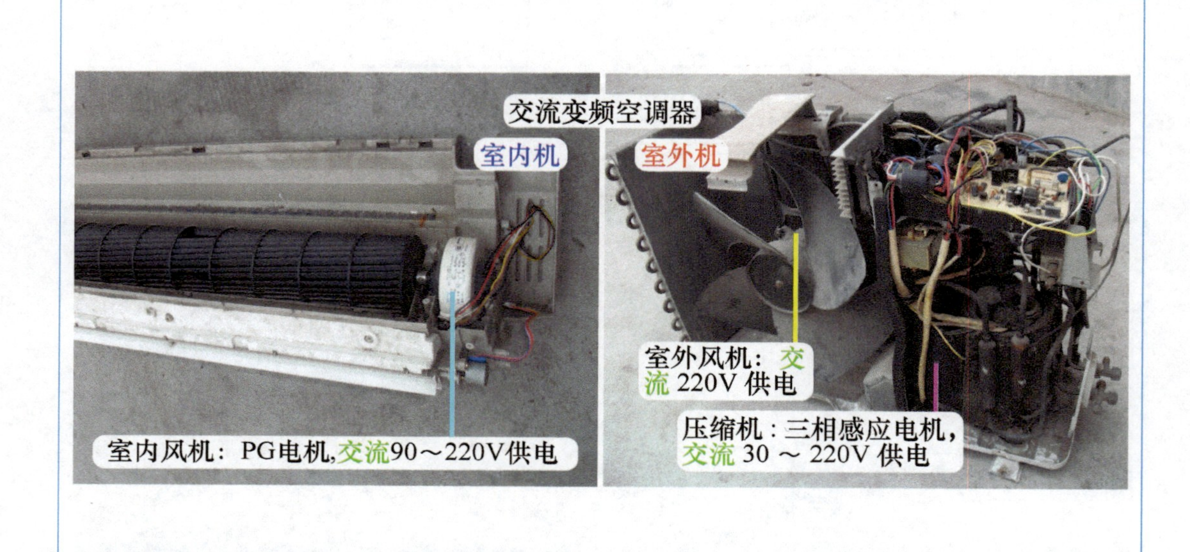

图 1-19 交流变频空调器

2. 直流变频空调器

将普通直流电机由永磁铁组成的定子变为转子，将普通直流电机需要换向器和电刷提供电源的线圈绕组（转子）变成定子，这样省掉普通直流电机所必需的电刷，称为无刷直流电机。

使用无刷直流电机作为压缩机的空调器称为直流变频空调器，其在交流变频空调器基础上发展而来，整机的控制原理和交流变频空调器基本相同（模块输出供电，用万用表测量时实际为交流电压），只是在室外机电路板上增加了位置检测电路，其同时是目前销售量最大的变频空调器机型。

直流变频空调器见图 1-20，室内风机和室外风机与普通定频空调器上的相同，均为交流异步电机，由市电交流 220V 直接起动运行。

制冷剂早期机型使用 R22，目前生产的机型多使用新型环保的 R410A 制冷剂，节流部件同样使用常见且价格低廉但性能稳定的毛细管。

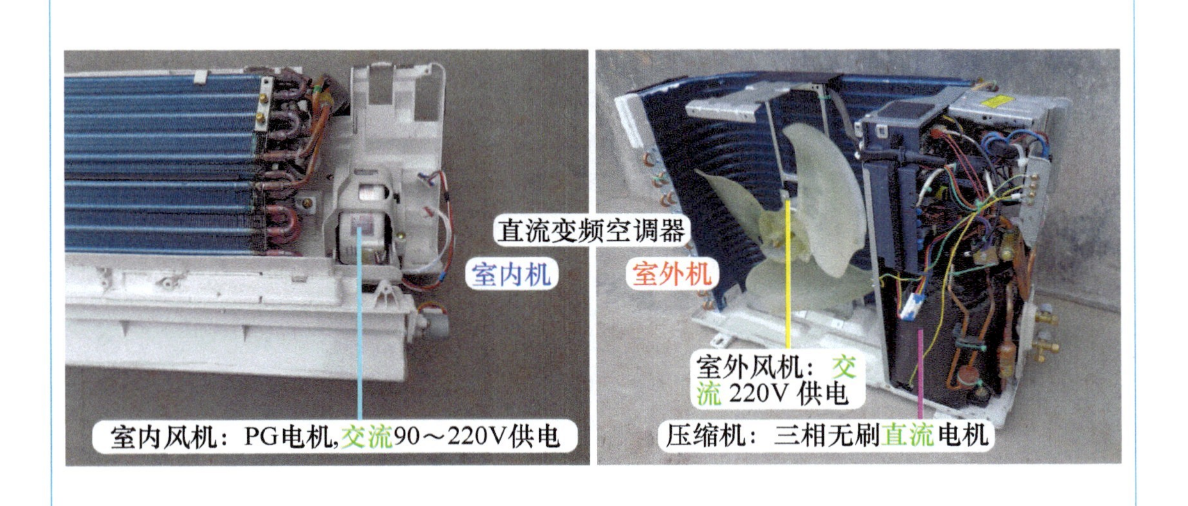

图 1-20 直流变频空调器

3. 全直流变频空调器

全直流变频空调器见图 1-21，属于目前高档空调器，在直流变频空调器基础上发展而来，与之相比最主要的区别是，室内风机和室外风机均使用直流无刷电机，供电为直流 300V 电压，而不是交流 220V，同时压缩机也使用无刷直流电机。

制冷剂通常使用新型环保的 R410A，节流部件也大多使用毛细管，只有少数品牌的机型使用电子膨胀阀，或电子膨胀阀和毛细管相结合的方式。

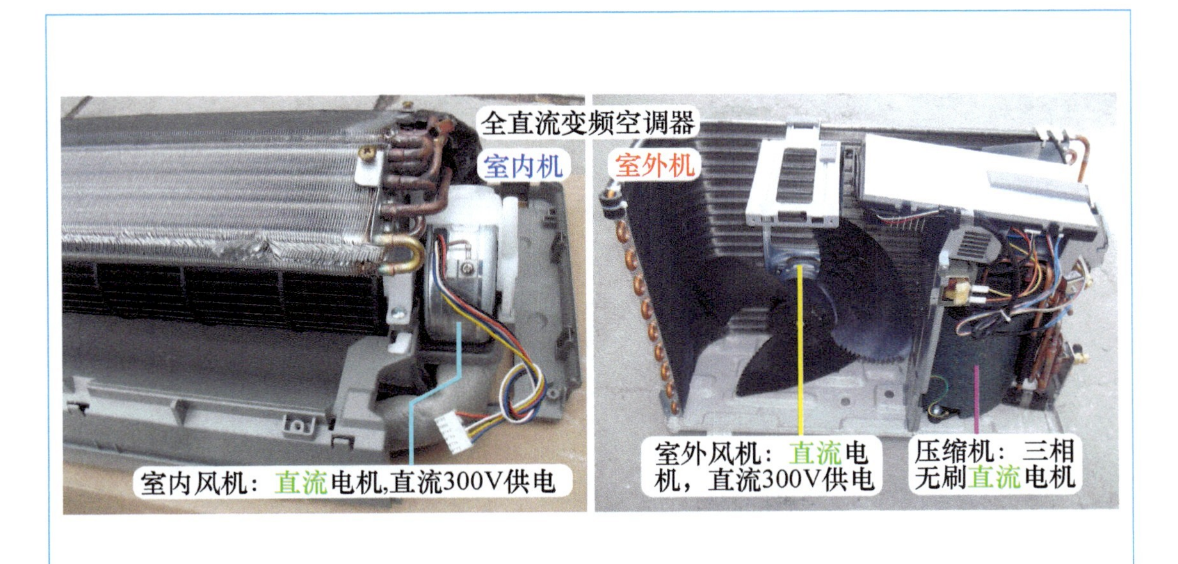

图 1-21 全直流变频空调器

三、交流和直流变频空调器的区别

1. 相同之处

1）制冷系统：定频空调器、交流变频空调器、直流变频空调器的工作原理和实物基本相同，区别是压缩机的工作原理和内部结构不同。

2）电控系统：交流变频空调器和直流变频空调器的控制原理、单元电路、硬件实物基本相同，区别是室外机主控 CPU 对模块的控制原理不同 [即脉冲宽度调制（PWM）方式或脉冲幅度调制（PAM）方式，但控制程序内置在室外机 CPU 或存储器之中，实物看不到。

3）模块输出电压（此处指用万用表实测电压）：交流变频空调器的 IPM 输出频率和电压均可调的模拟三相交流电，频率和电压越高，压缩机转速就越快。直流变频空调器的 IPM 同样输出频率和电压均可调的模拟三相交流电，频率和电压越高，压缩机转速就越快。

2. 整机不同之处

1）压缩机：交流变频空调器使用三相感应电机，直流变频空调器使用无刷直流电机，两者的内部结构不同。

2）位置检测电路：直流变频空调器设有位置检测电路，交流变频空调器则没有。

3. 交流变频和直流变频空调器模块的不同之处

在实际应用中，同一个型号的模块既能驱动交流变频空调器的压缩机，也能驱动直流变频空调器的压缩机，所不同的是由模块组成的控制电路板不同。驱动交流变频压缩机的模块板通过改动程序（即修改 CPU 或存储器的内部数据），即可驱动直流变频压缩机。模块板硬件方面有以下几种区别。

（1）模块板增加位置检测电路

仙童 FSBB15CH60 模块在海信 KFR-28GW/39MBP 交流变频空调器中，见图 1-22，驱动交流变频压缩机。

海信 KFR-33GW/25MZBP 直流变频空调器中，见图 1-23，基板上增加位置检测电路，驱动直流变频压缩机。

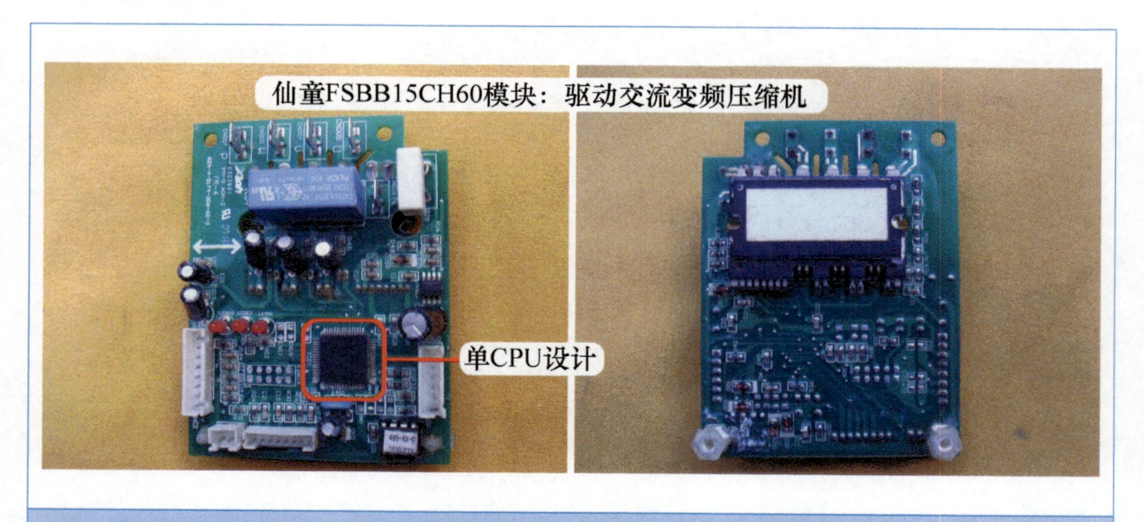

图 1-22　海信 KFR-28GW/39MBP 模块板

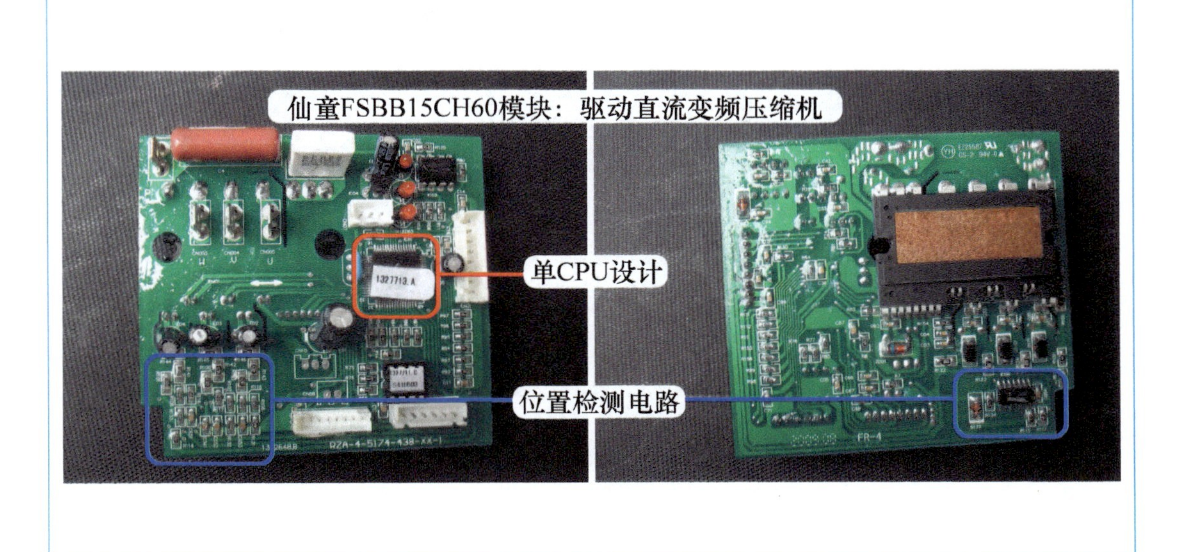

图 1-23　海信 KFR-33GW/25MZBP 模块板

（2）模块板双 CPU 控制电路

三洋 STK621-031（041）模块在海信 KFR-26GW/18BP 交流变频空调器中，见图 1-24，驱动交流变频压缩机。

海信 KFR-32GW/27ZBP 中，见图 1-25，模块板使用双 CPU 设计，其中 1 个 CPU 的作用是和室内机通信、采集温度信号并驱动继电器等，另外 1 个 CPU 专门控制模块，驱动直流变频压缩机。

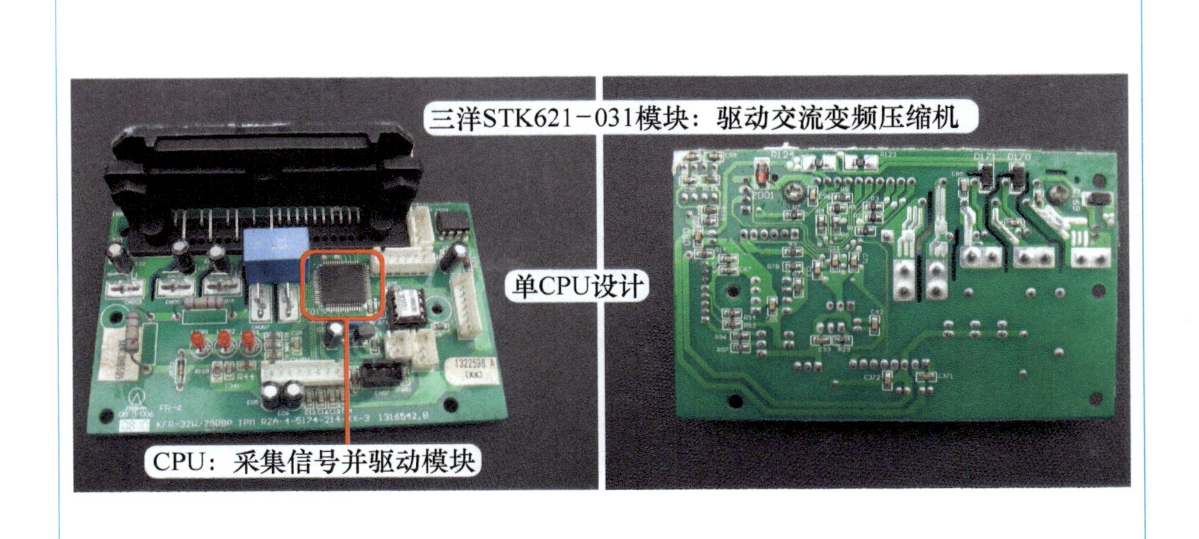

图 1-24　海信 KFR-26GW/18BP 模块板

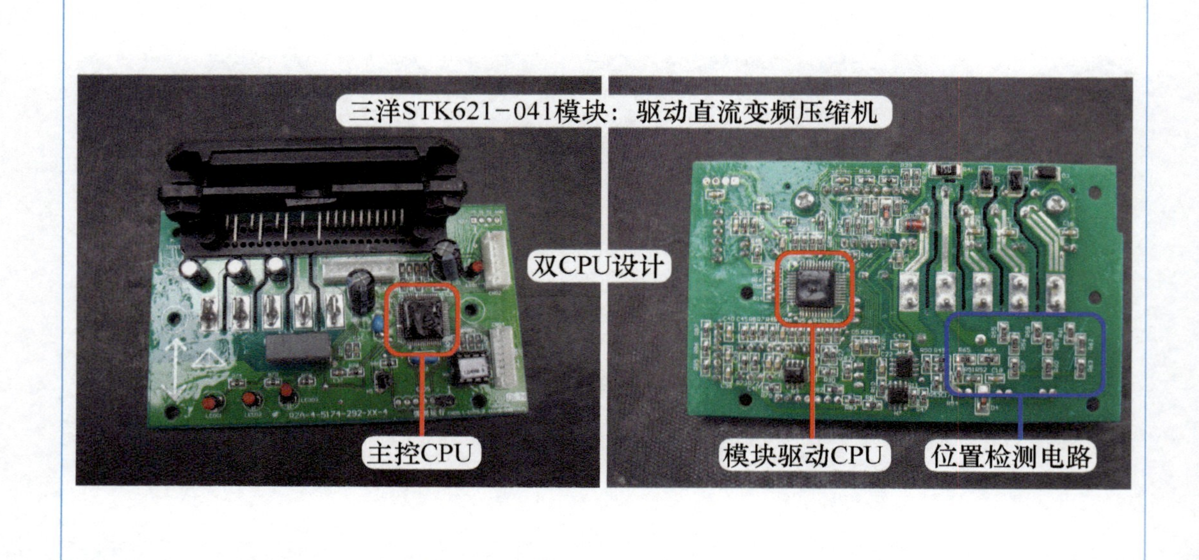

图 1-25　海信 KFR-32GW/27ZBP 模块板

（3）双主板双 CPU 设计电路

目前常用的一种设计形式为，设有室外机主板和模块板，见图 1-26 和图 1-27，每块电路板上均设计有 CPU，室外机主板为主控 CPU，作用是采集温度信号和驱动继电器等，模块板为模块驱动 CPU，专门用于驱动 IPM 或变频模块和 PFC 模块。

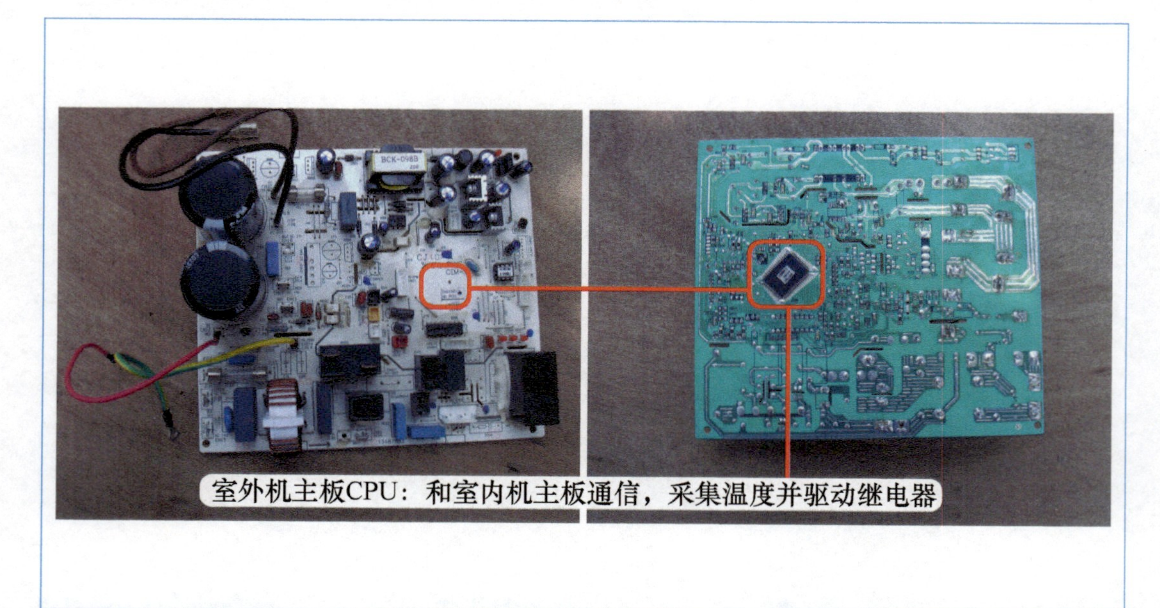

图 1-26　室外机主板

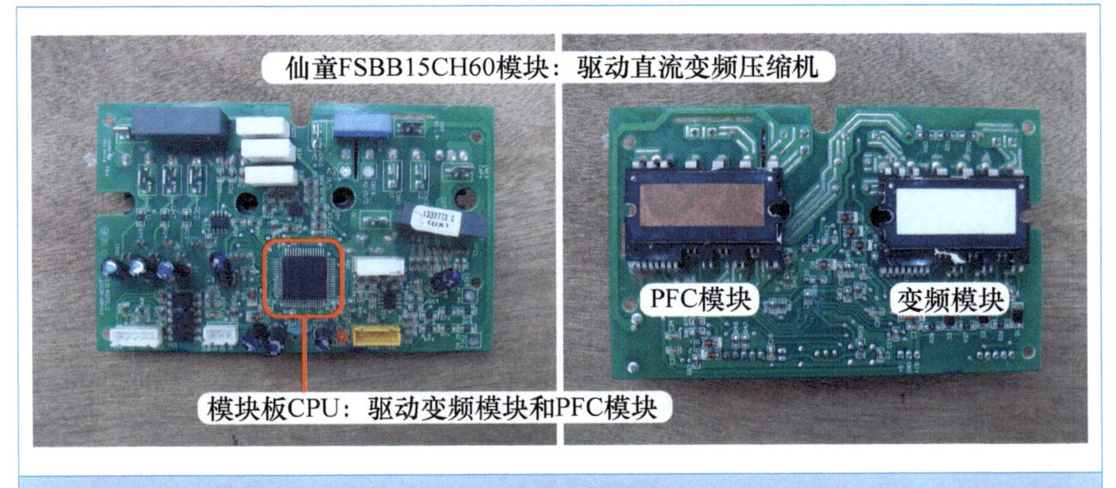

图 1-27　模块板

第三节　通用元器件

变频空调器在定频空调器的基础上升级而来，因此很多元器件既可以在定频空调器中使用，也可以在变频空调器中使用。本节介绍比较常见的通用元器件。

一、遥控器

1. 结构

遥控器是一种远控机械的装置，遥控距离≥7m，其结构见图 1-28，由主板、显示屏、按键、后盖、前盖和电池盖等组成，控制电路单设有 1 个 CPU，位于主板背面。

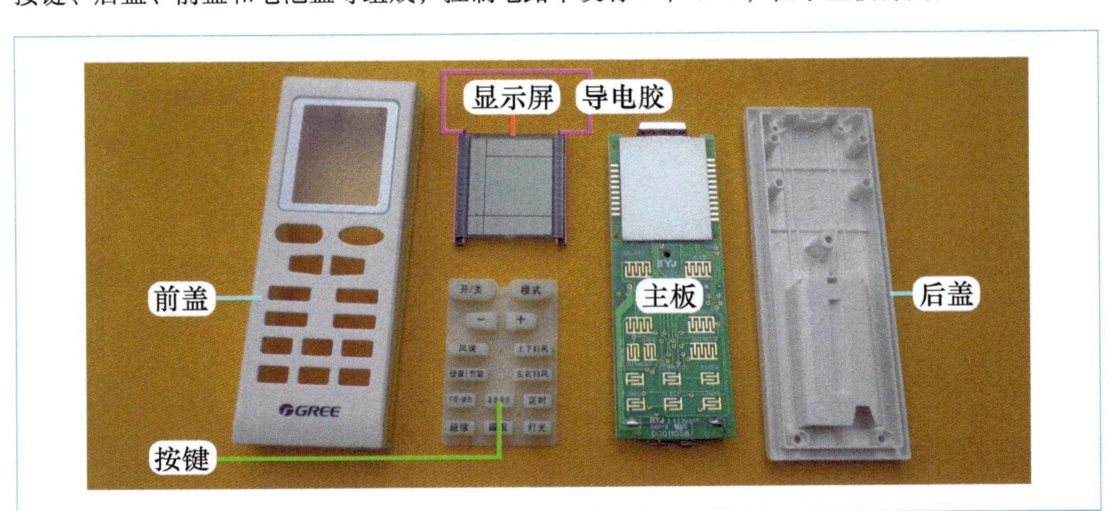

图 1-28　遥控器结构

2. 供电

遥控器供电通常使用 2 节 AAA 电池，每节电池电压为直流 1.5V，2 节电压共 3V；早期的遥控器通常使用 5 号电池，目前则通常使用 7 号电池。

3. 遥控器检查方法

遥控器发射的红外线信号，肉眼看不到，但手机的摄像头却可以分辨出来。检查方法是使用手机的摄像功能，见图 1-29，将遥控器发射二极管（也称为红外发光二极管）对准手机摄像头，在按压按键的同时观察手机屏幕。

① 在手机屏幕上观察到发射二极管发光，说明遥控器正常。

② 在手机屏幕上观察到发射二极管不发光，说明遥控器损坏。

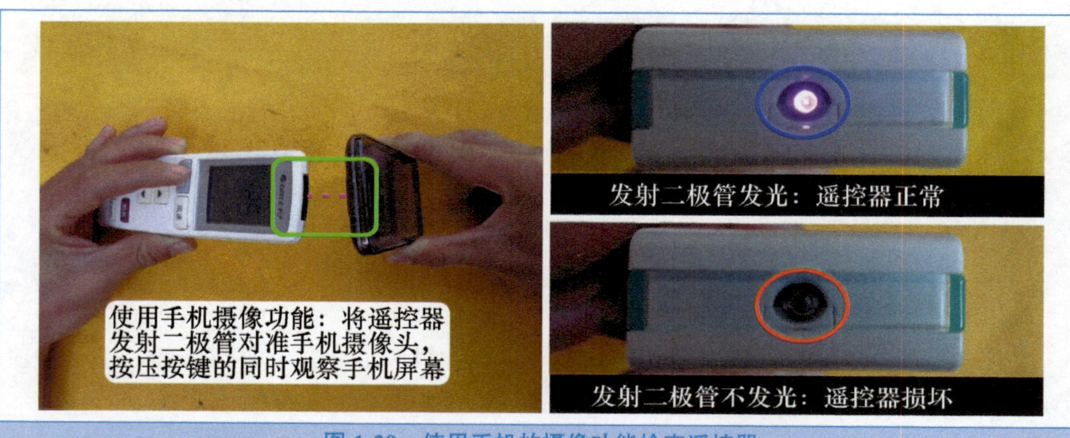

图 1-29　使用手机的摄像功能检查遥控器

二、接收器

1. 安装位置

显示板组件通常安装在前面板或室内机的右下角，格力 KFR-32GW/(32556)FNDe-3(即凉之静系列）直流变频空调器，显示板组件使用指示灯 + 数码管的方式，见图 1-30，安装在前面板，前面板留有透明窗口，称为接收窗，接收器对应安装在接收窗后面。

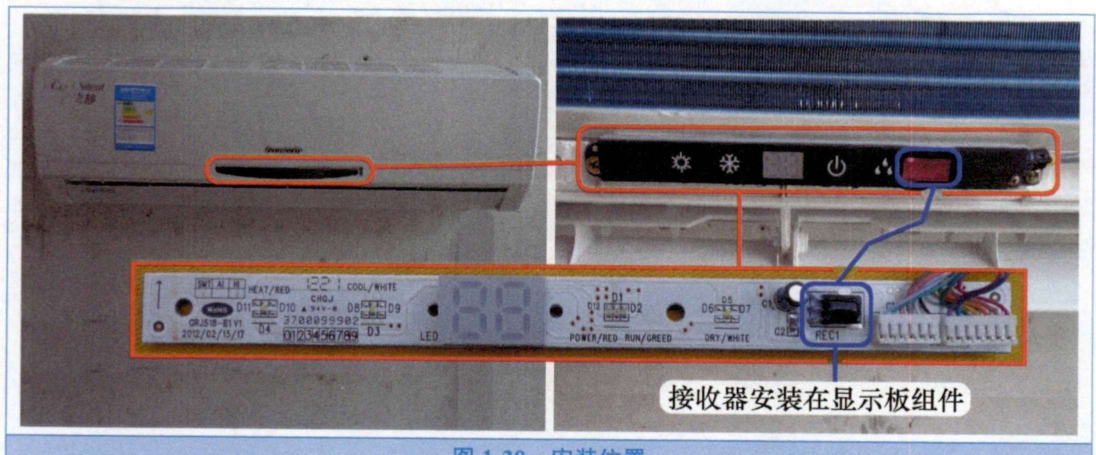

图 1-30　安装位置

2. 基础知识

（1）作用

分立元件型接收器内部含有光敏元件，即接收二极管，见图 1-31，其通过接收窗口接收某一频率范围的红外线，当接收到相应频率的红外线时，光敏元件产生电流，经内部 *I-V* 电路转换为电压，再经过滤波器、比较器输出脉冲电压、内部晶体管电平转换，接收器的信号引脚输出脉冲信号送至室内机主板 CPU 处理。

接收器对光信号的敏感区由于开窗位置不同而有所不同，且不同角度和距离，其接收效果也有所不同；通常光源与接收器的接收面角度越接近直角，接收效果越好，接收距离一般不小于 7m。

接收器实现光电转换，将确定波长的光信号转换为可检测的电信号，因此又叫光电转换器。由于接收器接收的是红外光波，其周围的光源、热源、节能灯、荧光灯及发射相近频率的电视机遥控器等，都有可能干扰空调器的正常工作。

图 1-31　分立元件型接收器的组成

（2）分类

目前接收器通常为一体化封装，实物外形和引脚功能见图 1-32，共有 3 个引脚，功能分别为地、电源（供电 5V）、信号（输出），外观为黑色，部分型号表面有铁皮包裹，通常和发光二极管（或 LED 显示屏）一起设计在显示板组件。常见接收器型号为 38B、38S、1838、0038 等。

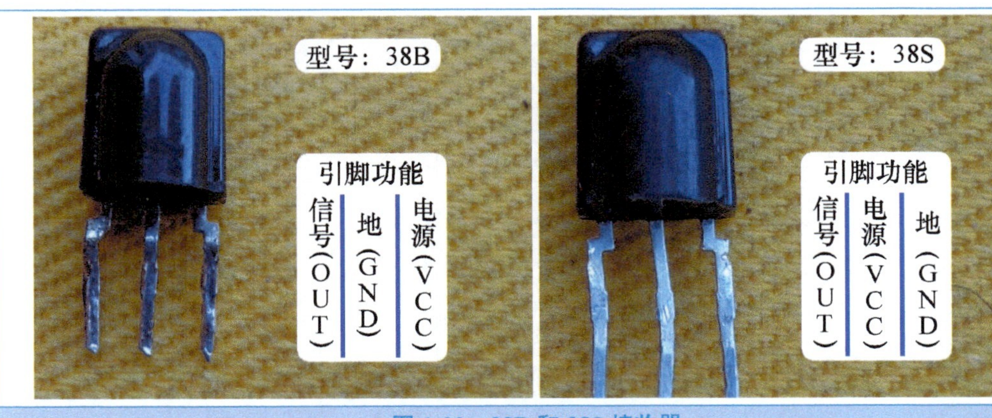

图 1-32　38B 和 38S 接收器

（3）引脚辨别方法

在维修时如果不知道接收器引脚功能，见图 1-33，可查看显示板组件上滤波电容的正极和负极引脚、连接至接收器的引脚加以判断：滤波电容正极连接接收器电源（供电）引脚、负极连接地引脚，接收器的最后 1 个引脚为信号（输出）引脚。

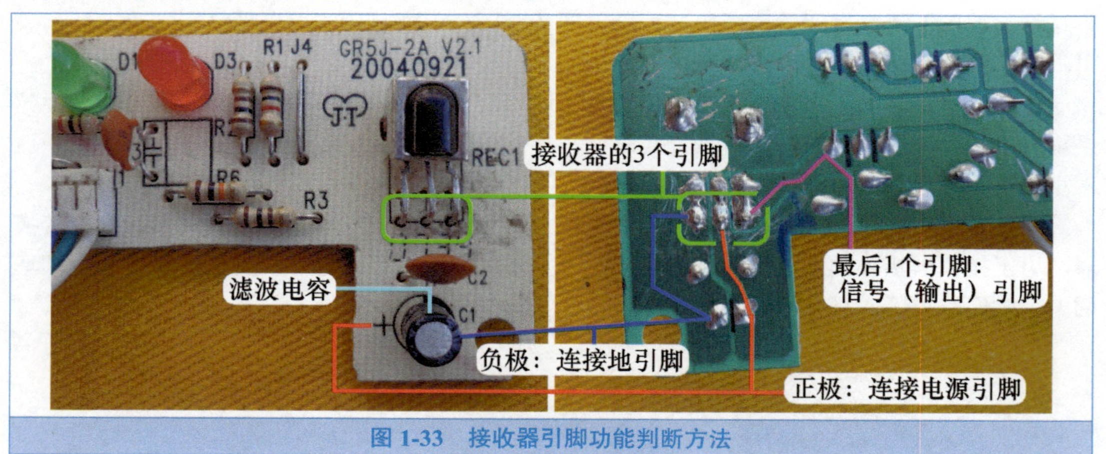

图 1-33　接收器引脚功能判断方法

3. 接收器检测方法

接收器在接收到遥控器信号（动态）时，信号（输出）引脚的电压由静态电压瞬间下降至约直流 3V，然后再迅速上升至静态电压。遥控器发射信号时间约 1s，接收器接收到遥控器信号时输出端电压也有约 1s 的时间瞬间下降。

使用万用表直流电压档，见图 1-34，动态测量接收器信号引脚电压，黑表笔接地引脚（GND）、红表笔接信号引脚（OUT），检测的前提是电源引脚（5V）电压正常。

1）接收器信号引脚静态电压：在无信号输入时电压应稳定为约 5V。如果电压一直在 2 ~ 4V 跳动，为接收器漏电损坏，故障表现为有时接收信号有时不能接收信号。

2）按压按键遥控器发射信号，接收器接收并处理，信号引脚电压瞬间下降（约 1s）至约 3V。如果接收器接收信号时，信号引脚电压不下降（即保持不变），为接收器不接收遥控器信号故障，应更换接收器。

3）松开遥控器按键，遥控器不再发射信号，接收器信号引脚电压上升至静态电压约 5V。

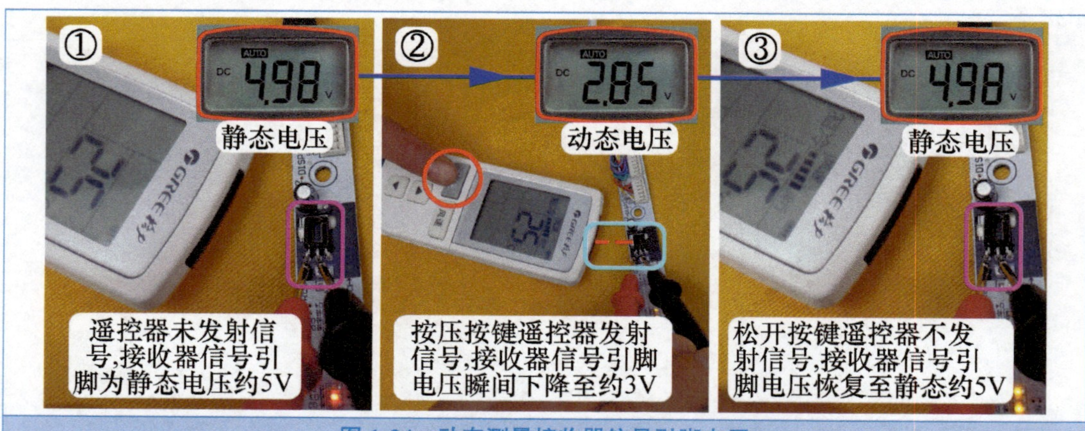

图 1-34　动态测量接收器信号引脚电压

三、变压器

1. 安装位置和作用

挂式空调器的变压器安装在室内机电控盒上方的下部位置，见图 1-35 左图；柜式空调器的变压器安装在电控盒的左侧或右侧位置。

变压器插座在主板上英文符号为 T 或 TRANS。见图 1-35 右图，变压器通常有两个插头，大插头为一次绕组，小插头为二次绕组。变压器工作时将交流 220V 电压降至主板需要的电压，内部含有一次绕组和二次绕组，一次绕组通过变化的电流在二次绕组中产生感应电动势，因为一次绕组匝数远大于二次绕组，所以二次绕组感应的电压为较低电压。

➡ 说明：如果主板电源电路使用开关电源，则不再使用变压器。

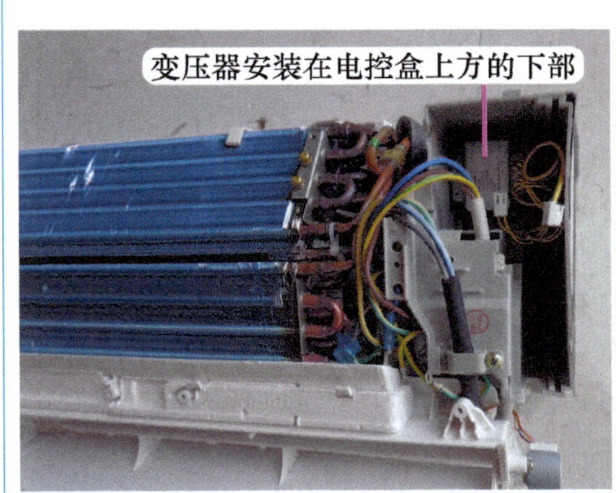

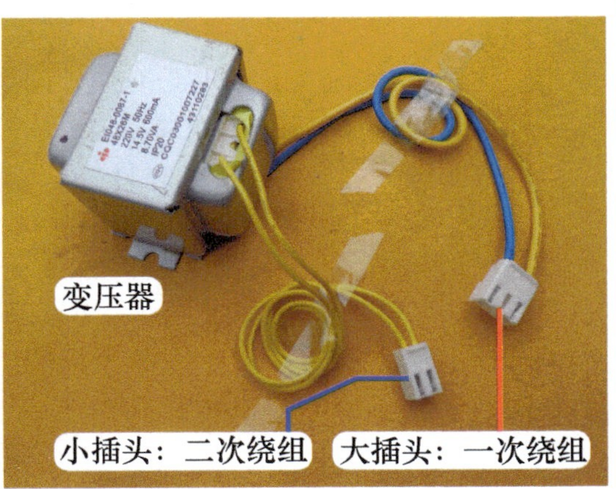

图 1-35　安装位置和实物外形

2. 测量变压器绕组阻值

示例为格力 KFR-32GW/（32556）FNDe-3 挂式变频空调器室内机使用的 1 路输出型变压器，使用万用表电阻档，测量一次绕组和二次绕组阻值。

（1）测量一次绕组阻值（见图 1-36）

变压器一次绕组使用的铜线线径较细且匝数较多，所以阻值较大，正常为 200 ~ 600Ω，实测阻值为 332Ω。

一次绕组阻值根据变压器功率的不同，实测阻值也各不相同，柜式空调器使用的变压器功率大，实测时阻值小（某型号柜式空调器变压器一次绕组实测为 203Ω）；挂式空调器使用的变压器功率小，实测时阻值大。

如果实测时阻值为无穷大，说明一次绕组开路故障，常见原因为绕组开路或内部串接的温度保险开路。

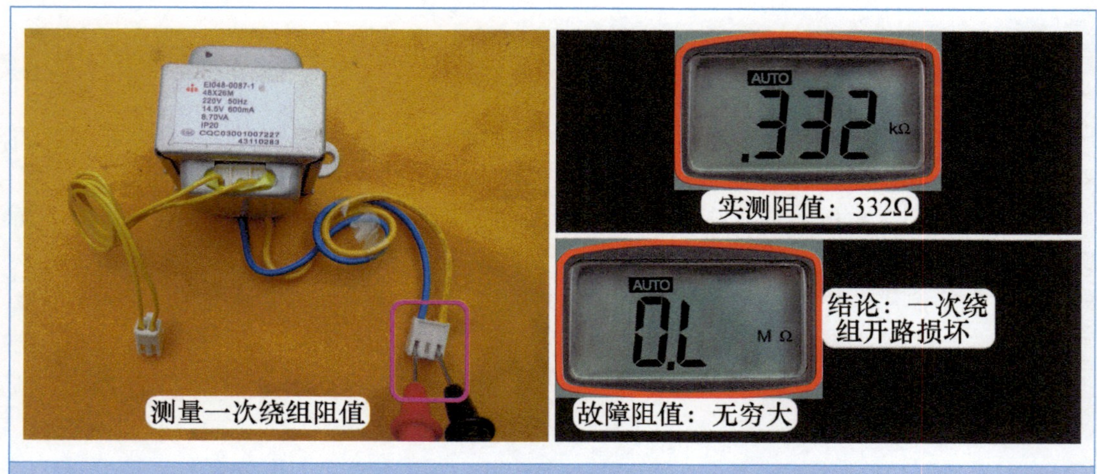

图 1-36　测量一次绕组阻值

（2）测量二次绕组阻值（见图 1-37）

变压器二次绕组使用的铜线线径较粗且匝数较少，所以阻值较小，正常为 0.5 ~ 2.5Ω，实测阻值为 1.5Ω。

二次绕组短路时阻值和正常阻值相接近，使用万用表电阻档不容易判断是否损坏。如二次绕组短路故障，常见表现为屡烧熔丝管（俗称保险管），检修时如变压器表面温度过高，检查室内机主板和供电电压无故障后，可直接更换变压器。

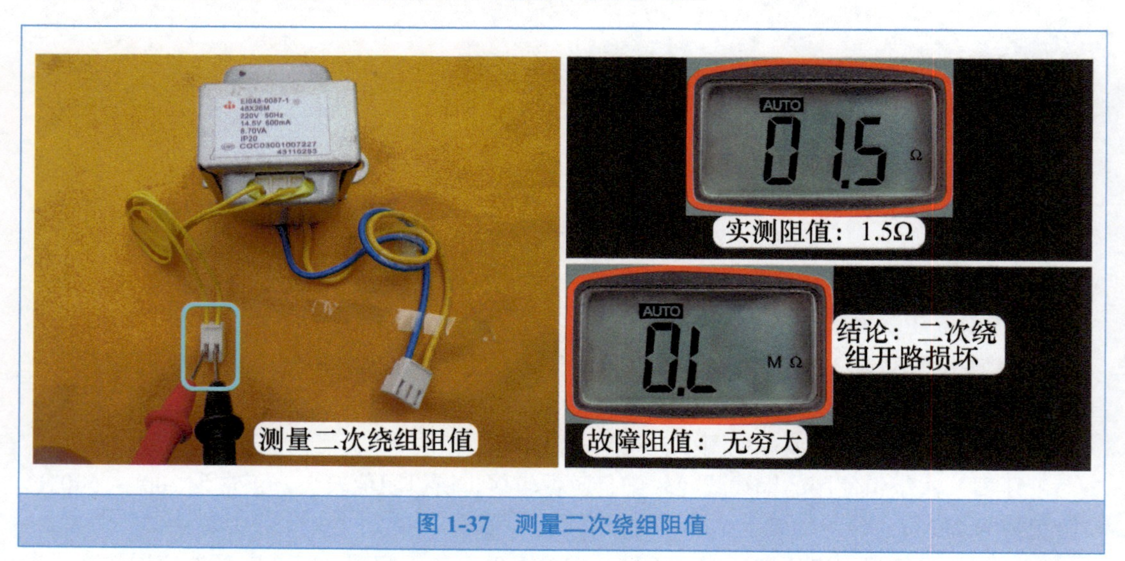

图 1-37　测量二次绕组阻值

四、　传感器

1. 安装位置和作用

无论是挂式或柜式变频空调器，使用的传感器数量均较多，通常设有 5 个。室内机设有室内环温和室内管温传感器，室外机设有室外环温、室外管温、压缩机排气传感器。有些品牌的空调器还设有压缩机吸气传感器。

（1）室内环温传感器

室内环温传感器固定在进风口位置，见图 1-38，作用是检测室内房间温度，与遥控器的设定温度相比较，决定压缩机的频率或者室外机的运行与停止。

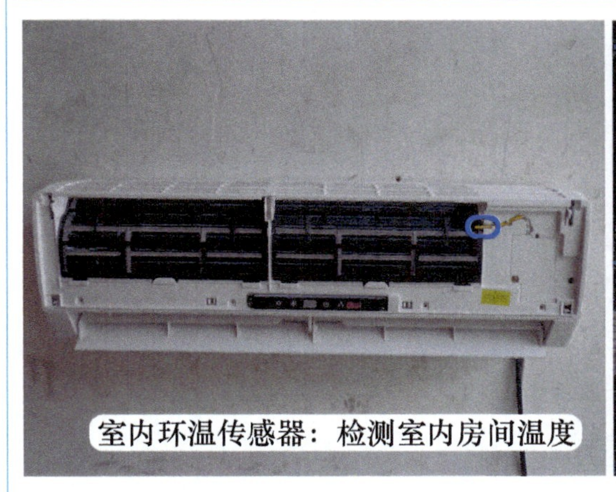

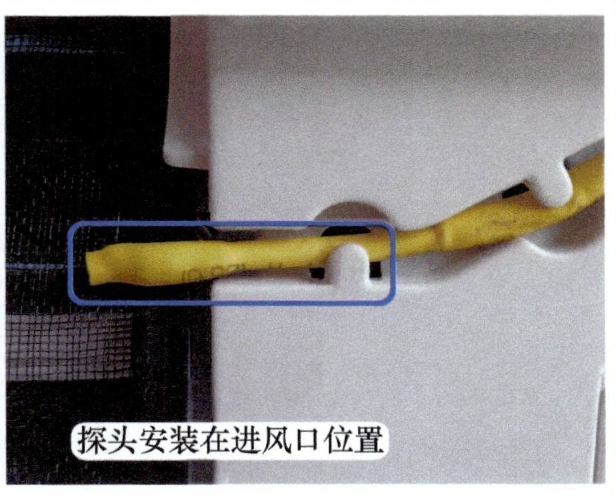

图 1-38　室内环温传感器安装位置

（2）室内管温传感器

室内管温传感器检测孔焊在蒸发器的管壁上，见图 1-39，作用是检测蒸发器温度。制冷或除湿模式下，室内管温传感器检测到的温度≤－1℃时，压缩机降频运行，当连续 3min 室内管温传感器检测到的温度≤－1℃时，压缩机停止运行。制热模式下，室内管温传感器检测到的温度≥55℃时，禁止压缩机频率上升；室内管温传感器检测到的温度≥58℃时，压缩机降频运行；室内管温传感器检测到的温度≥62℃时，压缩机停止运行。

图 1-39　室内管温传感器安装位置

（3）室外环温传感器

室外环温传感器的支架固定在冷凝器的进风面，见图 1-40，作用是检测室外环境温度。

在制冷和制热模式，决定室外风机转速；在制热模式，与室外管温传感器检测到的温度信号组成进入除霜的条件。

图 1-40　室外环温传感器安装位置

（4）室外管温传感器

室外管温传感器检测孔焊在冷凝器管壁，见图 1-41，作用是检测室外机冷凝器温度。在制冷模式，判定冷凝器过载：当室外管温传感器检测到的温度≥ 70℃时，压缩机停机；当室外管温传感器检测到的温度≤ 50℃时，3min 后自动开机。在制热模式，与室外环温传感器检测到的温度信号组成进入除霜的条件：空调器运行一段时间（约 40min），室外环温传感器检测到的温度 > 3℃时，室外管温传感器检测到的温度≤ –3℃，且持续 5min；或室外环温传感器检测到的温度 < 3℃时，室外环温传感器检测到的温度 – 室外管温传感器检测到的温度≥ 7℃，且持续 5min。在制热模式，判断退出除霜的条件：当室外管温传感器检测到的温度 > 12℃时或压缩机运行时间超过 8min。

图 1-41　室外管温传感器安装位置

（5）压缩机排气传感器

压缩机排气传感器检测孔固定在排气管上面，见图 1-42，作用是检测压缩机排气管温度。在制冷和制热模式，压缩机排气管温度≤ 93℃时，压缩机正常运行；93℃ < 压缩机排气管温度 < 115℃时，压缩机运行频率被强制设定在规定的范围内或者降频运行；压缩机排气管温度 > 115℃时，压缩机停机；只有当压缩机排气管温度下降到≤ 90℃时，才能再次开机运行。

图 1-42　压缩机排气传感器安装位置

2. 传感器特性

空调器使用的传感器为负温度系数热敏电阻，负温度系数是指温度上升时其阻值下降，温度下降时其阻值上升。

以型号为 25℃ /20kΩ 的管温传感器为例，测量在降温（15℃）、常温（25℃）、加热（35℃）的 3 个温度下，传感器的阻值变化情况。

1）图 1-43 左图为降温（15℃）时测量传感器阻值，实测为 31.4kΩ。

2）图 1-43 中图为常温（25℃）时测量传感器阻值，实测约为 20kΩ。

3）图 1-43 右图为加热（35℃）时测量传感器阻值，实测约为 13.1kΩ。

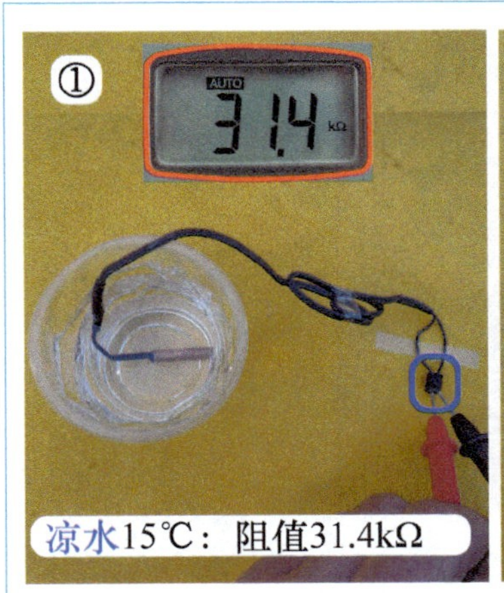

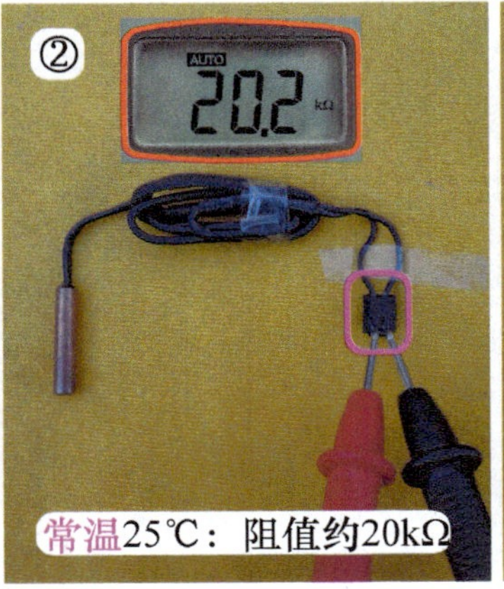

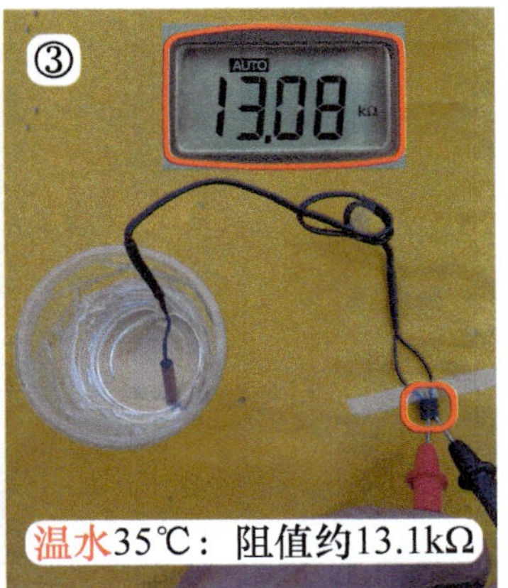

图 1-43　测量传感器阻值

五、 室内风机（PG电机）

1. 安装位置

见图1-44，室内风机（PG电机）安装在室内机内部右侧，作用是驱动室内风扇（贯流风扇）。制冷模式下，室内风机驱动贯流风扇运行，强制吸入房间内空气至室内机、经蒸发器降低温度后以一定的风速和流量吹出，来降低房间温度。

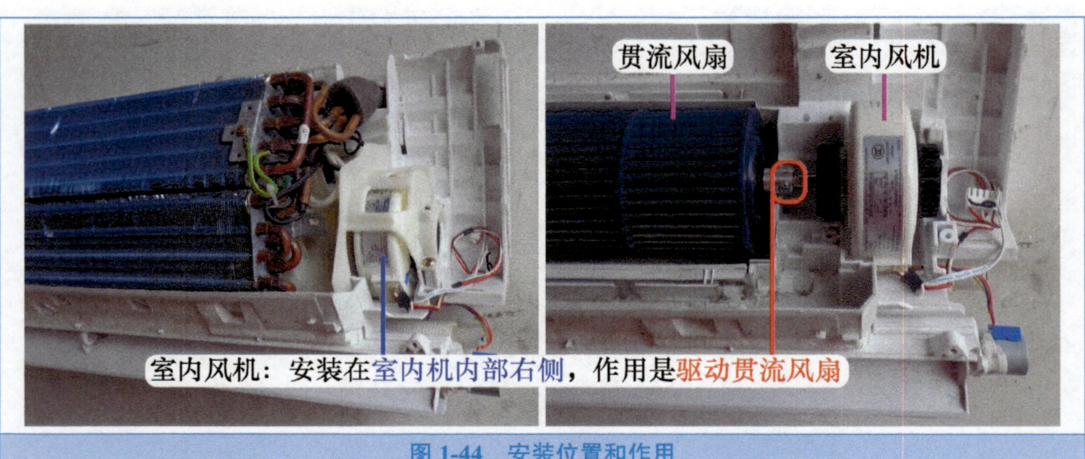

图1-44 安装位置和作用

2. 常见形式

室内风机常见有3种形式。

① 抽头电机：实物外形和引线插头作用见图1-45，通常使用在早期空调器中，目前已经很少使用，供电为交流220V。

② PG电机：实物外形见图1-46左图，引线插头作用见图1-50，使用在目前的全部定频空调器、交流变频空调器、直流变频空调器中，是使用最广泛的形式，供电为交流220V。PG电机将是本小节重点介绍的内容。

③ 直流电机：实物外形见图2-27左图，引线插头作用见2-28，使用在全直流变频空调器或高档定频空调器中，供电为直流300V。

图1-45 抽头电机实物外形和引线插头作用

3. 实物外形

图 1-46 左图为电机实物外形，PG 电机使用交流 220V 供电，最主要的特征是内部设有霍尔，在运行时输出代表转速的霍尔信号，因此共有两个插头，大插头为线圈供电，使用交流电源，作用是使 PG 电机运行；小插头为霍尔反馈，使用直流电源，作用是输出代表转速的霍尔信号。

图 1-46 右图为 PG 电机铭牌主要参数，示例电机型号为 RPG10A（FN10A-PG），使用在 1P 挂式空调器中。主要参数：工作电压为交流 220V，频率为 50Hz，功率为 10W，4 极，额定电流为 0.13A，防护等级为 IP20，E 级绝缘。

➡ 说明：绝缘等级按电机所用的绝缘材料允许的极限温度划分，E 级绝缘指电机采用材料的绝缘耐热温度为 120℃。

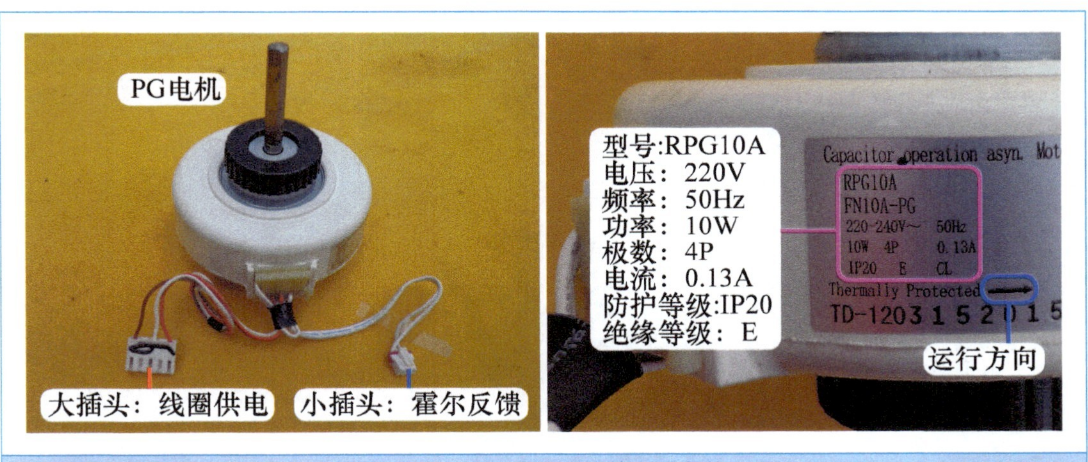

图 1-46 实物外形和铭牌主要参数

4. 内部结构

见图 1-47，PG 电机由定子（含引线和线圈供电插头）、转子（含磁环和上下轴承）、霍尔电路板（含引线和霍尔反馈插头）、上盖和下盖、上部和下部的减振胶圈等组成。

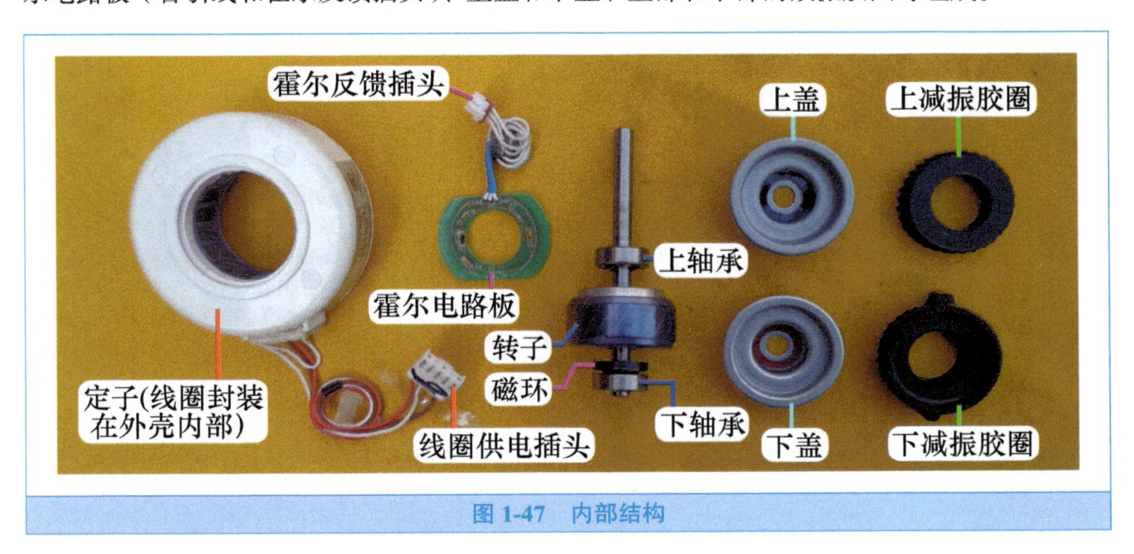

图 1-47 内部结构

5. 测量引线阻值辨认 PG 电机引线的方法

使用单相交流 220V 供电的电机，线圈设有运行绕组和起动绕组，在实际绕制铜线时，由于运行绕组起主要旋转作用，使用的线径较粗，且匝数少，因此阻值小一些；而起动绕组只起起动的作用，使用的线径较细，且匝数多，因此阻值大一些。

每个绕组共有两个接头，两个绕组共有 4 个接头，但在电机内部，将运行绕组和起动绕组的一端连接在一起作为公共端，只引出 1 根引线，因此电机共引出 3 根引线或 3 个接线端子。

（1）找出公共端

见图 1-48 左图，使用万用表电阻档，逐个测量室内风机线圈供电插头的 3 根引线的阻值，会得出 3 次不同的结果，RPG10A 电机实测阻值依次为 981Ω、406Ω、575Ω，阻值关系为 981=406+575，即最大阻值 981Ω 为运行绕组阻值 + 起动绕组阻值的总和。

在最大阻值 981Ω 中，见图 1-48 右图，表笔接的引线为运行绕组（R）和起动绕组（S），空闲的 1 根引线为公共端（C），本机为白线。

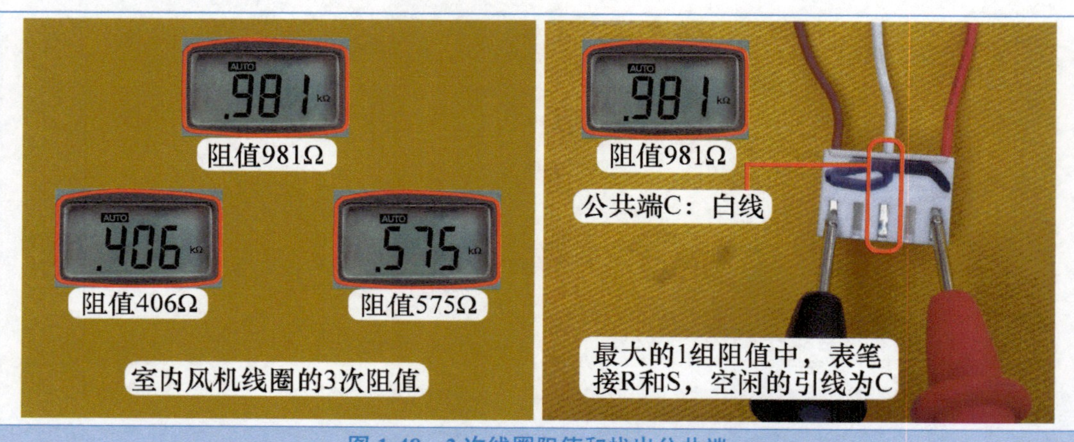

图 1-48　3 次线圈阻值和找出公共端

（2）找出运行绕组和起动绕组

一表笔接公共端白线 C，另一表笔测量另外 2 根引线阻值。

阻值小（406Ω）的引线为运行绕组（R），见图 1-49 左图，本机为棕线。

阻值大（575Ω）的引线为起动绕组（S），见图 1-49 右图，本机为红线。

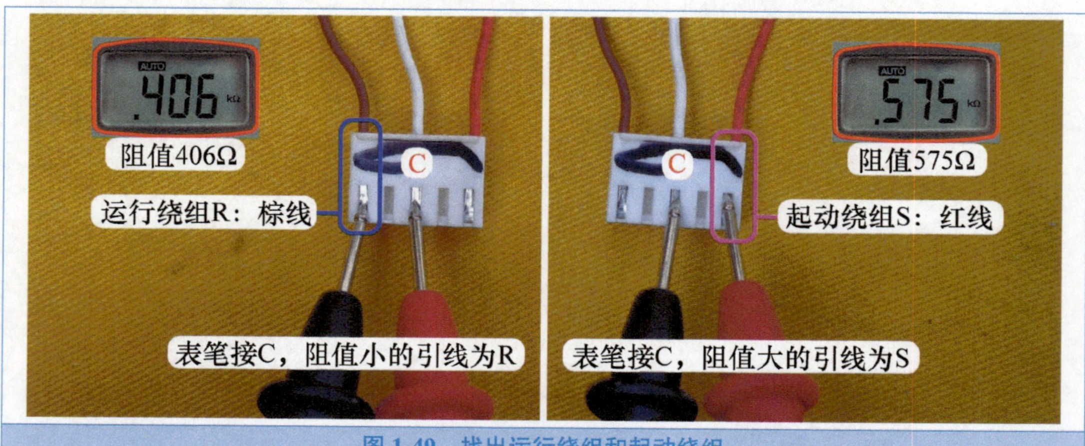

图 1-49　找出运行绕组和起动绕组

6. 查看电机铭牌辨认 PG 电机引线的方法

见图 1-50，铭牌标有电机的各个信息，包括主要参数及引线颜色的作用。PG 电机设有两个插头，因此设有两组引线，电机线圈使用 M 表示，霍尔电路板使用电路图表示，各有 3 根引线。

电机线圈：白线只接交流电源，为公共端（C）；棕线接交流电源和电容，为运行绕组（R）；红线只接电容，为起动绕组（S）。

霍尔反馈电路板：棕线 Vcc 为直流供电正极，本机供电电压为直流 5V；黑线 GND 为直流供电公共端地；白线 Vout 为霍尔信号输出。

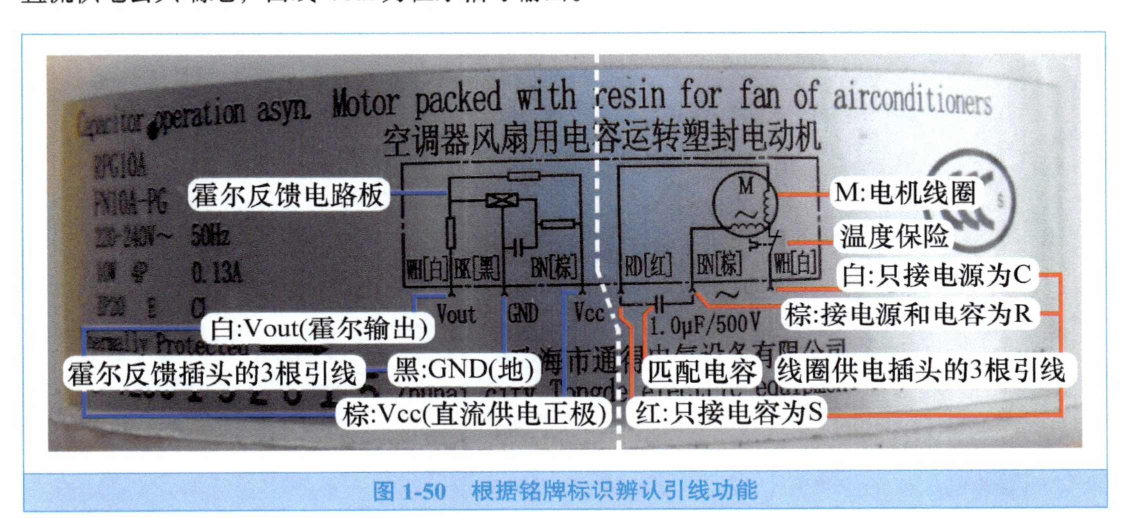

图 1-50 根据铭牌标识辨认引线功能

六、室内风机（离心电机）

1. 安装位置

见图 1-51，室内风机（离心电机）安装在柜式空调器的室内机下部，作用是驱动室内风扇（离心风扇）。制冷模式下，离心电机驱动离心风扇运行，强制吸入房间内空气至室内机，经蒸发器降低温度后以一定的风速和流量吹出，来降低房间温度。

图 1-51 离心电机安装位置和作用

2. 分类

（1）多速抽头交流电机

多速抽头交流电机实物外形见图 1-52 左图，使用交流 220V 供电，运行速度根据机型设计通常分为 2 速 -3 速 -4 速等，通过改变电机抽头端的供电来改变转速，使用在全部柜式定频空调器、柜式交流变频空调器、柜式直流变频空调器中，是目前应用最多也是最常见的离心电机形式。

图 1-52 右图为离心电机铭牌主要参数，示例电机型号为 YDK60-8E，共有两个转速，使用在 2P 柜式空调器中。主要参数：工作电压交流为 220V，频率为 50Hz、功率为 60W，8 极，运行电流为 0.4A，B 级绝缘，堵转电流为 0.47A。

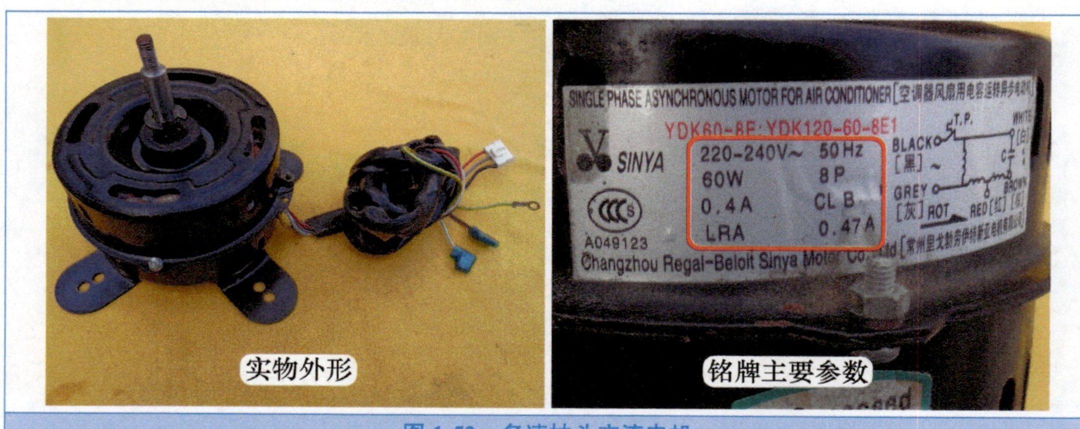

图 1-52　多速抽头交流电机

（2）直流电机

直流电机使用直流 300V 供电，转速可连续宽范围调节，室内机主板 CPU 通过较为复杂的电路来控制，并可根据反馈的信号测定实时转速，通常使用在全直流柜式变频空调器或高档的定频空调器中。

3. 内部结构

见图 1-53，离心电机由上盖、下盖、转子、上轴承、下轴承、定子、线圈、连接线和插头等组成。

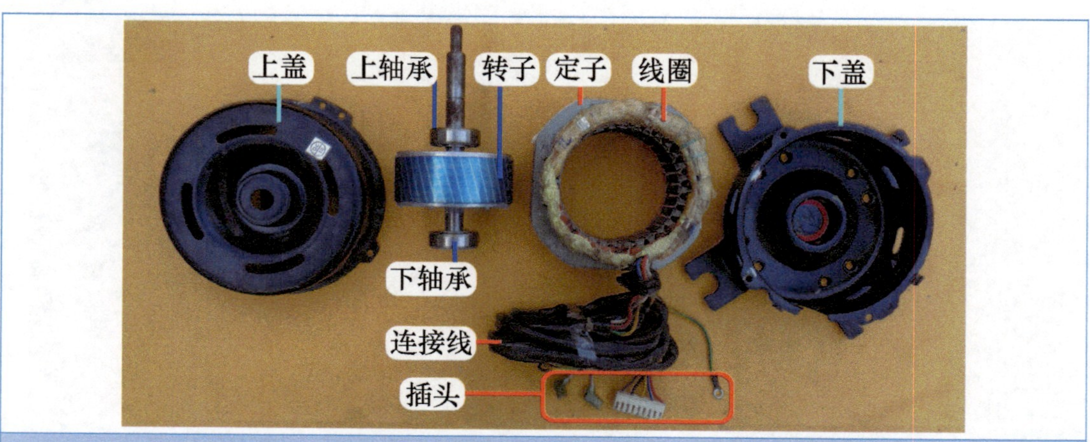

图 1-53　内部结构

七、室外风机

1. 安装位置和作用

室外风机安装在室外机内部左侧的固定支架，见图 2-48 左图，作用是驱动室外风扇（轴流风扇）。制冷模式下，室外风机驱动室外风扇运行，强制吸收室外自然风为冷凝器散热，因此室外风机也称为“轴流电机”。

2. 分类

（1）单速交流电机

实物外形见图 1-56 左图，使用交流 220V 供电，运行速度固定不可调节，是目前应用最广泛的形式，也是本小节将重点介绍的类型，常见于目前的全部定频空调器、部分交流变频空调器和直流变频空调器的室外风机中。

（2）多速抽头交流电机

实物外形和引线插头作用见图 1-54，使用交流 220V 供电，运行速度根据机型设计通常分有 2 速或 3 速，通过改变电机抽头端的供电来改变转速，常见于早期的部分定频空调器和变频空调器、目前的部分直流变频空调器中。

图 1-54 多速抽头交流电机

（3）直流电机

实物外形和引线插头作用见图 1-55，使用直流 300V 供电，转速可连续宽范围调节，使用此电机的室外机设有电路板，CPU 通过较为复杂的电路来控制，常见于全直流挂式或柜式变频空调器以及高档的定频空调器中。

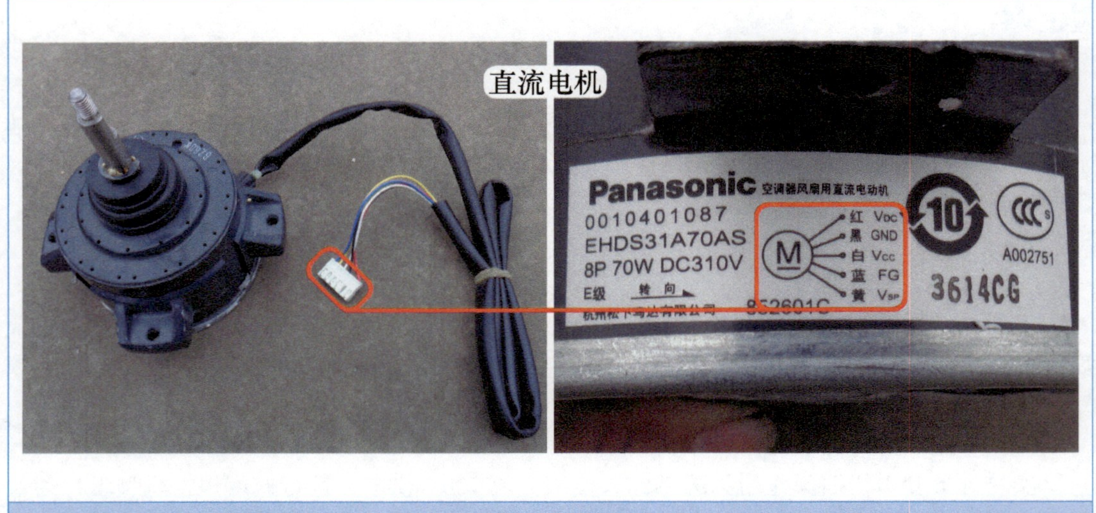

图 1-55　直流电机

3. 单速交流电机

实物外形见图 1-56 左图，单一风速，共有 4 根引线。其中 1 根为地线，接电机外壳；另外 3 根为线圈引线。

图 1-56 右图为铭牌参数含义，电机型号为 YDK35-6K（FW35X）。主要参数：工作电压为交流 220V，频率为 50Hz，功率为 35W，额定电流为 0.3A，转速为 850r/min，6 极，B 级绝缘。

➡ 说明：B 级绝缘指电机采用材料的绝缘耐热温度为 130℃。

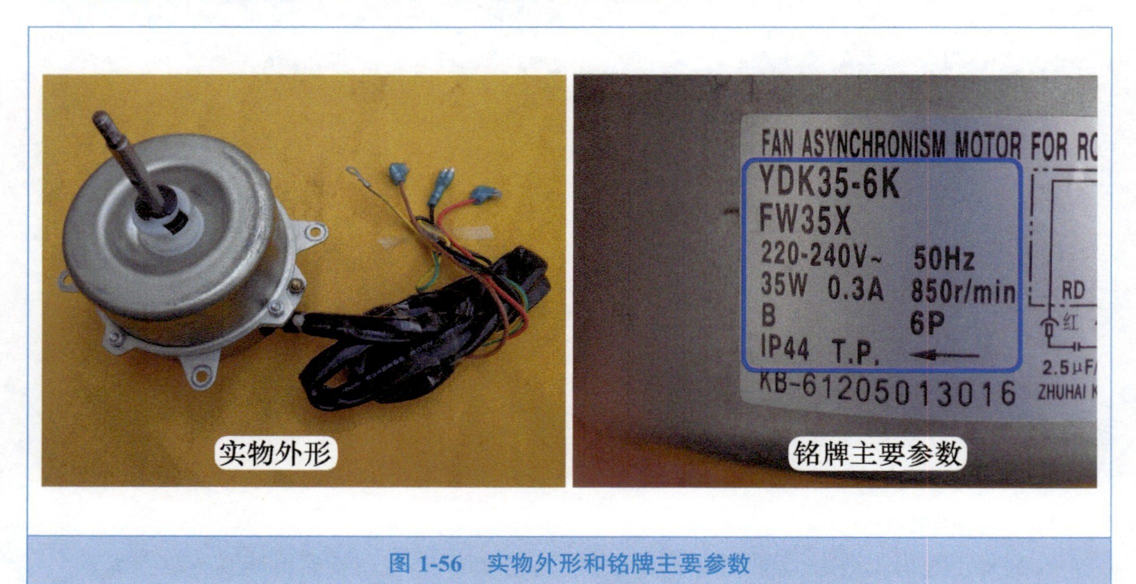

图 1-56　实物外形和铭牌主要参数

4. 室外风机结构

此处以某款空调器单速室外风机为例，电机型号为 KFD-50K，4 极 34W。

（1）内部结构

见图 1-57，室外风机由上盖、下盖、转子、上轴承、下轴承、定子、线圈、连接线和插头等组成。

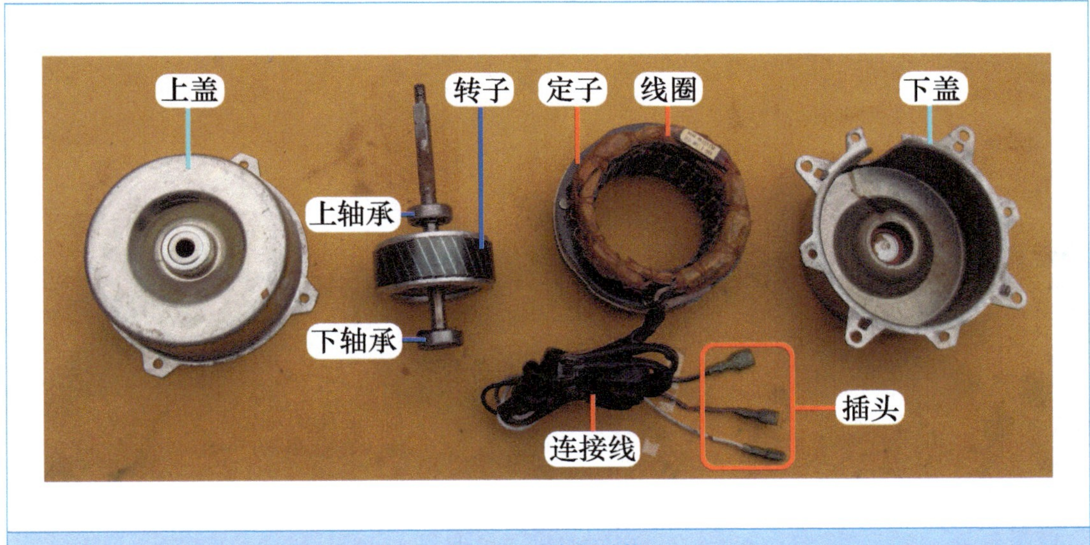

图 1-57 内部结构

（2）温度保险

见图 1-58，温度保险为铁壳封装，直接固定在线圈表面，外壳设有塑料套，保护温度为 130℃，断开后不可恢复。

当温度保险因电机堵转或线圈短路，使得线圈温度超过 130℃后，温度保险断开保护，由于串接在公共端引线，断开后室外风机因无供电而停止运行。

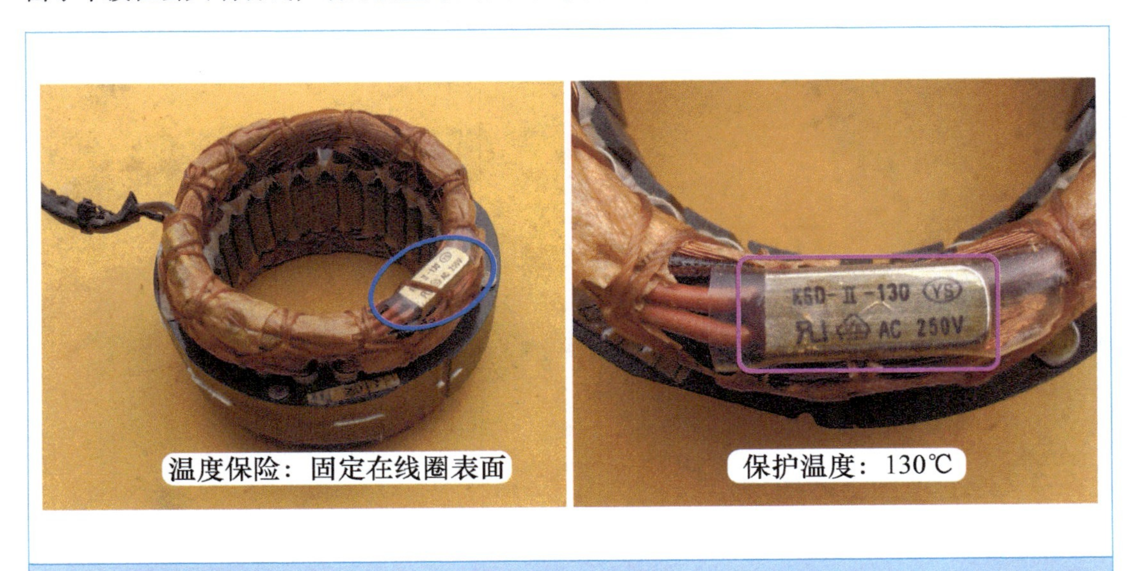

图 1-58 温度保险

第二章 Chapter 2

变频空调器专用元器件

第一节 主要元器件

主要元器件是变频空调器电控系统比较重要的电气元器件，在定频空调器电控系统中没有使用，由于工作时通过的电流比较大，相对容易损坏。本节将主要元器件集结为一节，对其作用、实物外形、测量方法等做简单说明。

一、电子膨胀阀

1. 安装位置

电子膨胀阀通常是垂直安装在室外机中，见图 2-1，其在制冷系统中的作用和毛细管相同，即降压节流和调节制冷剂流量。

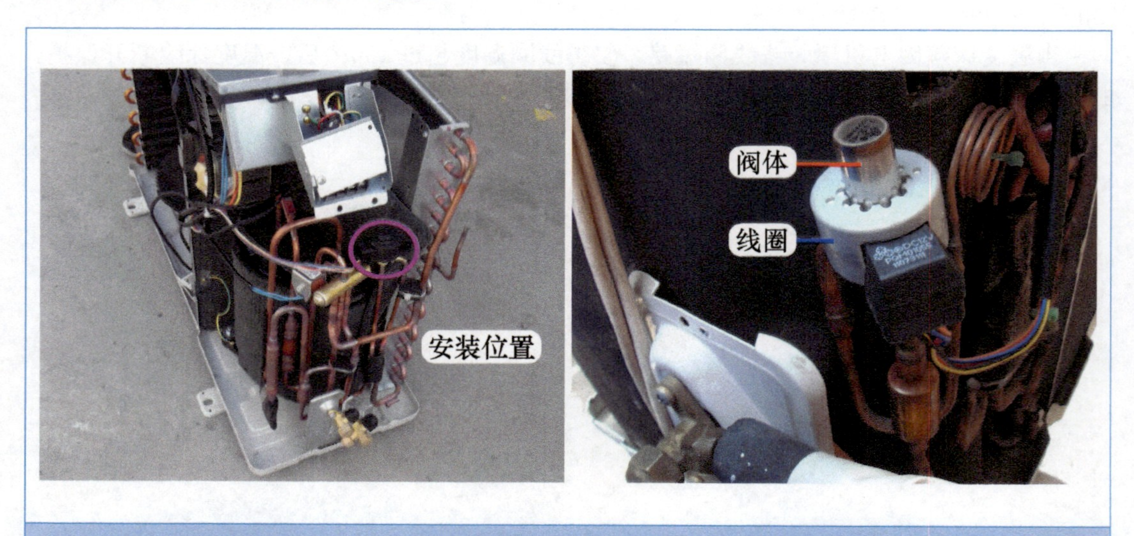

图 2-1　安装位置

2. 电子膨胀阀组件

见图 2-2，电子膨胀阀组件由线圈和阀体组成，线圈连接室外机电控系统，阀体连接制冷系统，其中线圈通过卡箍卡在阀体上面。

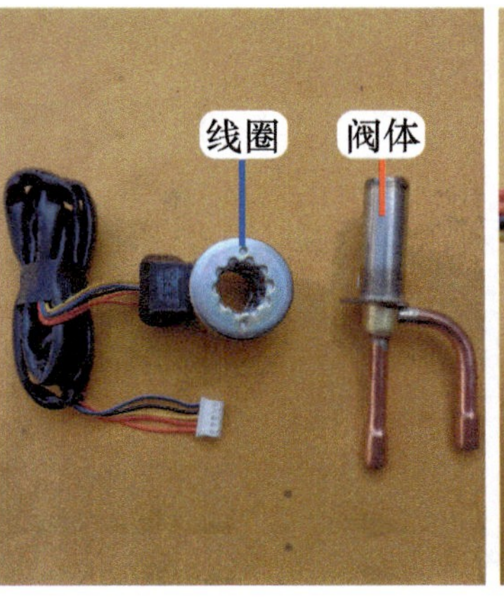

图 2-2　电子膨胀阀组件

3. 制冷剂流动方向

示例电子膨胀阀连接管道为 h 形，共有两根铜管与制冷系统连接。假定正下方的竖管称为 A 管，其连接二通阀；横管称为 B 管，其连接冷凝器出口。

制冷模式：制冷剂流动方向为 B → A，见图 2-3 左图，冷凝器流出低温高压液体，经毛细管和电子膨胀阀双重节流后变为低温低压液体，再经二通阀由连接管道送至室内机的蒸发器。

制热模式：制冷剂流动方向为 A → B，见图 2-3 右图，蒸发器（此时相当于冷凝器出口）流出低温高压液体，经二通阀送至电子膨胀阀和毛细管双重节流，变为低温低压液体，送至冷凝器出口（此时相当于蒸发器进口）。

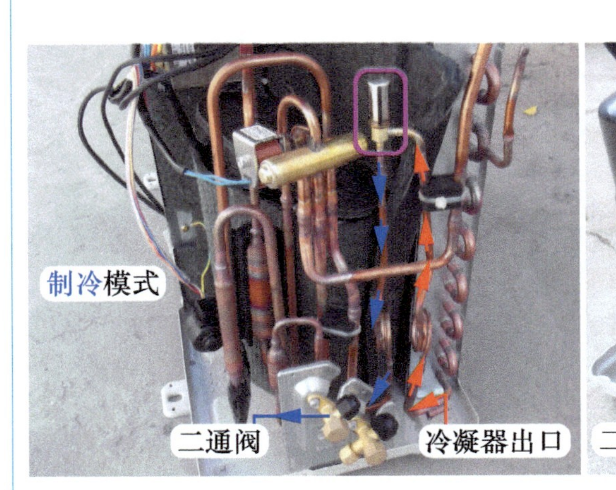

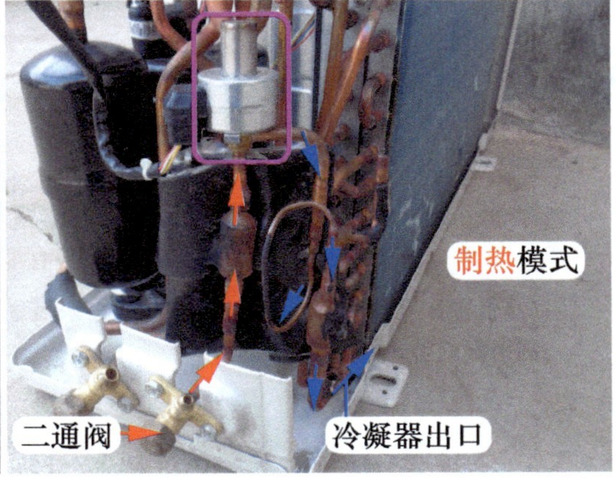

图 2-3　制冷剂流动方向

4. 内部结构

见图 2-4，阀体主要由转子、阀杆、底座组成，和线圈一起称为电子膨胀阀的四大部件。

线圈：相当于定子，将电控系统输出的电信号转换为磁场，从而驱动转子转动。

转子：由永磁铁构成，顶部连接阀杆，工作时接受线圈的驱动，做正转或反转的螺旋回转运动。

阀杆：通过中部的螺钉固定在底座上面。由转子驱动，工作时转子带动阀杆做上行或下行的直线运动。

底座：主要由黄铜组成，上方连接阀杆，下方引出两根管子连接制冷系统。

辅助部件设有限位器和圆筒铁皮。

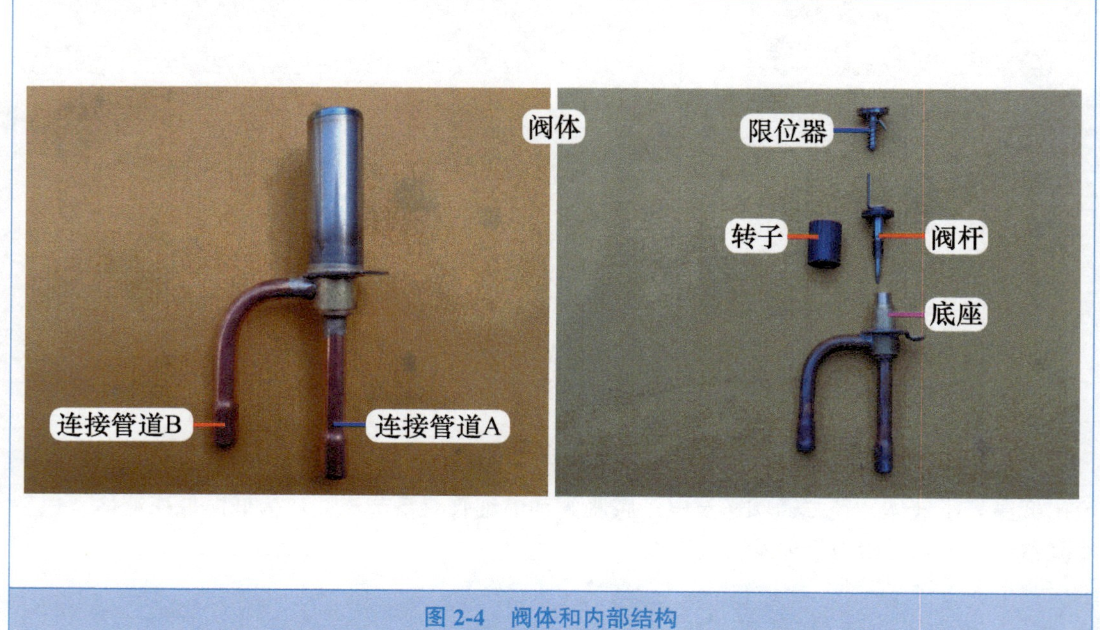

图 2-4　阀体和内部结构

二、PTC 电阻

1. 作用

PTC 电阻为正温度系数热敏电阻，阻值随温度上升而变大，与室外机主控继电器触点并联。室外机初次通电，主控继电器因无工作电压触点断开，交流 220V 电压通过 PTC 电阻对滤波电容充电，PTC 电阻通过电流时由于温度上升阻值也逐渐变大，从而限制了充电电流，防止由于电流过大造成硅桥损坏等故障。在室外机供电正常后，CPU 控制主控继电器触点闭合，PTC 电阻便不起作用。

2. 安装位置

PTC 电阻安装在室外机主板主控继电器附近，见图 2-5，引脚与继电器触点并联，外观为黑色的长方体电子元件，共有两个引脚。

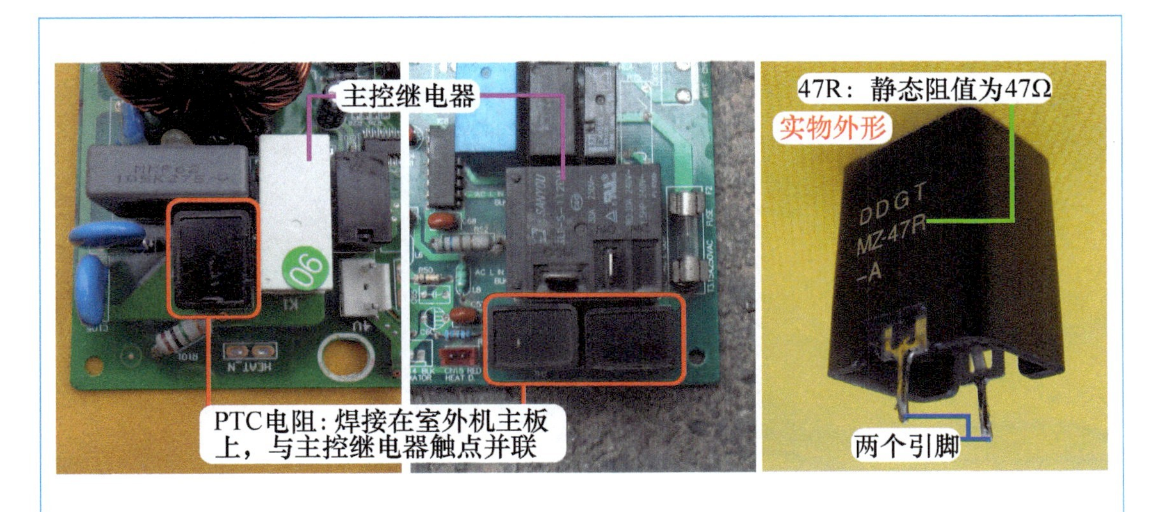

图 2-5 安装位置和实物外形

3. 外置式 PTC 电阻

早期空调器使用外置式 PTC 电阻，没有安装在室外机主板上面，见图 2-6，而是安装在室外机电控盒内，通过引线和室外机主板连接。外置式 PTC 电阻主要由 PTC 元件、绝缘垫片、接线端子、外壳和顶盖等组成。

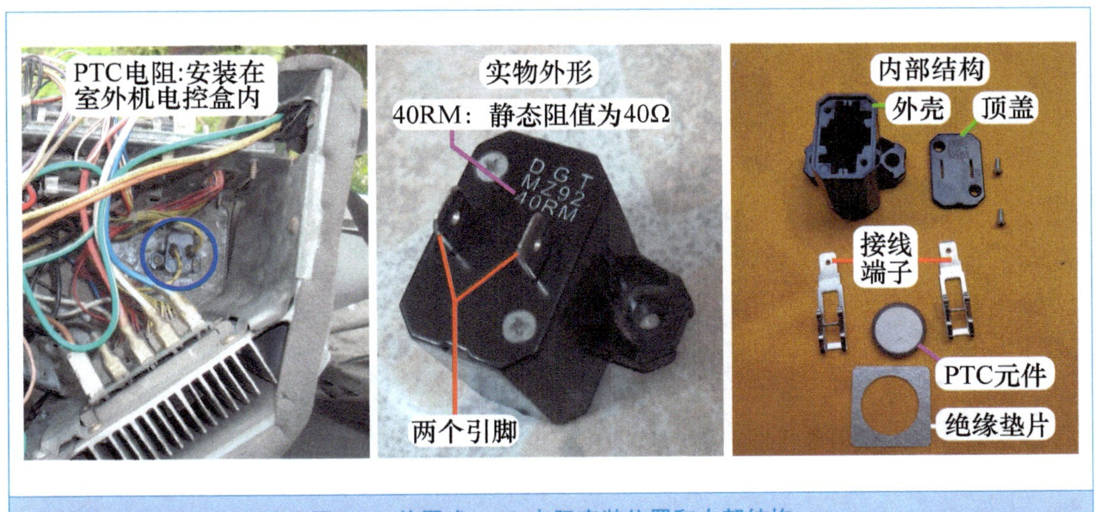

图 2-6 外置式 PTC 电阻安装位置和内部结构

4. 测量阻值

PTC 电阻使用型号通常为 25℃ /47Ω，见图 2-7 左图，常温下测量的阻值为 50Ω 左右，表面温度较高时测量的阻值为无穷大。常见为开路故障，即常温下测量阻值为无穷大。

由于 PTC 电阻两个引脚与室外机主控继电器两个触点并联，使用万用表电阻档，见图 2-7 右图，测量继电器的两个端子（触点）就相当于测量 PTC 电阻的两个引脚，实测阻值约为 50Ω。

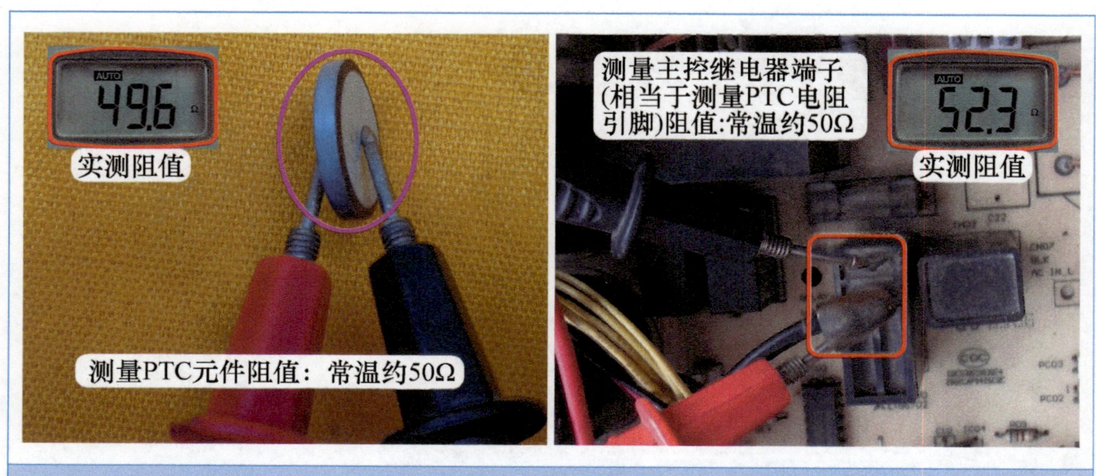

图 2-7　测量 PTC 电阻阻值

三、硅桥

1. 作用

硅桥内部为 4 个整流二极管组成的桥式整流电路，将交流 220V 电压整流成为脉动的直流 300V 电压。

由于硅桥工作时需要通过较大的电流，功率较大且有一定的热量，见图 2-8 左图，因此通常与模块一起固定在大面积的散热片上。

2. 分类

根据外观分类常见有 3 种：方形硅桥、扁形硅桥及 PFC 模块（内含硅桥）。

（1）方形硅桥

方形硅桥常用型号为 S25VB60，安装位置见图 2-8，通常为固定在散热片上面，通过引线连接电控系统，型号中的 25 含义为最大正向整流电流 25A，60 含义为最高反向工作电压 600V。

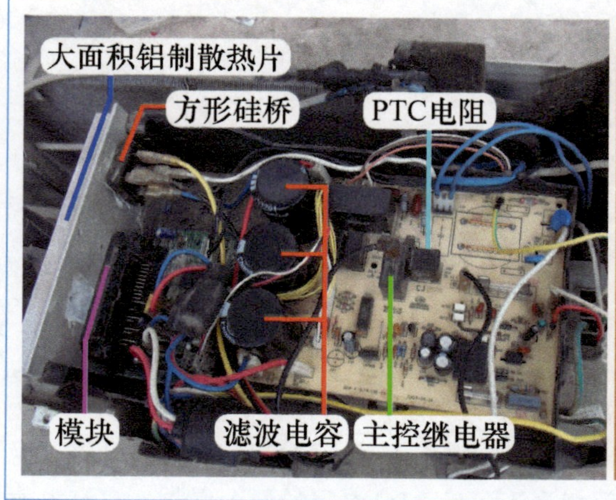

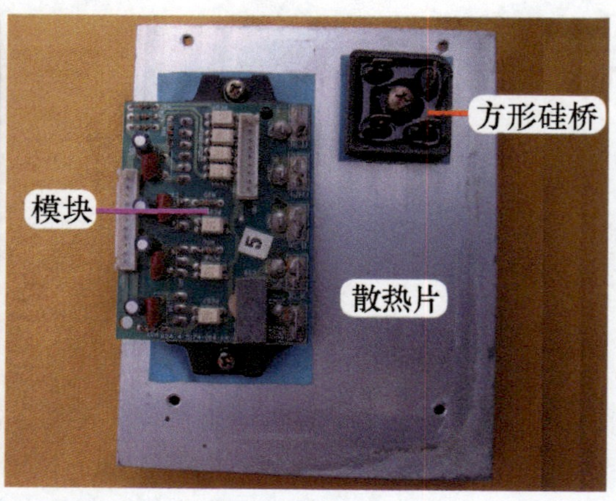

图 2-8　方形硅桥

（2）扁形硅桥

扁形硅桥常用型号为 D15XB60，安装位置见图 2-9，通常焊接在室外机主板上面，型号中的 15 含义为最大正向整流电流 15A，60 含义为最高反向工作电压 600V。

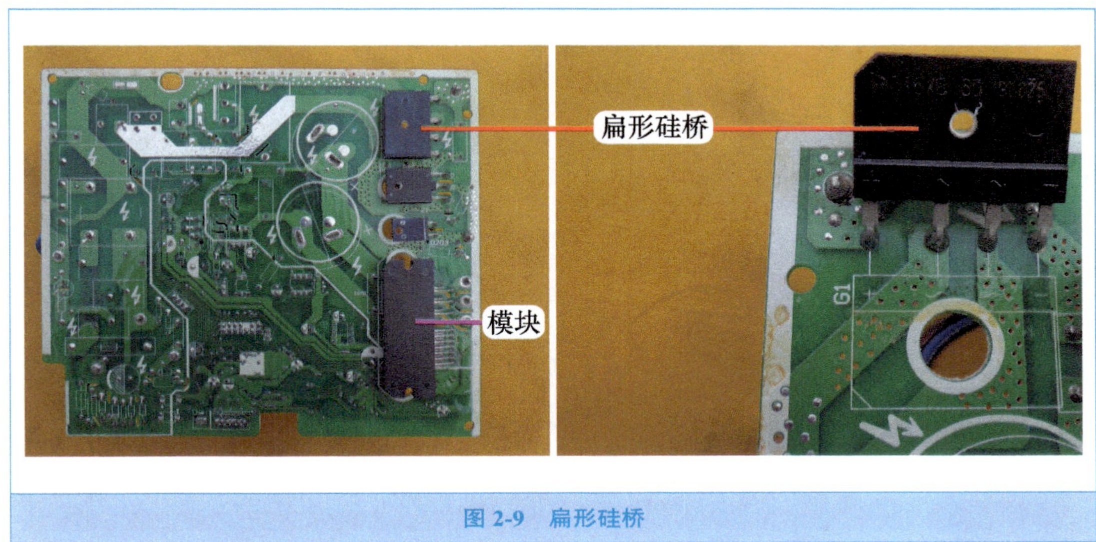

图 2-9　扁形硅桥

（3）PFC 模块（内含硅桥）

目前变频空调器电控系统中还有一种设计方式，见图 2-10，就是将硅桥和 PFC 电路集成在一起，组成 PFC 模块，和驱动压缩机的变频模块设计在一块电路板上，因此在此类空调器中，找不到通常意义上的硅桥。

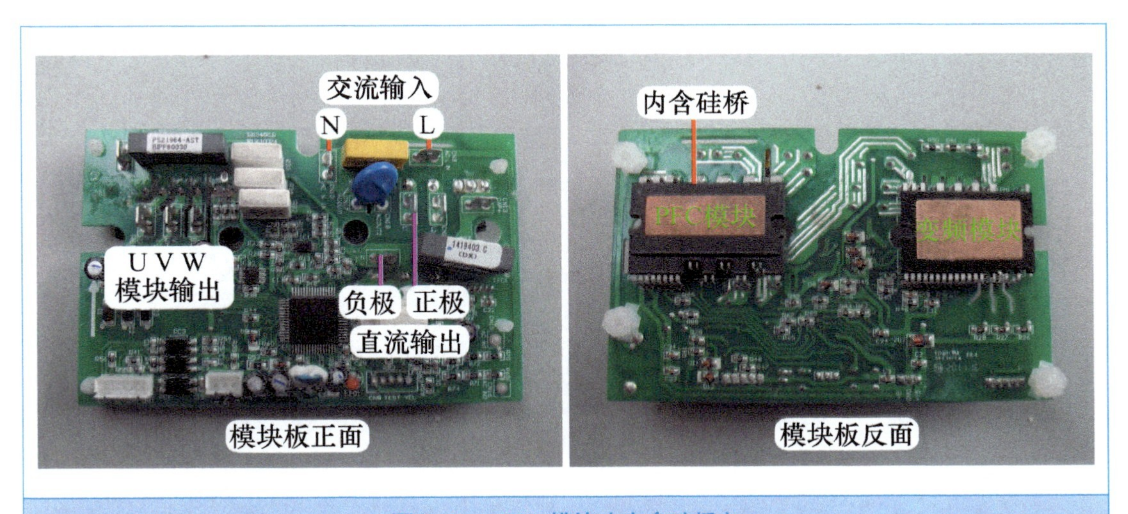

图 2-10　PFC 模块（内含硅桥）

3. 引脚功能和辨认方法

硅桥共有 4 个引脚，分别为两个交流输入端和两个直流输出端。两个交流输入端接交流 220V，使用时没有极性之分。两个直流输出端中的正极经滤波电感接滤波电容正极，负极直接与滤波电容负极相连。

方形硅桥：见图 2-11 左图，其中的 1 角有豁口，对应引脚为直流正极，对角线引脚为直流负极，其他两个引脚为交流输入端（使用时不分极性）。

扁形硅桥：见图 2-11 右图，其中 1 角有 1 个豁口，对应引脚为直流正极，中间两个引脚为交流输入端，最后一个引脚为直流负极。

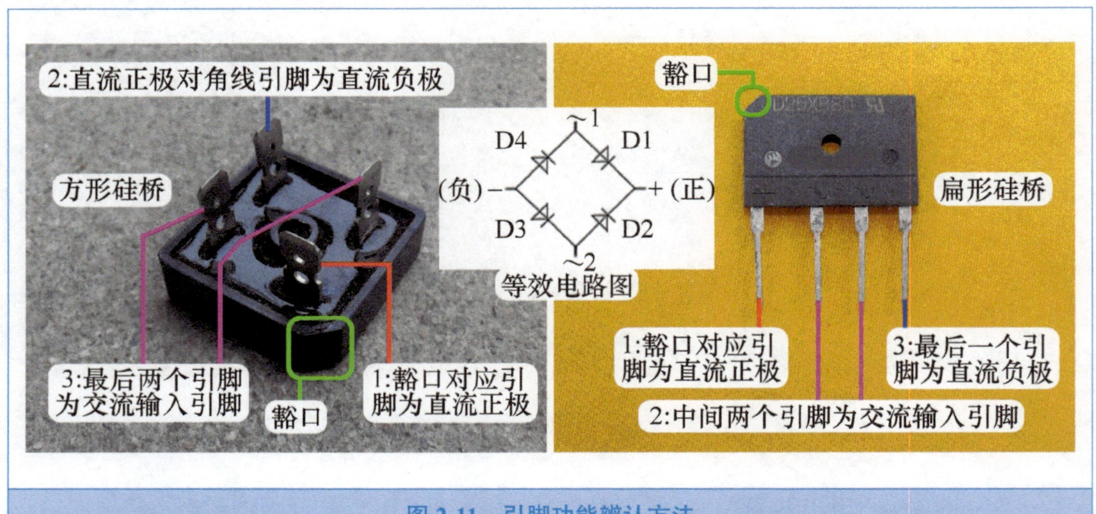

图 2-11　引脚功能辨认方法

4. 测量硅桥

硅桥内部为 4 个大功率的整流二极管，测量时应使用万用表二极管档。

（1）测量正、负端子

相当于测量串联的 D1 和 D4（或串联的 D2 和 D3）。

红表笔接正、黑表笔接负，为反向测量，见图 2-12 左图，结果为无穷大。

红表笔接负、黑表笔接正，为正向测量，见图 2-12 右图，结果为 823mV。

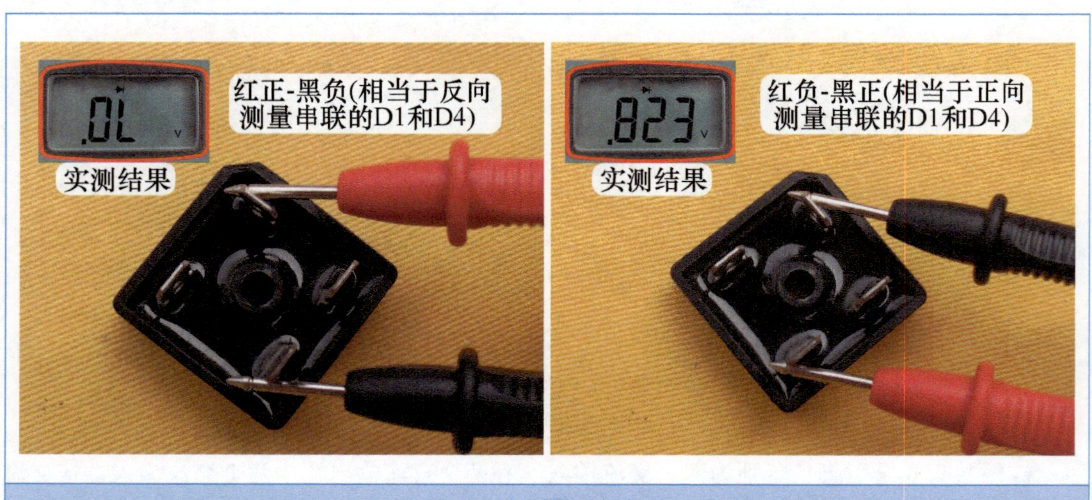

图 2-12　测量正、负端

（2）测量正端及两个交流输入端

测量过程见图 2-13，相当于测量 D1、D2。

红表笔接正、黑表笔接交流输入端，为反向测量，两次结果相同，应均为无穷大。

红表笔接交流输入端、黑表笔接正，为正向测量，两次结果相同，均为 452mV。

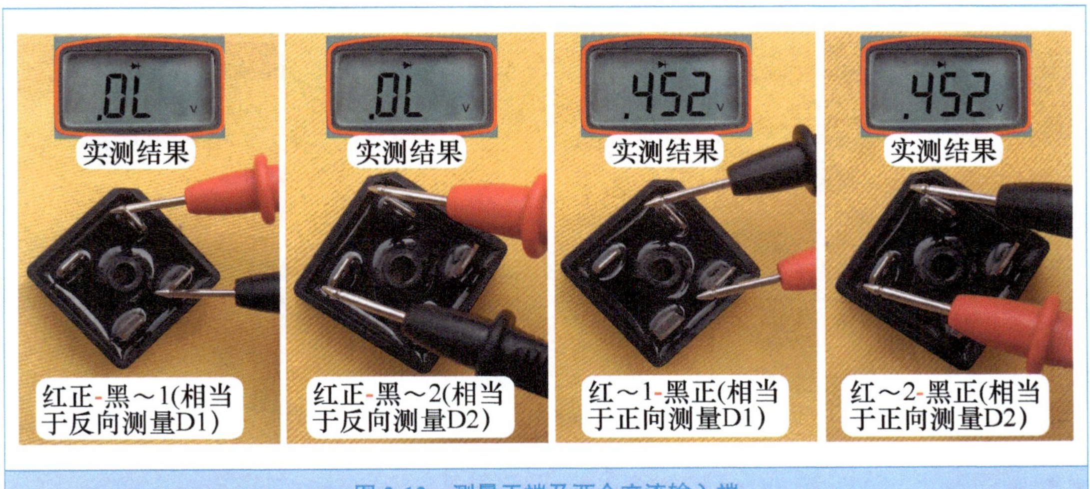

图 2-13　测量正端及两个交流输入端

（3）测量负端及两个交流输入端

测量过程见图 2-14，相当于测量 D3、D4。

红表笔接负、黑表笔接交流输入端，为正向测量，两次结果相同，均为 452mV。

红表笔接交流输入端、黑表笔接负，为反向测量，两次结果相同，均为无穷大。

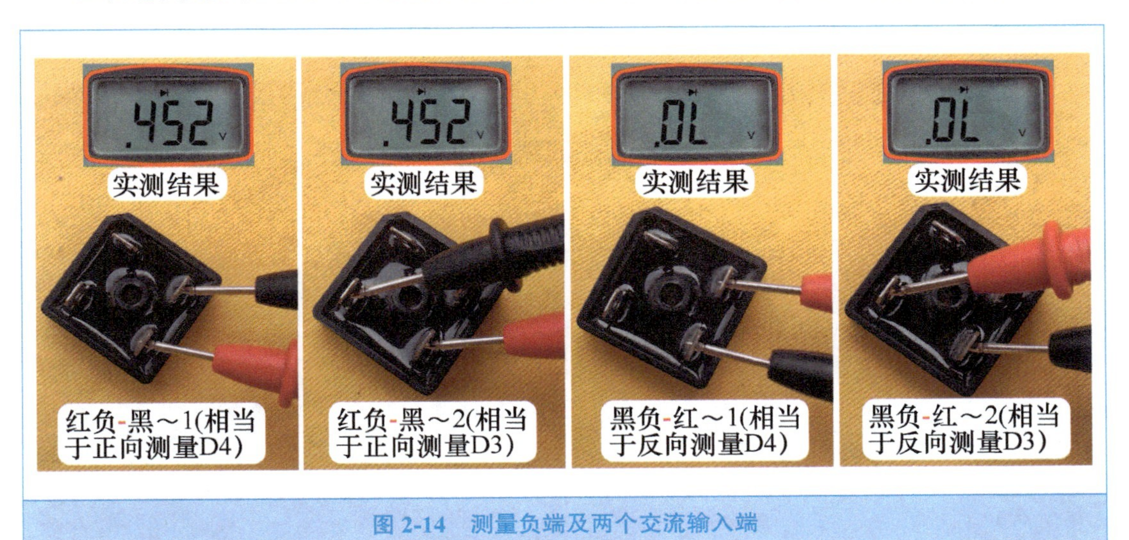

图 2-14　测量负端及两个交流输入端

（4）测量交流输入端 ~1、~2

相当于测量反方向串联的 D1 和 D2（或 D3 和 D4），见图 2-15，由于为反方向串联，因此两次测量结果应均为无穷大。

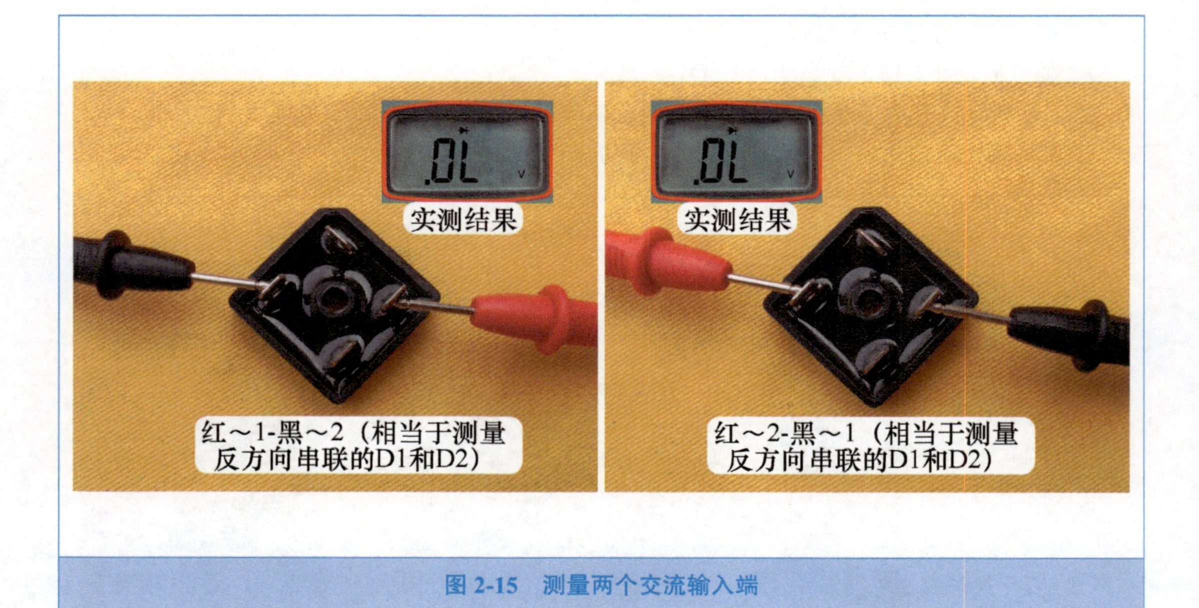

图 2-15　测量两个交流输入端

四、　滤波电感

1. 作用和实物外形

根据电感线圈“通直流、隔交流”的特性，阻止由硅桥整流后直流电压中含有的交流成分通过，使输送滤波电容的直流电压更加平滑、纯净。

滤波电感实物外形见图 2-16，将较粗的电感线圈按规律绕制在铁心上，即组成滤波电感。电感只有两个接线端子，没有正反之分。

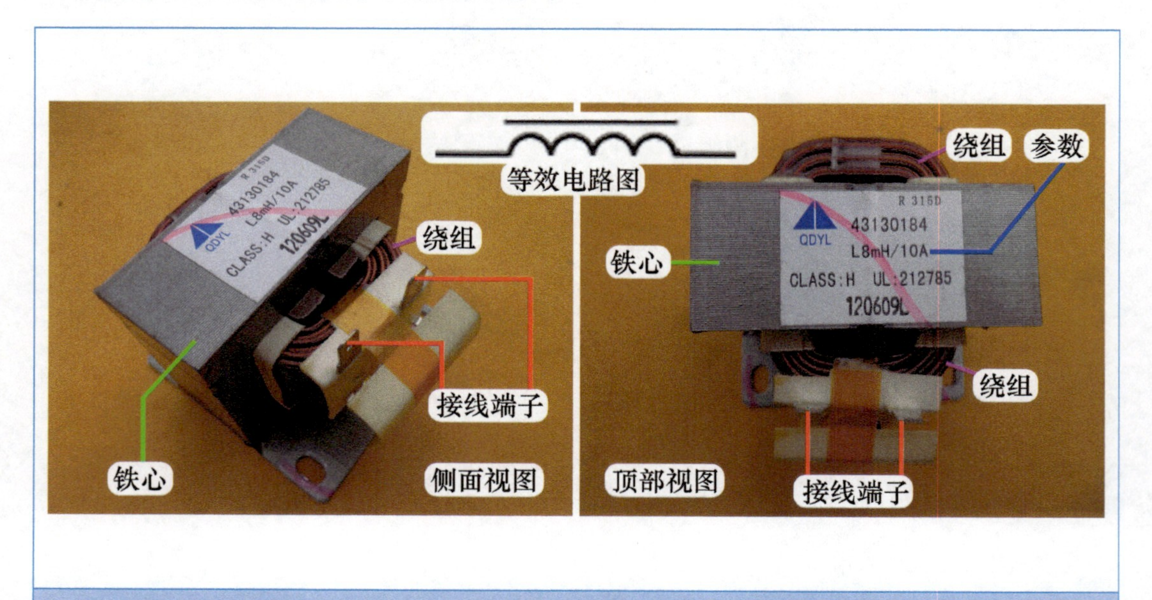

图 2-16　滤波电感

2. 安装位置

滤波电感通电时会产生电磁频率，且自身较重容易产生噪声，为防止对主板控制电路产生干扰，见图 2-17 左图，早期的空调器通常将滤波电感设计在室外机底座上面。

由于滤波电感安装在底座上容易因化霜水浸泡出现漏电故障，见图 2-17 中图和右图，目前的空调器通常将滤波电感设计在挡风隔板的中部或电控盒的顶部。

图 2-17　安装位置

3. 测量方法

测量滤波电感的阻值时，使用万用表电阻档，见图 2-18 左图，实测阻值约为 1Ω（0.3Ω）。

早期空调器因滤波电感位于室外机底部，且外部有铁壳包裹，直接测量其接线端子不是很方便，见图 2-18 右图，检修时可以测量两个连接引线的插头阻值，实测约为 1Ω（0.2Ω）。如果实测阻值为无穷大，应检查滤波电感上的引线插头是否正常。

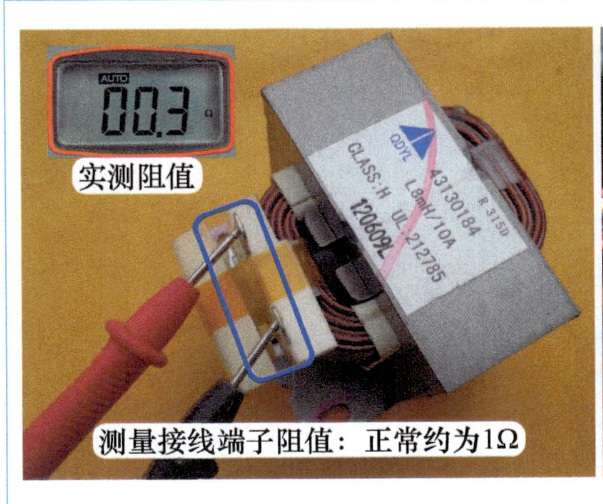

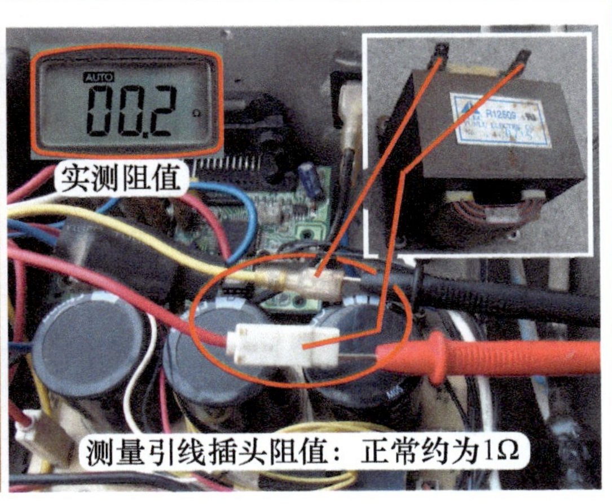

图 2-18　测量阻值

4. 常见故障

① 早期滤波电感安装在室外机底部，在制热模式下化霜过程中产生的化霜水易将其浸泡，一段时间之后（安装 5 年左右），引起绝缘阻值下降，通常低于 2MΩ 时，会出现空调器接通电源之后，断路器（俗称空气开关）跳闸的故障。

② 由于绕制滤波电感绕组的线径较粗，很少有开路损坏的故障。而其工作时通过的电流较大，接线端子处容易产生热量，将连接引线烧断而出现室外机无供电的故障。

五、滤波电容

1. 作用

滤波电容实际为容量较大（约 2000μF）、耐压较高（约直流 400V）的电解电容。根据电容“通交流、隔直流”的特性，对滤波电感输送的直流电压再次滤波，将其中含有的交流成分直接入地，使供给模块 P、N 端的直流电压平滑、纯净，不含交流成分。

2. 引脚作用

滤波电容共有两个引脚，分别是正极和负极。正极接模块 P 端子，负极接模块 N 端子，负极引脚对应有“｜”状标志。

3. 分类

按电容个数分类，有两种形式，即单个电容或几个电容并联组成。

（1）单个电容

见图 2-19，由 1 个耐压 400V、容量为 2500μF 左右的电解电容，对直流电压滤波后为模块供电，常见于早期生产的挂式变频空调器或目前的柜式变频空调器，电控盒内设有专用安装位置。

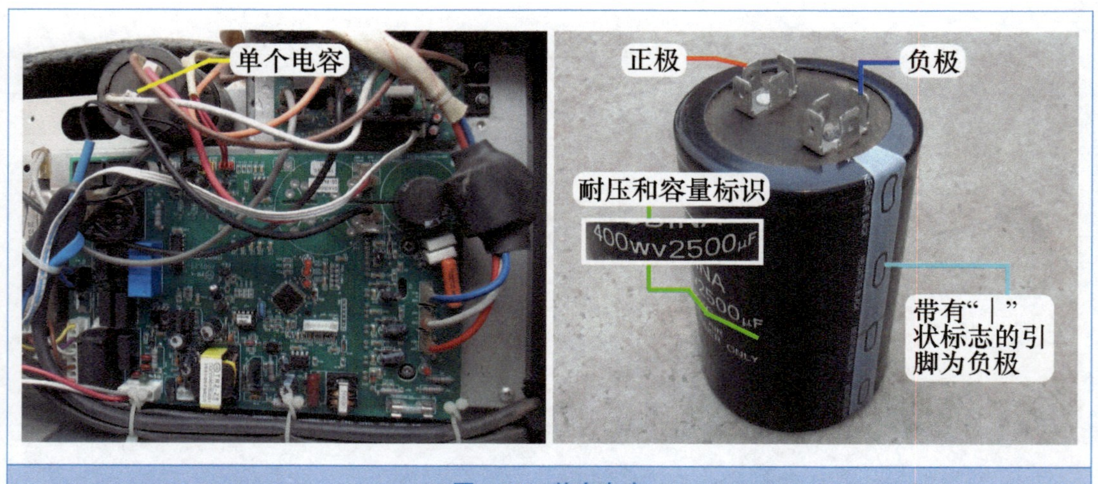

图 2-19　单个电容

（2）多个电容并联

由 2~4 个耐压 450V、容量为 680μF 左右的电解电容并联组成，对直流电压滤波后为模块供电，总容量为单个电容标注容量相加，见图 2-20。此形式常见于目前生产的变频空调器，直接焊在室外机主板上。

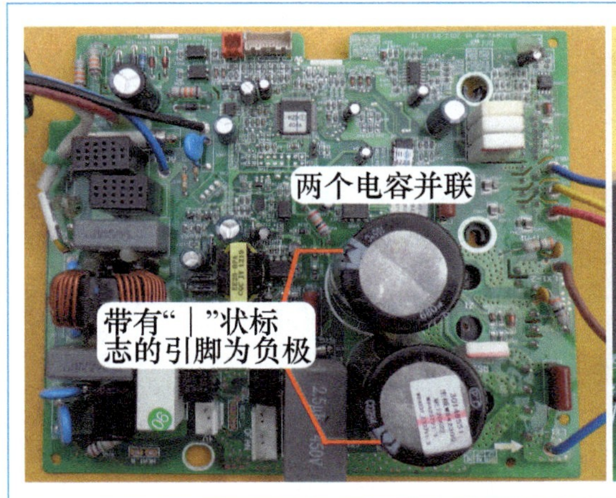

图 2-20　电容并联

六、直流电机

1. 作用

直流电机应用在全直流变频空调器的室内风机和室外风机，见图 2-21，作用与安装位置和普通定频空调器室内机的室内风机（PG 电机）、室外机的室外风机（轴流电机）相同。

室内直流风机带动室内风扇（贯流风扇）运行，制冷时将蒸发器产生的冷量输送到室内，降低房间温度。

室外直流风机带动室外风扇（轴流风扇）运行，制冷时将冷凝器产生的热量排放到室外，吸入自然空气为冷凝器降温。

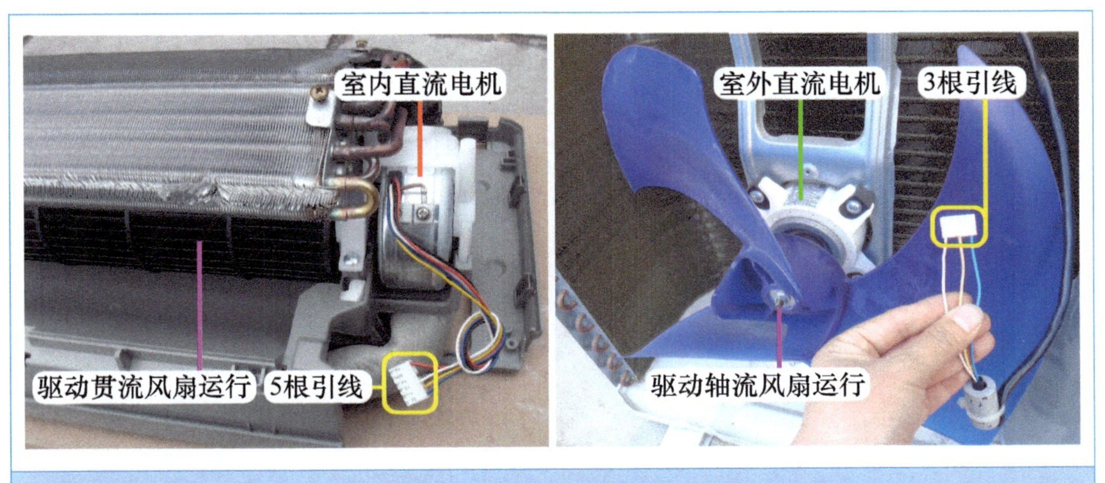

图 2-21　室内和室外直流风机安装位置

2. 分类

直流电机和交流电机最主要的区别有两点，一是直流电机供电电压为直流 300V，二是转子为永磁铁，直流电机也称为无刷直流电机。

目前直流电机根据引线常分为两种类型，一种为5根引线，一种为3根引线。5根引线的直流电机应用在早期和目前的全直流变频空调器上，3根引线的直流电机应用在目前的全直流变频空调器上。

3. 剖解5根引线直流电机

由于5根引线室内直流电机和室外直流电机的内部结构基本相同，本小节以室内风机使用的直流电机为例，介绍内部结构等知识。

（1）实物外形和组成

见图2-22左图，示例电机由松下公司生产，型号为ARW40N8P30MS，8极（实际转速约为750 r/min），功率为30W，供电为直流280~340V。

见图2-22右图，直流电机由上盖、转子（含上轴承、下轴承）、定子（内含线圈和下盖）、控制电路板（主板）组成。

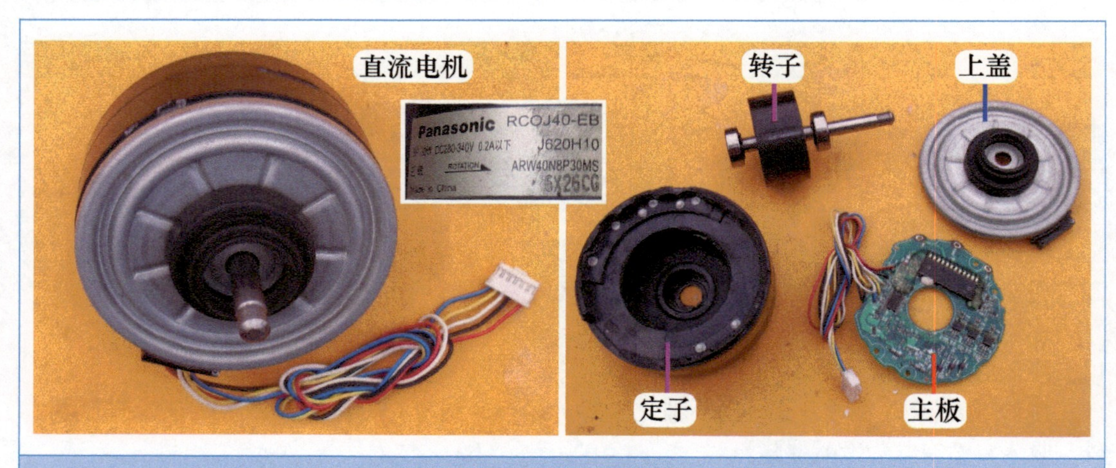

图2-22 实物外形和组成

（2）转子组件

见图2-23，转子主要由主轴、转子、上轴承、下轴承等组成。直流电机的转子和交流电机的转子不同的地方是，其由永久磁铁构成，表面有很强的吸力，将螺钉旋具放在上面，能将铁杆部分紧紧地吸住。

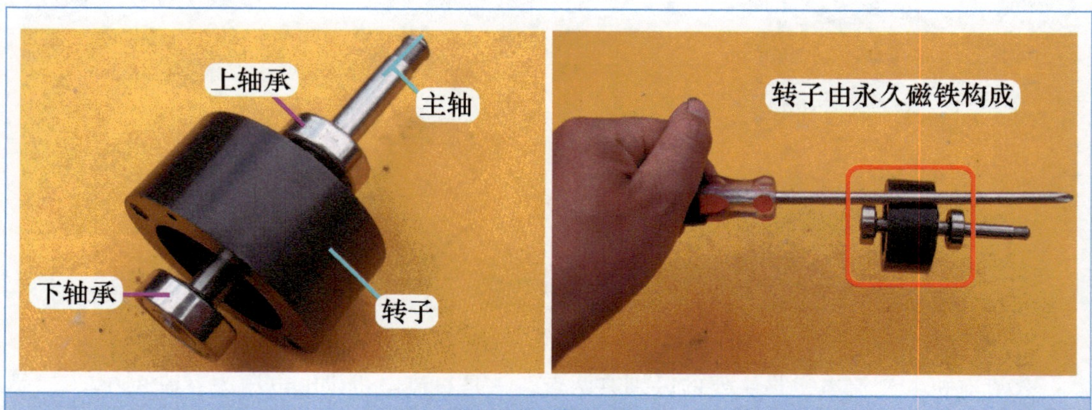

图2-23 转子组件

（3）定子组件

定子组件由定子和下盖组成，并塑封为一体，见图 2-24。线圈塑封固定在定子内部，从外面看不到线圈，只能看到接线端子；下盖设有轴承孔，安装转子组件中的下轴承，将转子安装到下轴承孔时，转子的磁铁部分和定子在高度上相对应。

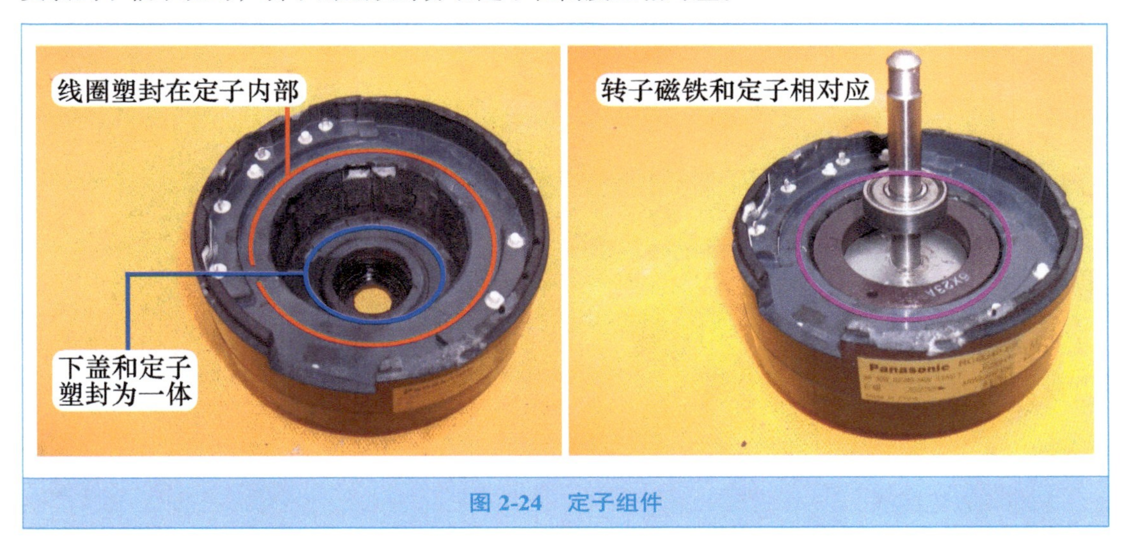

图 2-24 定子组件

线圈塑封在定子内部，共引出 4 个接线端子，见图 2-25 左图，分别为线圈的中点、U、V、W。U-V-W 和电机内部主板的模块上的 U-V-W 对应连接，中点接线端子和主板不相连，相当于空闲的端子。

测量线圈的阻值时，使用万用表电阻档，测量 U 和 V、U 和 W、V 和 W 的 3 次阻值应相等，见图 2-25 右图，实测约为 80Ω。

图 2-25 接线端子和测量线圈阻值

（4）主板

电机内部设有主板，见图 2-26，主要由控制电路集成块、3 个驱动电路集成块、1 个模块、1 束连接线（共 5 根引线）组成。

主要元件均位于主板正面，反面只设有简单的贴片元件。由于模块运行时热量较大，其表面涂有散热硅脂，紧贴在上盖，由上盖的铁壳为模块散热。

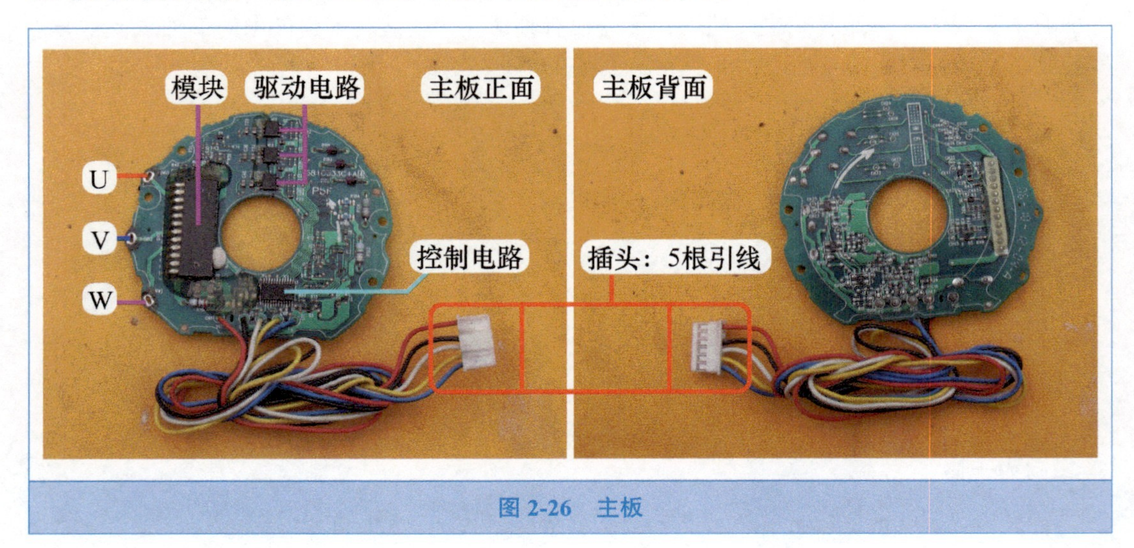

图 2-26　主板

（5）5 根连接线

见图 2-27，无论是室内直流电机或室外直流电机，插头均只有 5 根连接线，插头 1 端连接电机内部的主板，插头另 1 端和室内机或室外机主板相连，为电控系统构成通路。

图 2-27　5 根连接线

连接线的作用见图 2-28。

①号红线 VDC：直流 300V 电压正极引线，和②号黑线直流地组合成为直流 300V 电压，为主板内模块供电，其输出电压驱动电机线圈。

②号黑线 GND：直流电压 300V 和 15V 的公共端地线。

③号白线 VCC：直流 15V 电压正极引线，和②号黑线直流地组合成为直流 15V 电压，为主板的弱信号控制电路供电。

④号黄线 VSP：驱动控制引线，室内机或室外机主板 CPU 输出的转速控制信号，由驱动控制引线送至电机内部的控制电路，控制电路处理后驱动模块可改变电机转速。

⑤号蓝线 FG：转速反馈引线，直流电机运行后，内部主板输出实时的转速信号，由转速反馈引线送到室内机或室外机主板，供 CPU 分析判断，并与目标转速相比较，使实际转速和目标转速相对应。

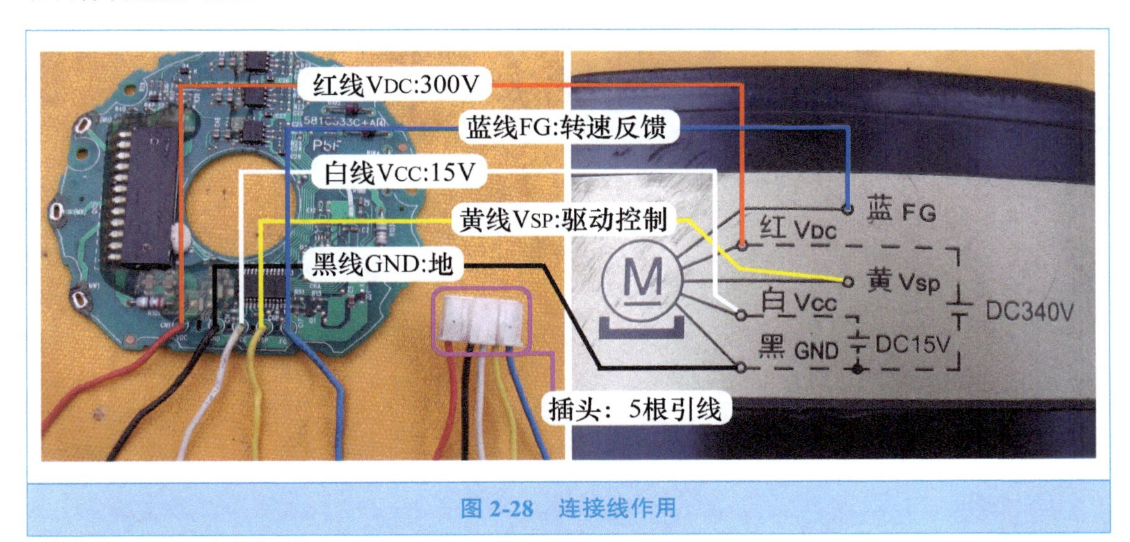

图 2-28　连接线作用

4. 3 根引线直流电机

（1）实物外形和铭牌

目前全直流变频空调器还有 1 种形式，就是使用 3 根引线的直流电机，用来驱动室内或室外风扇。见图 2-29，示例电机由通达电机有限公司生产，型号为 WZDK34-38G-W，（驱动线圈的模块）供电为直流 280V，功率为 34W，8 极，理论转速为 1000r/min，其连接线只有 3 根，分别为蓝线 U、黄线 V、白线 W，引线功能标识为 U-V-W，和压缩机连接线功能相同，说明电机内部只有线圈（绕组）。

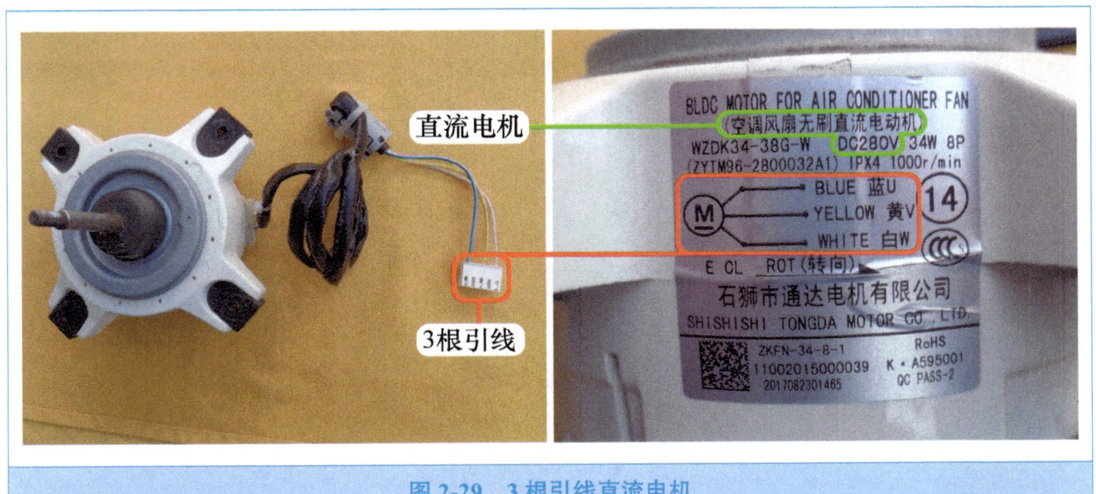

图 2-29　3 根引线直流电机

（2）风机模块设计位置

由于电机内部只有线圈（绕组），见图 2-30，将驱动线圈的模块设计在室外机主板（或室内机主板）上，风机模块可分为单列或双列封装（根据型号可分为无散热片自然散热和散热片散热），相对应驱动电路也设计在主板上。

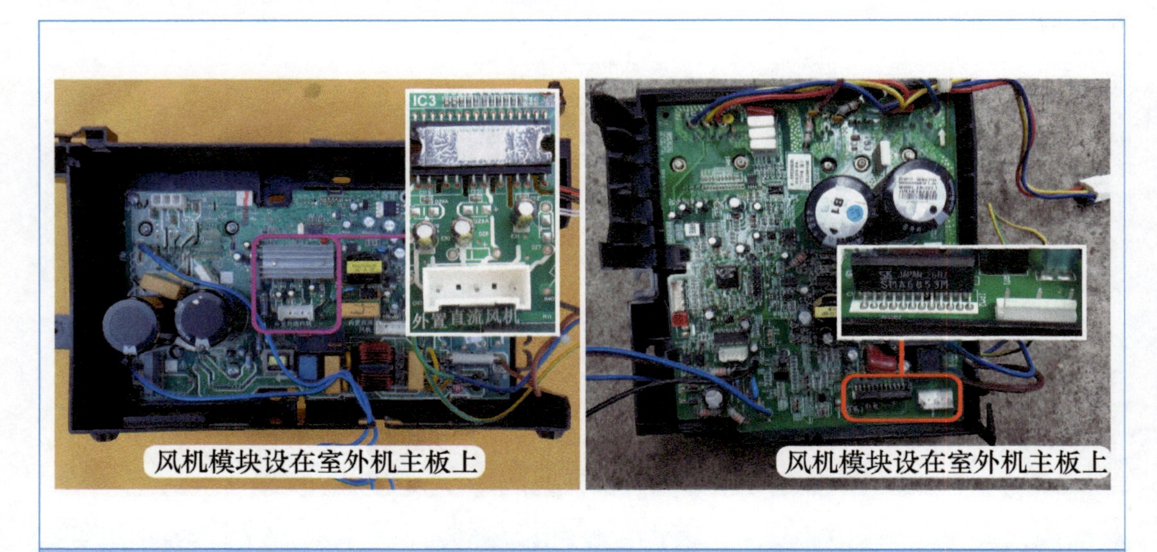

图 2-30　风机模块设计位置

（3）测量线圈阻值

测量 3 引线直流电机线圈阻值时，使用万用表电阻档，见图 2-31，表笔接蓝线 U 和黄线 V 测量阻值约为 66Ω，蓝线 U 和白线 W 阻值约为 66Ω，黄线 V 和白线 W 阻值约为 66Ω。根据 3 次测量阻值结果均相等，可发现和测量变频压缩机线圈方法相同。

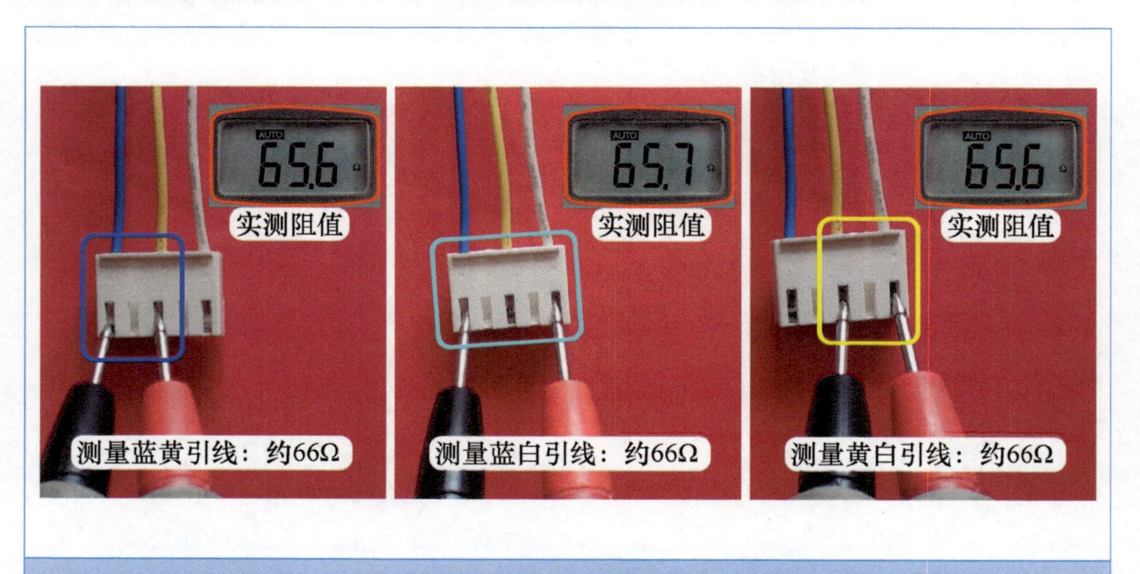

图 2-31　测量直流电机线圈阻值

第二节 模 块

IPM 为智能功率模块（简称模块），是变频空调器电控系统中最重要的元器件之一，也是故障率较高的一个元件，属于电控系统主要元器件之一，由于知识点较多，因此单设一节进行详细说明。

一、基础知识

1. 模块板组件

（1）接线端子

图 2-32 左图为海尔早期某款交流变频空调器使用的模块板组件，主要接线端子功能如下：

ACL 和 ACN：共两个端子，为交流 220V 输入，接室外机主板的交流 220V。

RO 和 RI：共两个端子，接外置的滤波电感。

N－和 P+：共两个端子，接外置的滤波电容。

U、V、W：共 3 个端子为输出，接压缩机线圈。

右下角白色插座共 4 个引针为信号传送，接室外机主板，使室外机主板 CPU 控制模块板组件以驱动压缩机运行。

从图 2-32 右图可以看出，用于驱动压缩机的 IGBT，使用分立元件形式。

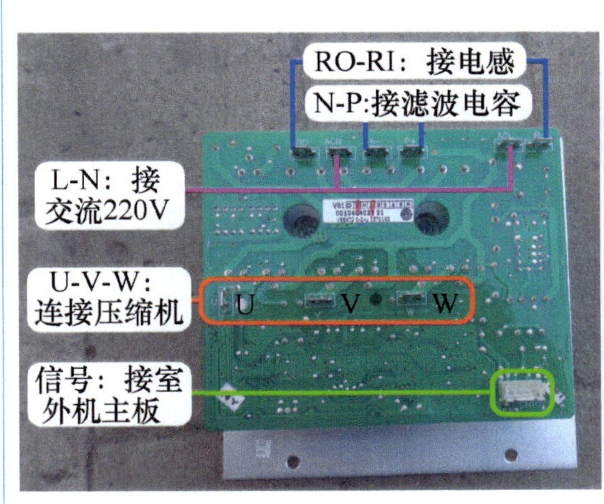

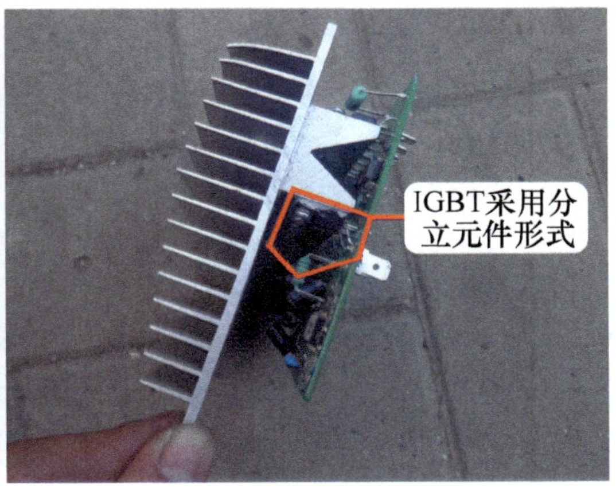

图 2-32 早期模块板组件

（2）单元电路

取下模块板组件的散热片，查看电路板单元电路，见图 2-33，主要由以下几个单元电路组成：整流电路（整流硅桥）、PFC 电路（改善电源功率因数）、电流检测电路、开关电源电路（提供直流 15V、3.3V 等电压）、控制电路（模块板组件 CPU）、驱动电路（驱动 IGBT）、6 个 IGBT 等电路组成。

由于分立元件形式的 IGBT 开关管故障率和成本均较高，且体积较大，如果将 6 个 IGBT、驱动电路、电流检测等电路单独封装在一起，见图 2-33 右图，即组成常见的 IPM。

➡ 说明：图 2-33 左图中，控制电路使用的集成块为东芝公司生产的微处理器，型号为 TMG88CH40MG；驱动电路使用的集成块为 IR 公司生产，型号为 2136S，功能是 3 相桥式驱动器，用于驱动 6 个 IGBT。

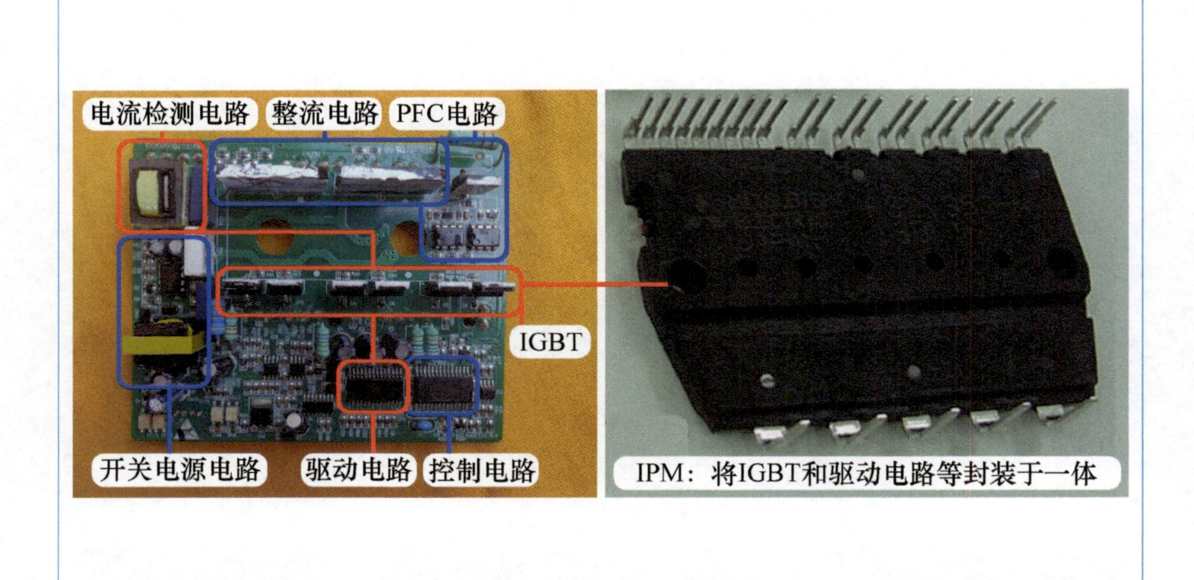

图 2-33　分立元件模块板组件和 IPM

（3）IGBT

模块内部开关管方框简图见图 2-34，实物图见图 2-35。模块最核心的部件是 IGBT，压缩机有 3 个接线端子，模块需要 3 组独立的桥式电路，每组桥式电路由上桥和下桥组成，因此模块内部共设有 6 个 IGBT，分别称为 U 相上桥（U+）和下桥（U-）、V 相上桥（V+）和下桥（V-）、W 相上桥（W+）和下桥（W-），由于工作时需要通过较大的电流，6 个 IGBT 固定在面积较大的散热片上面。

图 2-35 中 IGBT 型号为东芝 GT20J321，为绝缘栅双极型晶体管，共有 3 个引脚，从左到右依次为 G（门极）、C（集电极或称为漏极 D）、E（发射极或称为源极 S），内部 C 极和 E 极并联有续流二极管。

室外机 CPU（或控制电路）输出的 6 路信号（弱电），经驱动电路放大后接 6 个 IGBT 的门极，3 个上桥的集电极接直流 300V 的正极 P 端子，3 个下桥的发射极接直流 300V 的负极 N 端子，3 个上桥的发射极和 3 个下桥的集电极相通为中点输出，分别为 U、V、W 接压缩机线圈。

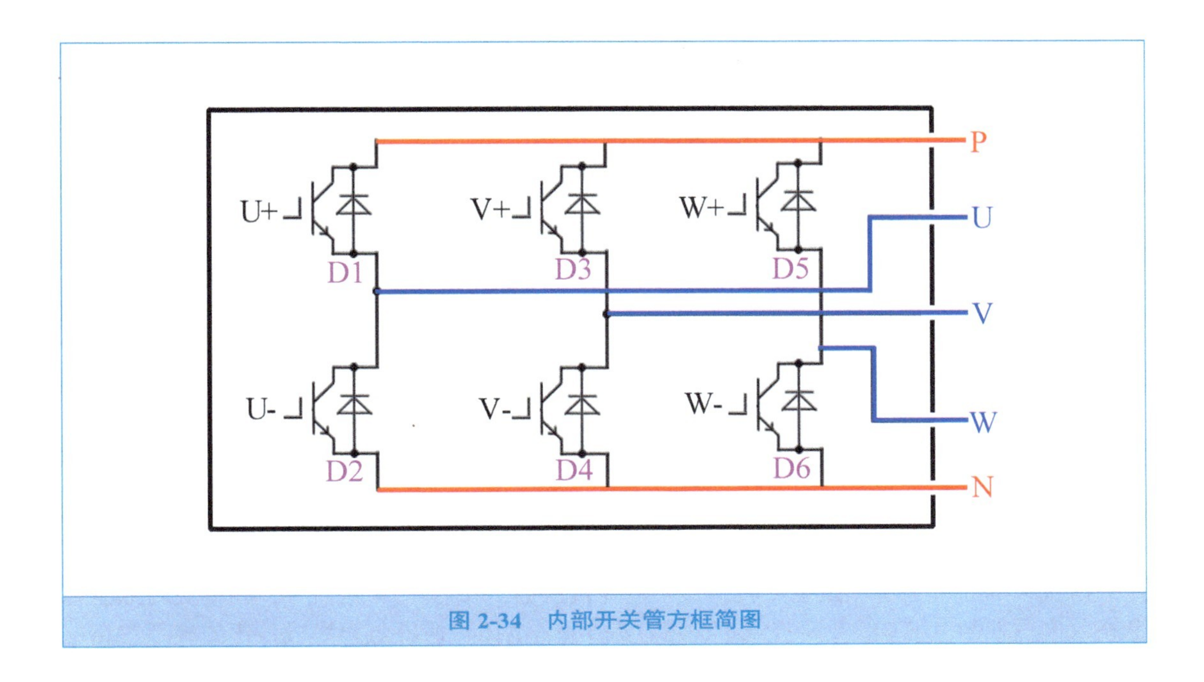

图 2-34 内部开关管方框简图

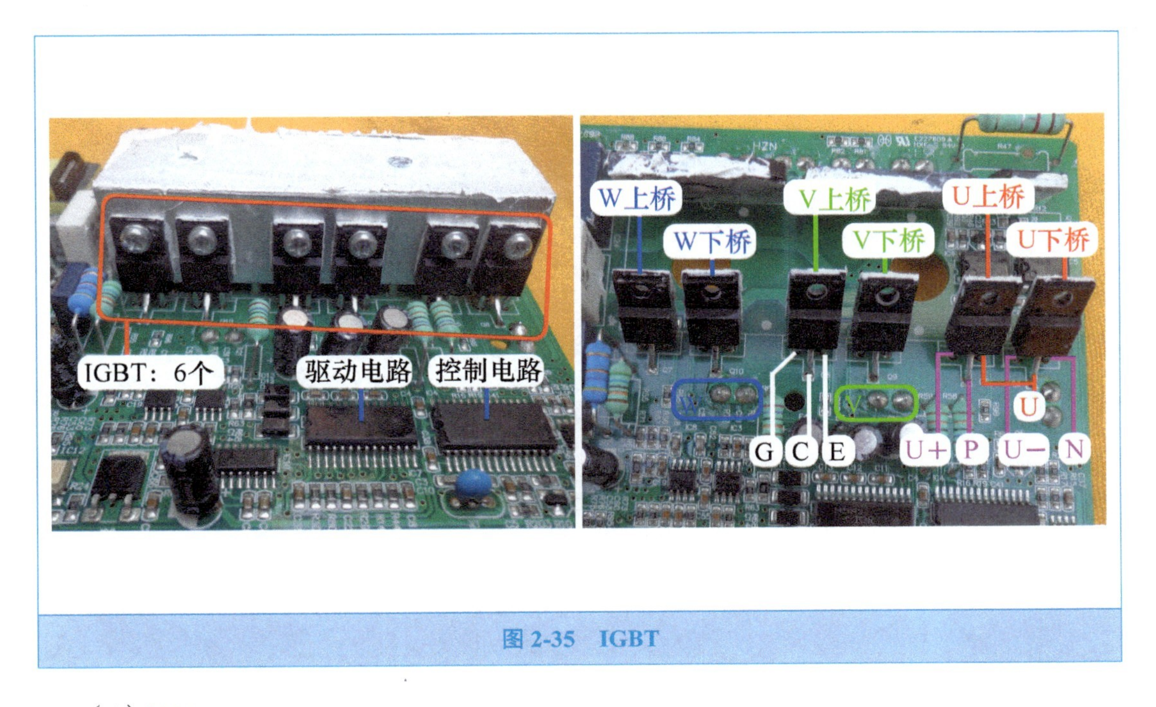

图 2-35 IGBT

（4）IPM

严格意义的 IPM 见图 2-36，是一种智能的模块，将 IGBT 连同驱动电路和多种保护电路封装在同一模块内，从而简化了设计，提高了稳定性。IPM 只有固定在外围电路的控制基板上，才能组成模块板组件。

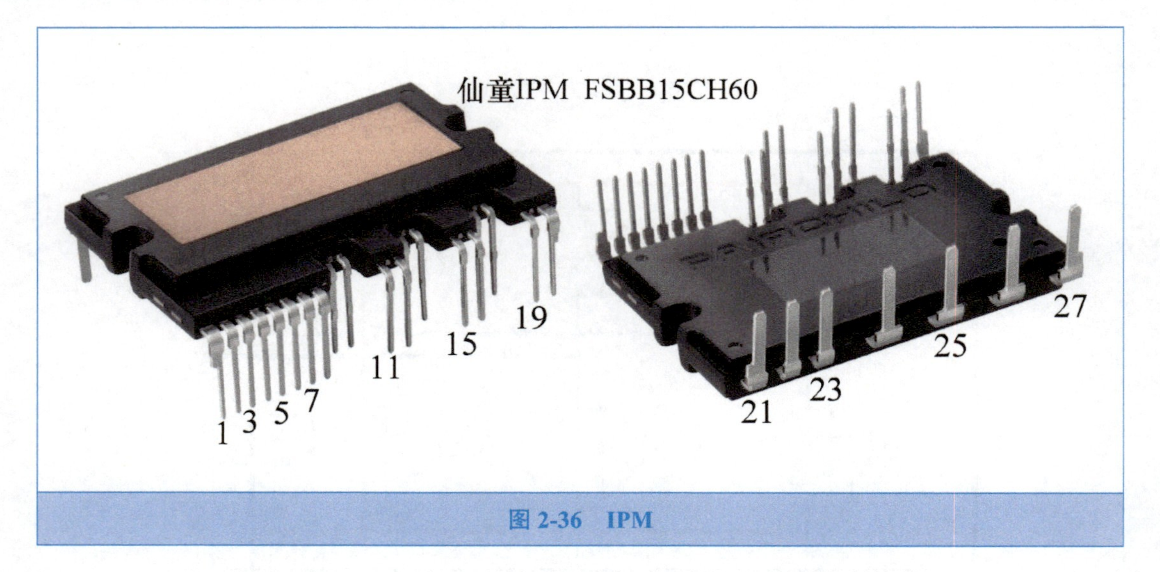

图 2-36 IPM

2. 工作原理

模块可以简单地看作是电压转换器。室外机主板 CPU 输出 6 路信号，经模块内部驱动电路放大后控制 IGBT 的导通与截止，将直流 300V 电压转换成与频率成正比的模拟三相交流电（交流 30~220V、频率 15~120Hz），驱动压缩机运行。

三相交流电压越高，压缩机转速及输出功率也越高（即制冷效果越好）；反之，三相交流电压越低，压缩机转速及输出功率也就越低（即制冷效果越差）。三相交流电压的高低由室外机 CPU 输出的 6 路信号决定。

3. 安装位置

由于模块工作时会产生很高的热量，因此设有面积较大的铝制散热片，并固定在上面，见图 2-37，模块设计在室外机电控盒内侧，室外风扇运行时带走铝制散热片表面的热量，间接为模块散热。

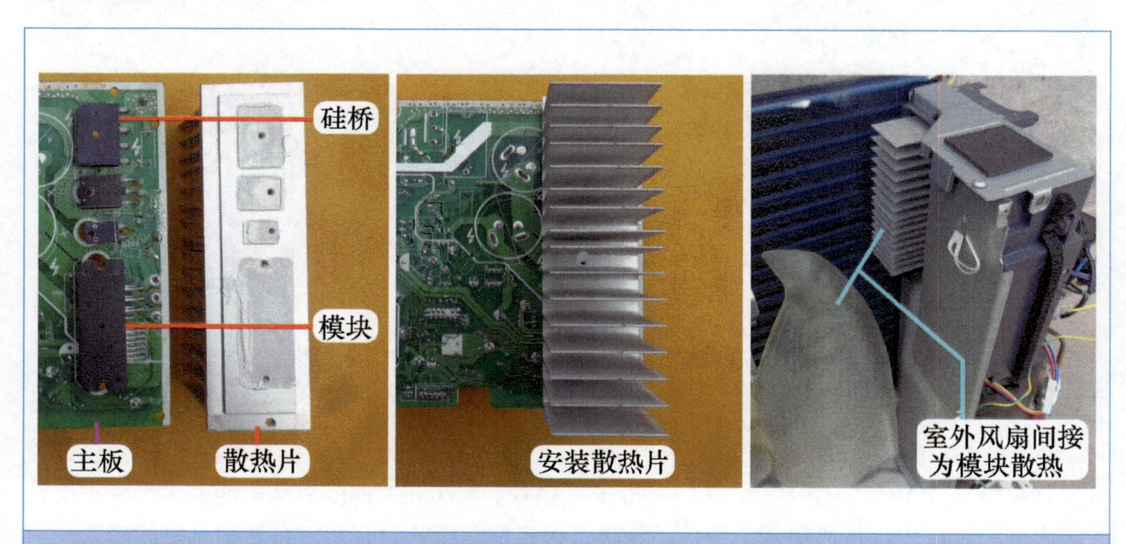

图 2-37 模块安装位置

二、模块输入与输出电路

图 2-38 为模块输入与输出电路的框图，图 2-39 为实物图。

➡ 说明：直流 300V 供电回路中，在实物图上未显示 PTC 电阻、室外机主控继电器、滤波电感等器件。

1. 输入部分

① P、N 端：由滤波电容提供直流 300V 电压，为模块内部 IGBT 供电，其中 P 端外接滤波电容正极，内接上桥 3 个 IGBT 的集电极；N 端外接滤波电容负极，内接下桥 3 个 IGBT 的发射极。

② 15V ：由开关电源电路提供，为模块内部控制电路供电。

③ 6 路信号：由室外机 CPU 提供，经模块内部控制电路放大后，按顺序驱动 6 个 IGBT 的导通与截止。

2. 输出部分

① U、V、W 端：即上桥与下桥 IGBT 的中点，输出与频率成正比的模拟三相交流电，驱动压缩机运行。

② FO（保护信号）：当模块内部控制电路检测到过热、过电流、短路、15V 电压低 4 种故障，则输出保护信号至室外机 CPU。

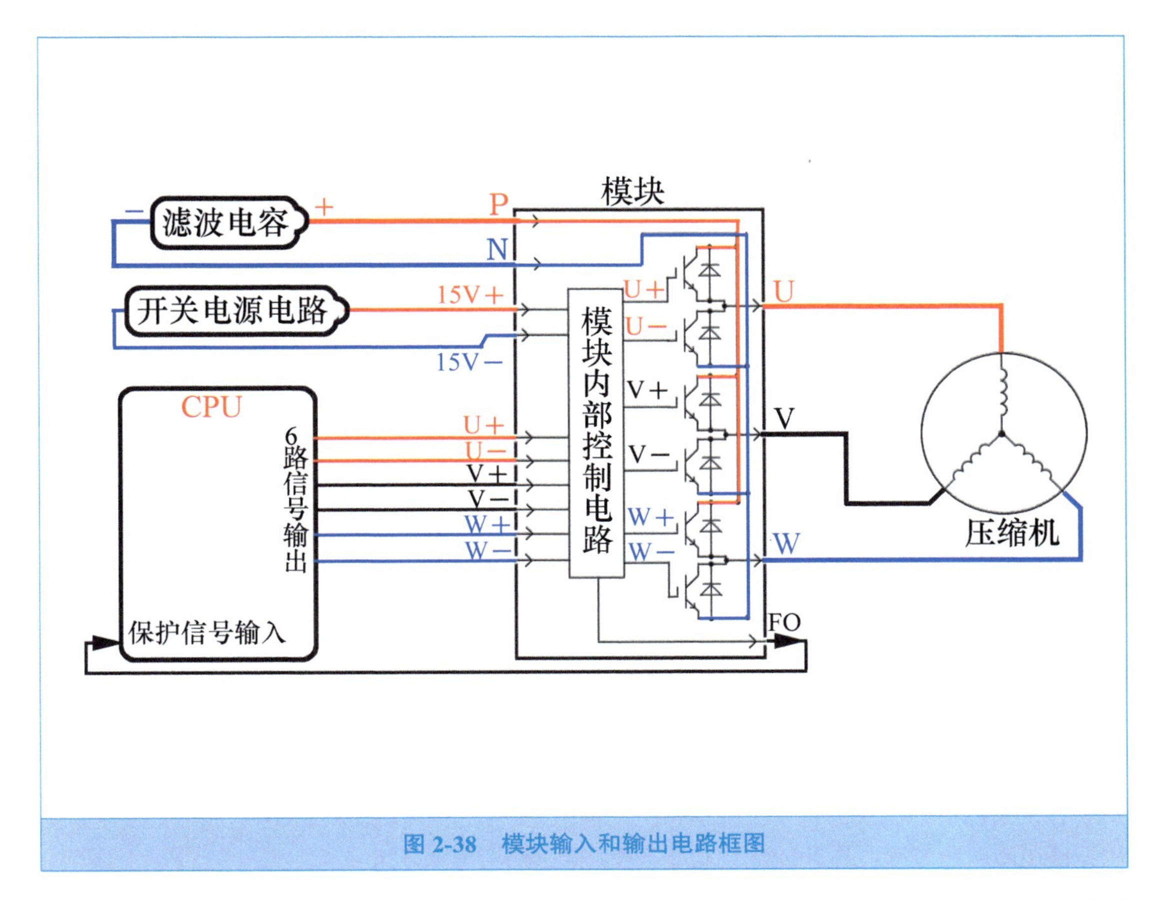

图 2-38　模块输入和输出电路框图

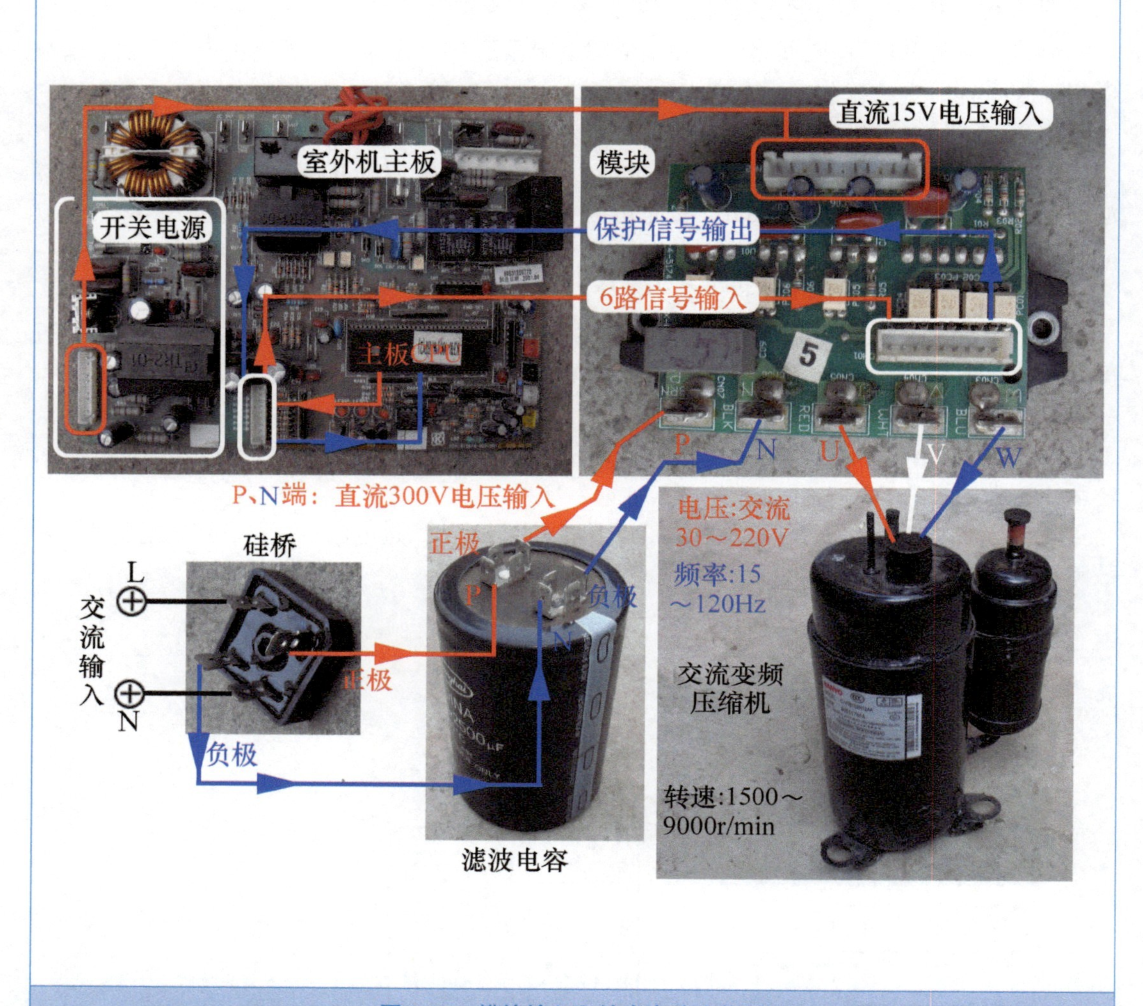

图 2-39　模块输入和输出电路实物图

三、 模块测量方法

使用万用表测量任何类型的模块时，内部控制电路工作是否正常均不能判断，只能对内部 6 个开关管做简单的检测。

从图 2-34 所示的模块内部 IGBT 方框简图可知，万用表显示值实际为 IGBT 并联 6 个续流二极管的测量结果，因此应选择二极管档，且 P、N、U、V、W 端子之间应符合二极管的特性。

各个空调器的模块测量方法基本相同，本小节以测量海信 KFR-26GW/11BP 交流变频空调器使用的模块为例，其实物外形见图 2-40，介绍模块测量方法。

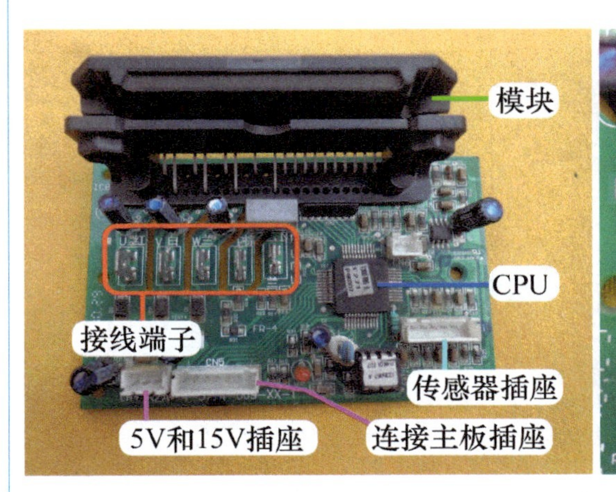

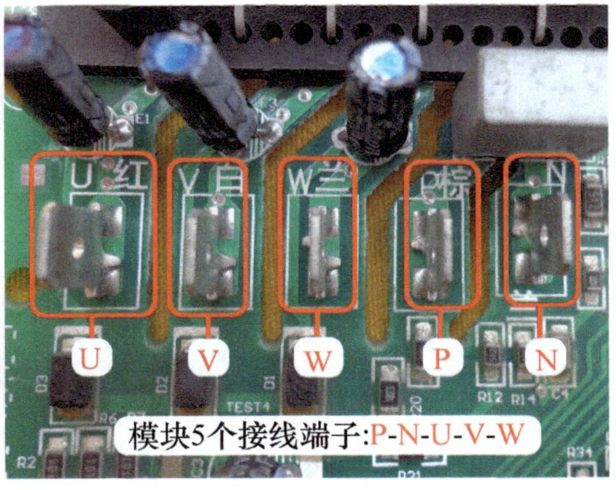

图 2-40　模块接线端子

1. 测量 P、N 端子

相当于 D1 和 D2（或 D3 和 D4、D5 和 D6）串联。

红表笔接 P 端子、黑表笔接 N 端子，为反向测量，见图 2-41 左图，结果为无穷大。

红表笔接 N 端子、黑表笔接 P 端子，为正向测量，见图 2-41 右图，结果为 817mV。

如果正反向测量结果均为无穷大，为模块 P、N 端子开路；如果正反向测量结果均接近 0 mV，为模块 P、N 端子短路。

图 2-41　测量 P、N 端子

2. 测量 P 端子与 U、V、W 端子

相当于测量 D1、D3、D5。

红表笔接 P 端子，黑表笔接 U、V、W 端子，为反向测量，测量过程见图 2-42，3 次结果相同，应均为无穷大。

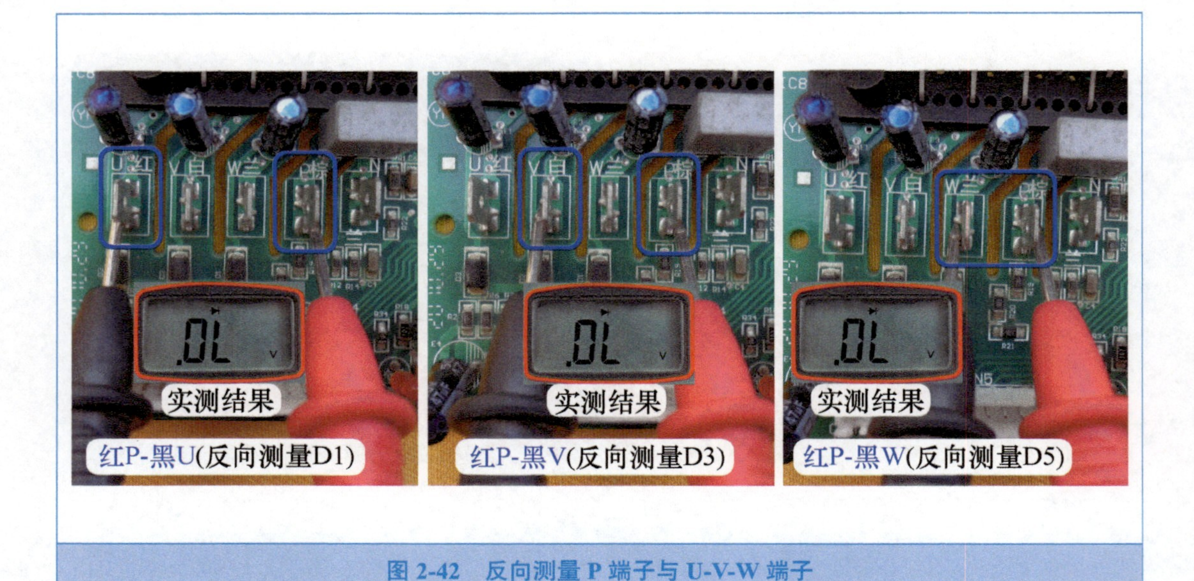

图 2-42　反向测量 P 端子与 U-V-W 端子

红表笔接 U、V、W 端子，黑表笔接 P 端子，为正向测量，测量过程见图 2-43，3 次结果相同，应均为 450mV。

如果反向测量或正向测量时 P 端子与 U、V、W 端子结果接近 0mV，则说明模块 PU、PV、PW 端击穿。实际损坏时有可能是 PU、PV 端正常，只有 PW 端击穿。

图 2-43　正向测量 P 端子与 U-V-W 端子

3. 测量 N 端子与 U、V、W 端子

相当于测量 D2、D4、D6。

红表笔接 N 端子，黑表笔接 U、V、W 端子，为正向测量，测量过程见图 2-44，3 次结果相同，应均为 451mV。

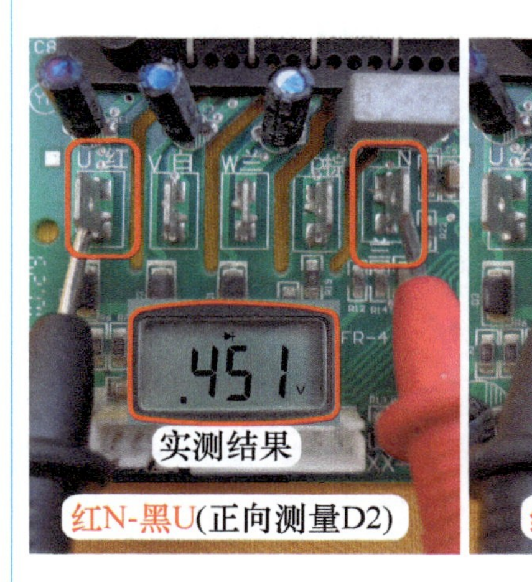

图 2-44　正向测量 N 端子与 U-V-W 端子

红表笔接 U、V、W 端子，黑表笔接 N 端子，为反向测量，测量过程见图 2-45，3 次结果相同，应均为无穷大。

如果反向测量或正向测量时，N 端子与 U、V、W 端子结果接近 0mV，则说明模块 NU、NV、NW 端击穿。实际损坏时有可能是 NU、NW 端正常，只有 NV 端击穿。

图 2-45　反向测量 N 端子与 U-V-W 端子

4. 测量 U、V、W 端子

测量过程见图 2-46，由于模块内部无任何连接，U、V、W 端子之间无论正反向测量，结果相同应均为无穷大。

如果结果接近 0mV，则说明 UV、UW、VW 端击穿。实际维修时 U、V、W 之间击穿损坏的比例较少。

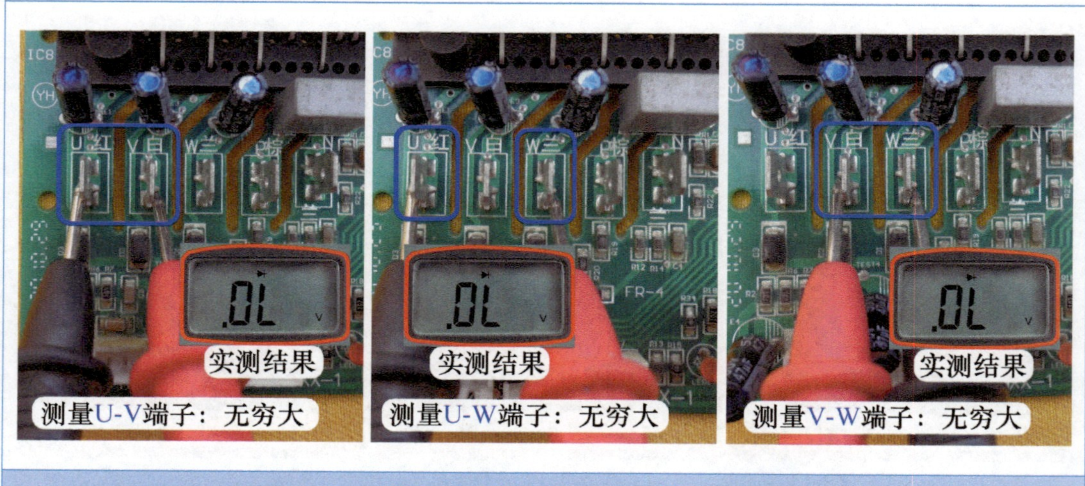

图 2-46　测量 U、V、W 端子

5. 测量说明

① 测量时应为模块上 P、N 端子滤波电容供电，U、V、W 压缩机线圈共 5 个端子的引线全部拔下。如测量目前室外机电控系统中模块一体化的主板，见图 2-47，通常未设单独的 P、N、U、V、W 端子，则测量模块时需要断开空调器电源，并将滤波电容放电至直流 0V，其正极相当于 P 端子，负极相当于 N 端子，再拔下压缩机线圈的对接插头，3 根引线为 U、V、W 端子。

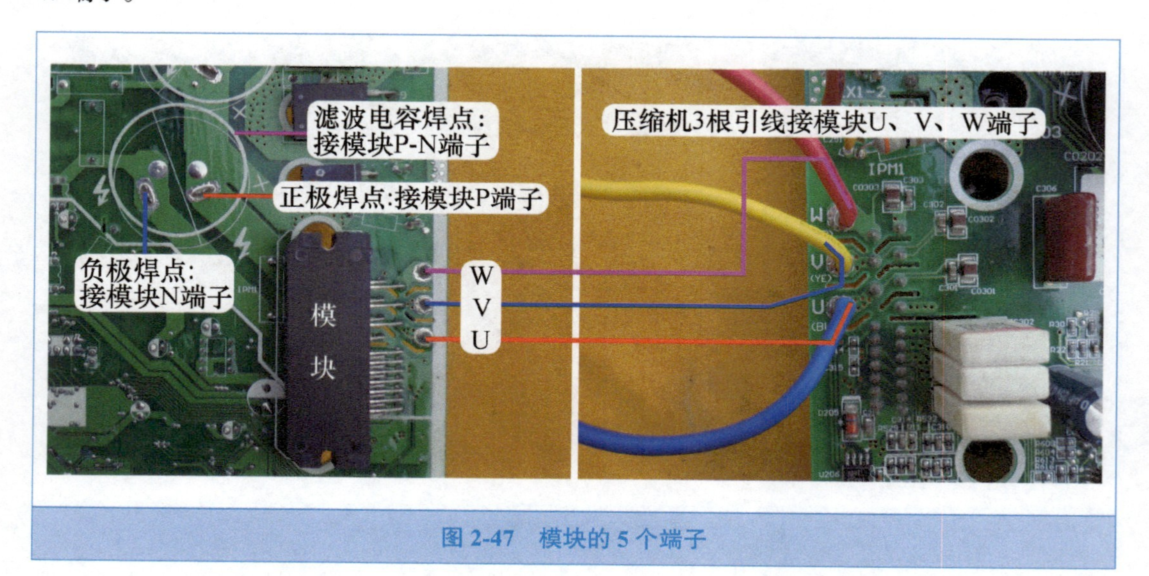

图 2-47　模块的 5 个端子

② 上述测量方法使用数字万用表。如果使用指针万用表，选择 R×1k 档，测量时红、黑表笔所接端子与上述方法相反，得出的规律才会一致。

③ 不同的模块、不同的万用表正向测量时得出结果数值会不相同，但一定要符合内部 6 个续流二极管连接特点所组成的规律。同一模块同一万用表正向测量 P 端子与 U、V、W 端子或 N 端子与 U、V、W 端子时，结果数值应相同（如本次测量为 451mV）。

④ P、N 端子正向测量得出的结果数值（如本次测量为 817mV）应大于 P 端子与 U、V、W 端子或 N 端子与 U、V、W 端子得出的数值。

⑤ 测量模块时不要死记得出的数值，要掌握规律。

⑥ 模块常见故障为 PN、PU（或 PV、PW）、NU（或 NV、NW）端子击穿，其中 PN 端子击穿的比例最高。

⑦ 纯粹的模块为一体化封装，如内部 IGBT 损坏，只能更换整个模块板组件。

⑧ 模块与控制基板（电路板）焊接在一起，如模块内部损坏，或电路板上某个元件损坏但检查不出来，维修时也只能更换整个模块板组件。

第三节 变频压缩机

变频压缩机是变频空调器电控系统中最重要的元器件之一，也属于电控系统主要的元器件之一，由于知识点较多，因此单设一节进行详细说明。

一、基础知识

1. 安装位置

见图 2-48，压缩机安装在室外机内部右侧，也是室外机最重的器件，其管道（吸气管和排气管）连接制冷系统，接线端子上引线（U-V-W）连接电控系统中的模块。

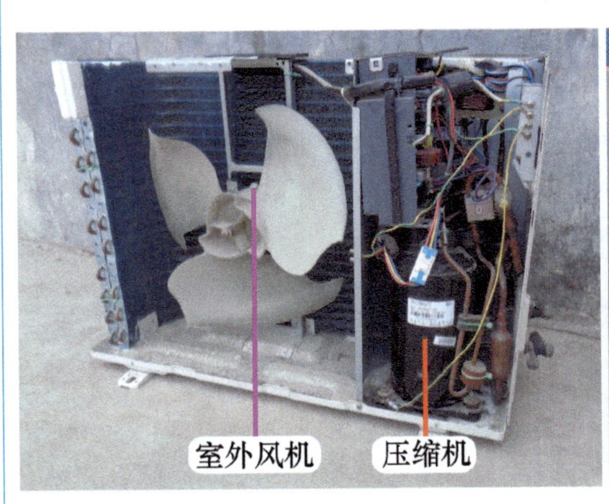

图 2-48 安装位置和系统引线

2. 实物外形

压缩机实物外形见图 2-49，其为制冷系统的心脏，通过运行使制冷剂在制冷系统保持流动和循环。

压缩机由三相感应电机和压缩系统组成，由模块输出频率与电压均可调的模拟三相交流电为三相感应电机供电，电机带动压缩系统工作。

模块输出电压变化时电机转速也随之变化，转速变化范围为1500~9000r/min，压缩系统的输出功率（即制冷量）也发生变化，从而达到在运行时调节制冷量的目的。

图2-49 实物外形

3. 分类

根据工作方式主要分为交流变频压缩机和直流变频压缩机。

交流变频压缩机：见图2-50左图，其应用在早期的变频空调器中，使用三相感应电机。示例为由西安庆安公司生产的交流变频压缩机铭牌，其为三相交流供电，工作电压为交流60~173V，频率为30~120Hz，使用R22制冷剂。

直流变频压缩机：见图2-50右图，其应用在目前的变频空调器中，使用无刷直流电机。示例为三菱直流变频压缩机铭牌，其为直流供电，工作电压为27~190V，频率为30~390Hz，功率为1245W，制冷量为4100W，使用R410A制冷剂。

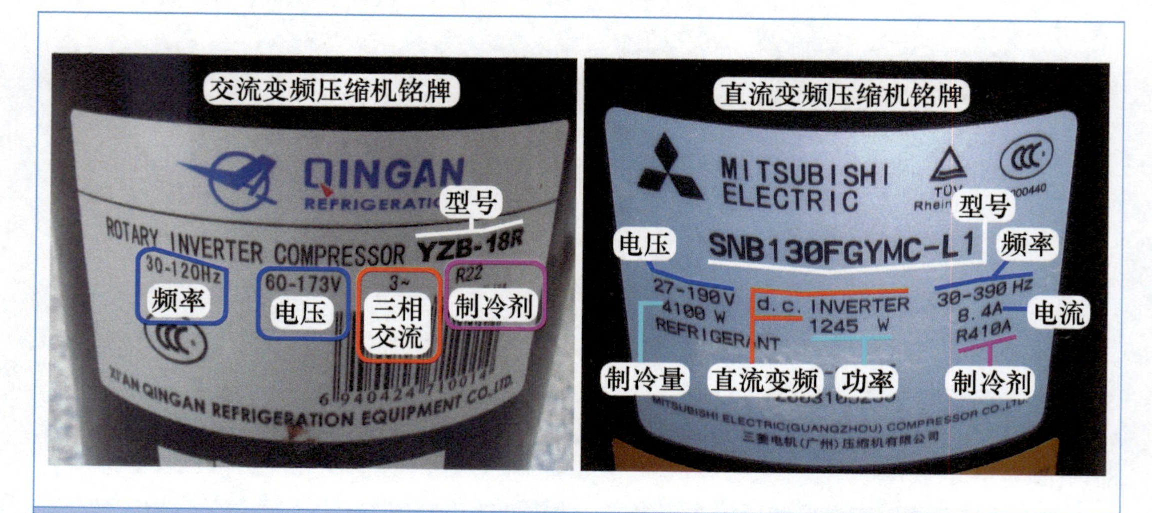

图2-50 压缩机铭牌

4. 运行原理

压缩机运行原理见图 2-51，当需要控制压缩机运行时，室外机主板 CPU 输出 6 路信号，经模块放大后由 U、V、W 端子输出三相均衡的交流电，经压缩机顶部的接线端子送至电机线圈的 3 个端子，定子产生旋转磁场，转子产生感应电动势，与定子相互作用，转子转动起来，转子转动时带动主轴旋转，主轴带动压缩组件工作，吸气口开始吸气，经压缩成高温高压的气体后由排气口排出，系统的制冷剂循环工作，空调器开始制冷或制热。

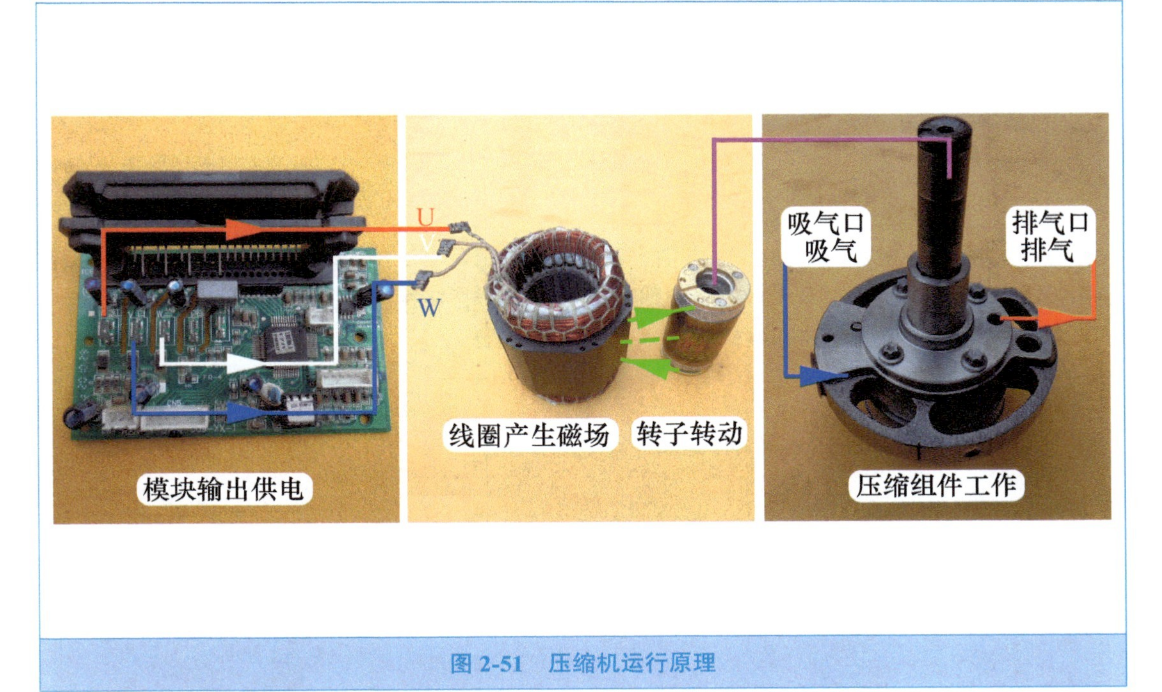

图 2-51 压缩机运行原理

5. 常见故障

① 实际维修中变频空调器压缩机和定频空调器压缩机相比，故障率较低，原因为室外机电控系统保护电路比较完善，故障主要是压缩机起动不起来（卡缸）或线圈对地短路等。

② 交流变频空调器在更换模块或压缩机时，如果 U、V、W 接线端子由于不注意而插反导致不对应，压缩机则有可能反方向运行，引起不制冷故障，调整方法和定频空调器三相涡旋压缩机相同，即对调任意两根引线的接线位置。

二、剖解变频压缩机

本小节以上海日立 SGZ20EG2UY 交流变频压缩机为例，介绍其内部结构和工作原理等。

1. 组成

从外观上看，见图 2-52 左图，压缩机由外置储液瓶和本体组成。

见图 2-52 右图，压缩机本体由壳体（上盖、外壳、下盖）、压缩组件、电机共三大部分组成。

图 2-52 内部结构

取下外置储液瓶后，见图 2-53 左图，吸气管和位于下部的压缩组件直接相连，排气管位于顶部；电机组件位于上部，其引线和顶部的接线端子直接相连。

压缩机本体由压缩组件和电机组成，见图 2-53 右图。

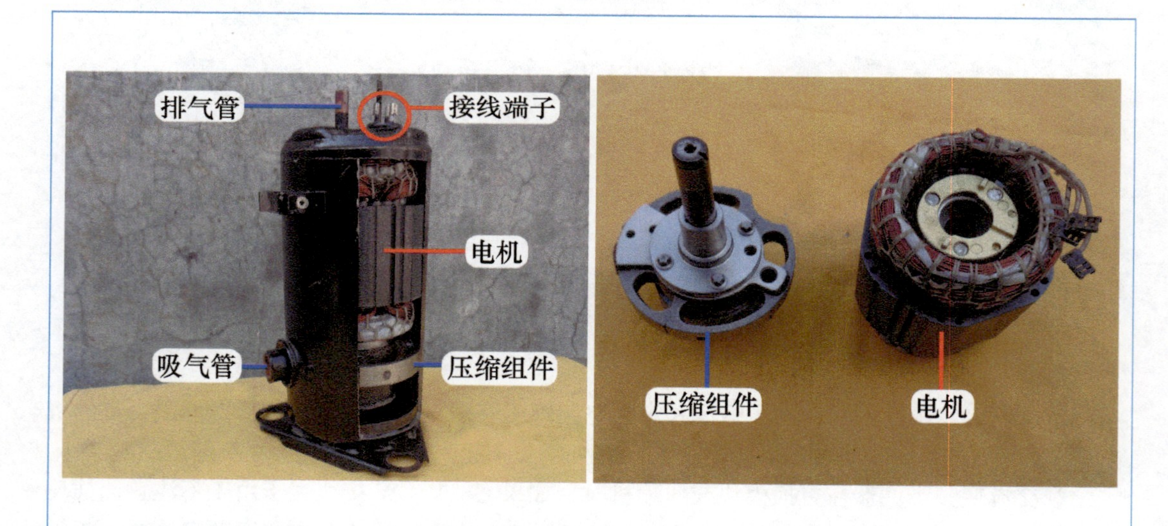

图 2-53 电机和压缩组件

2. 上盖和下盖

见图 2-54 左图和中图，压缩机上盖从外侧看，设有排气管和接线端子，从内侧看排气管只是 1 个管口，说明压缩机大部分区域均为高压高温状态；内设的接线端子设有插片，以便连接电机线圈的 3 个端子。

下盖外侧设有 3 个较大的孔，见图 2-54 右图，用于安装减振胶垫，以便固定压缩机；内侧中间部位设有磁铁，以吸附磨损的金属铁屑，防止被压缩组件吸入或粘附在转子周围，因磨损而损坏压缩机。

图 2-54　上盖和下盖

3. 储液瓶

储液瓶是为防止液体的制冷剂进入压缩机的保护部件，见图 2-55 左图，主要由过滤网和虹吸管组成。过滤网的作用是为了防止杂质进入压缩机，虹吸管底部设有回油孔，可使进入制冷系统的润滑油顺利地再次回流到压缩机内部。

储液瓶工作示意图见图 2-55 右图，储液瓶顶部的吸气管连接蒸发器，如果制冷剂没有完全汽化即含有液态的制冷剂进入储液瓶后，因液态制冷剂本身比气态制冷剂重，将直接落入储液瓶底部，气态制冷剂则经虹吸管进入压缩机内部，从而防止压缩组件吸入液态制冷剂而造成液击损坏。

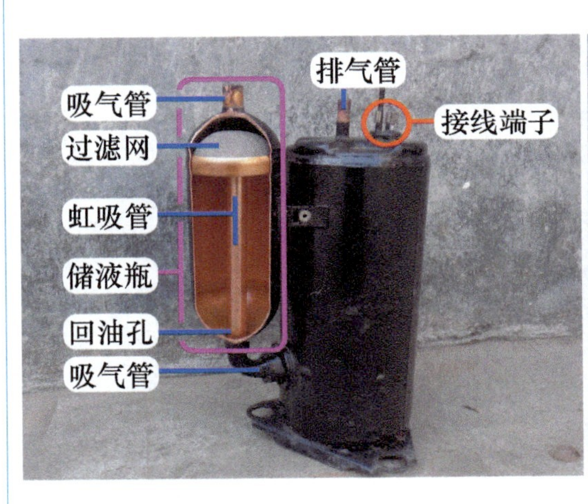

图 2-55　储液瓶

三、电机部分

1. 组成

见图 2-56，电机部分由转子和定子两部分组成。

转子由铁心和平衡块组成。转子的上部和下部均安装有平衡块，以减少压缩机运行时的振动；中间部位为铁心和笼型绕组，转子铁心由硅钢片叠压而成，其长度和定子铁心相同，安装时定子铁心和转子铁心相对应；转子中间部分的圆孔安装主轴，以带动压缩组件工作。

定子由铁心和线圈组成，线圈镶嵌在定子槽里面。在模块输出三相供电时，经连接线至线圈的 3 个接线端子，线圈中通过三相对称的电流，在定子内部产生旋转磁场，此时转子铁心与旋转磁场之间存在相对运动，切割磁力线而产生感应电动势，转子中有电流通过，转子电流和定子磁场相互作用，使转子中形成电磁力，转子便旋转起来，通过主轴带动压缩部分组件工作。

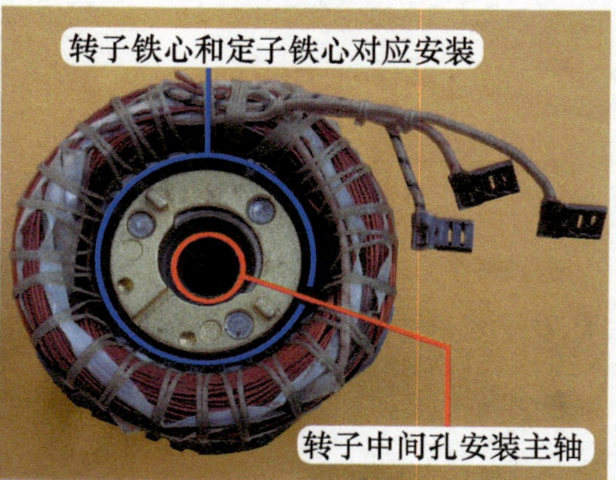

图 2-56　转子和定子

2. 引线作用

见图 2-57，电机的线圈引出 3 根引线，安装在上盖内侧的 3 个接线端子上面。

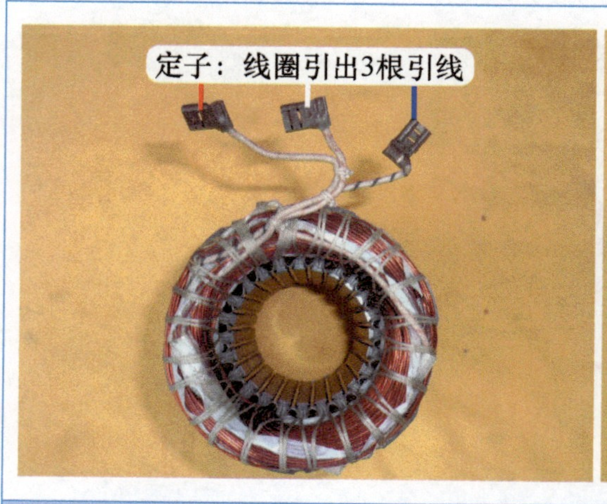

图 2-57　电机线圈连接线

因此上盖外侧也只有 3 个接线端子，标号为 U、V、W，连接至模块的引线也只有 3 根，引线连接压缩机端子标号和模块标号应相同，见图 2-58，示例压缩机的 U 端子为红线，V 端子为白线，W 端子为蓝线。

➡ 说明：无论是交流变频压缩机或直流变频压缩机，均有 3 个接线端子，标号分别为 U、V、W，和模块上标有 U、V、W 的 3 个接线端子对应连接。

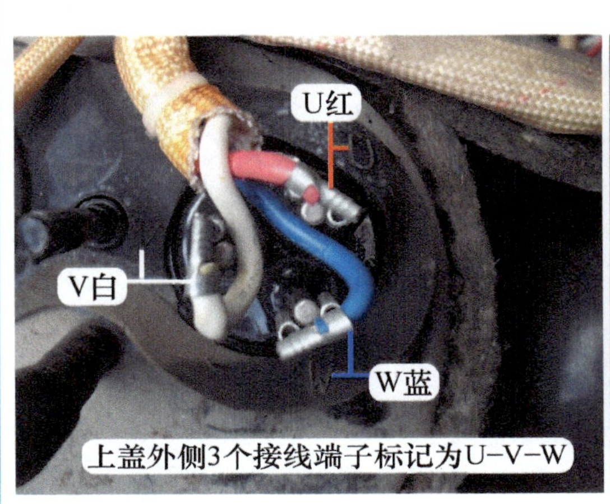

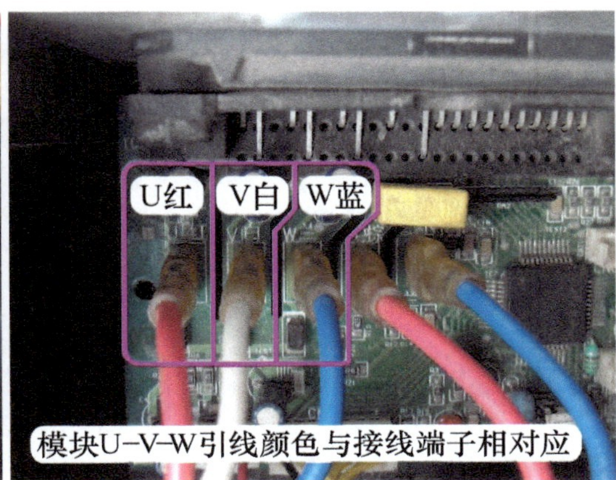

图 2-58　变频压缩机引线

3. 测量线圈阻值

使用万用表电阻档，测量 3 个接线端子之间的线圈阻值，见图 2-59，U-V、U-W、V-W 阻值相等，实测阻值为 1.5Ω 左右。

图 2-59　测量线圈阻值

四、 压缩部分

取下储液瓶、定子和上盖后，见图 2-60 左图，转子位于上方，压缩组件位于下方，同时吸气管也位于下方（和压缩组件相对应）。

见图 2-60 中图和右图，压缩组件的主轴直接安装在转子内，也就是说，转子转动时直接带动主轴（偏心轴）旋转，从而带动压缩组件工作。

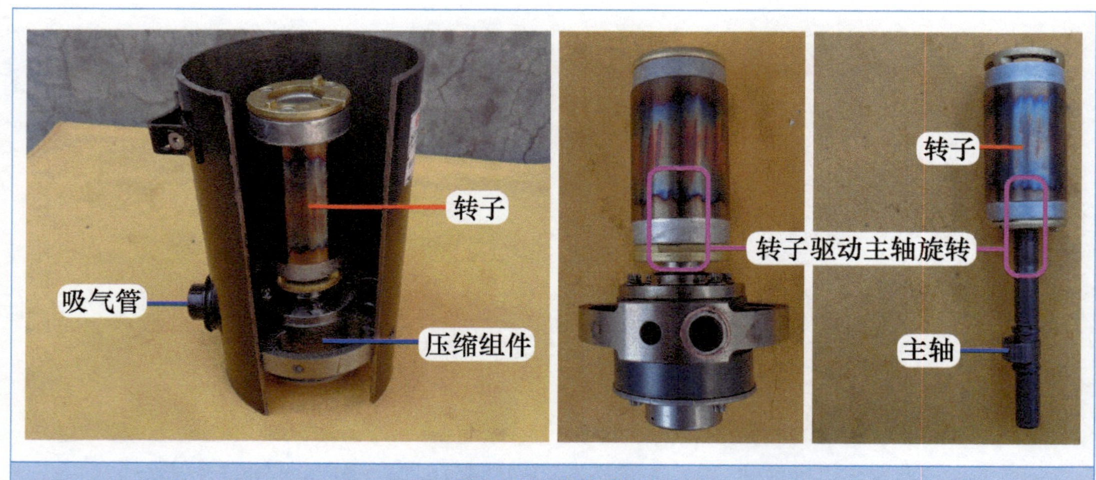

图 2-60 压缩组件

图 2-61 左图为压缩组件实物外形，图 2-61 右图为主要元件，由主轴、上气缸盖、气缸、下气缸盖、滚动活塞（滚套）、刮片、弹簧、平衡块、下盖、螺钉等组成。

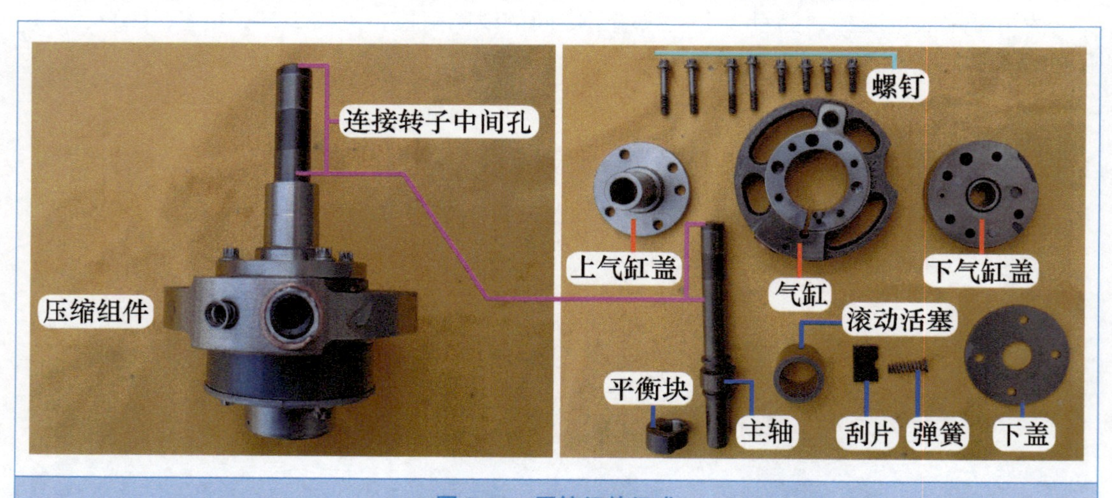

图 2-61 压缩组件组成

第三章 Chapter 3

变频空调器电控系统基础

第一节　电控系统组成和电子元器件

一、室内机电控系统

1. 电控系统组成

图 3-1 为室内机电控系统电气接线图，图 3-2 为室内机电控系统实物外形和作用（不含辅助电加热等）。

从图 3-1 中可以看出，室内机电控系统由主板（AP1）、室内环温传感器（室内环境感温包）、室内管温传感器（室内管温感温包）、显示板组件（显示接收板）、室内风机（风扇电机）、步进电机（上下扫风电机）、变压器、辅助电加热（电加热器）等组成。

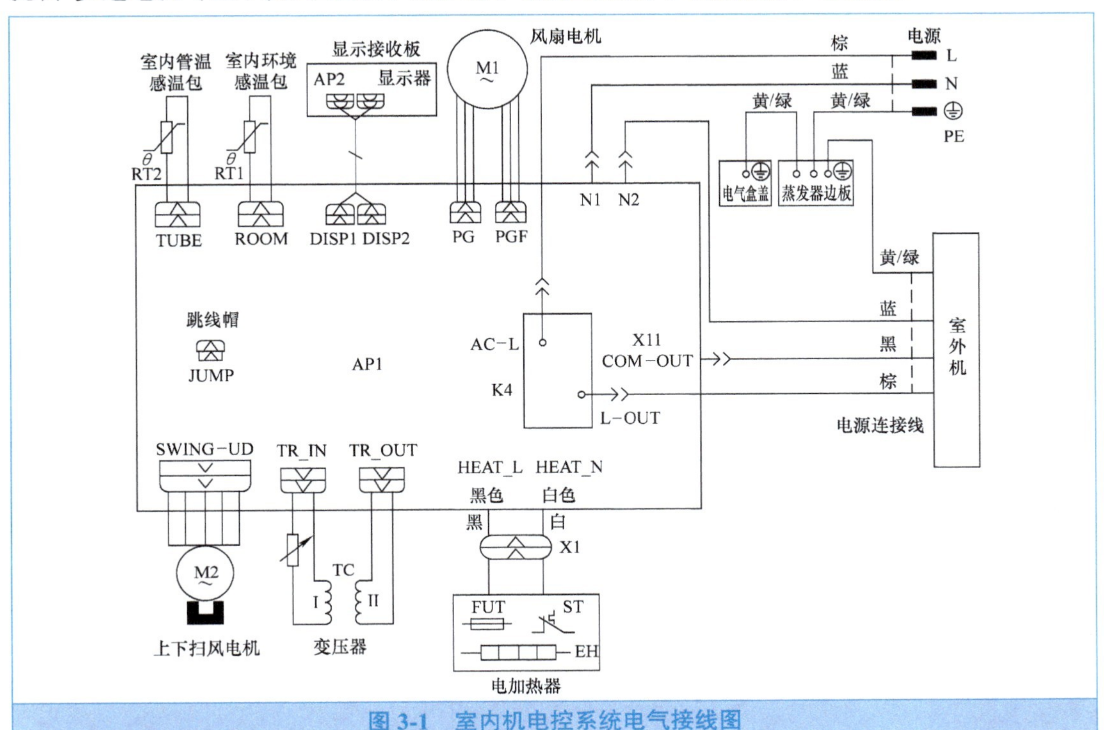

图 3-1　室内机电控系统电气接线图

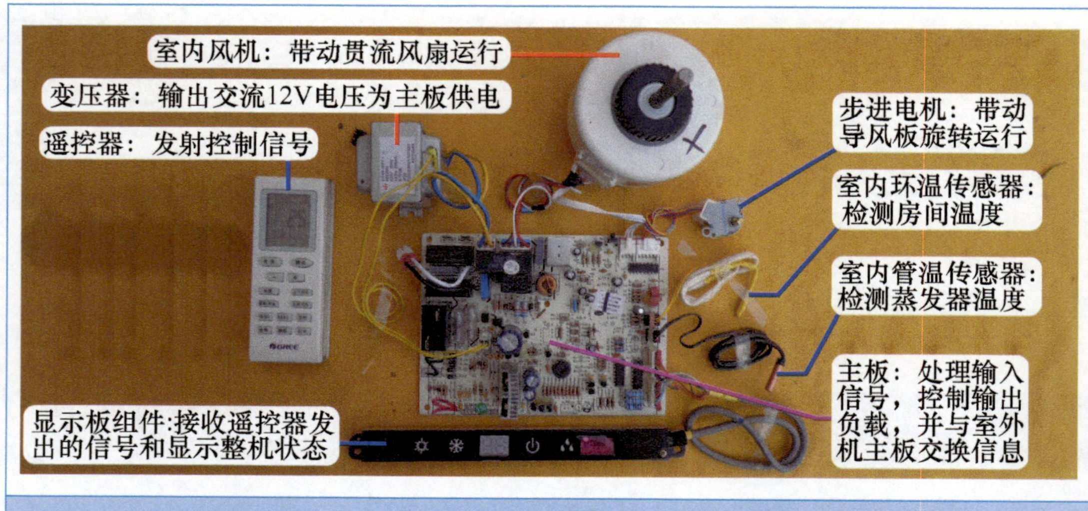

图 3-2　室内机电控系统实物图

2. 主板插座和电子元器件

表 3-1 为室内机主板与显示板组件的插座和电子元件明细，图 3-3 为室内机主板实物图，图 3-4 为显示板组件实物图。在图 3-3 和图 3-4 中，插座和接线端子的代号以英文字母表示，电子元器件以阿拉伯数字表示。

主板有供电才能工作，为主板供电的有电源 L 端输入和电源 N 端输入两个端子；由于室内机主板还为室外机供电和与室外机交换信息，因此还设有室外机供电端子和通信线；输入部分设有变压器、室内环温和管温传感器，主板上设有变压器一次绕组和二次绕组插座、室内环温和管温传感器插座；输出负载有显示板组件、步进电机、室内风机（PG 电机），相对应的在主板上有显示板组件插座、步进电机插座、室内风机线圈供电插座和霍尔反馈插座。

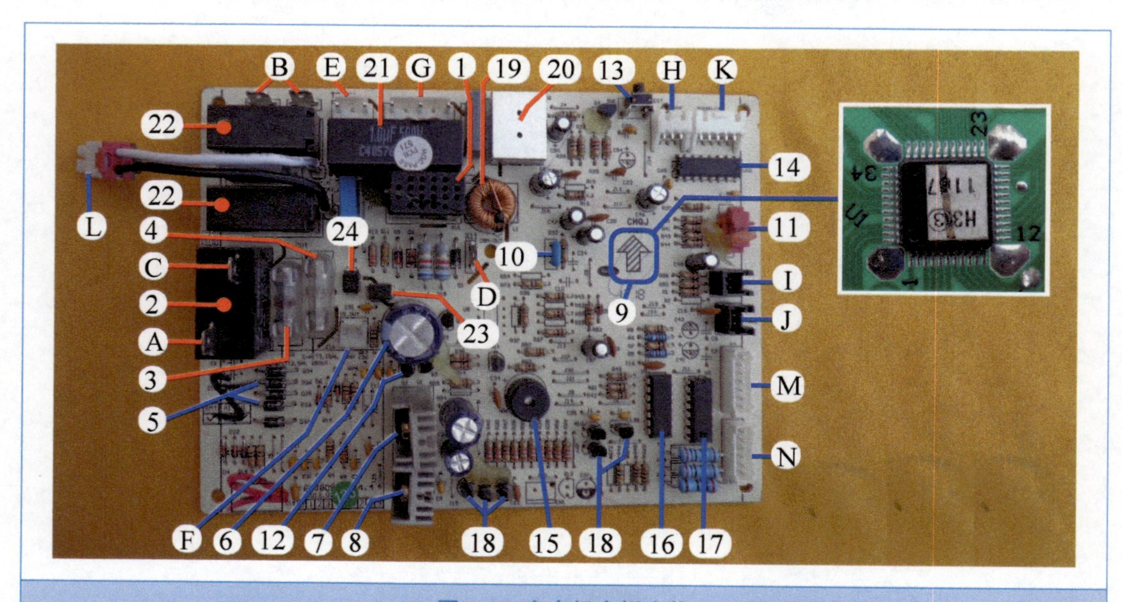

图 3-3　室内机主板实物

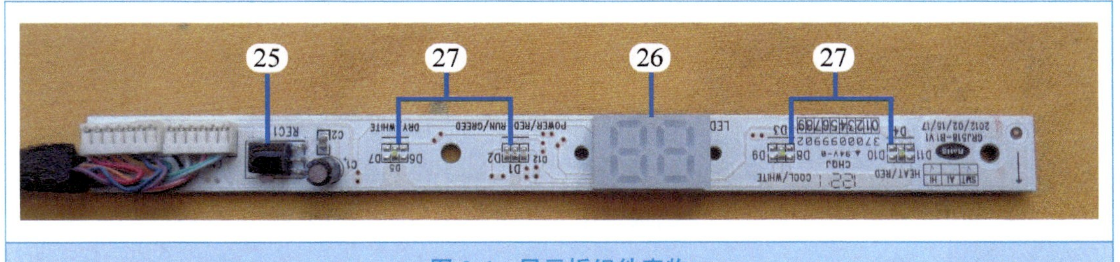

图 3-4 显示板组件实物

表 3-1 室内机主板与显示板组件的插座和电子元器件明细

标号	名 称	标号	名 称	标号	名 称
A	电源相线输入	1	压敏电阻	15	蜂鸣器
B	电源零线输入和输出	2	主控继电器	16	串行移位集成电路
C	电源相线输出	3	12.5A 熔丝管	17	反相驱动器
D	通信端子	4	3.15A 熔丝管	18	晶体管
E	变压器一次绕组	5	整流二极管	19	扼流圈
F	变压器二次绕组	6	主滤波电容	20	光耦合器晶闸管
G	室内风机	7	12V 稳压块 7812	21	室内风机电容
H	室内风机霍尔反馈	8	5V 稳压块 7805	22	辅助电加热继电器
I	室内环温传感器	9	CPU（贴片型）	23	发送光耦合器
J	室内管温传感器	10	晶振	24	接收光耦合器
K	步进电机	11	跳线帽	25	接收器
L	辅助电加热	12	过零检测晶体管	26	2 位数码管
M	显示板组件 1	13	应急开关	27	指示灯（发光二极管）
N	显示板组件 2	14	反相驱动器		

3. 单元电路作用

图 3-5 为室内机主板电路框图，由方框图可知，主板主要由 5 部分电路组成，即电源电路、CPU 三要素电路、输入部分电路、输出部分电路、通信电路。

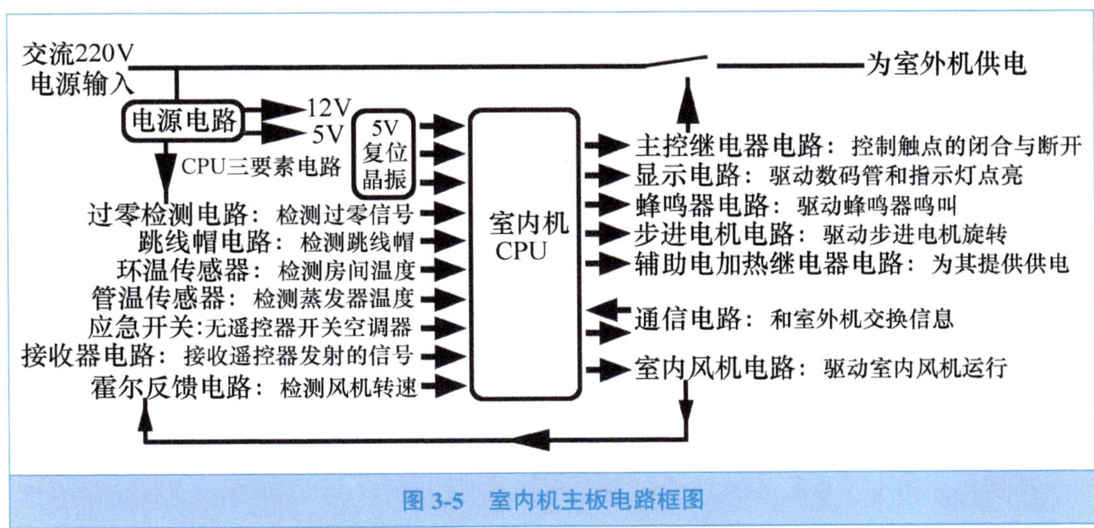

图 3-5 室内机主板电路框图

（1）电源电路

电源电路的作用是向主板提供直流 12V 和 5V 电压，由熔丝管（4）、压敏电阻（1）、变压器、整流二极管（5）、主滤波电容（6）、7812 稳压块（7）、7805 稳压块（8）等元器件组成。

（2）CPU 和其三要素电路

CPU（9）是室内机电控系统的控制中心，处理输入部分电路的信号，对负载进行控制；CPU 三要素电路是 CPU 正常工作的前提，由复位电路、晶振（10）等元器件组成。

（3）通信电路

通信电路的作用是和室外机 CPU 交换信息，主要元件为接收光耦合器（24）和发送光耦合器（23）。

（4）应急开关电路

应急开关电路的作用是在无遥控器时用其可以开启或关闭空调器，主要元器件为应急开关（13）。

（5）接收器电路

接收器电路的作用是接收遥控器发射的信号，主要元器件为接收器（25）。

（6）传感器电路

传感器电路的作用是向 CPU 提供温度信号。室内环温传感器（I）提供房间温度，室内管温传感器（J）提供蒸发器温度。

（7）过零检测电路

过零检测电路的作用是向 CPU 提供交流电源的零点信号，主要元器件为过零检测晶体管（12）。

（8）霍尔反馈电路

霍尔反馈电路的作用是向 CPU 提供室内风机转速信号，室内风机输出的霍尔反馈信号（H）直接送至 CPU 引脚。

（9）显示电路

显示电路的作用是显示空调器的运行状态，主要元器件为串行移位集成电路（16）、反相驱动器（17）、晶体管（18）、2 位数码管（26）、发光二极管（27）。

（10）蜂鸣器电路

蜂鸣器电路的作用是提示已接收到遥控器发射的信号，并且已处理，主要元器件为反相驱动器（14）和蜂鸣器（15）。

（11）步进电机电路

步进电机电路的作用是驱动步进电机运行，从而带动导风板上下旋转运行，主要元器件为反相驱动器和步进电机（K）。

（12）主控继电器电路

主控继电器电路的作用是向室外机提供电源，主要元器件为反相驱动器和主控继电器（2）。

（13）室内风机电路

室内风机电路的作用是驱动室内风机（PG 电机）运行，主要元器件为扼流圈（19）、光耦合器晶闸管（20）、室内风机电容（21）、室内风机（G）。

（14）辅助电加热电路

辅助电加热电路的作用是控制电加热器的接通和断开，主要元器件为反相驱动器、

12.5A 熔丝管（3）、继电器（22）、辅助电加热（L）。

二、室外机电控系统

1. 室外机电控系统组成

图 3-6 为室外机电控系统电气接线图，图 3-7 为室外机电控系统实物图（不含压缩机、室外风机、端子排等体积较大的元器件）。

从图 3-6 上可以看出，室外机电控系统由主板（AP1）、滤波电感（L）、压缩机、压缩机顶盖温度开关（压缩机过载）、室外风机（风机）、四通阀线圈（4YV）、室外环温传感器（环境感温包）、室外管温传感器（管温感温包）、压缩机排气传感器（排气感温包）、端子排（XT）组成。

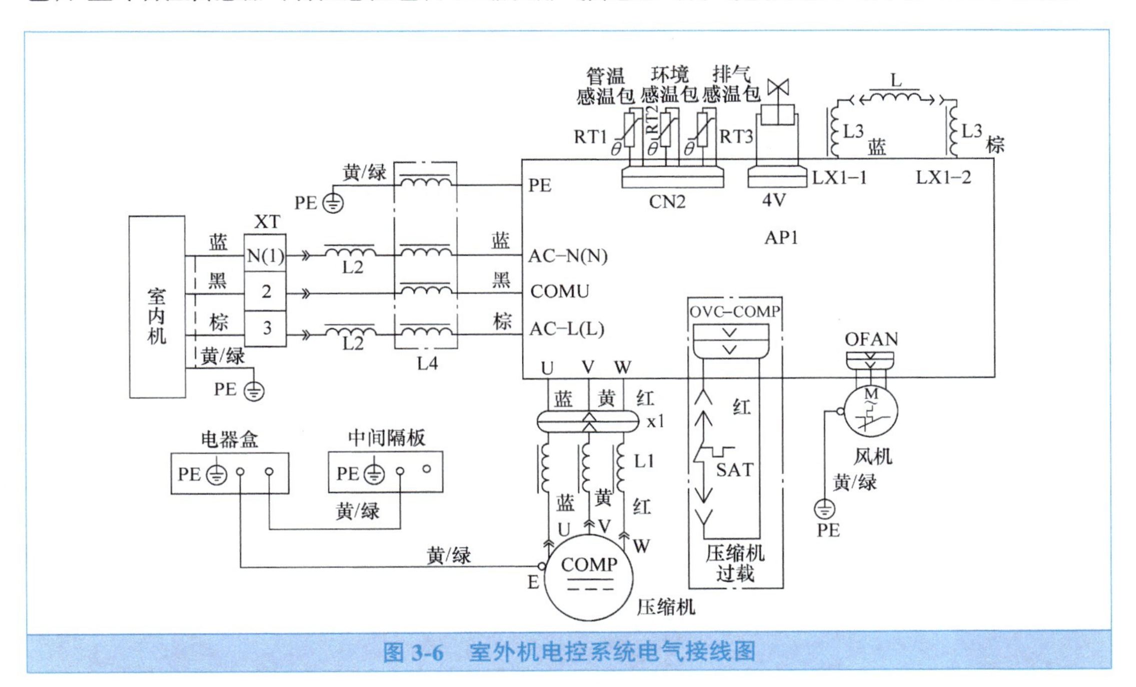

图 3-6 室外机电控系统电气接线图

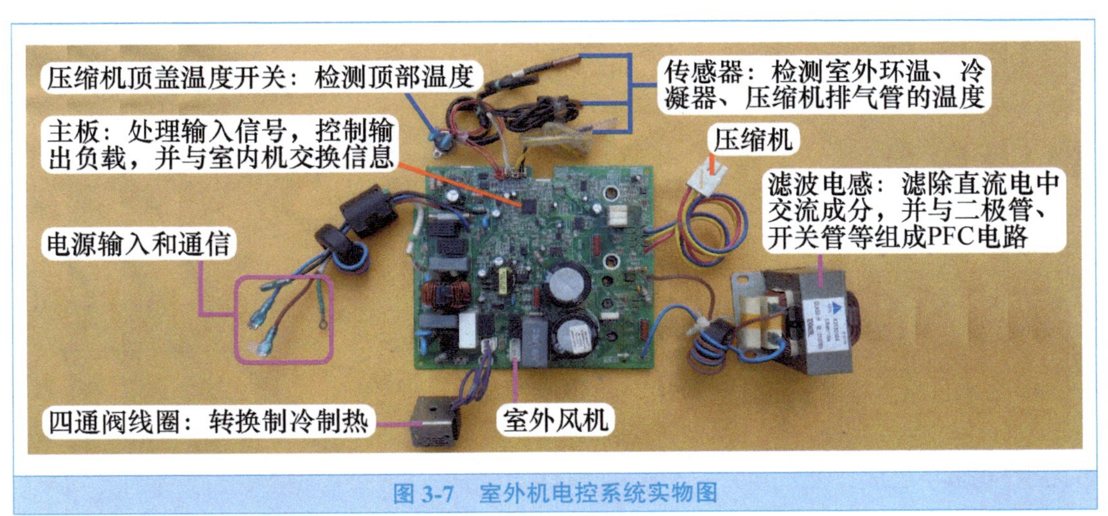

图 3-7 室外机电控系统实物图

2. 主板插座

表 3-2 为室外机主板插座明细，图 3-8 为室外机主板插座实物图，插座引线的代号以英文字母表示。由于将室外机 CPU 和弱电信号电路及模块等所有电路均集成在 1 块主板，因此主板的插座较少。

室外机主板有供电才能工作，为其供电的有电源 L 端输入、电源 N 端输入、地线 3 个端子；为了和室内机主板通信，还设有通信线；输入部分设有室外环温传感器、室外管温传感器、压缩机排气传感器、压缩机顶盖温度开关，设有室外环温 - 室外管温 - 压缩机排气传感器插座、压缩机顶盖温度开关插座；直流 300V 供电电路中设有外置滤波电感，外接有滤波电感的两个插头；输出负载有压缩机、室外风机、四通阀线圈，相对应设有压缩机对接插头、室外风机插座、四通阀线圈插座。

表 3-2 室外机主板插座明细

标号	名 称	标号	名 称	标号	名 称
A	棕线：相线 L 端输入	E	滤波电感输入	I	室外风机
B	蓝线：零线 N 端输入	F	滤波电感输出	J	压缩机顶盖温度开关
C	黑线：通信 COM	G	压缩机	K	室外环温 - 管温 - 压缩机排气传感器
D	黄绿色：地线	H	四通阀线圈		

图 3-8 室外机主板插座

3. 主板电子元器件

表 3-3 为室外机主板电子元器件明细，图 3-9 为室外机主板电子元器件实物图，电子元件以阿拉伯数字表示。

表 3-3　室外机主板电子元器件明细

标号	名　称	标号	名　称	标号	名　称
1	15A 熔丝管	13	室外风机电容	25	模块保护集成电路
2	压敏电阻	14	四通阀线圈继电器	26	PFC 取样电阻
3	放电管	15	3.15A 熔丝管	27	模块电流取样电阻
4	滤波电感（扼流圈）	16	开关变压器	28	电压取样电阻
5	PTC 电阻	17	开关电源集成电路	29	PFC 集成电路
6	主控继电器	18	TL431	30	反相驱动器
7	整流硅桥	19	稳压光耦合器	31	发光二极管
8	快恢复二极管	20	3.3V 稳压电路	32	通信电源降压电阻
9	IGBT	21	CPU	33	通信电源滤波电容
10	滤波电容（2 个）	22	存储器	34	通信电源稳压二极管
11	模块	23	相电流放大集成电路	35	发送光耦合器
12	室外风机继电器	24	PFC 取样集成电路	36	接收光耦合器

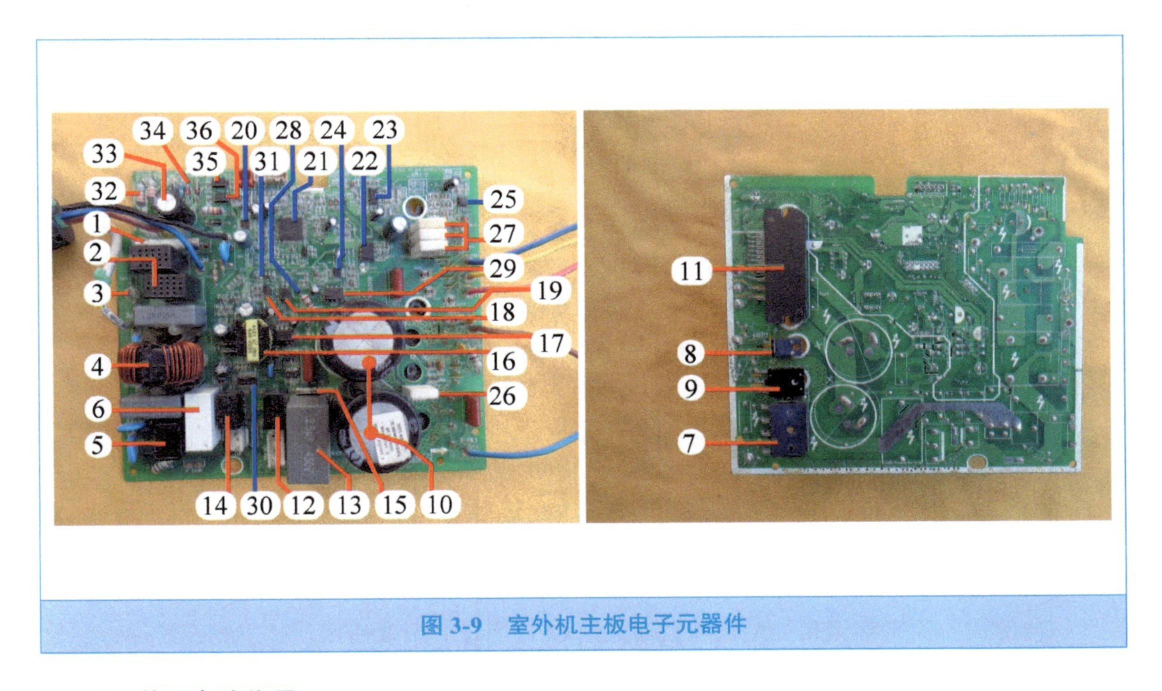

图 3-9　室外机主板电子元器件

4. 单元电路作用

图 3-10 为室外机主板电路框图，由框图可知，主板主要由 5 部分电路组成，即电源电路、输入部分电路、输出部分电路、模块电路、通信电路。

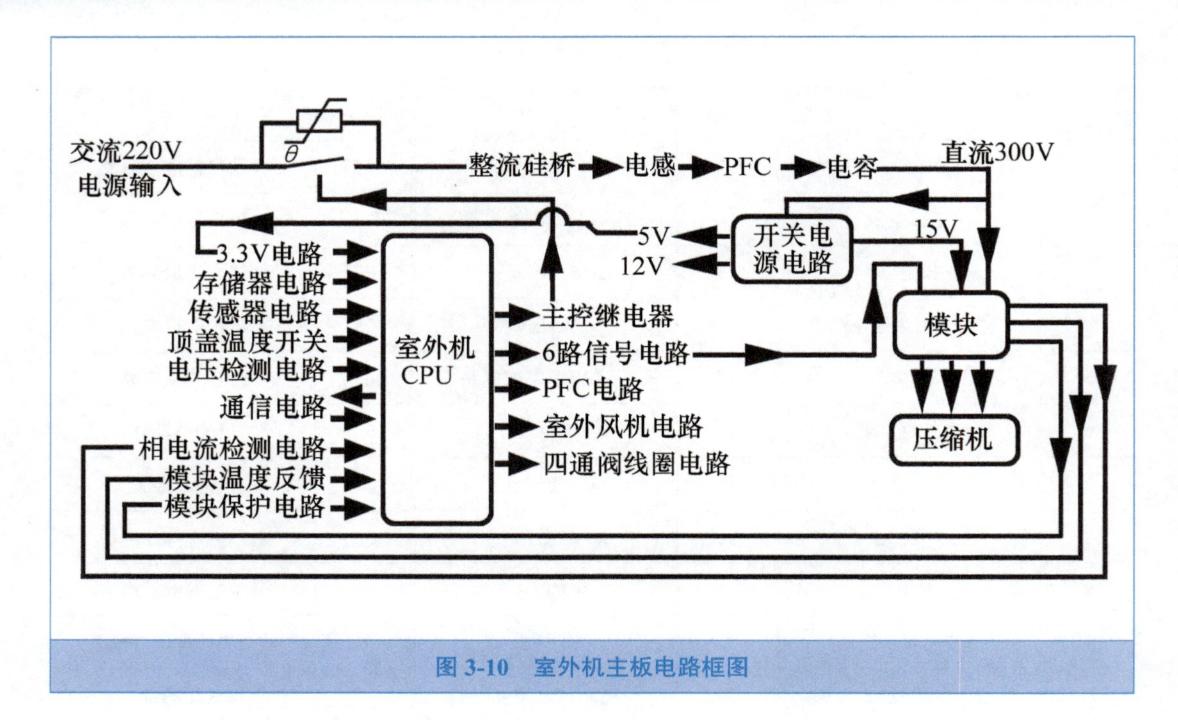

图 3-10 室外机主板电路框图

（1）交流 220V 输入电压电路

该电路的作用是过滤电网带来的干扰，以及在输入电压过高时保护后级电路。其由 15A 熔丝管（1）、压敏电阻（2）、扼流圈（4）等元器件组成。

（2）直流 300V 电压形成电路

该电路的作用是将交流 220V 电压变为纯净的直流 300V 电压。其由 PTC 电阻（5）、主控继电器（6）、整流硅桥（7）、滤波电感、快恢复二极管（8）、IGBT（9）、滤波电容（10）等元器件组成。

（3）开关电源电路

该电路的作用是将直流 300V 电压转换成直流 15V、12V、5V 电压，其中直流 15V 为模块内部控制电路供电，直流 12V 为继电器和反相驱动器供电，直流 5V 为弱电信号电路和 3.3V 稳压电路（20）供电，3.3V 为 CPU 和弱电信号电路供电。

开关电源电路由 3.15A 熔丝管（15）、开关变压器（16）、开关电源集成电路（17）、TL431（18）、稳压光耦合器（19）、二极管等组成。

（4）CPU 电路

CPU（21）是室外机电控系统的控制中心，处理输入电路的信号和对室内机进行通信，并对负载进行控制。

（5）存储器电路

该电路的作用是存储相关参数和数据，供 CPU 运行时调取使用。其主要元器件为存储器（22）。

（6）传感器电路

该电路的作用是为 CPU 提供温度信号。室外环温传感器检测室外环境温度，室外管温传感器检测冷凝器温度，压缩机排气传感器检测压缩机排气管温度。

（7）压缩机顶盖温度开关电路

该电路的作用是检测压缩机顶部温度是否过高，主要由顶盖温度开关组成。

（8）电压检测电路

该电路的作用是向 CPU 提供输入市电电压的参考信号，主要元器件为电压取样电阻（28）。

（9）相电流检测电路

该电路的作用是向 CPU 提供压缩机的运行电流和位置信号，主要元器件为电流取样电阻（27）和相电流放大集成电路（23）。

（10）PFC 电路

该电路的作用是提高电源的功率因数以及直流 300V 电压数值，主要由 PFC 取样电阻（26）、PFC 取样集成电路（24）、PFC 集成电路（29）、快恢复二极管（8）、IGBT（9）、滤波电容（10）等。

（11）通信电路

该电路的作用是与室内机主板交换信息，主要元器件为降压电阻（32）、滤波电容（33）、稳压二极管（34）、发送光耦合器（35）和接收光耦合器（36）。

（12）指示灯电路

该电路的作用是指示室外机的状态，主要由发光二极管（31）和晶体管组成。

（13）主控继电器电路

该电路的作用是待滤波电容充电完成后主控继电器触点闭合，短路 PTC 电阻。驱动主控继电器线圈的元器件为 2003 反相驱动器（30）和主控继电器（6）。

（14）室外风机电路

该电路的作用是控制室外风机运行，主要由反相驱动器、室外风机电容（13）、室外风机继电器（12）和室外风机等元器件组成。

（15）四通阀线圈电路

该电路的作用是控制四通阀线圈的供电与失电，主要由反相驱动器、四通阀线圈继电器（14）、四通阀线圈等元器件组成。

（16）6 路信号电路

6 路信号控制模块内部 6 个 IGBT 的导通与截止，使模块输出频率与电压均可调的模拟三相交流电，6 路信号由室外机 CPU 输出。该电路主要由 CPU 和模块（11）等元器件组成。

（17）模块保护电路

模块保护信号由模块输出，送至室外机 CPU，该电路主要由模块和 CPU 组成。

（18）模块相电流保护电路

该电路的作用是在压缩机相电流过大时，控制模块停止工作，主要由模块保护集成电路（25）组成。

（19）模块温度反馈电路

该电路的作用是使 CPU 实时检测模块温度，信号由模块输出至 CPU。

第二节　单元电路对比

本节中早期机型选用海信 KFR-26GW/11BP 交流变频空调器，目前机型选用格力 KFR-32GW/（32556）FNDe-3 直流变频空调器，对比介绍室内机和室外机主板的单元电路。

一、室内机主板单元电路对比

1. 电源电路

电源电路的作用是为室内机主板提供直流 12V 和 5V 电压。常见有两种形式：即使用变压器降压和使用开关电源电路。

交流变频空调器或直流变频空调器室内风机使用PG电机（供电为交流220V），见图3-11右图，普遍使用变压器降压形式的电源电路，也是目前最常见的设计形式。

见图 3-11 左图，只有少数部分机型使用开关电源电路。

➡ 说明：全直流变频空调器室内风机为直流电机（供电为直流 300V），普遍使用开关电源电路。

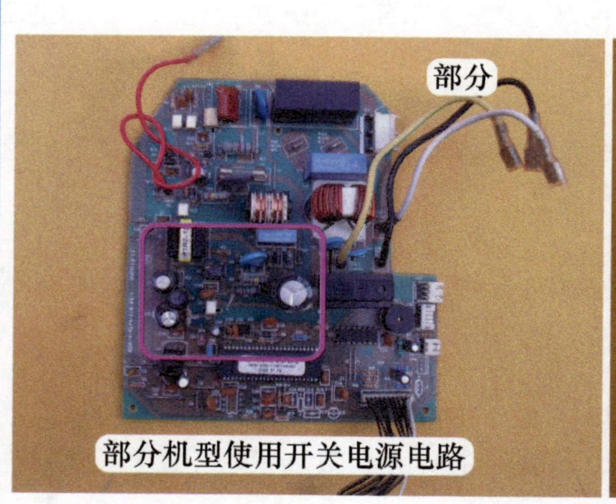

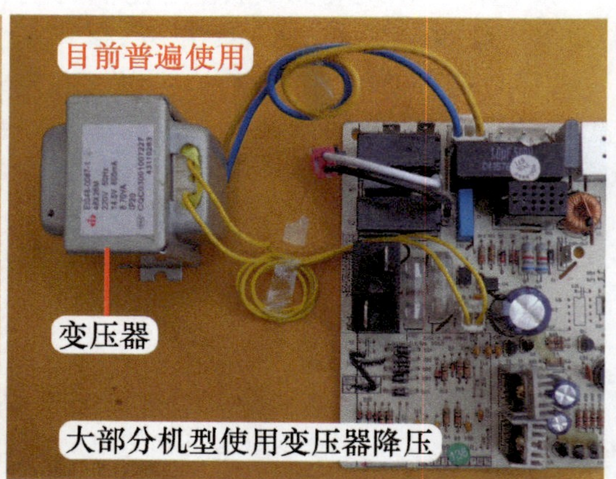

图 3-11　电源电路

2. CPU 三要素电路

CPU 三要素电路是 CPU 正常工作的必备电路，包含直流 5V 供电电路、复位电路、晶振电路。

无论是早期还是目前的室内机主板，见图 3-12，三要素电路工作原理均完全相同，即使不同也只限于使用元器件的型号。

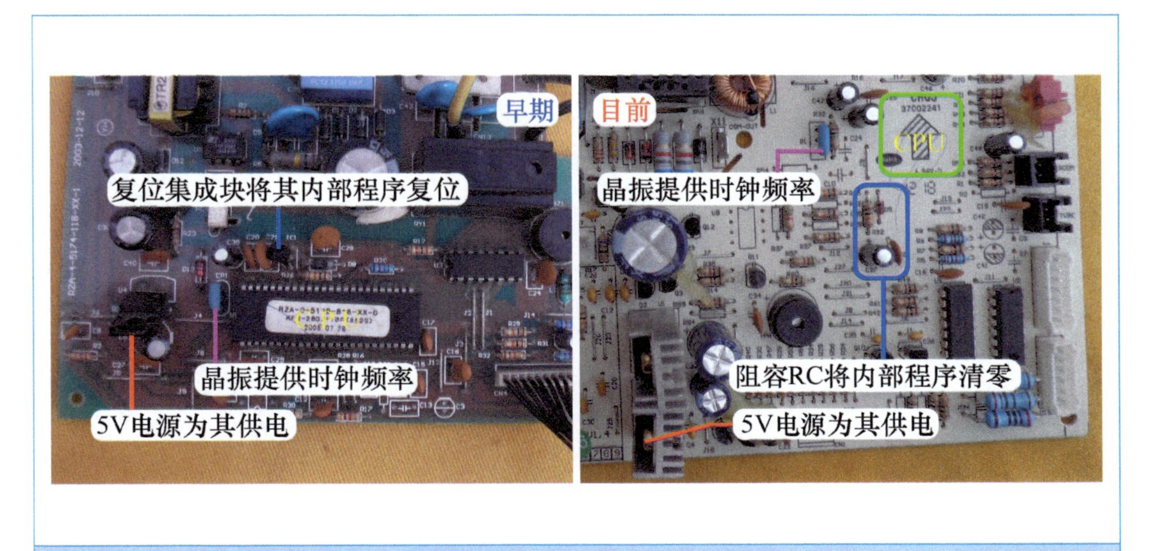

图 3-12 室内机 CPU 三要素电路

3. 传感器电路

传感器电路的作用是为 CPU 提供温度信号，室内环温传感器检测房间温度，室内管温传感器检测蒸发器温度。

早期和目前的室内机主板传感器电路相同，见图 3-13，均由环温传感器和管温传感器组成。

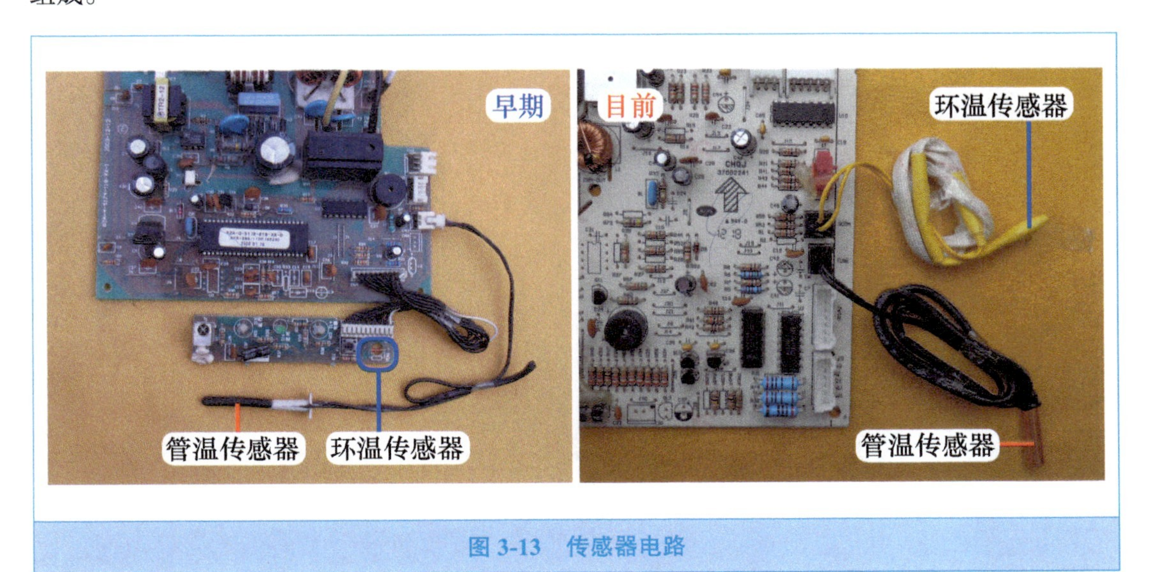

图 3-13 传感器电路

4. 接收器电路、应急开关电路

接收器电路将遥控器发射的信号传送至 CPU，应急开关电路在无遥控器时可以操作空调器的运行。

早期和目前的室内机主板两者电路基本相同，见图 3-14，即使不同也只限于应急开关的设计位置或型号。

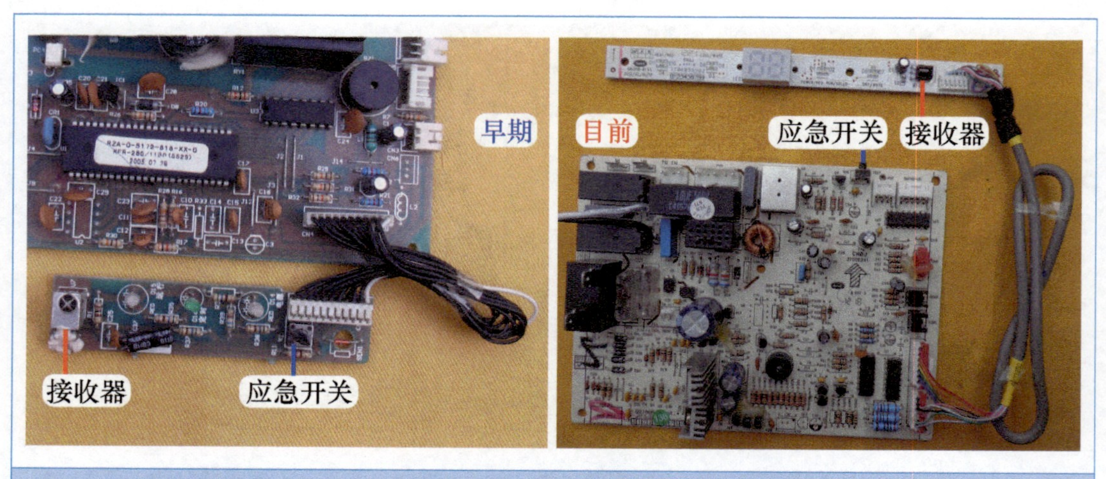

图 3-14　接收器和应急开关电路

5. 过零检测电路

过零检测电路的作用是为 CPU 提供过零信号，以便 CPU 驱动光耦合器晶闸管。

使用开关电源电路供电的主板，见图 3-15 左图，检测器件为光耦合器，取样电压为交流 220V 输入电源。

使用变压器供电的主板，见图 3-15 右图，检测器件为 NPN 型晶体管，取样电压为变压器二次绕组整流电路电压。

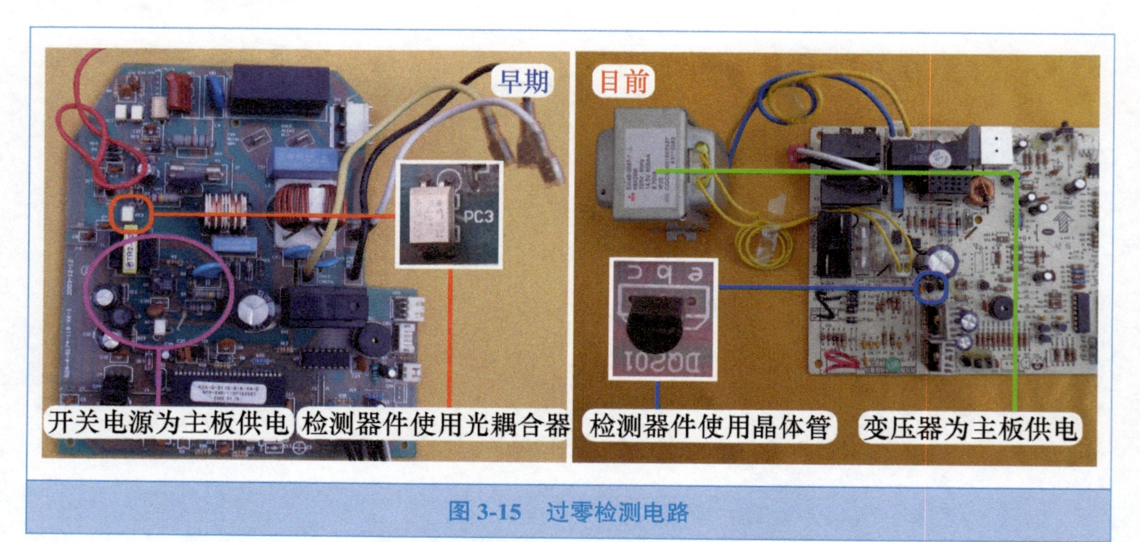

图 3-15　过零检测电路

6. 显示电路

显示电路的作用是显示空调器的运行状态。

见图 3-16 左图，早期多使用单色或双色的发光二极管；见图 3-16 右图，目前多使用双色的发光二极管，或者使用指示灯 + 数码管组合的方式。

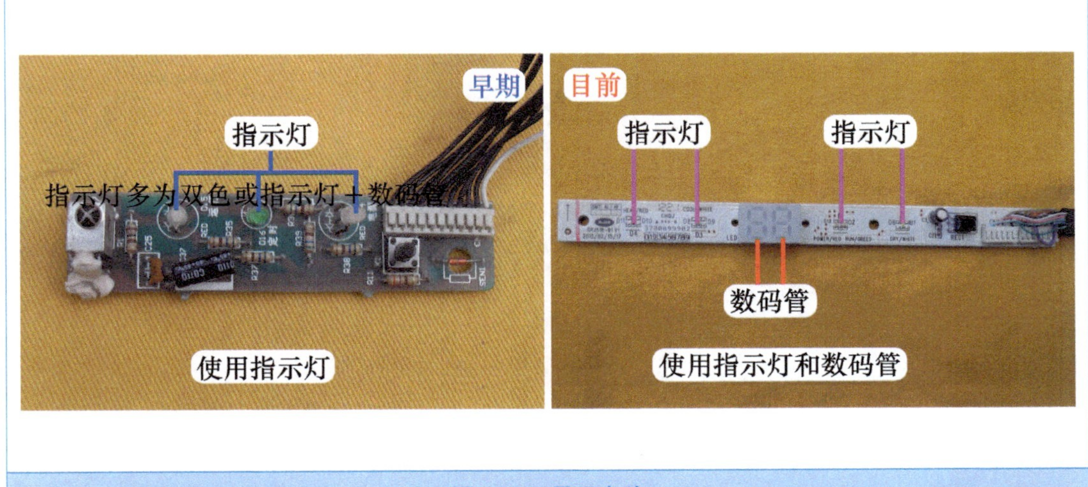

图 3-16 显示电路

7. 蜂鸣器电路、主控继电器电路

蜂鸣器电路提示已接收到遥控器信号或应急开关信号，并且已处理；主控继电器电路为室外机供电。

见图 3-17，早期和目前的主板两者电路相同。说明：有些室内机主板蜂鸣器发出的响声为和弦音。

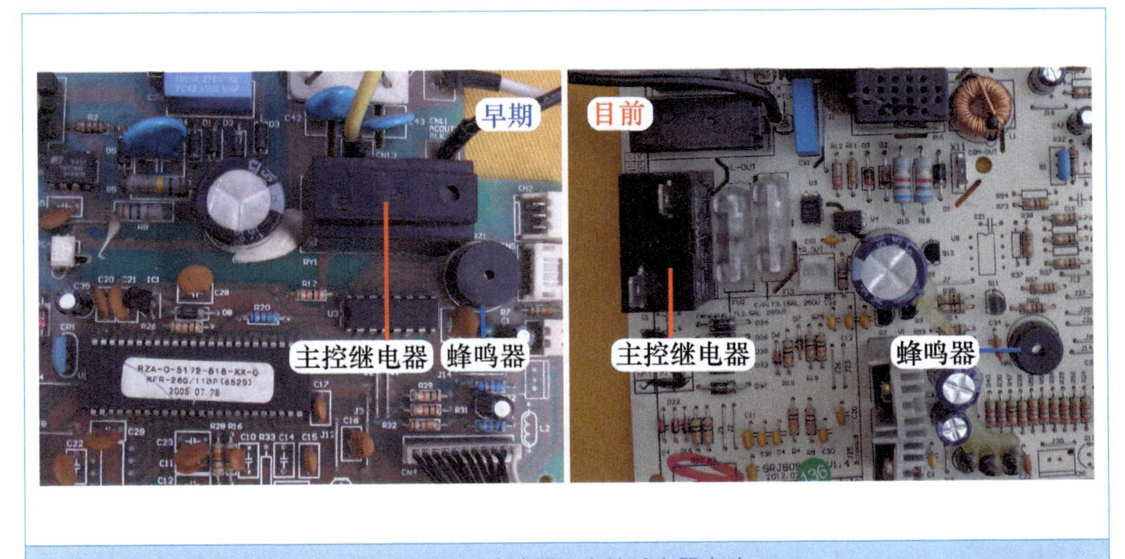

图 3-17 蜂鸣器和主控继电器电路

8. 步进电机电路

步进电机电路的作用是带动导风板上下旋转运行。

见图 3-18，早期和目前的步进电机电路相同。说明：有些空调器也使用步进电机驱动左右导风板。

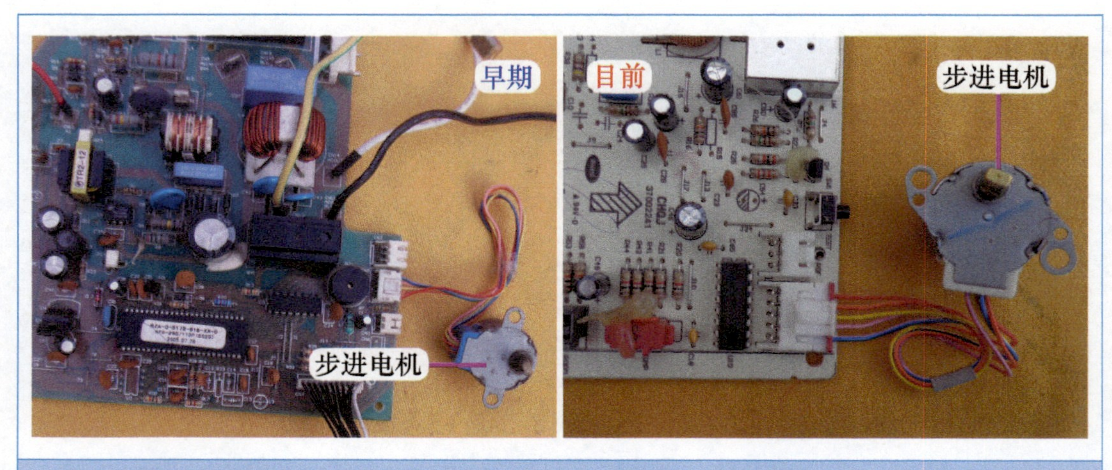

图 3-18　步进电机电路

9. 室内风机（PG 电机）电路、霍尔反馈电路

室内风机电路改变 PG 电机的转速，霍尔反馈电路向 CPU 输入代表 PG 电机实际转速的霍尔信号。

见图 3-19，早期和目前的主板两者电路相同。

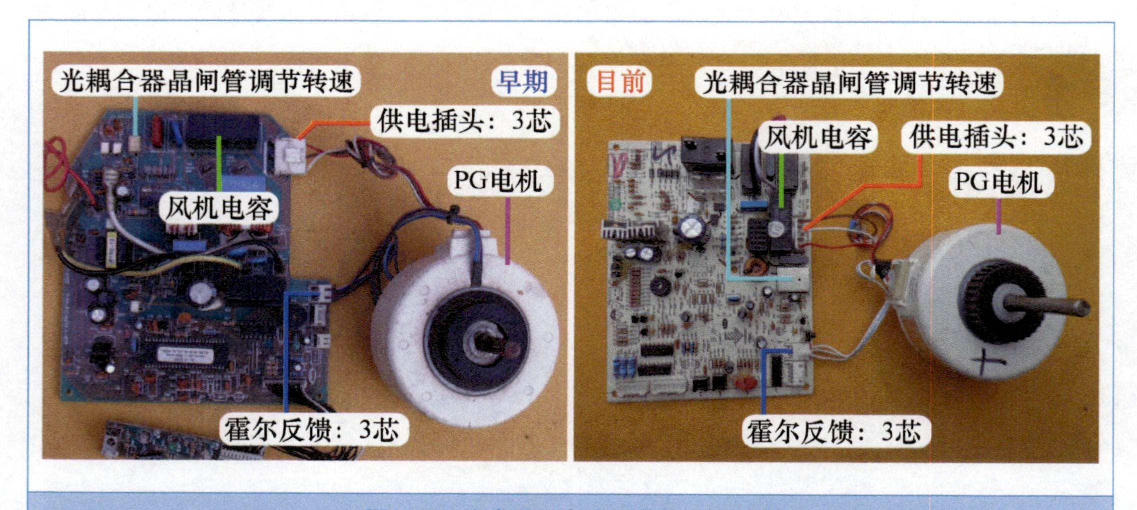

图 3-19　室内风机电路和霍尔反馈电路

二、室外机主板单元电路对比

1. 直流 300V 电压形成电路

直流 300V 电压形成电路的作用是将输入的交流 220V 电压转换为平滑的直流 300V 电压，为模块和开关电源电路供电。

见图 3-20，早期和目前的电控系统均由 PTC 电阻、主控继电器、硅桥、滤波电感和滤波电容等 5 个主要元器件组成。

不同之处在于滤波电容的结构形式，最早期的电控系统通常由 1 个容量较大的电容组成（位于电控系统内的专用位置），目前电控系统通常由 2~4 个容量较小的电容并联组成（焊接在室外机主板）。

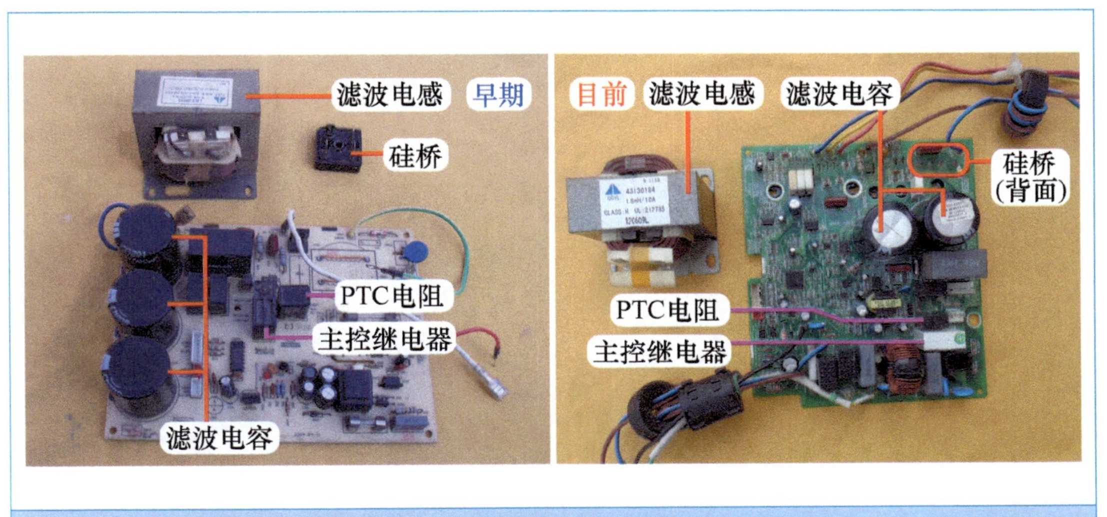

图 3-20　直流 300V 电压形成电路

2. PFC 电路

PFC 含义为功率因数校正，该电路的作用是提高功率因数，减少电网干扰和污染。

早期的空调器通常使用无源 PFC 电路，见图 3-21 左图，在整流电路中增加滤波电感，通过 LC（滤波电感和电容）来提高功率因数。

目前的空调器通常使用有源 PFC 电路，见图 3-21 右图，在无源 PFC 基础上主要增加了 IGBT、快恢复二极管等器件，通过室外机 CPU 计算和处理，驱动 IGBT 来提高功率因数和直流 300V 电压数值。

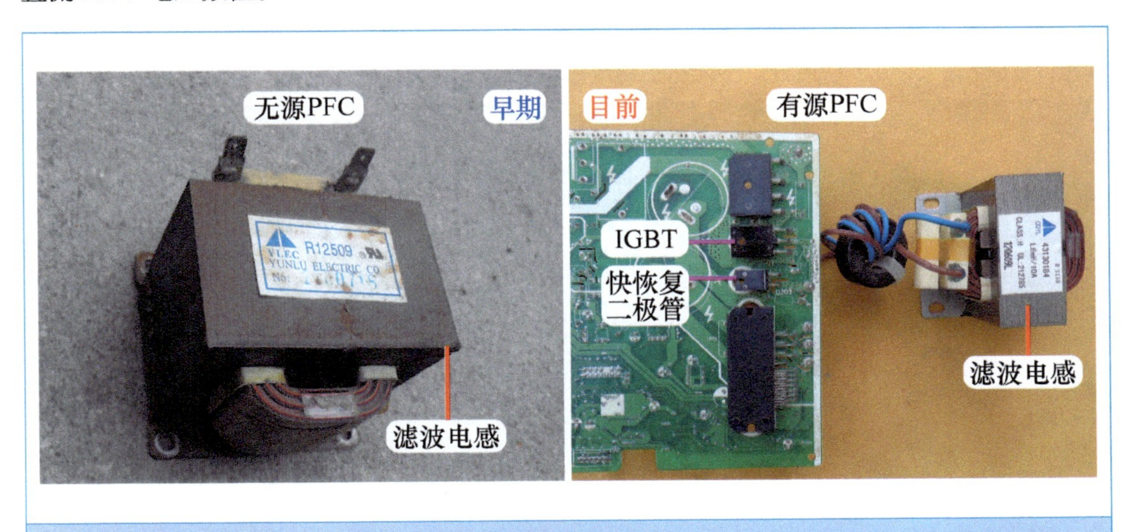

图 3-21　PFC 电路

3. 开关电源电路

变频空调器的室外机电源电路全部使用开关电源电路，为室外机主板提供直流 12V 和 5V 电压，为模块内部控制电路提供直流 15V 电压。

最早期的主板通常由分立元件组成，以 IGBT 和开关变压器为核心，输出的直流 15V 电压通常为 4 路。

早期和目前的主板通常使用集成电路的形式，见图 3-22，以集成电路和开关变压器为核心，直流 15V 电压通常为单路输出。

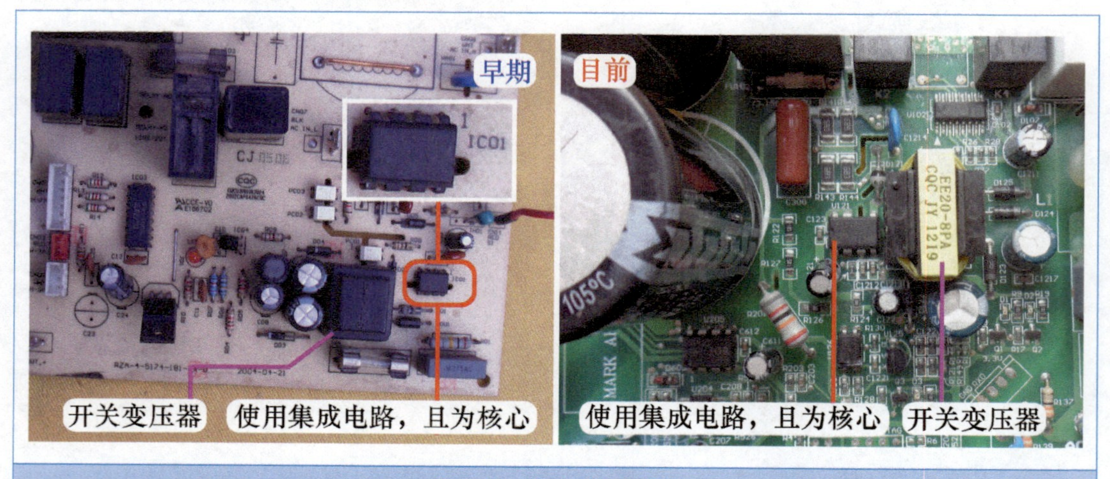

图 3-22　开关电源电路

4. CPU 三要素电路

CPU 三要素电路是 CPU 正常工作的必备电路，具体内容参见室内机 CPU。

早期和目前大多数空调器主板的 CPU 三要素电路原理均相同，见图 3-23 左图，供电为直流 5V，设有外置晶振和复位电路。

格力变频空调器室外机主板 CPU 使用 DSP 芯片，见图 3-23 右图，供电为直流 3.3V，无外置晶振。

图 3-23　室外机 CPU 三要素电路

5. 存储器电路

存储器电路的作用是存储相关参数和数据，供 CPU 运行时调取使用。

见图 3-24 左图，早期主板的存储器型号多使用 93C46；见图 3-24 右图，目前主板多使用 24CXX 系列（如 24C01、24C02、24C04 等）。

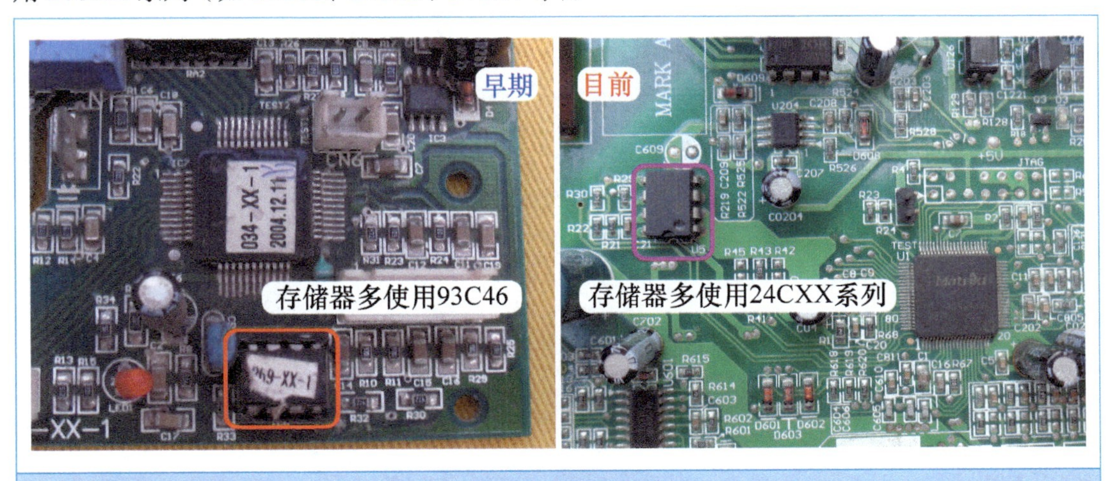

图 3-24 存储器电路

6. 传感器电路和压缩机顶盖温度开关电路

传感器和压缩机顶盖温度开关电路的作用是为 CPU 提供温度信号，室外环温传感器检测室外环境温度，室外管温传感器检测冷凝器温度，压缩机排气传感器检测压缩机排气管温度，压缩机顶盖温度开关检测压缩机顶部温度。

见图 3-25，早期和目前的主板两者电路相同。

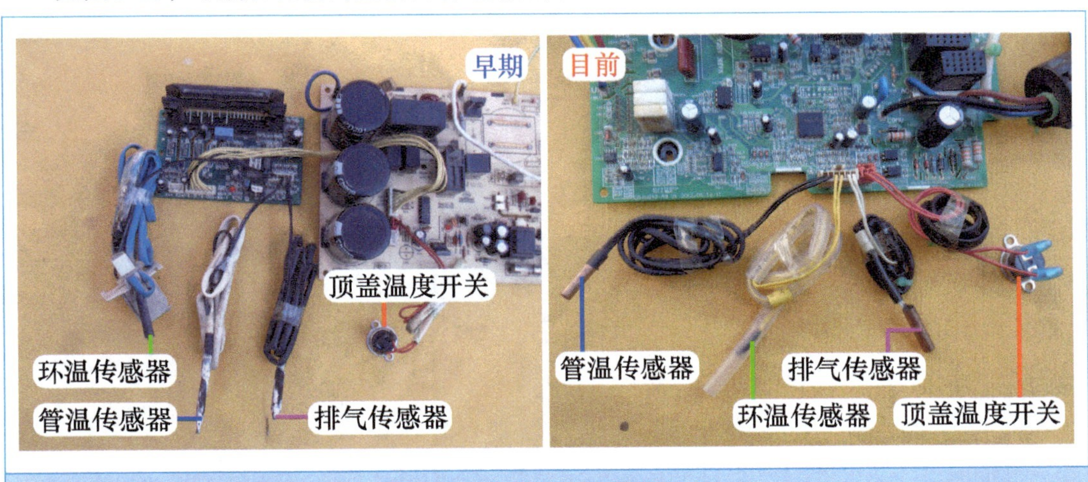

图 3-25 室外机温度检测电路

7. 电压检测电路

电压检测电路的作用是向 CPU 提供输入市电电压的参考信号。

最早期的主板多使用电压检测变压器，向 CPU 提供随市电变化的电压，CPU 内部电路根据软件计算出相应的市电电压值。

见图 3-26，早期和目前主板的 CPU 通过电阻检测直流 300V 电压，由软件计算出相应的交流市电电压值，起到间接检测市电电压的目的。

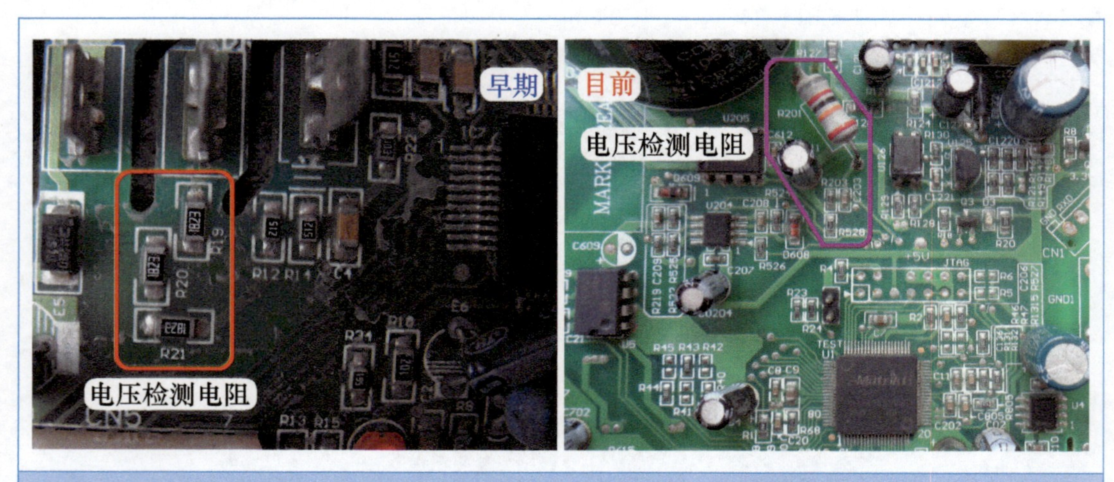

图 3-26　电压检测电路

8. 电流检测电路

电流检测电路的作用是提供室外机运行电流信号或压缩机运行电流信号，由 CPU 通过软件计算出实际的运行电流值，以便更好地控制压缩机。

最早期的主板通常使用电流检测变压器，向 CPU 提供室外机运行的电流参考信号。

见图 3-27 左图和中图，早期和目前的主板由模块其中的 1 个引脚，或模块电流取样电阻，输出代表压缩机运行的电流参考信号，由外部电路将电流信号放大后提供给 CPU，通过软件计算出压缩机实际运行电流值。

➡ 说明：早期和目前的主板还有另外一种常见形式，见图 3-27 右图，就是使用穿线式电流互感器。

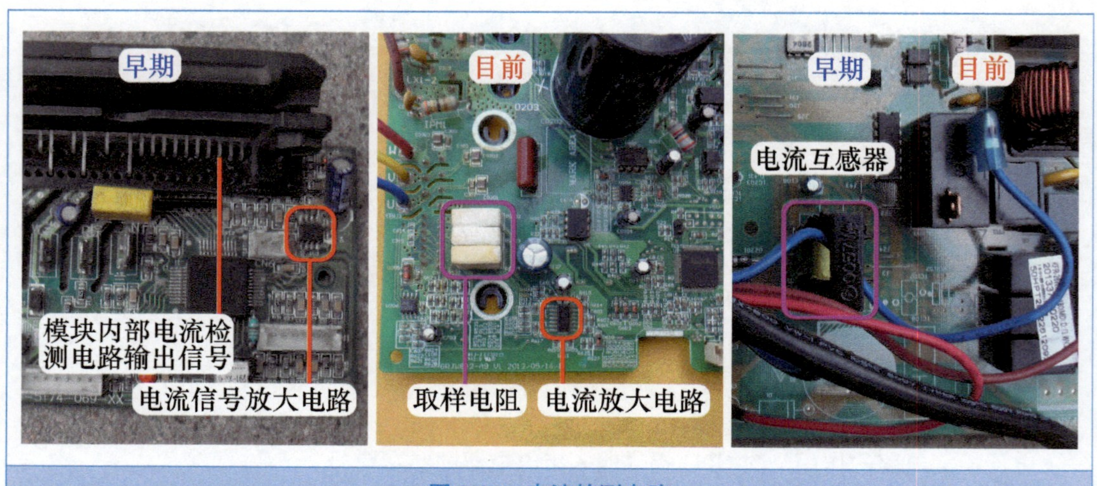

图 3-27　电流检测电路

9. 模块保护电路

模块保护信号由模块输出，送至室外机 CPU。

最早期的主板模块输出的信号经光耦合器耦合后送至室外机 CPU；见图 3-28，早期和目前的主板模块输出的信号直接送至室外机 CPU。

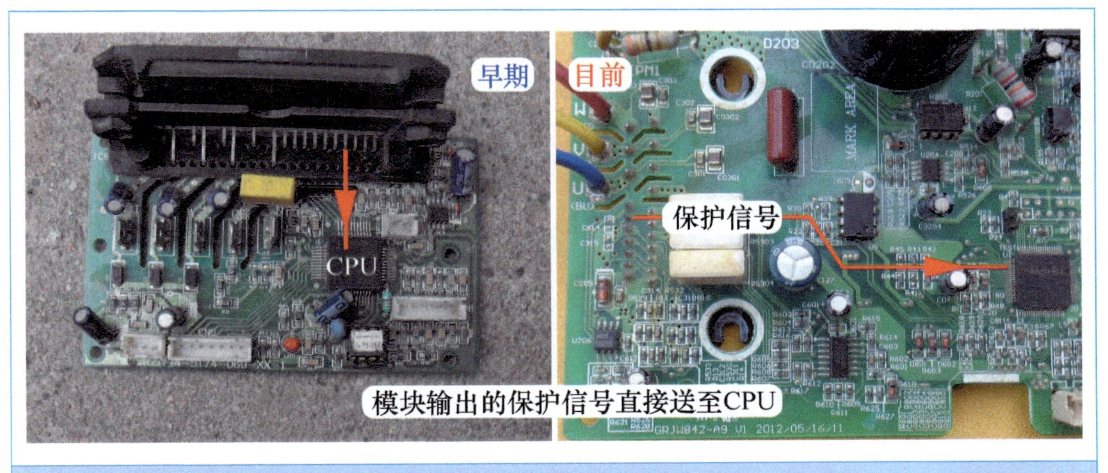

图 3-28 模块保护电路

10. 主控继电器电路和四通阀线圈电路

主控继电器电路控制主控继电器触点的闭合与断开，四通阀线圈电路控制四通阀线圈的供电与失电。

见图 3-29，早期和目前的主板两者电路相同。

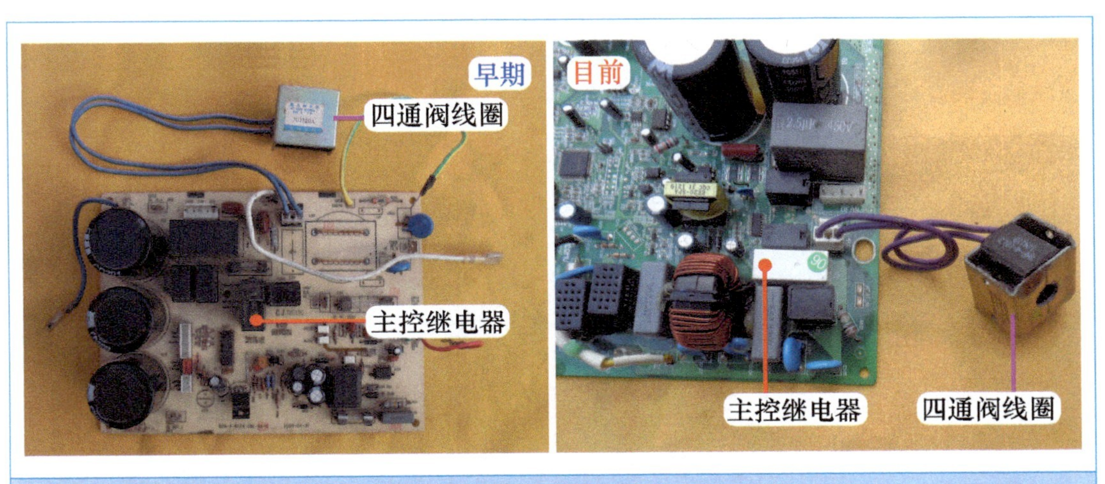

图 3-29 主控继电器和四通阀线圈电路

11. 室外风机电路

室外风机电路的作用是控制室外风机运行。

最早期的部分空调器室外风机一般为 2 档风速或 3 档风速，室外机主板有 2 个或 3 个继电器；早期和目前的空调器室外风机转速一般只有 1 个档位，见图 3-30，室外机主板只设有 1 个继电器。

➡ 说明：早期和目前的空调器部分品牌的机型，也有使用 2 档或 3 档风速的室外风机；如果为全直流变频空调器，室外风机供电为直流 300V，不再使用继电器。

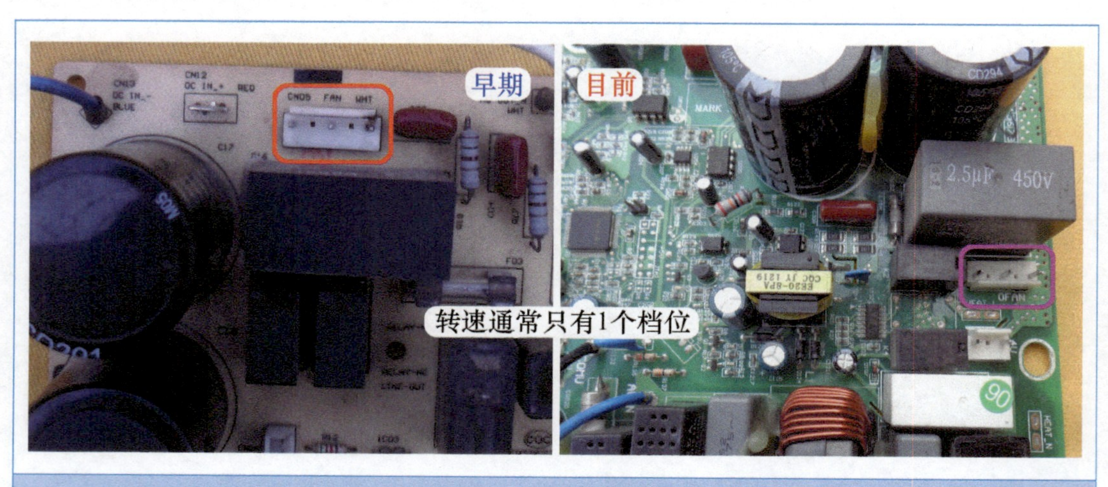

图 3-30　室外风机电路

12. 6 路信号电路

6 路信号由室外机 CPU 输出，通过控制模块内部 6 个 IGBT 的导通与截止，将直流 300V 电压转换为频率与电压均可调的模拟三相交流电，驱动压缩机运行。

最早期的主板 CPU 输出的 6 路信号不能直接驱动模块，需要使用光耦合器传递，因此模块与室外机 CPU 通常设计在两块电路板上，中间通过连接线连接。

见图 3-31，早期和目前的主板 CPU 输出的 6 路信号可以直接驱动模块，通常将室外机 CPU 和模块设计在一块电路板上，不再使用连接线和光耦合器。

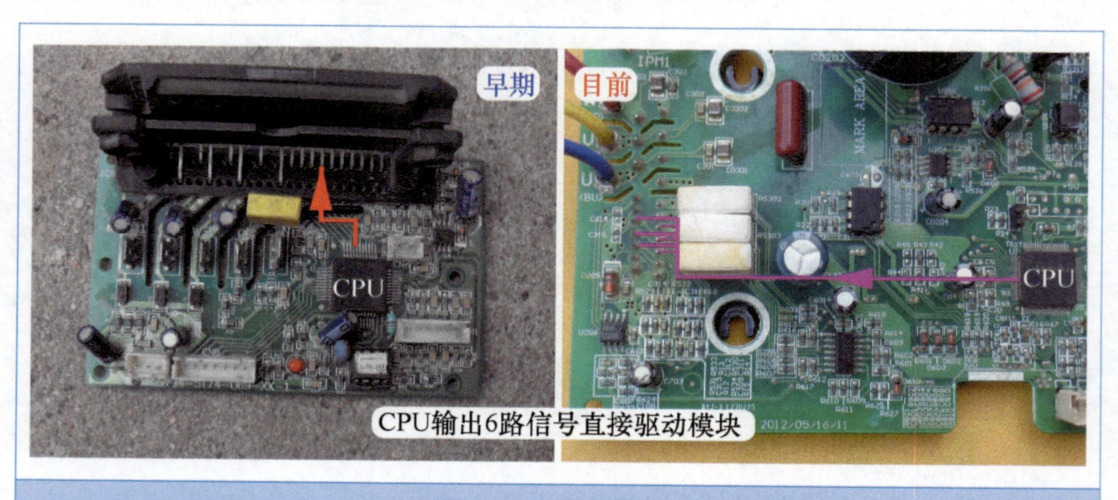

图 3-31　6 路信号电路

第四章 Chapter 4

更换变频空调器室内机主板和室外机电控盒

第一节　更换格力空调器室内机原机主板

本节以格力 KFR-32GW/（32556）FNDe-3 直流变频空调器室内机为基础，介绍室内机主板损坏后的更换过程。

一、取下原机主板并观察配件实物外形

1. 取下原机主板

断开空调器电源，使用螺钉旋具取下固定螺钉，然后取下室内机外壳，见图 4-1 左图，取下电控盒盖板。

取下室内风机和变压器等插头时，见图 4-1 中图，直接按压卡扣向外拔插头时取不下来，这是由于为防止插头在运输或使用过程中脱落，卡扣部位安装有卡箍。

见图 4-1 右图，首先使用一字螺钉旋具取下卡箍，再按压插头上的卡扣并向外拔，即可轻松取下插头。

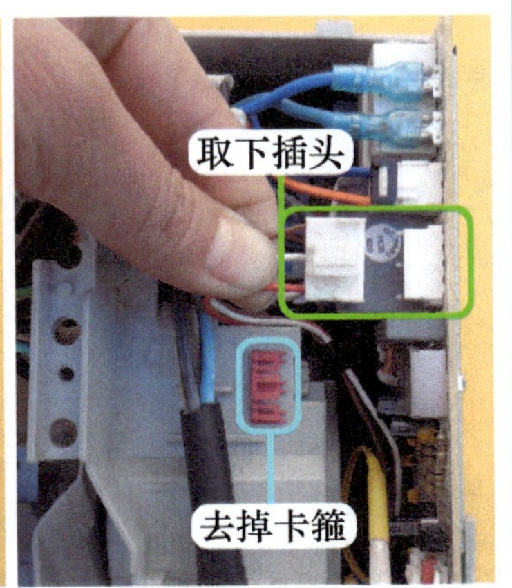

图 4-1　取下盖板和插头

取下电源供电和室内外机连接线等插头时，见图 4-2 左图，直接向外拔即使用力也取不

下来。

见图 4-2 中图，这是由于连接线插头中设有固定点，相对应在主板的端子上设有固定孔，连接线插头安装到位时固定点卡在固定孔中，因此直接拔插头时不能取下。

向里按压插头顶部的卡扣，见图 4-2 右图，使固定点脱离固定孔，再向外拔连接线插头，即可轻松取下。

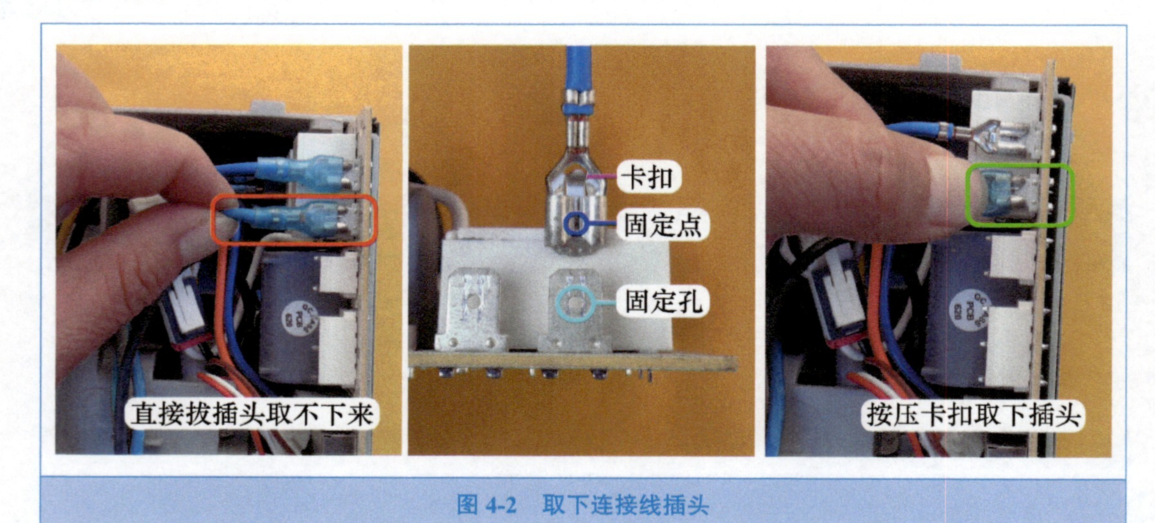

图 4-2　取下连接线插头

见图 4-3 左图和中图，再取下显示板组件等插头，待插头全部取下后，即可取出主板。

由于配件主板上未配有跳线帽，见图 4-3 右图，从原机主板上取下跳线帽并妥善保存，准备安装到配件主板。

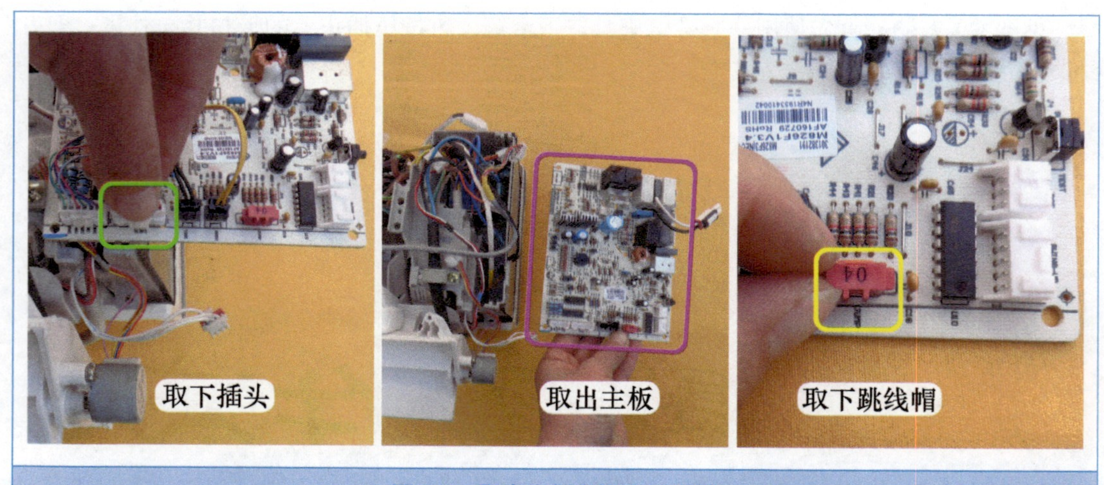

图 4-3　取出主板和取下跳线帽

2. 室内机插头和电气接线图

取下主板后，电控盒剩余的插头见图 4-4 左图，安装过程就是将这些插头安装到主板的对应位置。

常用有两种安装方法，如果对电路板不是很熟悉，可以使用第 1 种方法，见图 4-4 右图，根据粘贴于室内机外壳内部的电气接线图安装插头，也可完成安装主板的过程。

本书着重介绍第 2 种方法，即根据主板插座或端子的特征，以及外围元器件的特点进行安装。原因是各个厂家的空调器大同小异，熟练掌握一种空调器机型后，再遇到其他品牌的空调器机型，即可以触类旁通，完成更换室内机主板（或室外机主板）或室外机电控盒的安装过程。

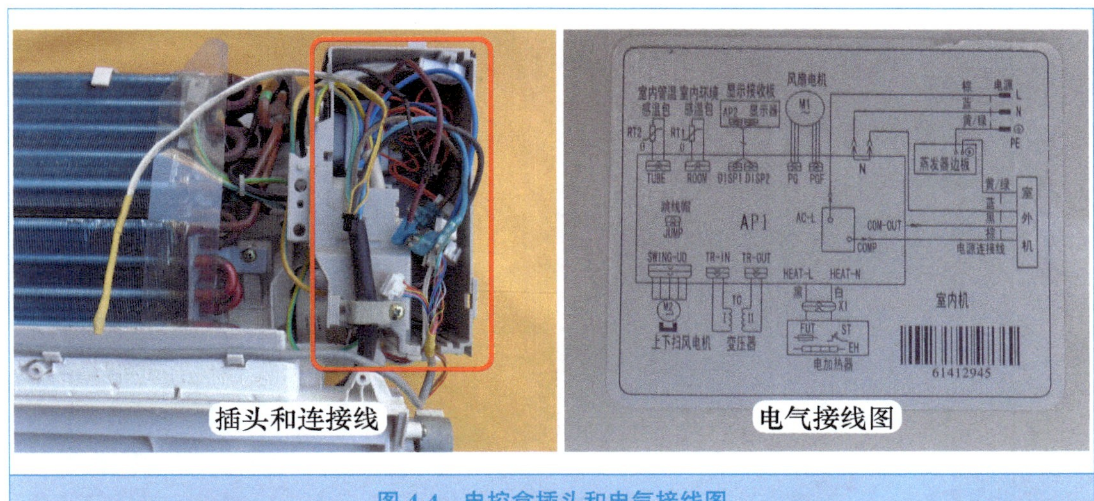

图 4-4　电控盒插头和电气接线图

3. 配件主板实物外形

配件主板实物外形见图 4-5，根据工作区域可分为强电区域和弱电区域。强电区域指工作电压为交流 220V，插座或端子使用红线连接；弱电区域指工作电压为直流 12V 或 5V，插座使用蓝线连接。

由图 4-5 可知，传感器、显示板组件等插头位于主板内侧，应优先安装这些插头，否则会由于引线不够长而不能安装至主板插座。

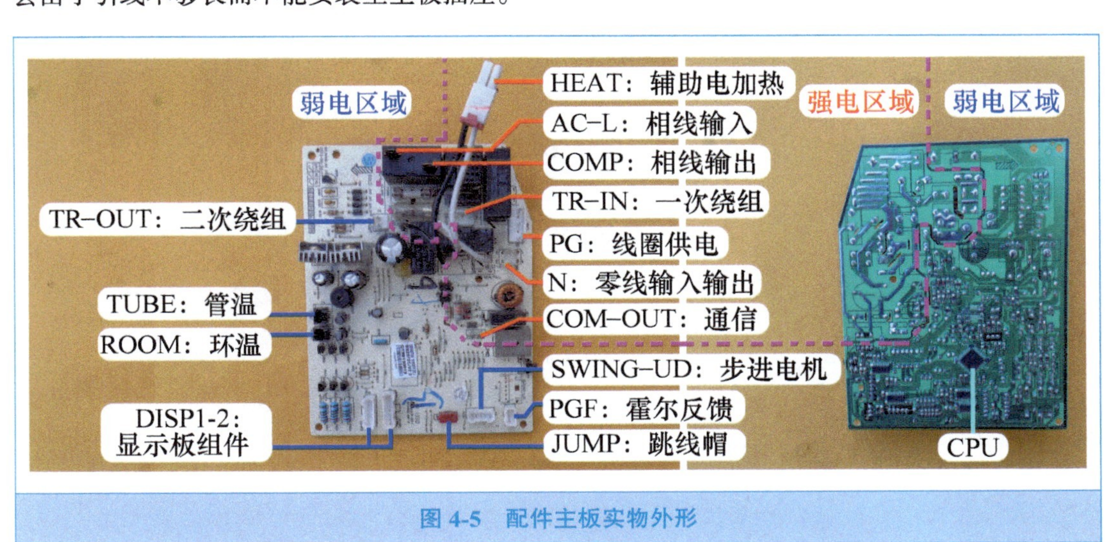

图 4-5　配件主板实物外形

二、安装过程

1. 跳线帽

目前空调器厂家的主板通常为通用型，即同一块主板可以适用于很多型号的空调器，为区分不同制冷量的机型，格力空调器使用跳线帽，表面的数字代表型号，比如04表示为制冷量为3200W的直流变频空调器，CPU检测后按制冷量为3200W的机型控制室内风机转速和步进电机驱动导风板的角度等。跳线帽只见于格力空调器，其他品牌的空调器未设计此器件。

跳线帽为红色插座，见图4-6左图，位于弱电区域，主板标识为JUMP，共设有2排5组共10个引针。

见图4-6右图，查看主板背面，插座引针一侧相通接直流5V，另一侧和反相驱动器输入端相通接CPU引脚。

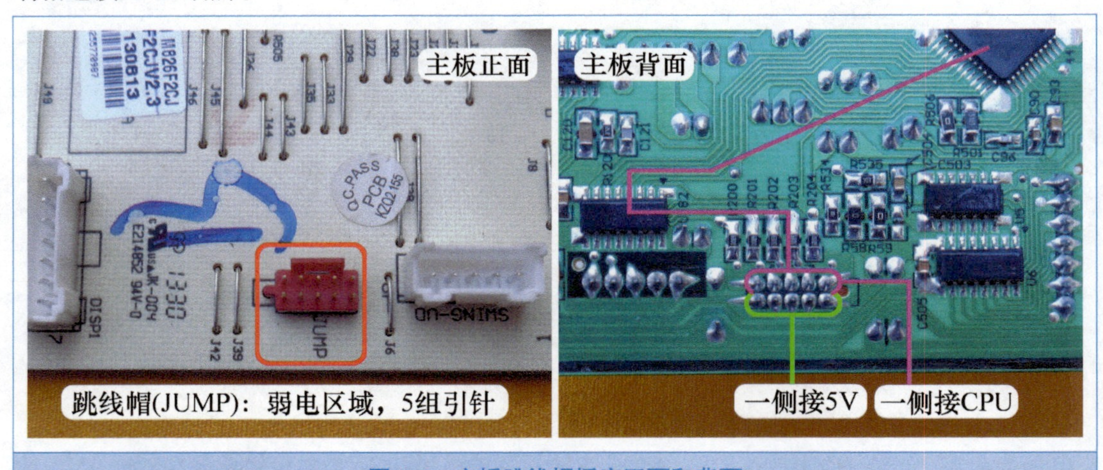

图4-6　主板跳线帽插座正面和背面

图4-7左图和中图为跳线帽实物外形。见图4-7右图，将从原机主板拆下的跳线帽安装至配件主板。如果更换主板时忘记安装跳线帽，安装插头等完成后上电试机，室内机显示板组件显示C5故障代码或运行指示灯灭3s闪15次。

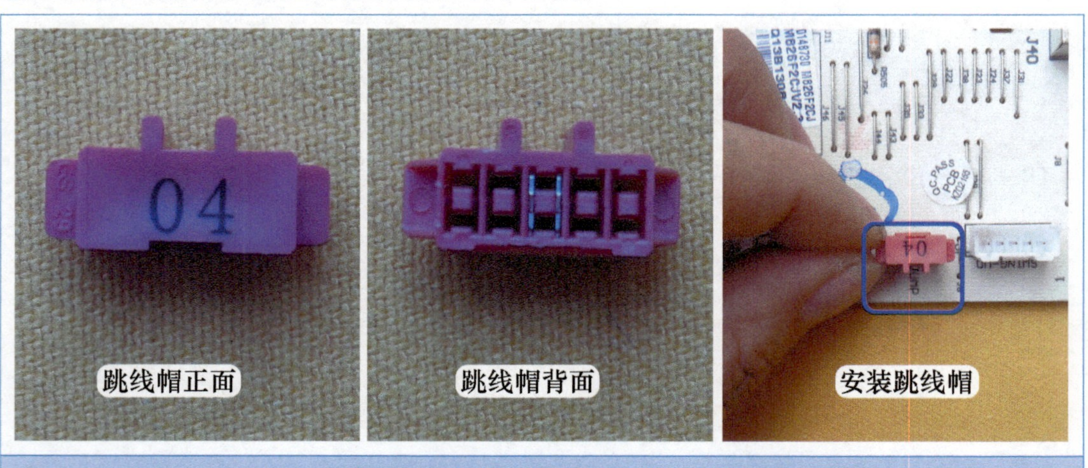

图4-7　跳线帽实物外形和安装跳线帽

2. 环温和管温传感器

环温和管温传感器实物外形见图 4-8 左图，环温传感器使用塑封探头，管温传感器使用铜头探头，插头均只有两根引线。

见图 4-32 右图，环温传感器探头安装在进风口位置，需要安装室内机外壳后才能固定，作用是检测进风口（相当于检测房间）温度；见图 4-8 右图，管温传感器探头安装的检测孔焊接在蒸发器管壁，作用是检测蒸发器温度。

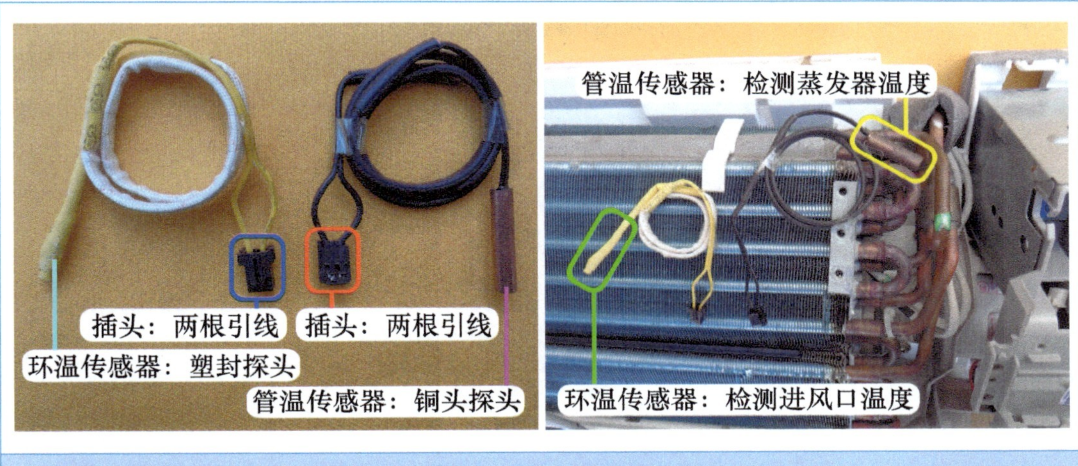

图 4-8　实物外形和作用

环温和管温传感器均为 2 针设计的黑色插座，见图 4-9 右图，位于弱电区域，环温传感器主板标识为 R00M，管温传感器主板标识为 TUBE。

查看主板背面，见图 4-9 左图，两个插座的其中 1 针连在一起接供电 5V，另 1 针经电阻等元件去 CPU 引脚。

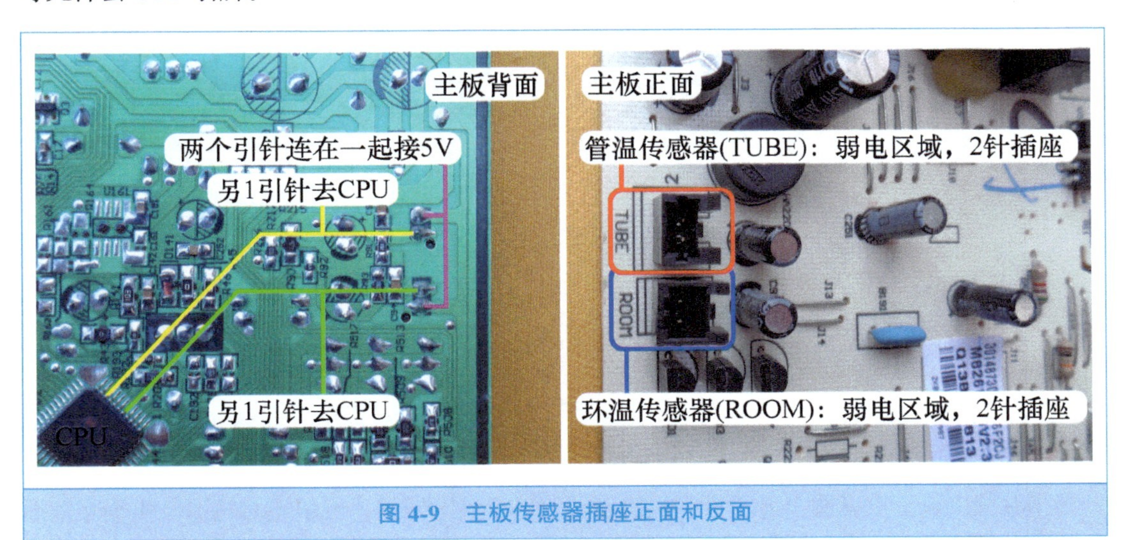

图 4-9　主板传感器插座正面和反面

见图 4-10，将环温传感器黄线插头安装至 ROOM 插座，将管温传感器黑线插头安装至

TUBE 插座。由于两个插头和插座形状不相同，安装插反时则安装不进去。

➡ 说明：目前格力配件主板通常标配有环温和管温传感器，更换主板时不用安装插头，只需要将探头安装到原位置即可。

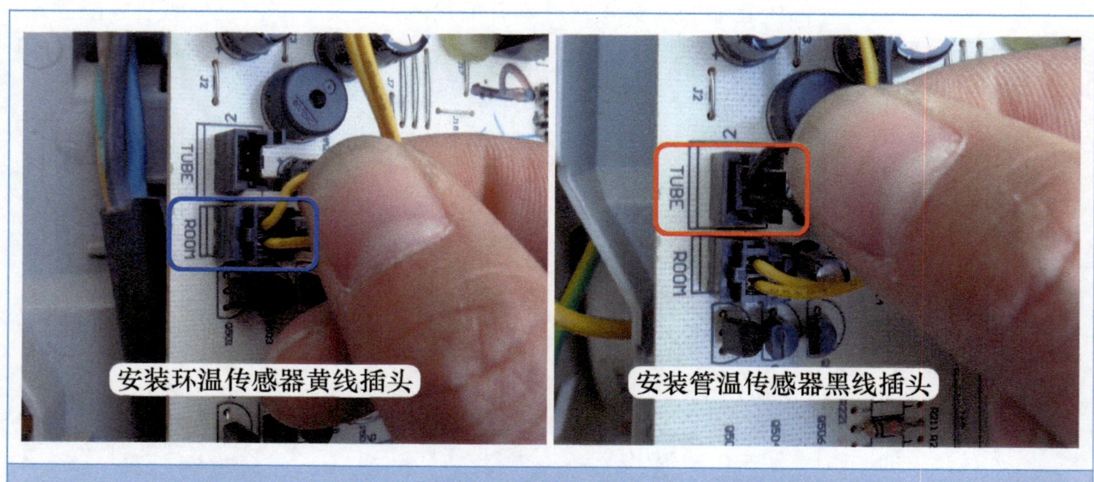

图 4-10　安装传感器插头

3. 显示板组件

显示板组件显示空调器信息和故障代码，由于本机显示窗口位于前面板下部的正中间位置，见图 4-11 左图，相对应显示板组件设计在室内机下方，固定在接水盘的中间位置。

显示板组件共设有两个插头，见图 4-11 右图，其中大插头共有 7 根引线，小插头共有 6 根引线。

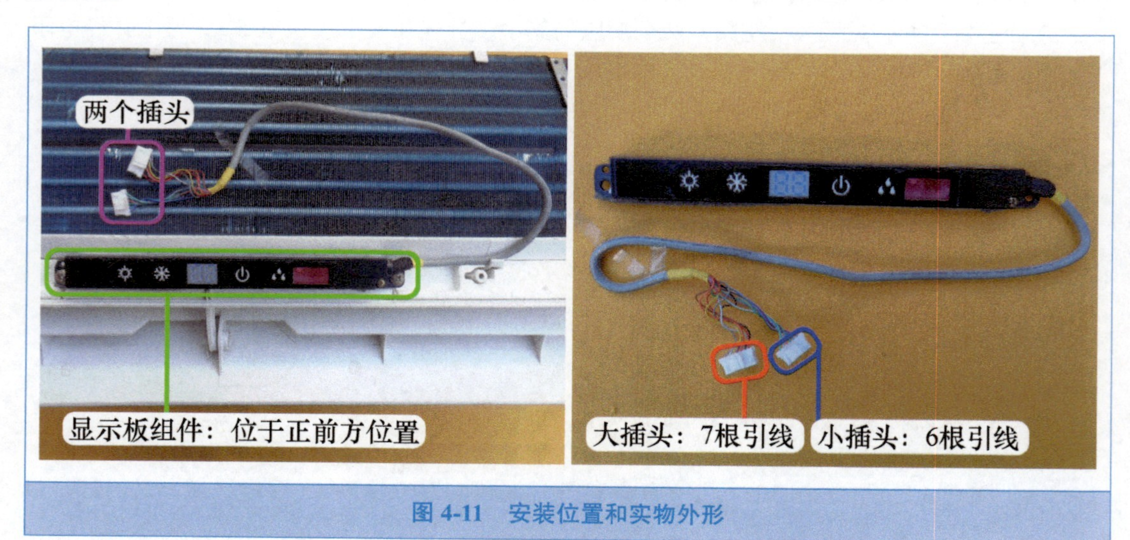

图 4-11　安装位置和实物外形

相对应主板上设有两个显示板组件插座，均位于弱电区域，见图 4-12 左图，1 个 7 针插座标识为 DISP1，1 个 6 针插座标识为 DISP2。

查看主板背面，见图 4-12 右图，7 针插座引针主要连接反相驱动器输出侧引脚，6 针插座引针主要连接 3 个电阻和电源（5V 和地）。

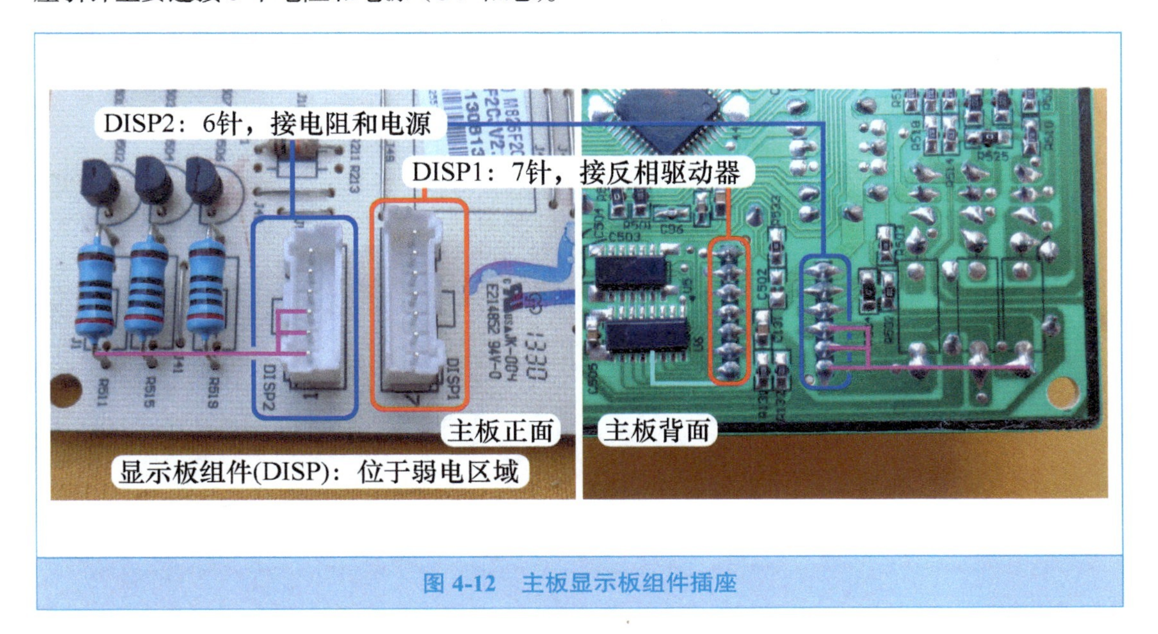

图 4-12　主板显示板组件插座

见图 4-13，将 1 个 7 根引线的大插头安装至 DISP1 插座，将 1 个 6 根引线的小插头安装至 DISP2 插座。2 个插头引线数量不同，插头大小也不相同，如果插反则不能安装。

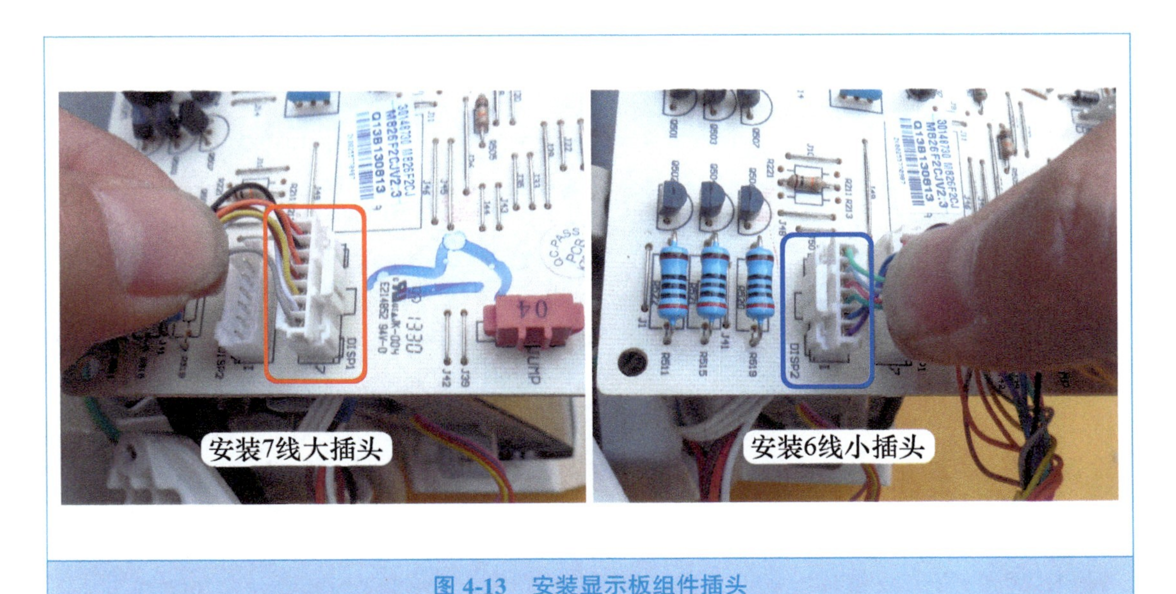

图 4-13　安装显示板组件插头

4. 变压器

变压器将交流 220V 降低至约交流 12V 为主板提供电压，见图 1-35，设计在电控盒上方的下部。共设有两个插头，大插头为一次绕组，小插头为二次绕组。

变压器一次绕组连接交流 220V，见图 4-14 左图，白色的 2 针插座位于强电区域，主板标识为 TR-IN。

查看主板背面，见图 4-14 右图，插座的其中 1 针接熔丝管（3.15A）和电源 L 端相通，1 针直接接 N 端。

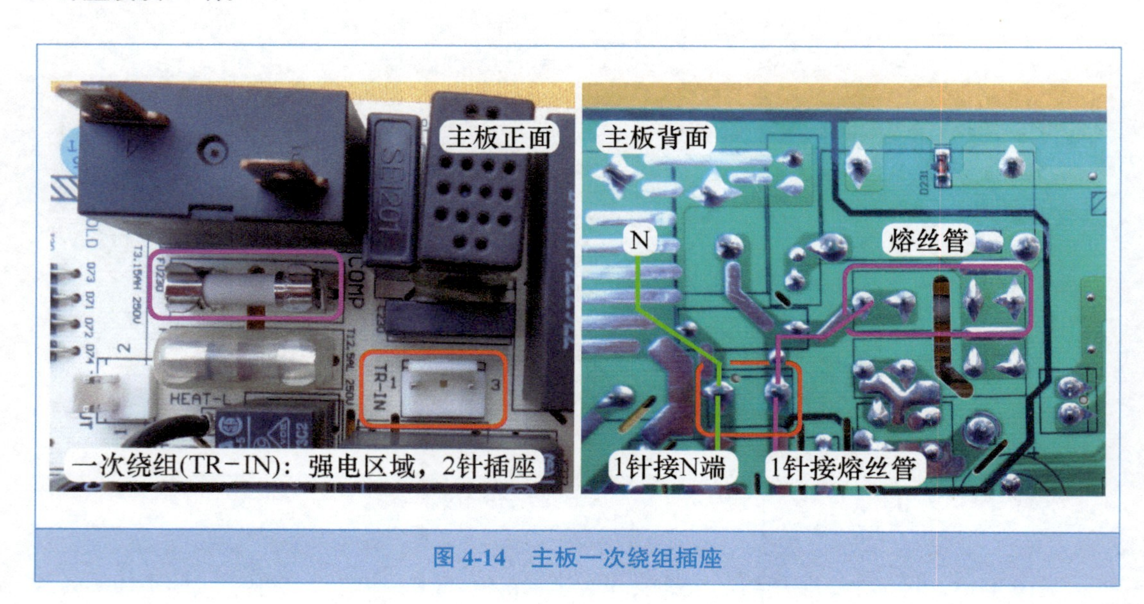

图 4-14　主板一次绕组插座

变压器二次绕组输出约交流 12V，见图 4-15 左图，白色的 2 针插座位于弱电区域，主板标识为 TR-OUT。

查看主板背面，见图 4-15 右图，2 针均连接整流电路的 4 个二极管。

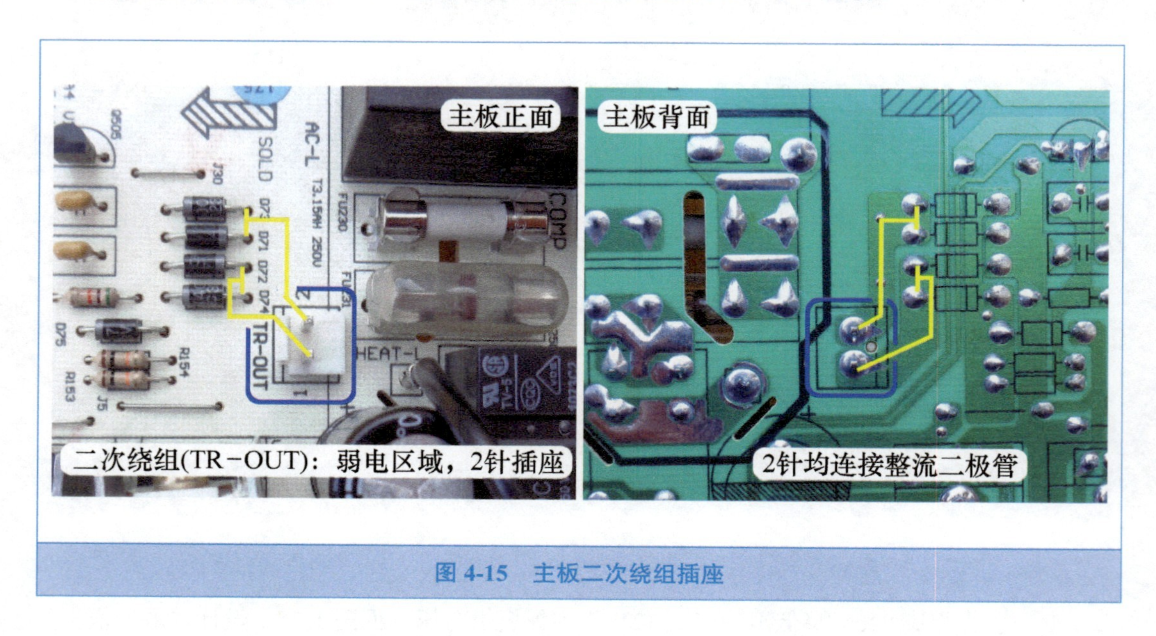

图 4-15　主板二次绕组插座

见图 4-16，将变压器二次绕组小插头安装至主板 TR-OUT 插座，将一次绕组大插头安装至 TR-IN 插座。

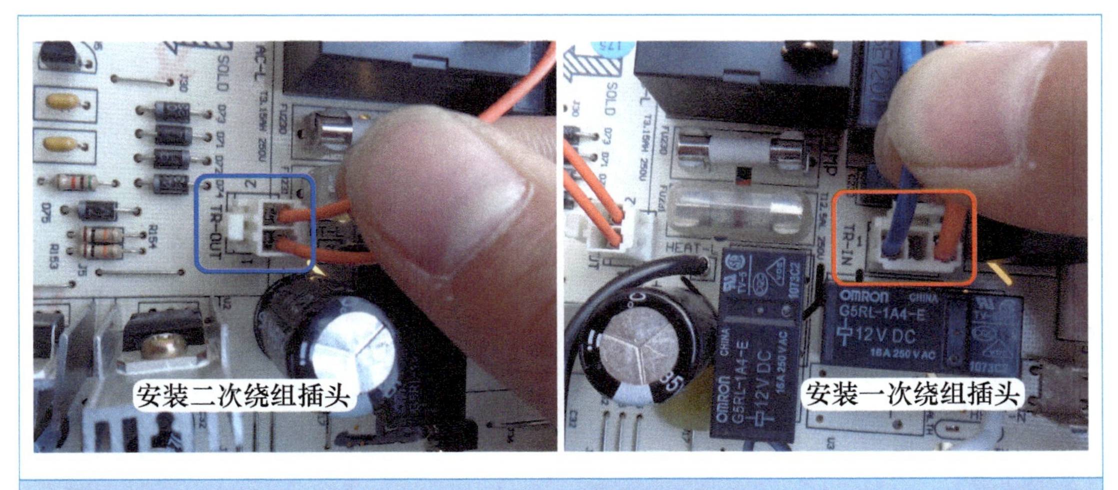

图 4-16　安装变压器插头

5. 电源输入引线

电源输入引线共设有3根，见图4-19左图，棕线为相线L，蓝线为零线N，黄绿线为地线，其中黄绿线地线直接固定在蒸发器上面，在更换主板时不用安装，只需要安装棕线和蓝线。

主板没有专门设计相线的输入和输出端子，见图 4-17，而是直接安装在主控继电器上方的两个端子，端子相通的焊点位于强电区域。说明：继电器线圈焊点位于弱电区域。

标识为 AC-L 的端子为相线输入，下方焊点和两个熔丝管（3.15A 和 12.5A）相通为主板提供 L 端供电，端子接电源输入引线中的棕线；标识为 COMP 的端子为相线输出，下方焊点接阻容元件（或为空脚），端子接室内外机连接线中的棕线（相线）。

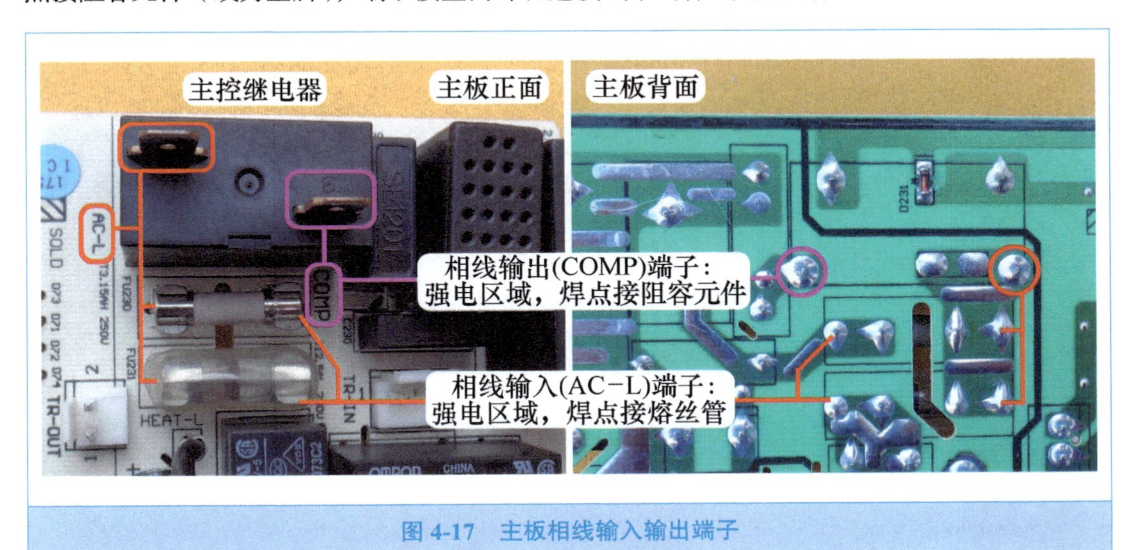

图 4-17　主板相线输入输出端子

主板强电区域中标识 N 的端子共有两片相通，见图 4-18，为零线输入和输出端子，端子连接电源输入引线中的蓝线和室内外机连接线中的蓝线，焊点连接室内风机和变压器一次绕组等。

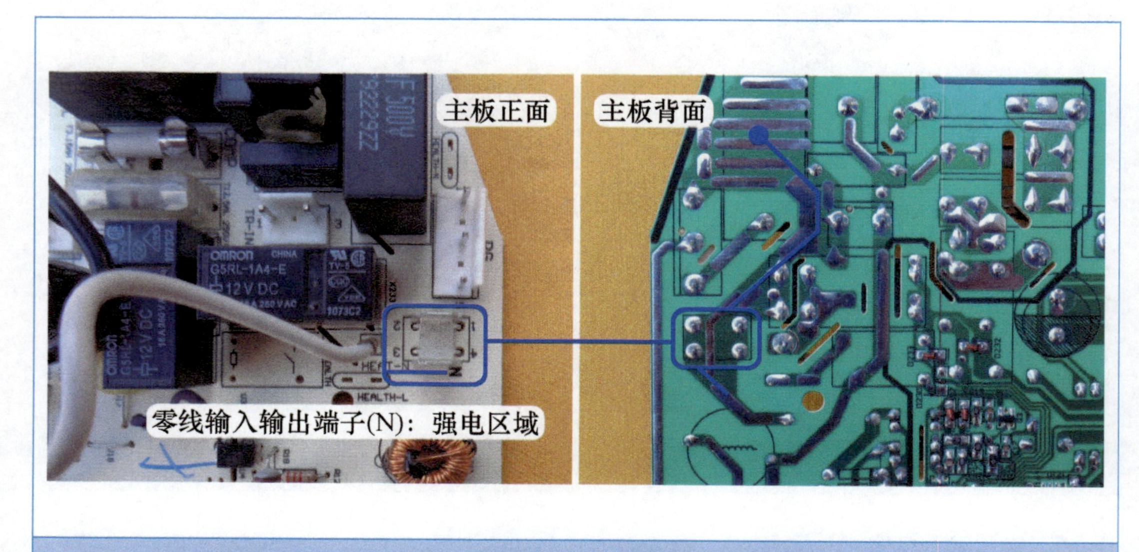

图 4-18 主板零线输入输出端子

见图 4-19 中图，将电源输入引线中的棕线插在主控继电器上方对应为 AC-L 的端子，为主板相线 L 端供电；见图 4-19 右图，将蓝线插在 N 端子一侧，为主板零线 N 端供电。

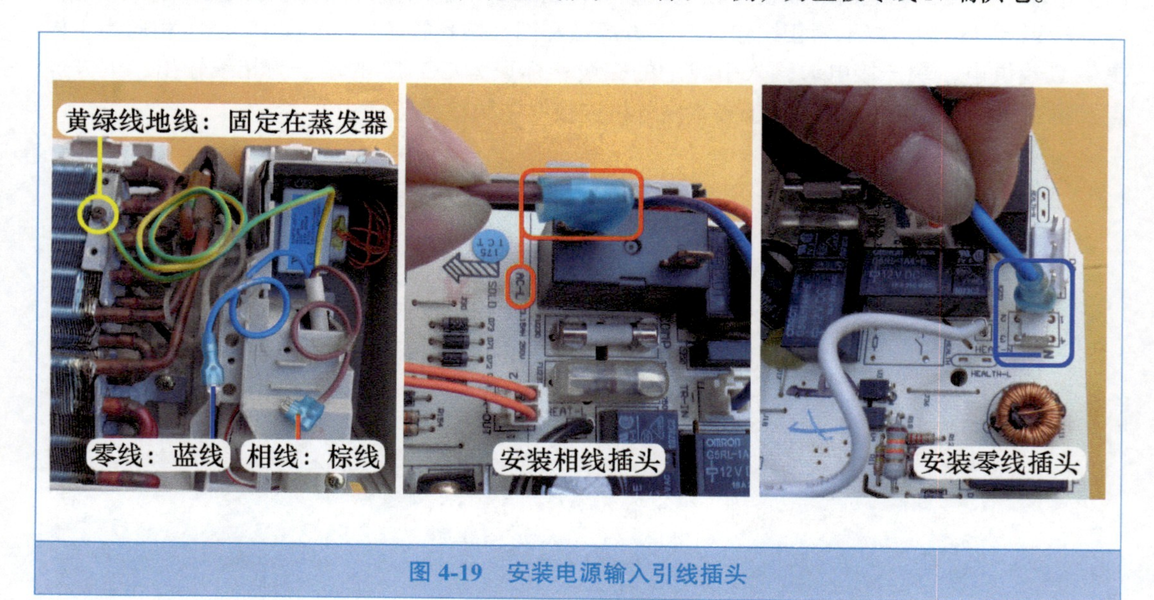

图 4-19 安装电源输入引线插头

6. 室内外机连接线

室内外机连接线共有 4 根引线，见图 4-21 左图，棕线为相线，蓝线为零线，黑线为通信，黄绿线为地线。其中黄绿线地线直接固定在蒸发器上面，在更换主板时不用安装，只需要安装棕线、蓝线、黑线。

通信端子位于强电区域，见图 4-20，主板标识为 COM-OUT，端子焊点经二极管和电阻等电路连接至光耦合器。

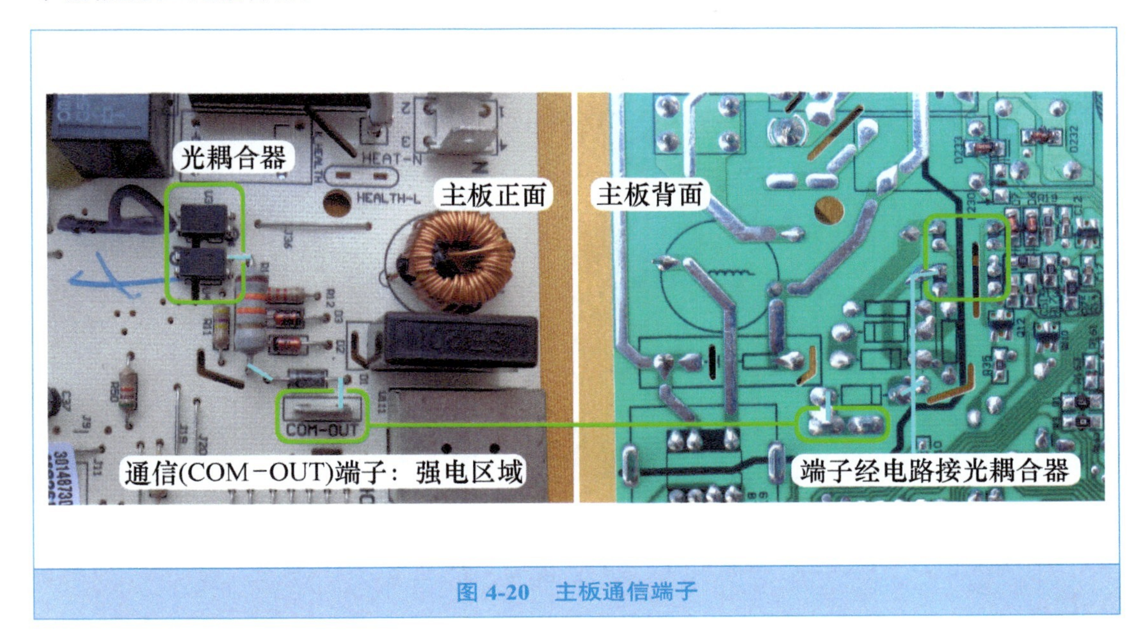

图 4-20　主板通信端子

见图 4-21 右图，将棕线插在主控继电器上方对应为 COMP 的端子，通过室内外机连接线为室外机相线 L 端供电。

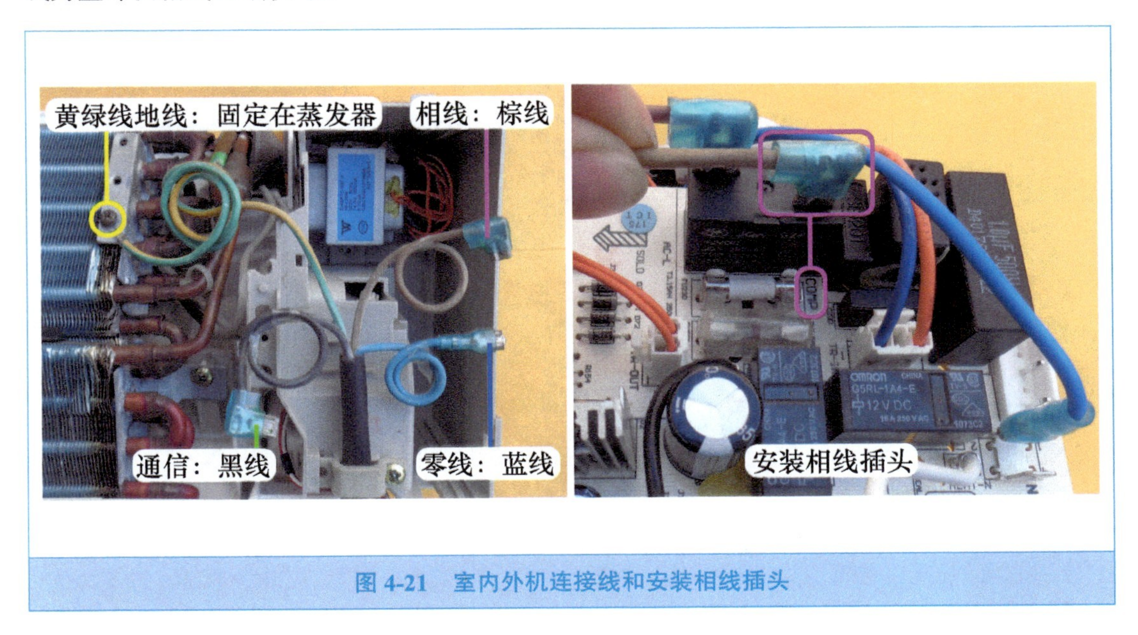

图 4-21　室内外机连接线和安装相线插头

将蓝线插在主板上标识为 N 的端子另 1 侧，见图 4-22 左图，为室外机零线 N 端供电。

将黑线插在主板上标识为 COM-OUT 的端子，见图 4-22 右图，为室内机和室外机提供通信回路。

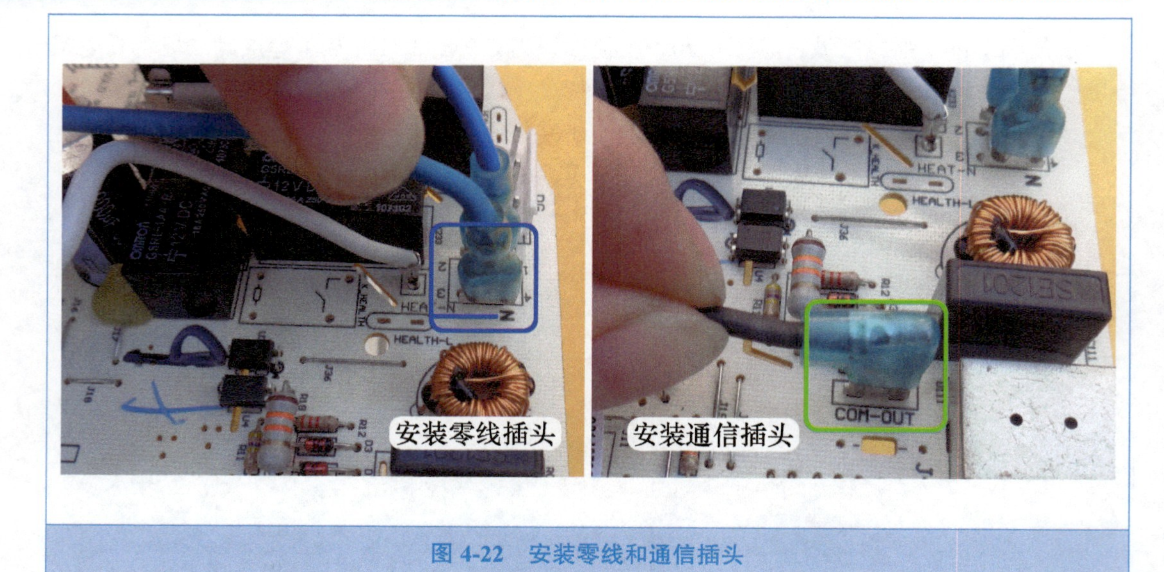

图 4-22　安装零线和通信插头

7. 室内风机

室内风机驱动室内风扇（贯流风扇）运行，见图 4-23 左图，引线从室内机右侧电控盒下方引出。

室内风机共设有两个插头，见图 4-23 右图，大插头为线圈供电，由主板输出为室内风机提供电源；小插头为霍尔反馈，由室内风机输出，为主板 CPU 提供代表转速的霍尔信号。

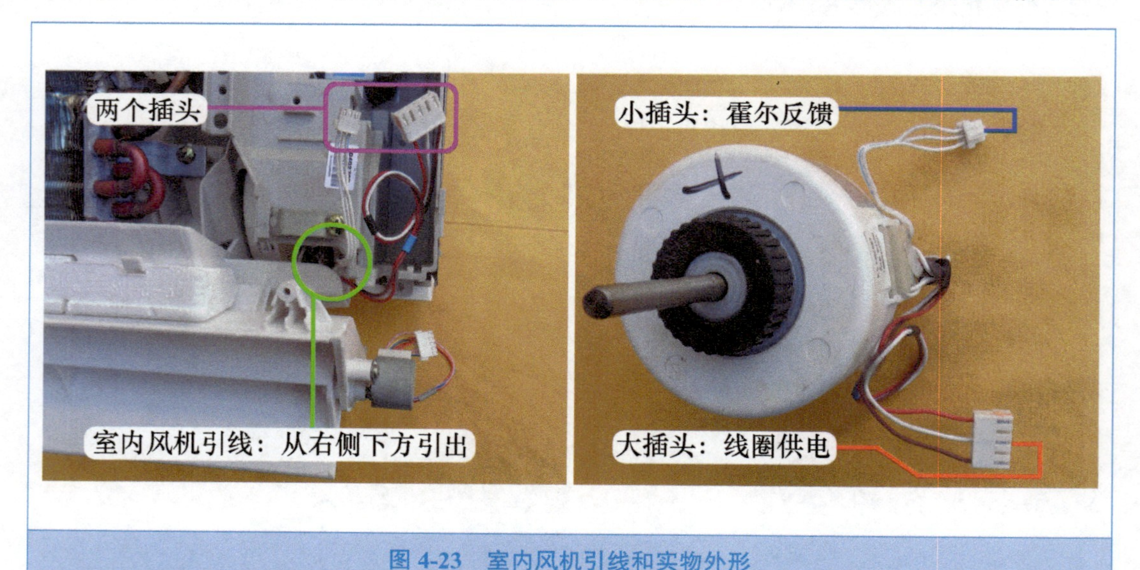

图 4-23　室内风机引线和实物外形

线圈供电插头连接交流 220V 电源，见图 4-24 左图，体积较大的白色 3 针插座位于强电区域，主板标识为 PG。

查看主板背面，见图 4-24 右图，插座焊点 1 针接零线 N 端和电容，1 针经光耦合器晶闸管次级侧和电感接相线 L 端，1 针只接电容。

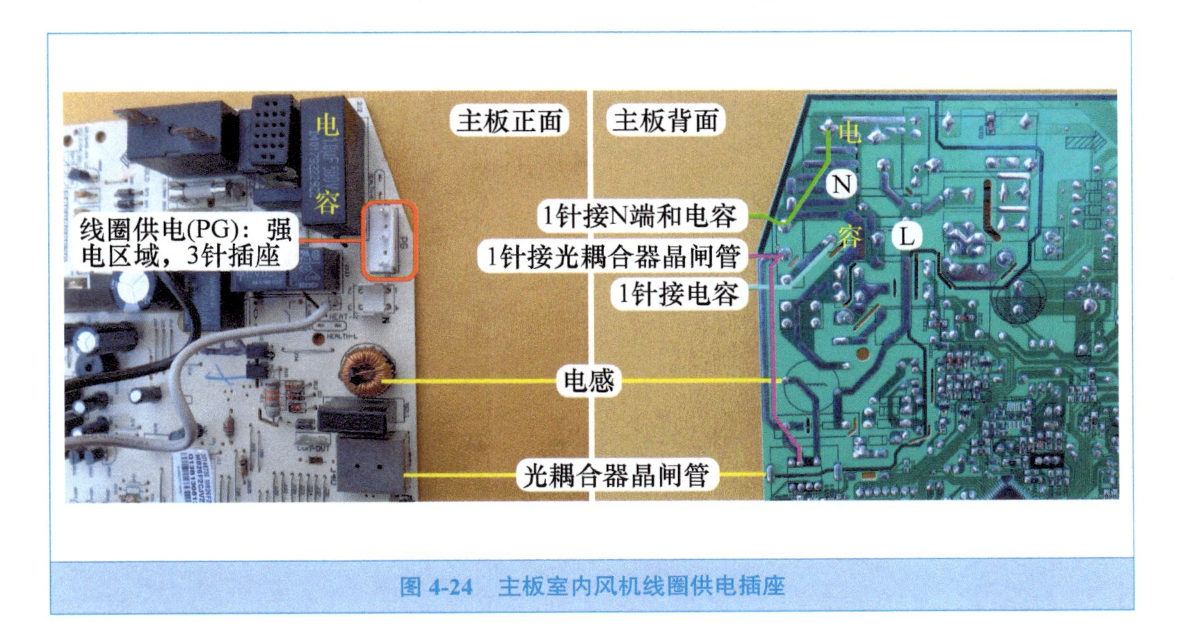

图 4-24 主板室内风机线圈供电插座

霍尔反馈插头使用直流 5V 供电，见图 4-25 左图，体积较小的白色 3 针插座位于弱电区域，主板标识为 PGF。

查看主板背面，见图 4-25 右图，插座焊点 1 针接地，1 针接 5V，1 针经电阻等元件接 CPU 相关引脚。

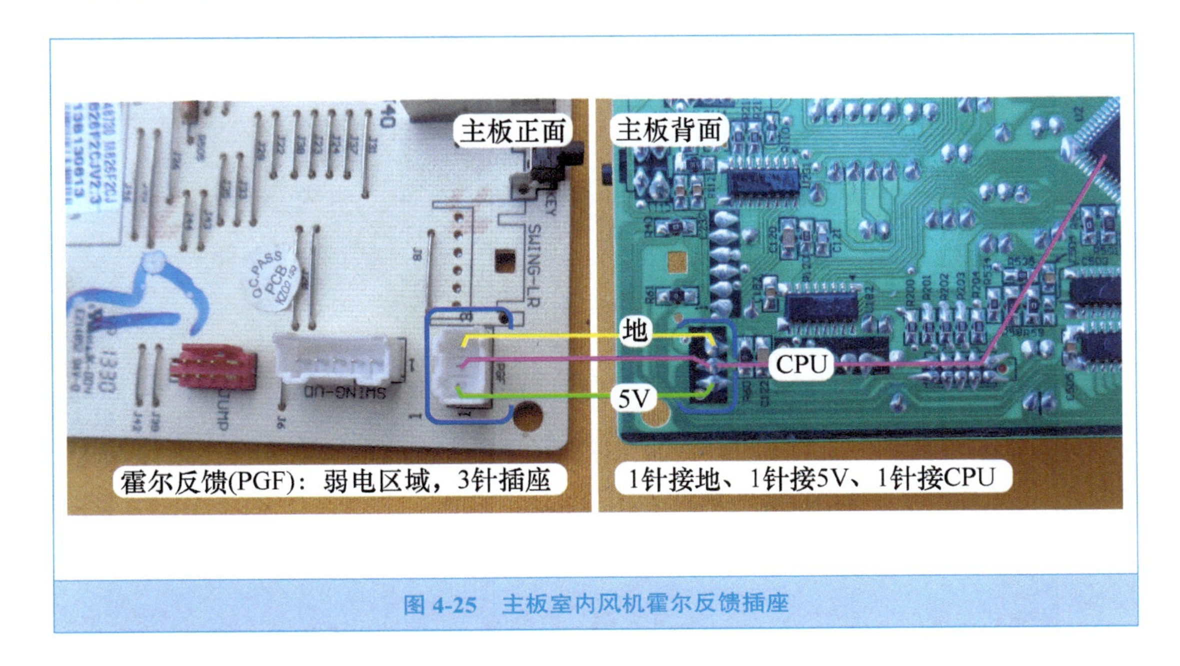

图 4-25 主板室内风机霍尔反馈插座

见图 4-26，将大插头（线圈供电）安装至主板标识为 PG 的插座，将小插头（霍尔反馈）安装至主板标识为 PGF 的插座。

图 4-26　安装室内风机插头

8. 步进电机

步进电机位于室内机内部右侧下方，见图 4-27 左图，作用是驱动导风板上下旋转运行。共设有 1 个插头，见图 4-27 右图，插头有 5 根引线。

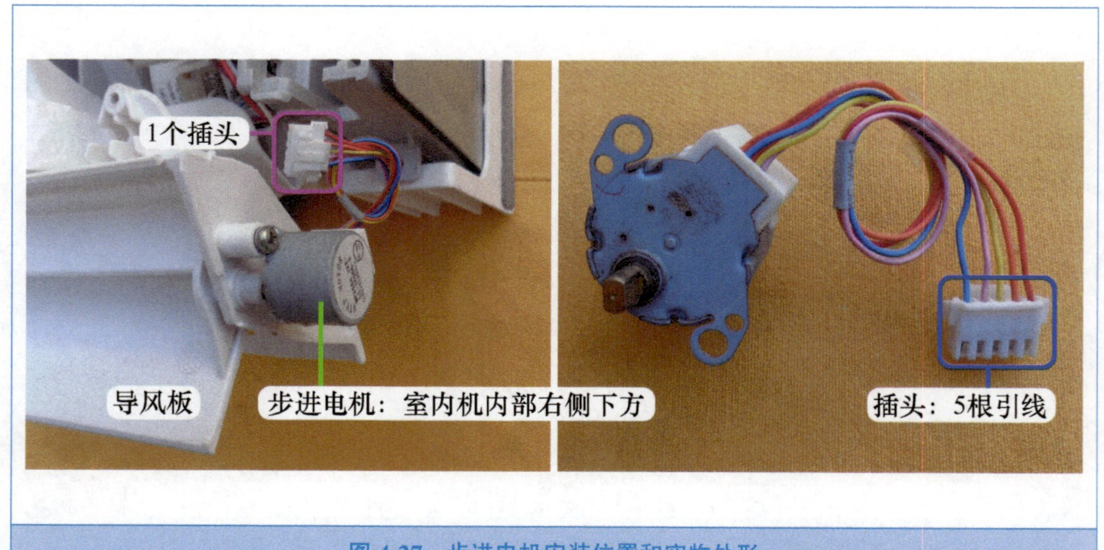

图 4-27　步进电机安装位置和实物外形

步进电机电源为直流 12V，见图 4-28 左图，白色的 5 针插座位于弱电区域，主板标识为 SWING-UD。

查看主板背面，见图 4-28 右图，插座的 4 针焊点均连接反相驱动器输出侧，1 针接直流 12V。

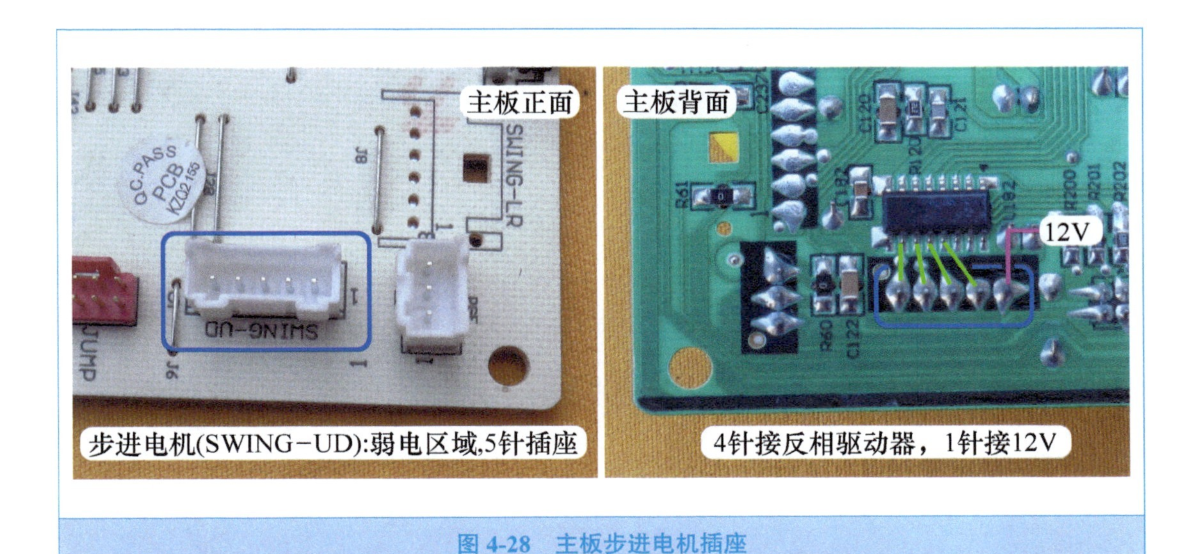

图 4-28 主板步进电机插座

见图 4-29 左图，将步进电机插头安装至主板标识为 SWIGN-UD 的插座。

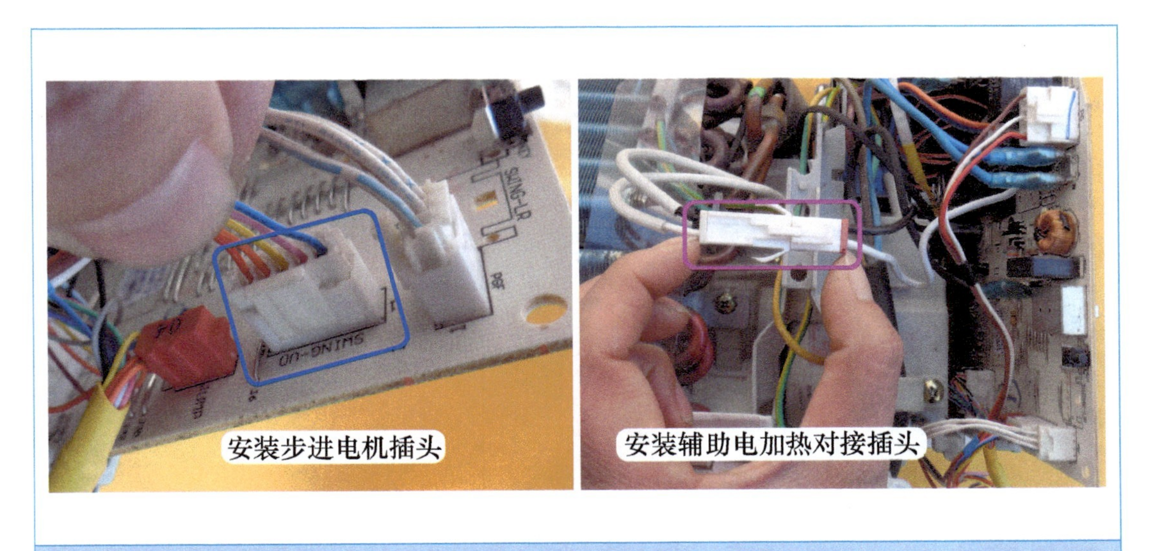

图 4-29 安装步进电机和辅助电加热插头

9. 辅助电加热

辅助电加热的作用是制热模式下提高出风口的温度，见图 4-30 左图，引线从蒸发器右侧的中部引出。

辅助电加热安装在蒸发器下部，长度接近蒸发器的长度，见图 4-30 右图，共设有 1 个对接插头，插头连接两根较粗的引线。

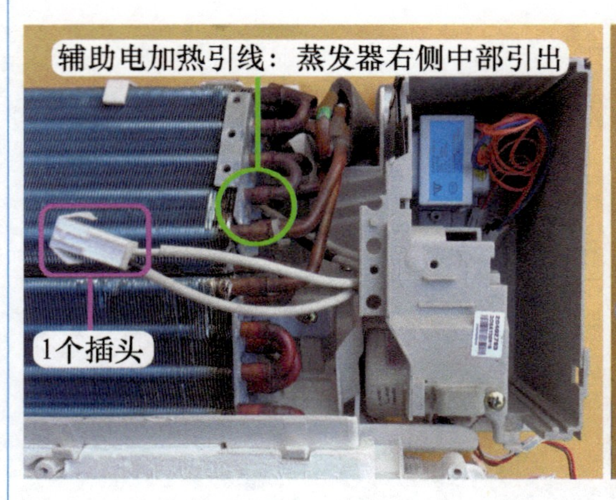

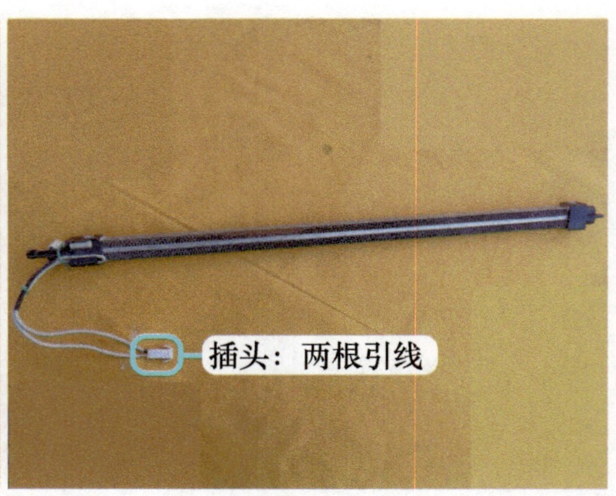

图 4-30　辅助电加热引线和实物外形

辅助电加热供电为交流 220V，见图 4-31 左图，强电区域中两根较粗的引线组成的对接插头，主板标识为 HEAT（黑线对应 L 为相线，白线对应 N 为零线）。

查看主板背面，见图 4-31 右图，白线焊点（HEAT-N）经继电器触点接零线 N 端，黑线焊点 (HEAT-L) 经继电器触点和熔丝管（12.5A）接相线 L 端。

见图 4-29 右图，将辅助电加热引线的对接插头和主板的对接插头安装在一起。

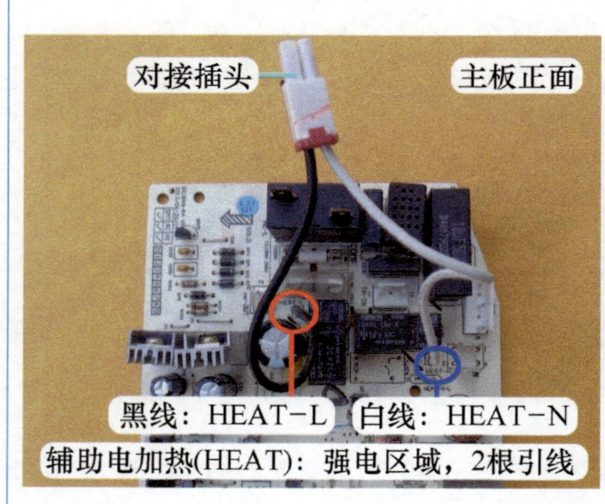

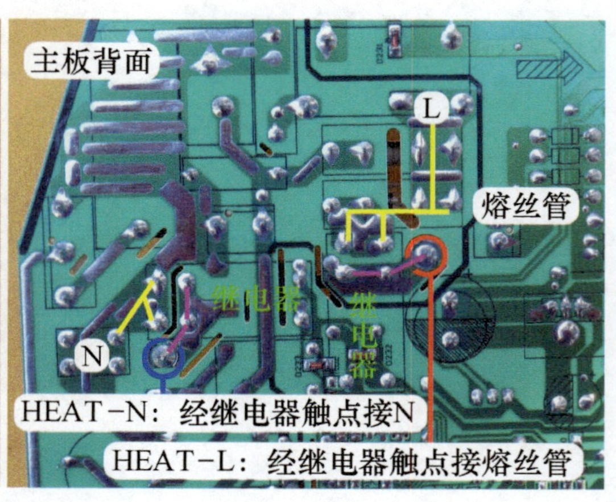

图 4-31　主板辅助电加热引线

10. 安装完成

至此，电控盒的连接线和元器件插头均已经安装至室内机主板，见图 4-32 左图，将主板安装至电控盒内部卡槽。

然后安装电控盒盖板、室内机外壳等并拧紧固定螺钉，见图 4-32 右图，再将环温传感器探头放置在进风口位置，再安装过滤网，更换室内机主板过程结束。

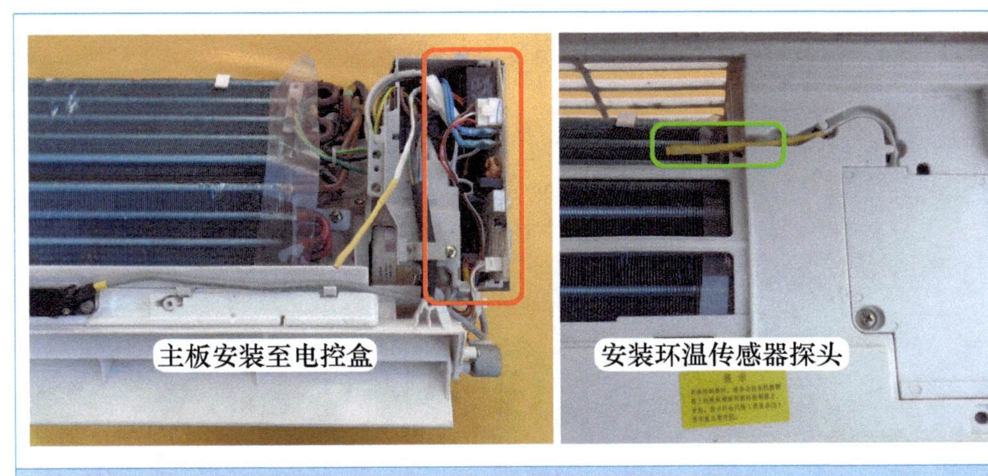

图 4-32　主板安装至电控盒和环温传感器探头

第二节　更换格力空调器室外机通用电控盒

本节以格力 KFR-32GW/（32556）FNDe-3 直流变频空调器室外机为基础，介绍电控盒损坏后的更换过程。

一、取下原机电控盒并观察配件实物外形

1. 室外机和接线图

在判断室外机电控盒损坏后，需要更换时，取下室外机上盖和前盖，见图 4-33 左图，电控盒垂直安装在挡风隔板上部，滤波电感位于电控盒上部。

图 4-33 右图为粘贴于接线盖内侧的电气接线图。

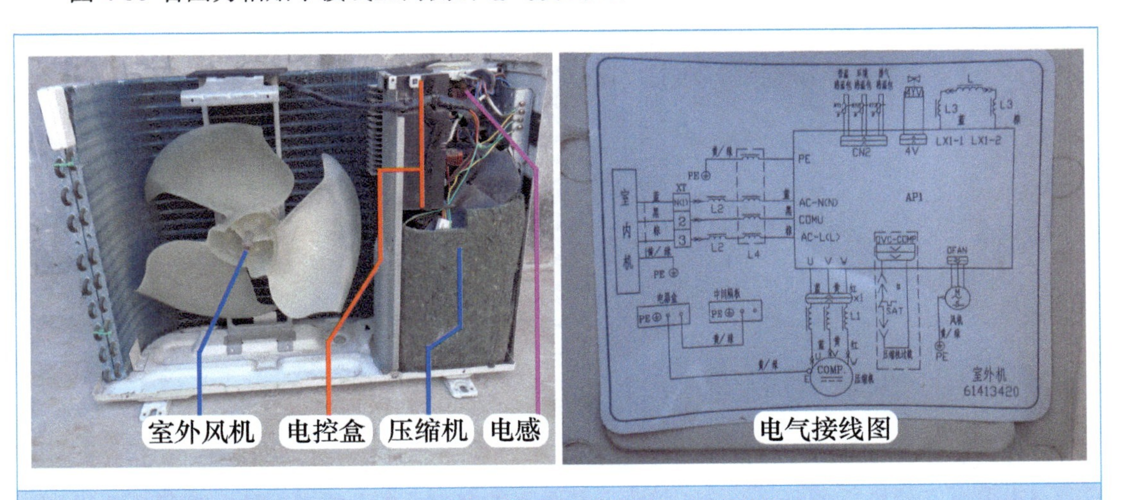

图 4-33　室外机主要元器件位置和电气接线图

2. 取下室外机电控盒

见图 4-34 左图，取下电控盒上方的盖板，及固定支架的螺钉（滤波电感安装在固定支架的下部），再挑出位于电控盒卡槽的传感器引线。

从室外机接线端子取下上方的 3 根连接线（下方的室内外机连接线不用取下），见图 4-34 右图，再取下固定支架的螺钉。

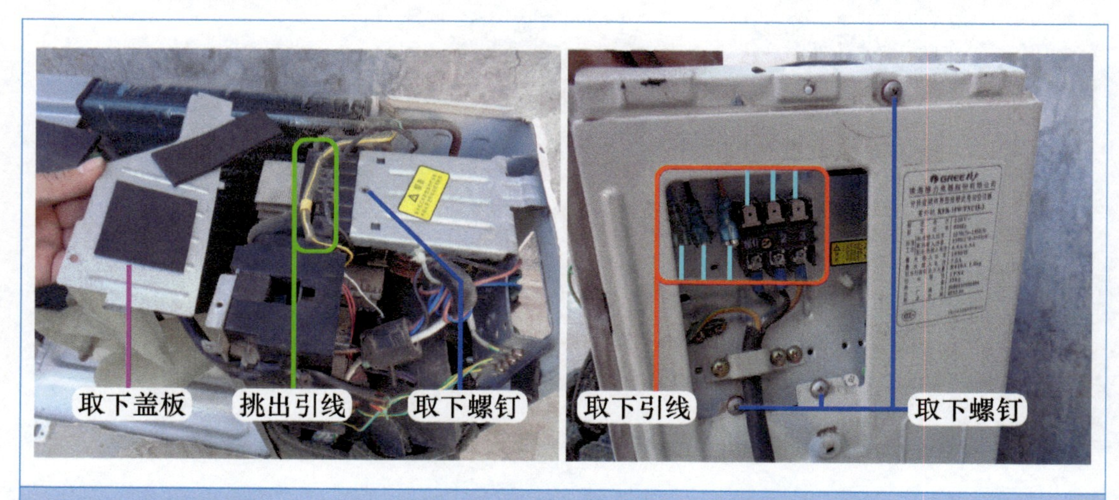

图 4-34　取下盖板和螺钉

见图 4-35 左图，再取下固定支架前方的地线螺钉（共有 4 个一块取下）。

由于传感器和温度开关的插头卡扣位于内侧并在下方，用手按压不是很方便，见图 4-35 右图，可使用尖嘴钳子夹住卡扣再向外拉即可取下插头。

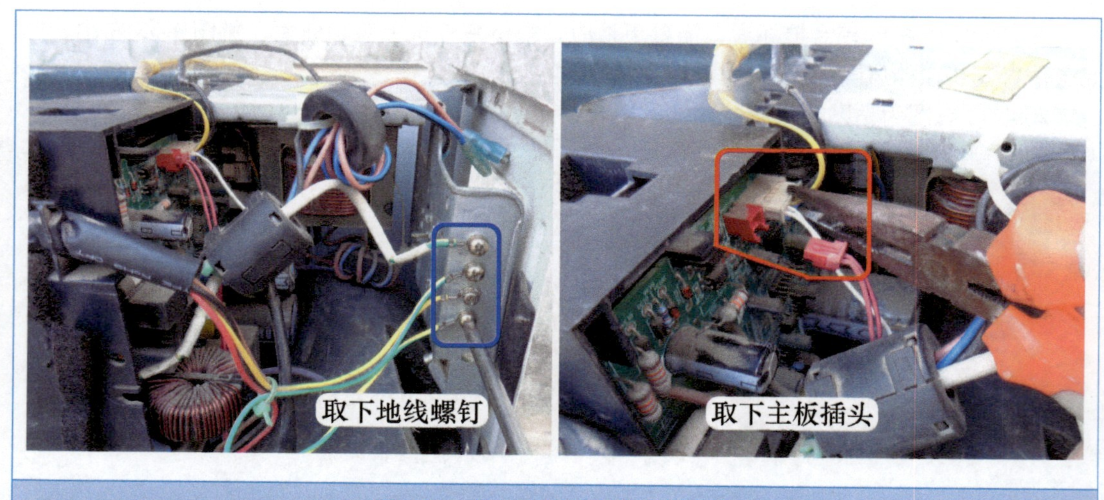

图 4-35　取下地线螺钉和主板插头

扶住电控盒和固定支架同时向上提约 10cm，见图 4-36 左图，待电控盒下部有一定的空间时，再取下室外风机、四通阀线圈插头，并取下电控盒卡槽上的室外风机线束，以及压缩机引线的对接插头。

将电控盒和固定支架继续向上提起，快要顶住传感器引线时，见图 4-36 右图，再用 1 只手扶住电控盒、另 1 只手扶住固定支架向右侧移动直至分离。

图 4-36 取下固定支架

翻开固定支架，见图 4-37，拔下滤波电感端子的两根引线，再向上提起电控盒即可取下。

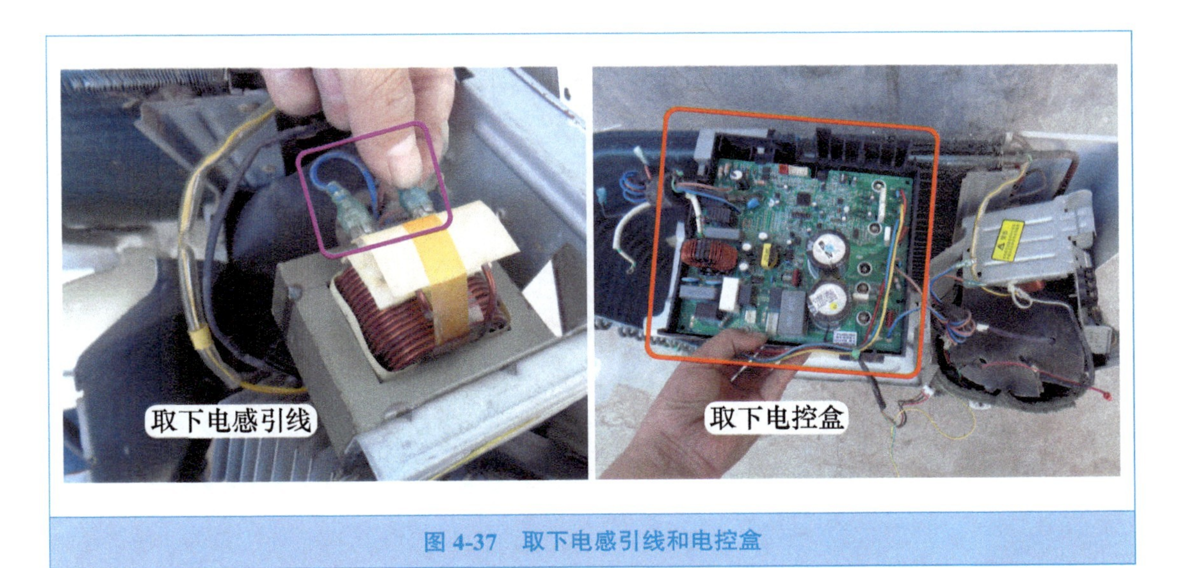

图 4-37 取下电感引线和电控盒

3. 配件电控盒实物外形

目前格力空调器配件电控盒基本上为通用型，实物外形见图 4-38，简称 0208 型的电控盒，可适配很多型号的室外机。电控盒包括室外机主板、塑料外壳、位于背面的散热片等。

室外机主板为一体化设计，即只有一块电路板，包含CPU、控制电路、整流硅桥、滤波电容、模块等所有电路，这样设计简化了电路，减少了连接线和插座。

连接线和插座有：连接室外机接线端子的4根引线、压缩机的对接插头、两根滤波电感引线，以及室外风机、四通阀线圈、温度开关、传感器插座。

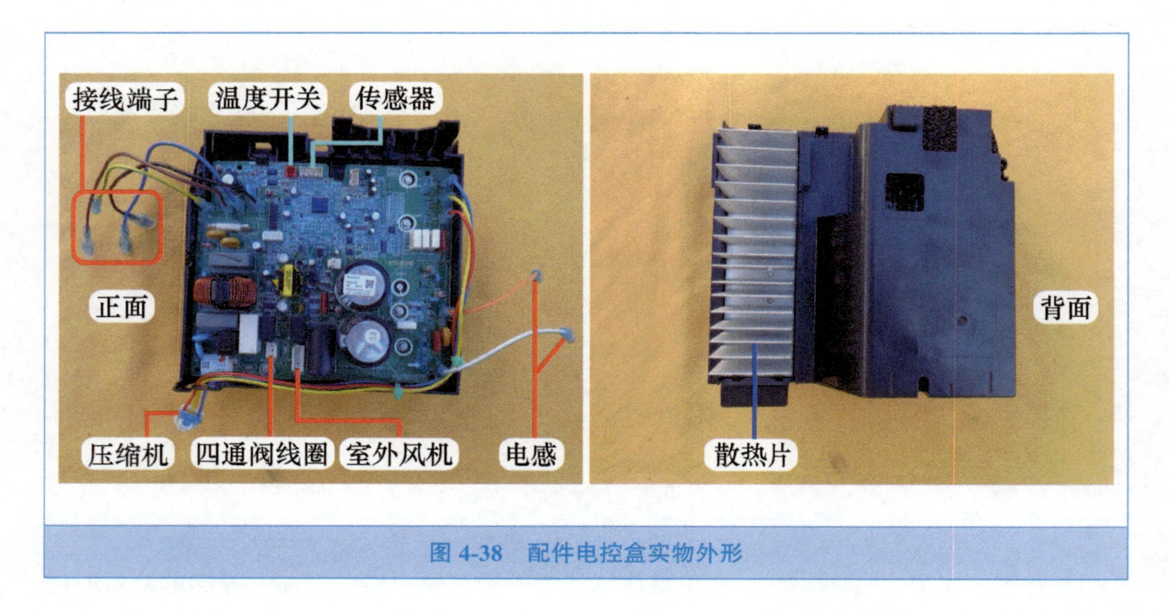

图4-38 配件电控盒实物外形

根据工作电压分类，见图4-39，主板可分为强电区域和弱电区域，交流220V和直流300V为强电区域，直流12V、5V、3.3V为弱电区域。

➡ 说明：室外机电控系统为热地设计，即强电区域直流300V的地和弱电区域直流5V的地是相通的，弱电区域和强电区域没有隔离，使得弱电区域比较危险，维修时严禁触摸，否则将造成触电事故。

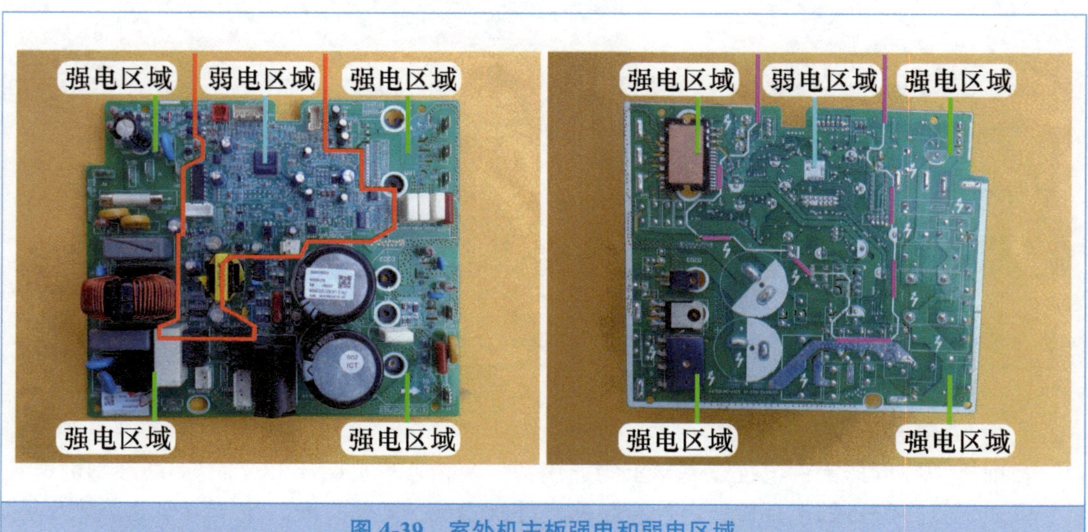

图4-39 室外机主板强电和弱电区域

二、安装过程

在安装电控盒的过程中，滤波电感位于电控盒上方，室外风机和四通阀线圈插座位于电控盒最下部，应首先安装滤波电感引线，再安装室外风机和四通阀线圈插座。

1. 安装电控盒

由于传感器引线安装在电控盒顶部的卡槽内，在安装电控盒前，见图 4-40 左图，应首先将传感器引线跨过固定支架。

拿出配件电控盒，见图 4-40 右图，将左侧的卡槽安装至挡风隔板，再将固定支架和电控盒大致对应安装。

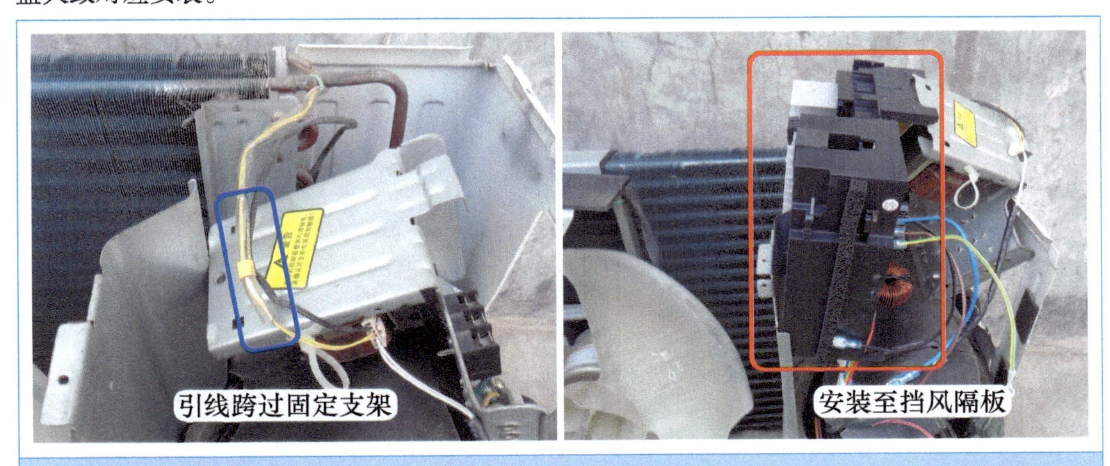

图 4-40 初步安装

2. 滤波电感

滤波电感连接直流 300V，两根引线位于强电区域，见图 4-41 左图，主板标识为 LX（LX1-1 为白线、LX1-2 为橙线）。

查看主板背面，见图 4-41 右图，1 根引线（白线）焊点连接硅桥正极，1 根引线（橙线）焊点连接开关管集电极和二极管正极。

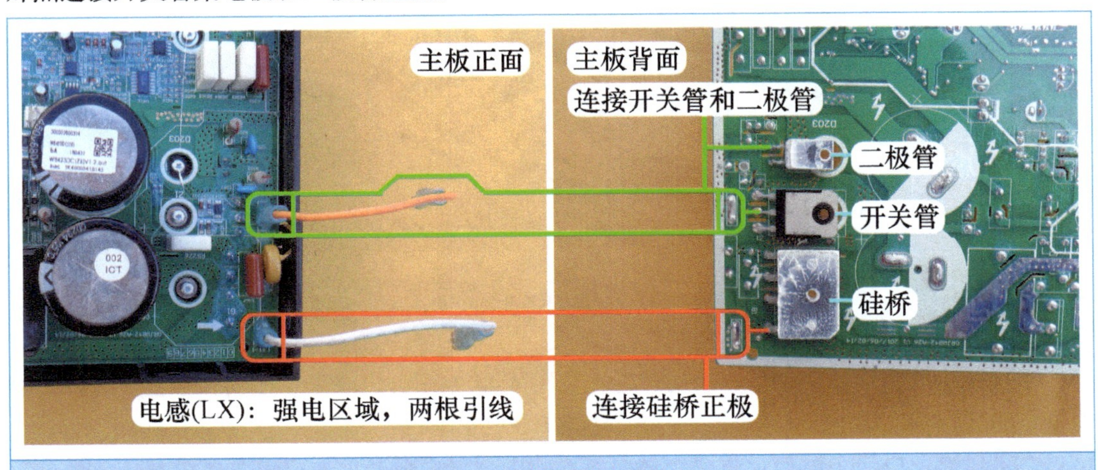

图 4-41 主板滤波电感端子

滤波电感安装在固定支架上面，见图 4-42 左图，共有两个端子。

见图 4-42 右图，将主板的两根电感引线插头（白线和橙线）安装至电感的两个端子。安装时不分反正，随意安装即可，注意引线插头要安装到位。

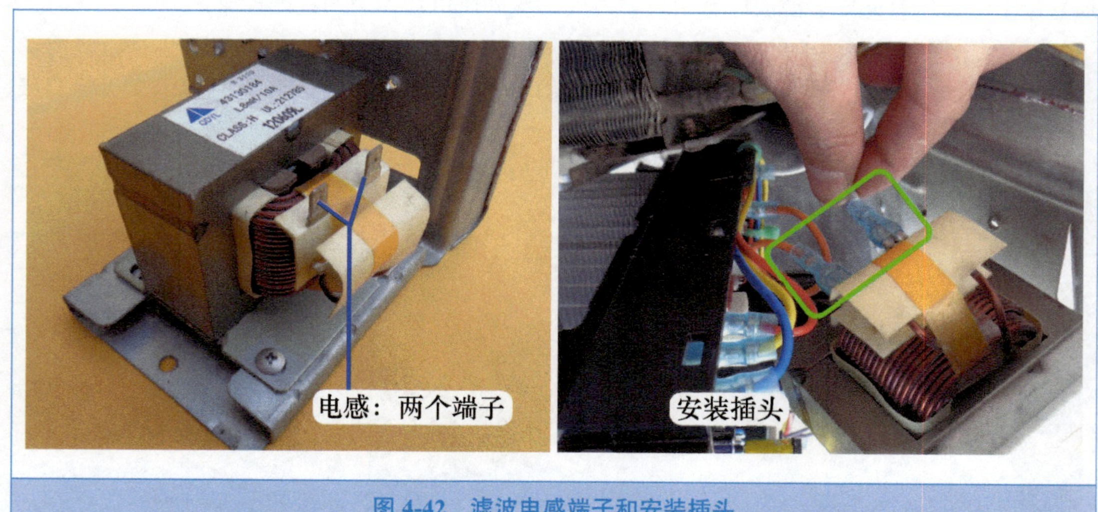

图 4-42　滤波电感端子和安装插头

3. 室外风机

室外风机供电为交流 220V，见图 4-43，白色的 3 针插座位于强电区域，主板标识为 OFAN，查看主板背面，插座中的上方引针焊点只接电容，中间引针焊点经继电器触点接相线 L 端，下方引针焊点接零线 N 端和电容。

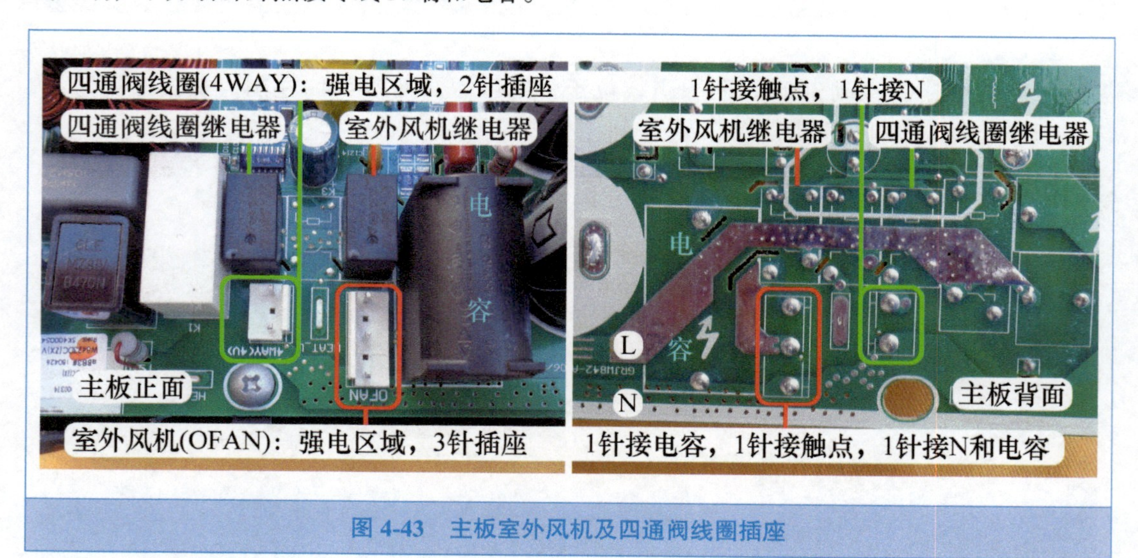

图 4-43　主板室外风机及四通阀线圈插座

室外风机的作用是驱动室外风扇运行，见图 4-44 左图，设有 1 个插头和 1 根地线，其中插头为 3 根引线，地线安装在固定支架的地线安装孔。

安装好滤波电感引线后，将电控盒上方右侧的塑料支撑部位套在固定支架内，见图 4-44

中图，用手向下轻轻按压，使电控盒和固定支架同时向下移动（注意不要完全安装到位，否则由于空间太小不容易安装插头），再将室外风机线束安装至电控盒的卡槽里面。

见图 4-44 右图，将室外风机插头安装至主板标识为 OFAN 的插座。

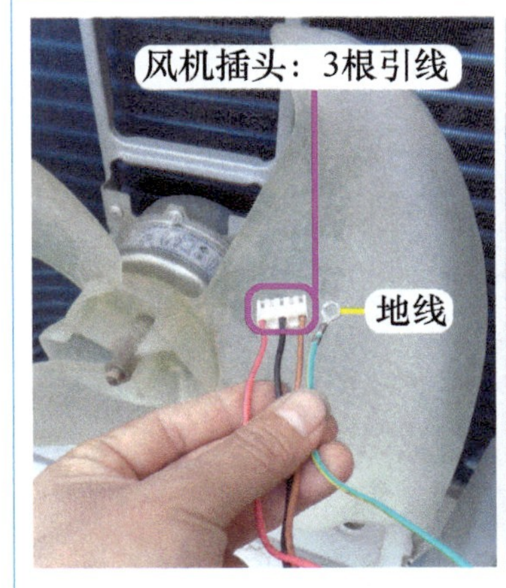

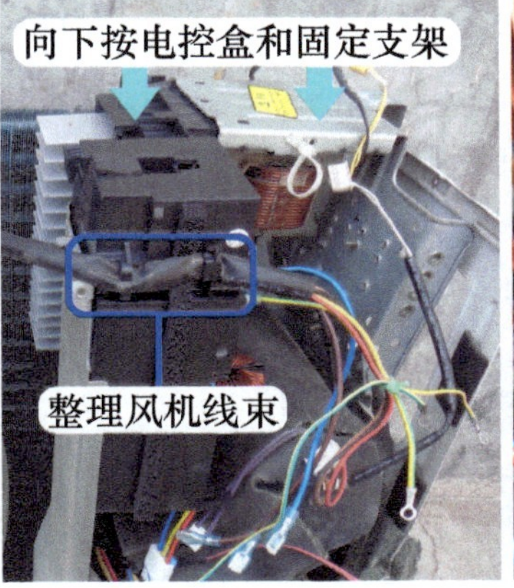

图 4-44　室外风机引线和安装插头

4. 四通阀线圈

四通阀线圈供电为交流 220V，见图 4-43，白色的 2 针插座位于强电区域，主板标识为 4WAY（4V）。查看主板背面，插座中的上方引针焊点经继电器触点接相线 L 端，下方引针焊点直接接零线 N 端。

四通阀的作用是转换制冷和制热模式，线圈安装在四通阀上面，见图 4-45 左图，只设有 1 个插头，共两根引线。

见图 4-45 右图，将四通阀线圈插头安装至主板标识为 4WAY（4V）的插座。安装后再用手同时按压电控盒和固定支架，将电控盒下方的卡扣安装至挡风隔板卡槽，使电控盒安装到位。

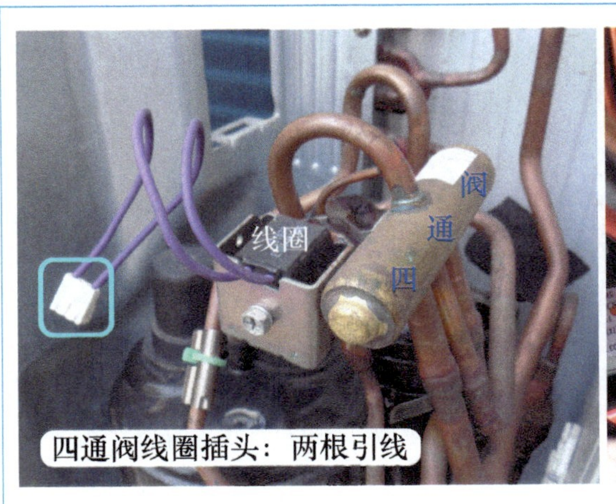

图 4-45　四通阀线圈和安装插头

5. 传感器

室外机设有 3 个传感器，室外环温传感器检测室外环境温度，室外管温传感器检测冷凝器温度，排气传感器检测压缩机排气管温度，见图 4-47 左图，3 个传感器共用 1 个插头。

见图 4-46，灰色的 6 针传感器插座位于弱电区域，查看主板背面，插座的 3 个引针焊点连在一起接电源（直流 3.3V），另外 3 针焊点经电阻等元件接 CPU 引脚。

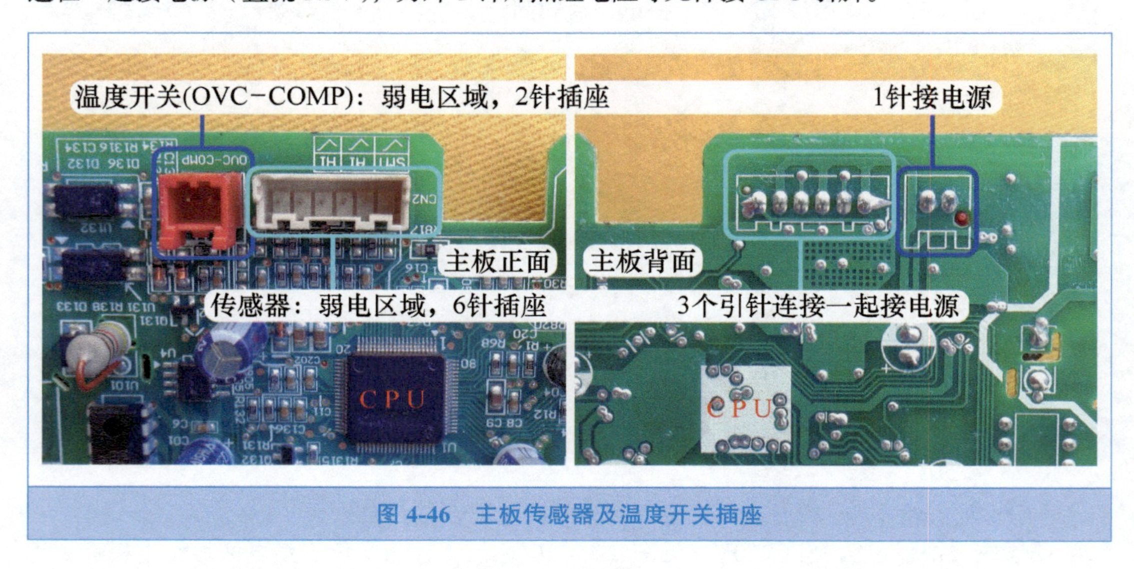

图 4-46 主板传感器及温度开关插座

见图 4-47 中图，将室外环温传感器和室外管温传感器的引线放入电控盒卡槽内并顺好引线；见图 4-47 右图，再将传感器插头安装至主板上方的灰色 6 针插座。

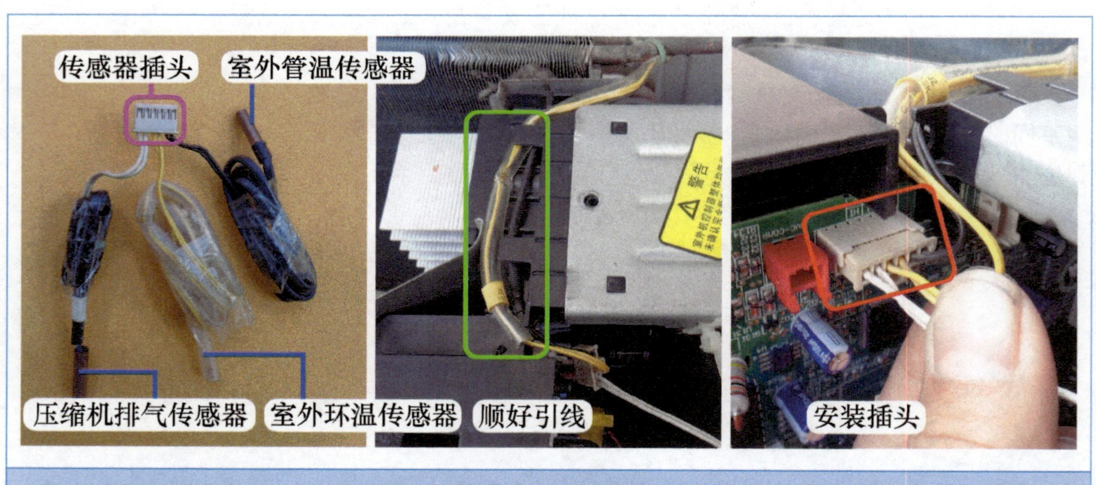

图 4-47 传感器实物外形和安装插头

6. 温度开关

压缩机顶部温度开关的作用是检测压缩机顶部温度，当温度过高时使触点断开以进行保护，红色的 2 针插座位于弱电区域，见图 4-46，主板标识为 OVC-COMP；查看主板背面，1 针焊点接电源直流 3.3V，另 1 针经电阻等元件接 CPU 引脚。

温度开关安装位置见图 4-48 左图，位于压缩机顶部，和压缩机连接线一起设计在接线盖内侧，设有 1 个插头（红色），共有两根引线。

见图 4-48 右图，将顶部温度开关插头安装至主板上方标识为 OVC-COMP 的插座，插座分正反两面，插反时安装不进去。

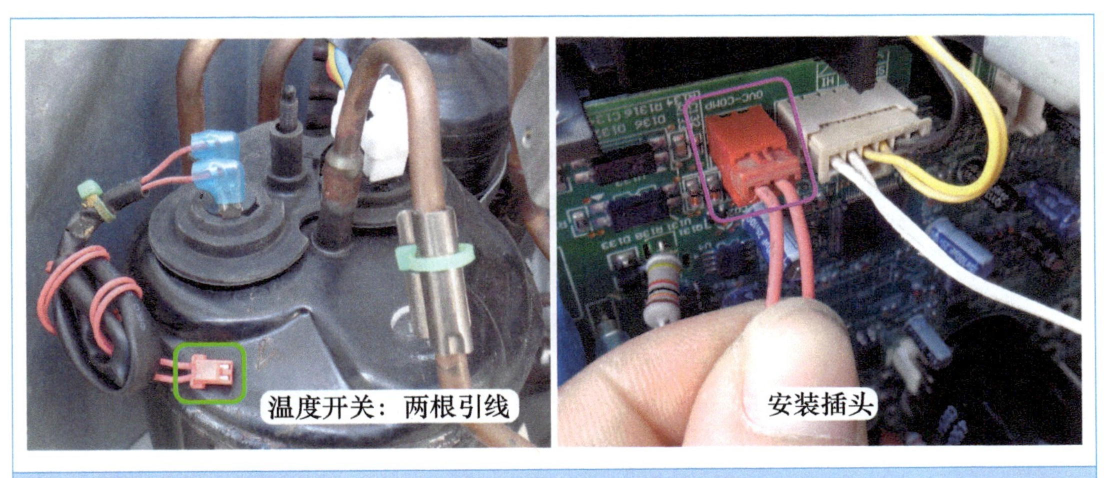

图 4-48 温度开关和安装插头

7. 压缩机

压缩机的作用是使制冷剂在制冷系统中保持流动和循环，其线圈供电由 IPM 提供，模块供电为直流 300V，因而压缩机的 3 个接线端子位于强电区域，见图 4-49 左图和中图，主板标识为 U、V、W，查看主板背面，可见 U、V、W 共 3 个端子均和模块引脚直接相连。

见图 4-49 右图，配件电控盒在出厂时已经配备 3 根连接线，并且已经对应安装至 U、V、W 端子。

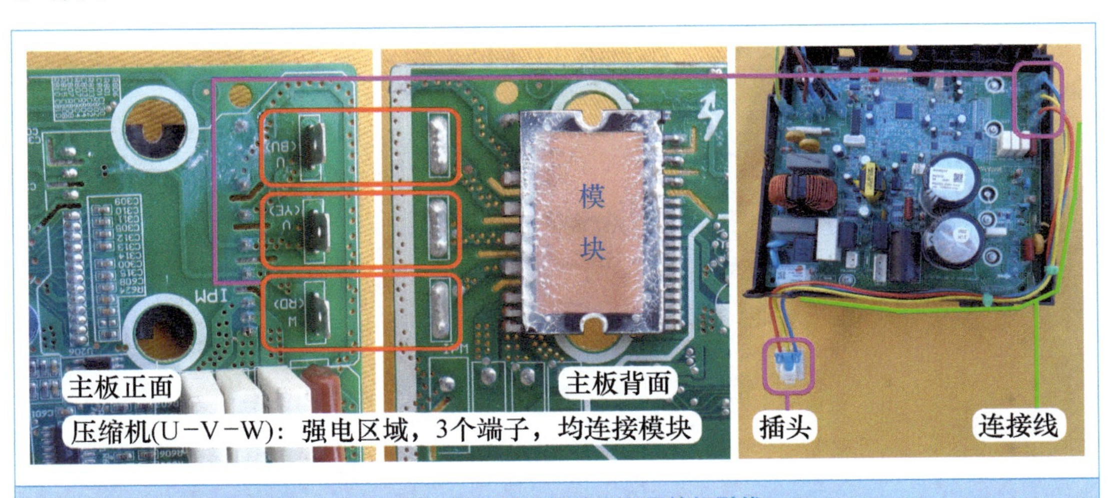

图 4-49 主板压缩机端子和压缩机引线

见图 4-50 左图，电控盒配备的 3 根连接线另一端为对接插头；压缩机共使用 3 根连接线，1 端连接位于接线盖内侧的接线端子，见图 4-50 中图，另 1 端为对接插头。

见图 4-50 右图，将模块输出的压缩机 3 根引线的对接插头和压缩机的对接插头安装到位。

图 4-50　主板及压缩机对接插头和安装

8. 室内外机连接线

室内外机的 4 根连接线连接室内机和室外机主板，提供交流 220V 电源和通信回路，见图 4-51，连接线或接线端子位于强电区域。

主板标识 AC-L 为相线 L 端输入，配件电控盒出厂时端子安装棕线，主板背面的焊点经 15A 熔丝管和电感后为主板负载供电。

主板标识 N 为零线 N 端输入，端子安装蓝线，主板背面的焊点经电感后为负载供电。

主板标识 COMU 为通信，端子安装黑线，为室内机和室外机提供通信回路，主板背面的焊点经电阻和二极管等元件连接通信电路的光耦合器。

主板标识 PE 为地，端子安装黄绿线，主板背面的焊点连接防雷击电路。

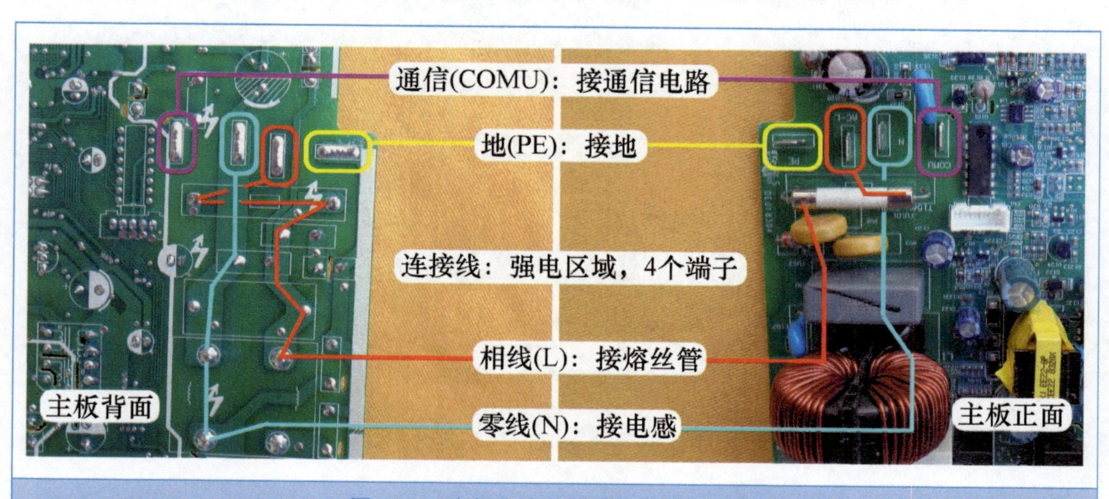

图 4-51　主板室内外机连接线接线端子

室内外机共有 4 根连接线，见图 4-52 右图，其中 1 根黄绿线为地线固定在铁壳位置，3 根位于接线端子下方：1 号蓝线为零线 N 端，2 号黑线为通信，3 号棕线为相线 L 端。

见图 4-52 左图，相对应主板也设有 4 根引线和接线端子相连：黄绿线 PE 为地线接固定支架中的地线安装孔，蓝线为零线 N 端接 1 号端子上方，黑线为通信 COMU 接 2 号端子上方，棕线为相线 L 端接 3 号端子上方。

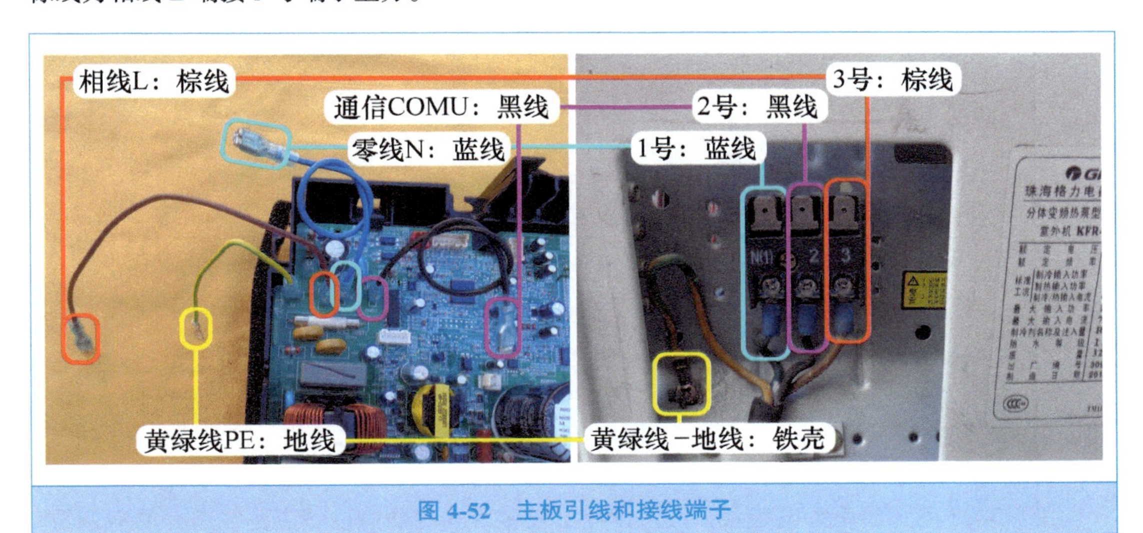

图 4-52　主板引线和接线端子

见图 4-53，将主板连接线中的蓝线插头安装至接线端子的 N(1) 号端子上方，将黑线插头安装至 2 号端子上方，将棕线插头安装至 3 号端子上方。

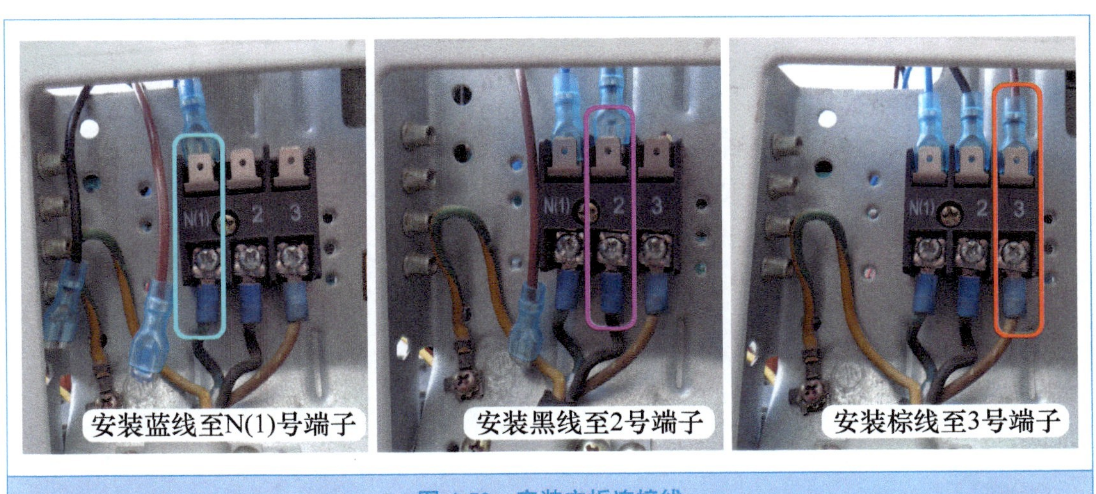

图 4-53　安装主板连接线

9. 安装完成

至此，室外机电控系统中的连接线插头和元器件插头均已经安装至电控盒。见图 4-54 左图，将固定支架安装到位后，拧紧固定螺钉。

固定支架前方的地线螺钉孔共有 4 个：1 根为电控盒地线，1 根为室外风机地线，1 根为压缩机地线，1 根为挡风隔板的地线，见图 4-54 中图，将 4 根地线安装到位。

安装电控盒和固定支架连接处的螺钉，再将电控盒盖板安装到位，见图 4-54 右图，更换电控盒的过程全部完成，试机完成后再安装室外机前盖和顶盖。

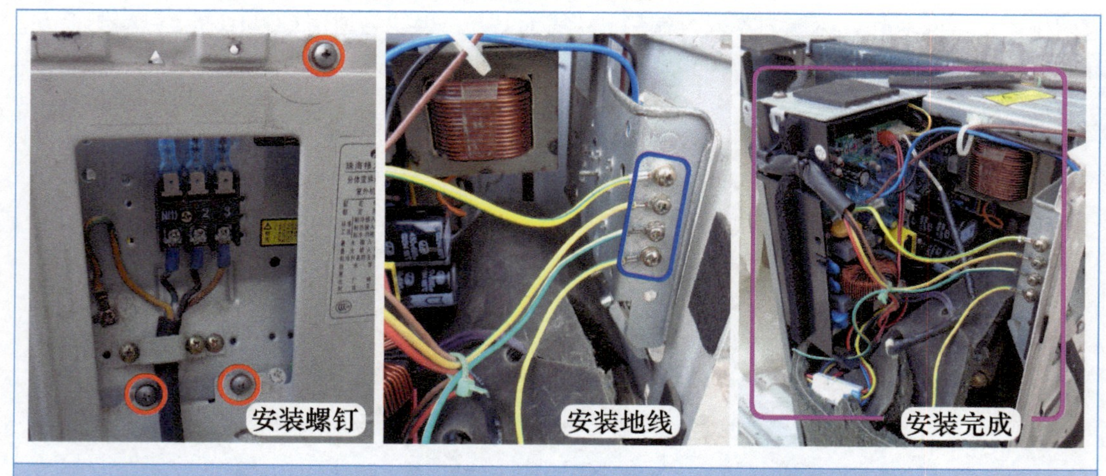

图 4-54　安装螺钉、地线

10. 未使用插座

由于 0208 型为通用型电控盒，人们设计了较多形式的插座以适应更多型号的空调器，根据机型设计不同，有些插座在电控盒安装完成后处于空置状态，即不需要安装插头。

0208 型为第二代电控盒，CPU 或存储器中已经存储较多空调器的数据，并可根据室内机主板跳线帽信息进行自动识别，因此无需外接 E 盘（相当于外置的存储器 EEPROM），见图 4-55 左图，位于弱电区域的灰色 4 针、主板标识为 EEPROM 的存储器插座为空置状态。

示例机型制冷系统使用毛细管作为节流元件，未使用电子膨胀阀，见图 4-55 中图，位于弱电区域的白色 5 针、插座的 4 针焊点均连接反相驱动器的电子膨胀阀插座为空置状态。

示例机型压缩机只使用顶部温度开关，未使用排气管压力开关，见图 4-55 右图，位于弱电区域的白色 2 针、主板标识为 OVC-COMP1 的压力开关插座为空置状态。

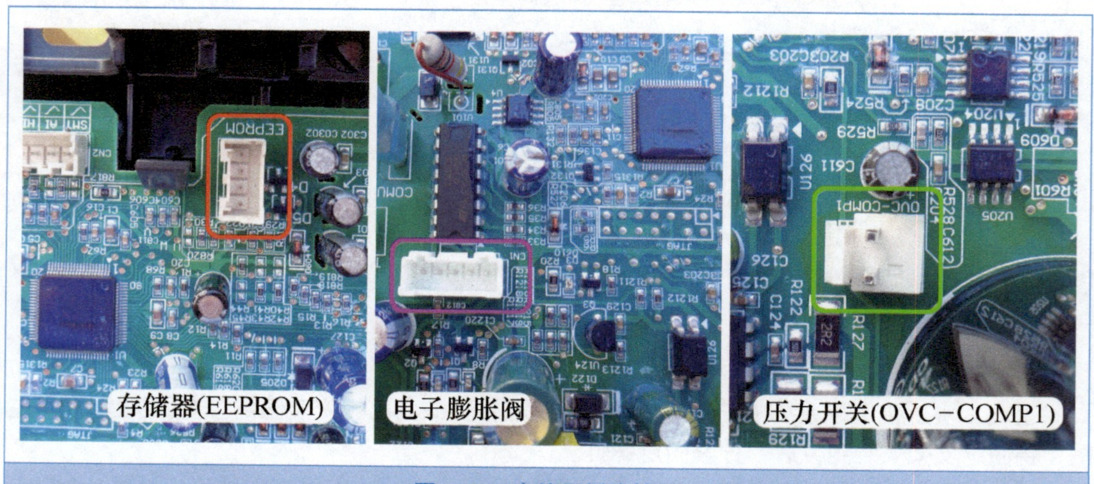

图 4-55　未使用插座情况

第三节 更换美的空调器室外机通用电控盒

本节以美的 KFR-35GW/BP3DN1Y-DA200(B2)E 全直流变频空调器室外机为基础，介绍更换美的空调器室外机通用电控盒的过程。

一、取下电控盒并观察配件实物外形

1. 取下原机电控盒

取下室外机顶盖（前盖不用取下），见图 4-56，使用螺钉旋具取下位于前盖的电控盒固定螺钉，再取下位于挡风隔板的固定螺钉，然后取下位于接线端子的连接线插头。

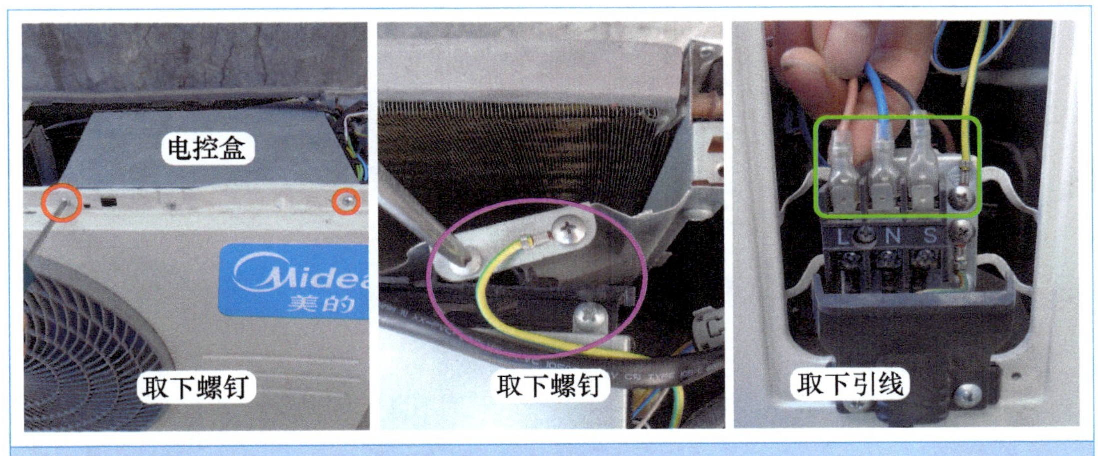

图 4-56 取下螺钉和引线

见图 4-57 左图和中图，从电控盒的主板上拔下室外风机等插头，再取下压缩机等对接插头。

待电控盒的主板上连接线插头、元器件插头、对接插头全部取下后，见图 4-57 右图，用手拿着电控盒向上提起，即可取出电控盒。

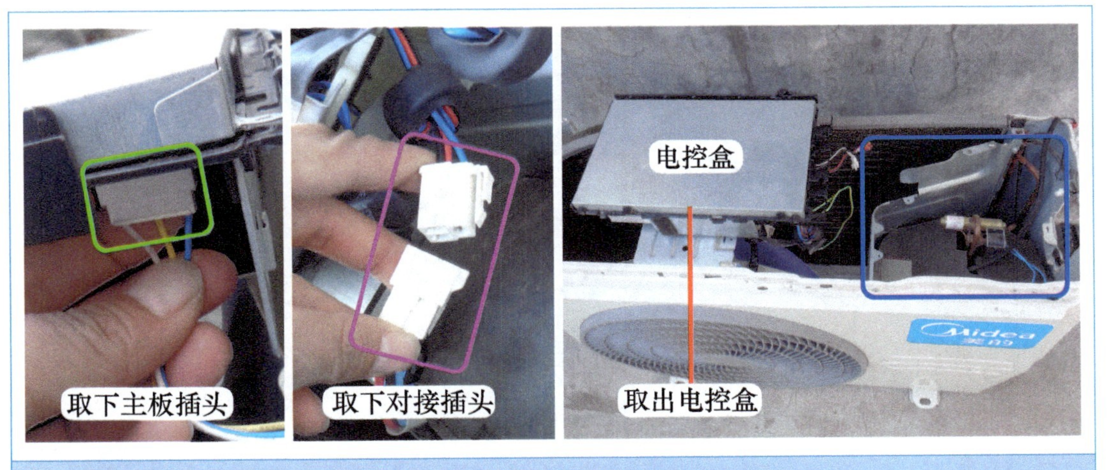

图 4-57 取下插头和取出电控盒

取下电控盒后，见图 4-58 左图，查看室外机需要安装的插头或端子有：压缩机对接插头、室外风机插头、四通阀线圈插头、滤波电感端子、室外机接线端子和传感器插头。

图 4-58 右图为粘贴于接线盖内侧的电气接线图（室外机接线铭牌），根据电气接线图标识也可以完成电控盒的安装过程，但本节着重介绍根据电控盒插头或接线端子特征以及元器件的特点进行安装。

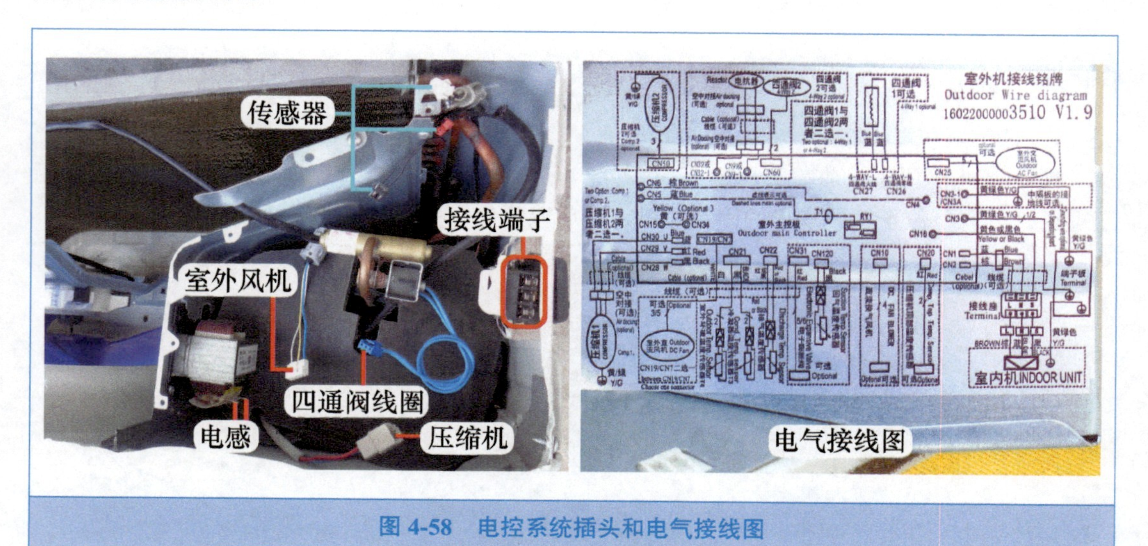

图 4-58　电控系统插头和电气接线图

2. 原机电控盒倒扣安装

查看原机电控盒，取下上部的盖板，见图 4-59 左图，电控盒只设有一块一体化设计的室外机主板（将 CPU、硅桥、模块等全部电路设计在一块电路板上面），并且主板为倒扣安装，上方没有插头或端子，只有铜箔走线。

翻开电控盒至背面，见图 4-59 右图，连接线插头和元器件（包括模块和硅桥）均位于主板正面，散热片位于下方。

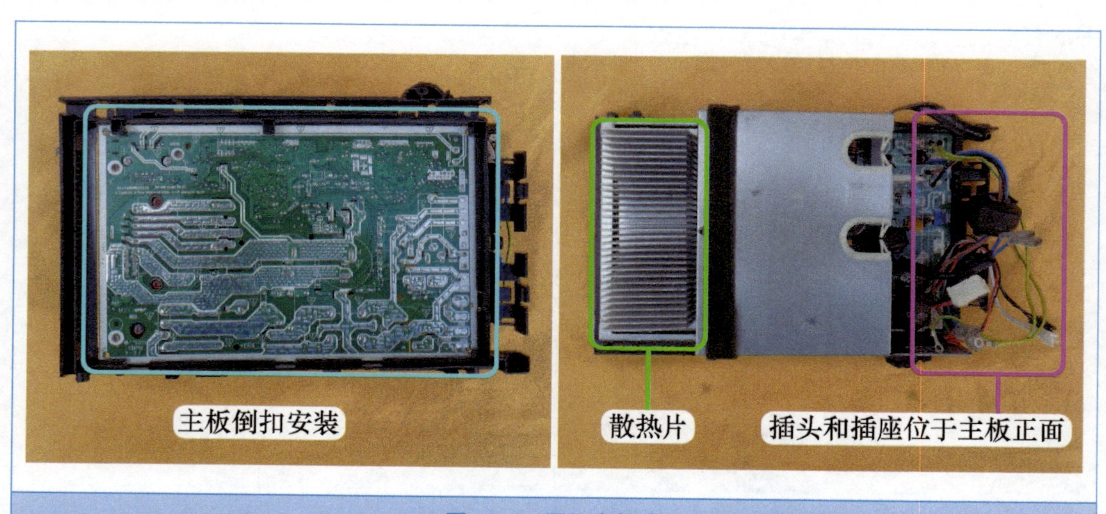

图 4-59　原机电控盒

3. 配件电控盒实物外形

根据空调器型号申请室外机电控盒，发过来的配件为第三代变频分体有源售后通用电控盒，实物外形见图 4-60 左图，室外机主板同样为一体化设计但为正立安装，电子元器件、连接线插头和插座位于主板正面，包含压缩机、室外风机、四通阀线圈的插座，以及室外机接线端子、滤波电感、传感器的连接线。

见图 4-60 右图，查看电控盒背面，只有模块和硅桥的散热片。

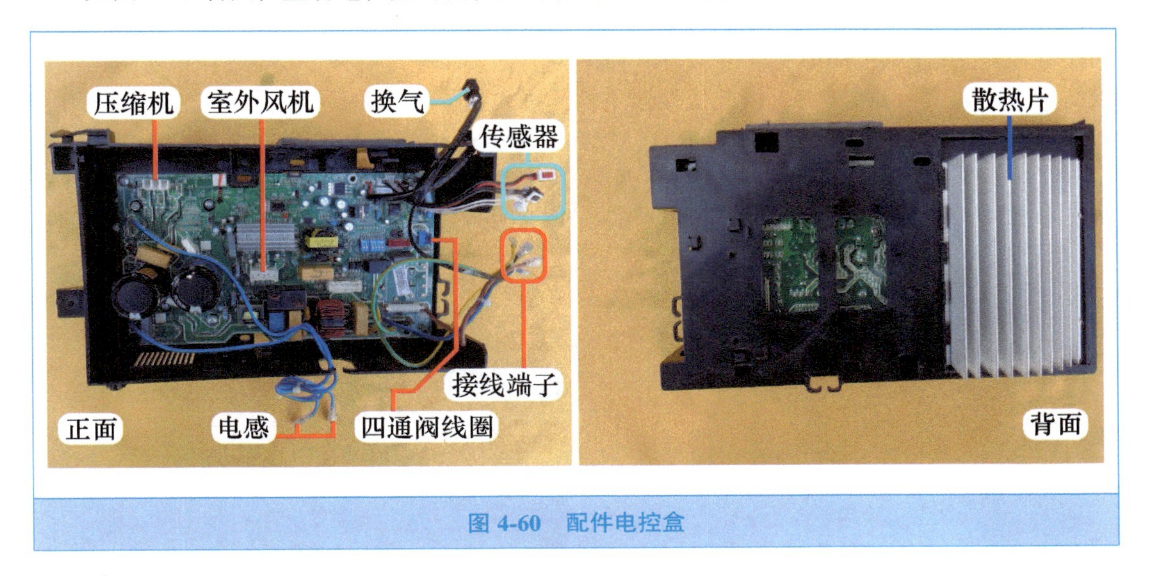

图 4-60　配件电控盒

根据工作电压分类，见图 4-61，主板可分为强电区域和弱电区域，交流 220V 和直流 300V 为强电区域，直流 12V、5V、3.3V 为弱电区域。

➡ 说明：变频空调器的室外机电控系统基本均为热地设计，即强电区域直流 300V 的地和弱电区域直流 5V 的地是相通的，弱电区域和强电区域没有隔离，维修时严禁触摸，否则将造成触电事故。

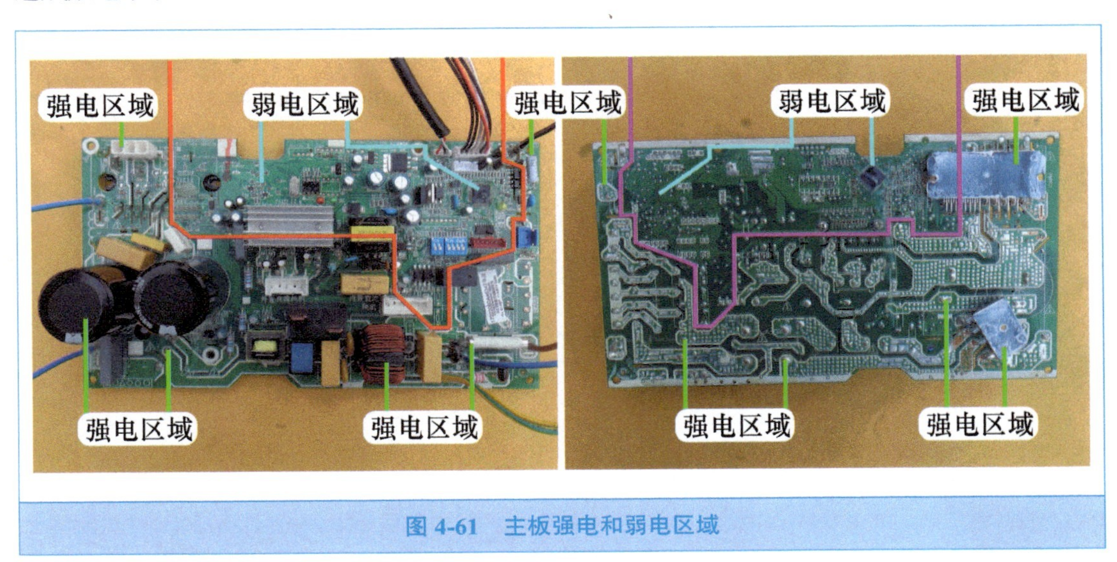

图 4-61　主板强电和弱电区域

二、安装过程

原机电控盒为倒扣安装，插头和插座位于背面，需要安装插头后再固定电控盒。而配件电控盒虽然为正立安装，插头和插座位于正面，但如果直接固定电控盒再安装插头，滤波电感和压缩机对接插头将不容易安装（或者需要取下室外机前盖），因此应首先安装这两个元器件的引线插头。

1. 压缩机对接引线

电控盒主板模块输出（压缩机端子）设有插座和接线端子两种方式，而压缩机引出的连接线为对接插头，引线较短且不能安装至主板插座，见图 4-62 左图，应使用电控盒配备的 3 根引线，一侧为 3 个插头，蓝线有 U 套管标识，红线有 V 标识，黑线有 W 标识，对应安装至主板端子；一侧为对接插头，和压缩机引线的对接插头连接。

见图 4-62 右图，将连接线中蓝线 U 插头安装至主板标识为蓝 U 的端子（CN30）。

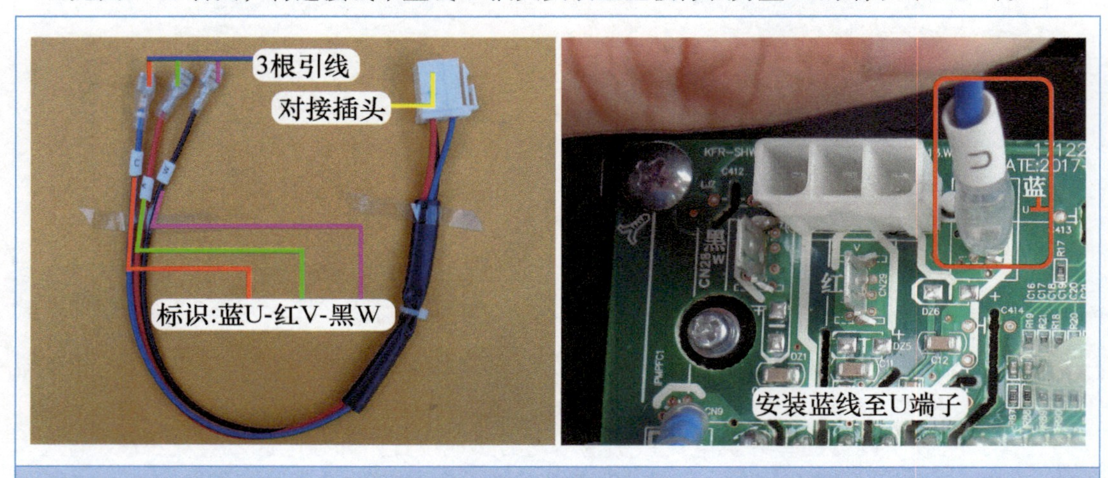

图 4-62　连接线和安装 U 端插头

见图 4-63，将连接线中红线 V 插头安装至主板标识为红 V 的端子（CN29），将黑线 W 安装至主板标识为黑 W 的端子（CN28）。

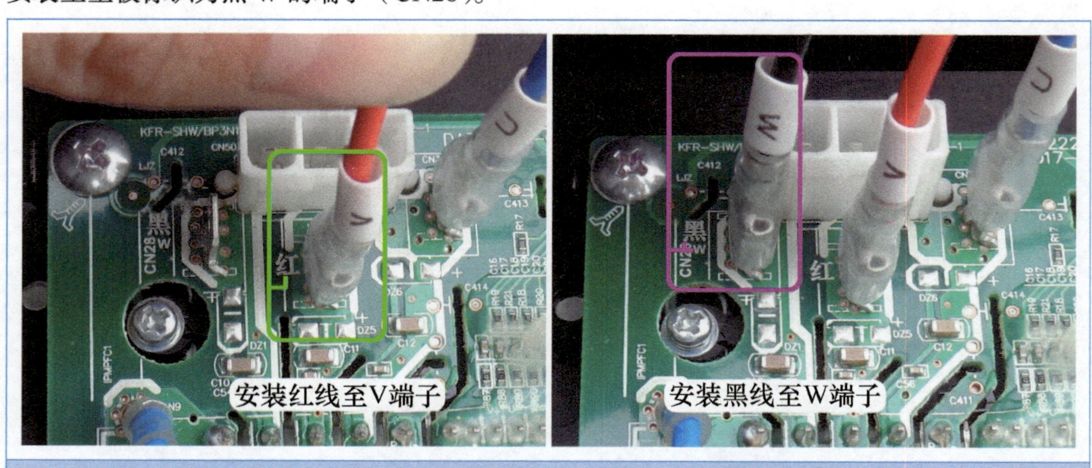

图 4-63　安装 V 端和 W 端插头

2. 安装电控盒

3 根引线全部安装完成后，整理压缩机引线和滤波电感引线，见图 4-64，放入电控盒中部的卡槽，再将电控盒放置在室外机上方。

图 4-64 整理引线和放置电控盒

3. 滤波电感

滤波电感连接直流 300V，引线或端子位于强电区域，见图 4-65，本机电感的两根蓝线一侧直接焊在电控盒主板正面，主板只标识引线的颜色：蓝（CN32）位于硅桥附近，蓝（CN9）位于模块附近。查看主板背面，蓝线（CN32）焊点连接硅桥正极，蓝线（CN9）焊点连接模块引脚。

➡ 说明：本机模块主板标识为 IPMPFC1，即将驱动压缩机的模块电路和提高功率因数的 PFC 电路集成在一个模块内，因此滤波电感引线才能连接模块引脚。

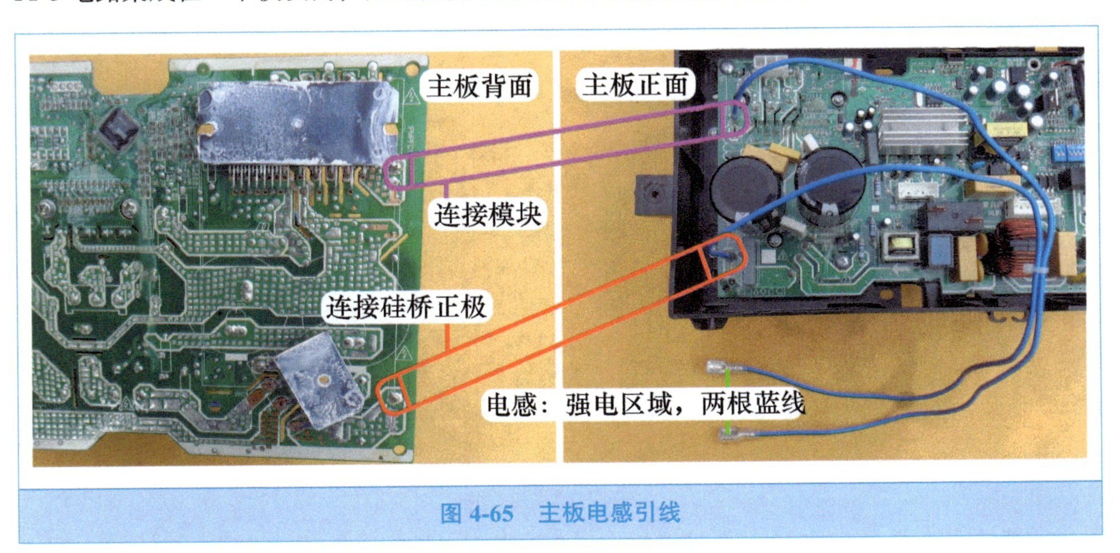

图 4-65 主板电感引线

滤波电感安装在挡风隔板的中部位置，见图 4-66 左图，共有两个插头端子。

见图 4-66 右图，将主板的两根电感引线（蓝线和蓝线）插头安装至电感的两个端子，安装时不分反正。

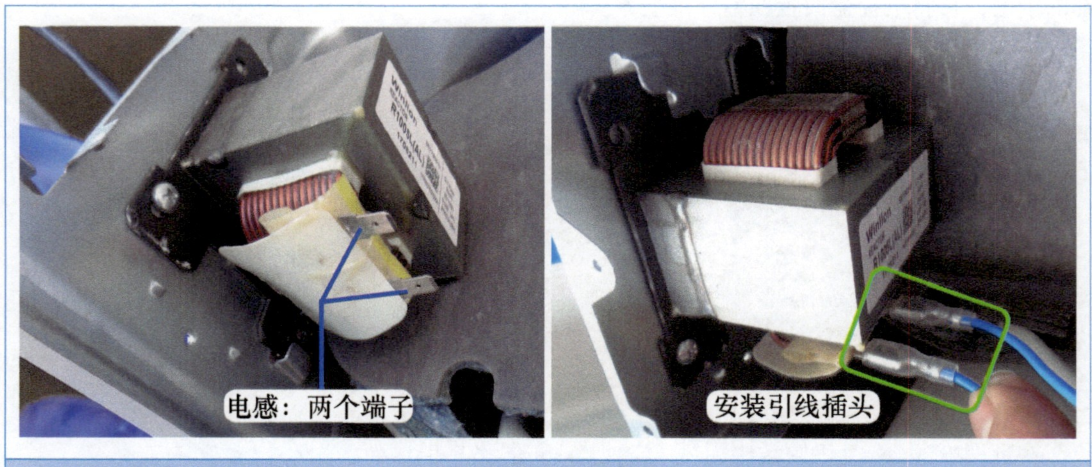

图 4-66　滤波电感和安装插头

4. 压缩机

为压缩机线圈提供电源的元器件为模块，模块供电为直流 300V，因此模块输出的压缩机端子位于强电区域，见图 4-67 左图，主板标识为 U、V、W。由于为通用电控盒，连接压缩机线圈有两种方式，即插座和端子。如果压缩机引线够长且使用插头，可以直接安装至主板插座，不再使用配备的连接线；如果压缩机引线较短且使用对接插头，应使用配备的连接线，并依次安装在 U、V、W 的 3 个端子。

查看主板背面，见图 4-67 右图，压缩机插座或端子的 3 个焊点均直接和模块引脚相连。

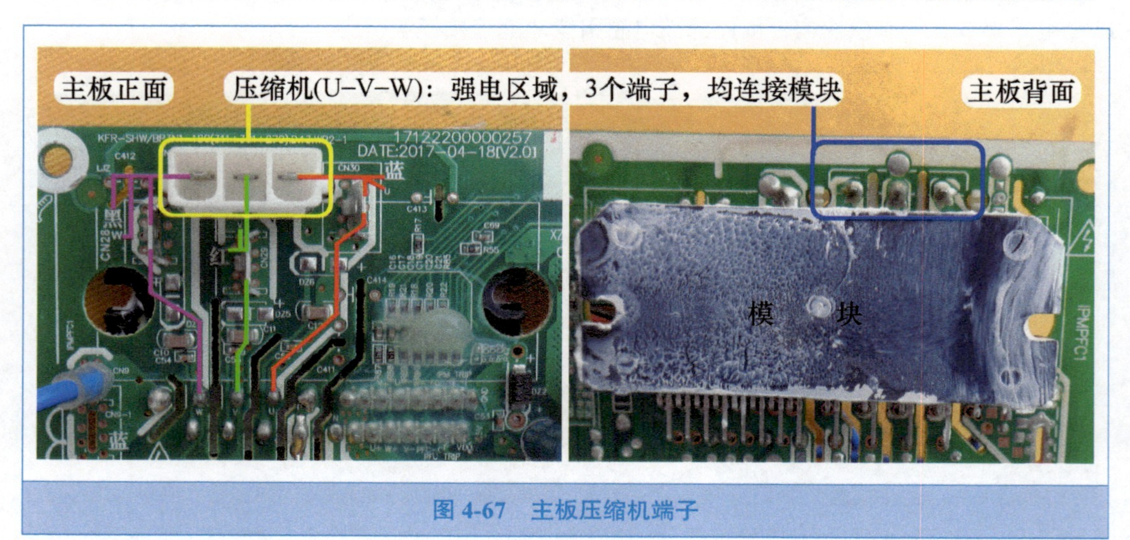

图 4-67　主板压缩机端子

压缩机共使用 3 根连接线，1 端连接位于接线盖内侧的接线端子，见图 4-68 左图，另 1 端为对接插头。

见图 4-68 右图，将模块输出的压缩机 3 根引线的对接插头和压缩机的对接插头安装到位。

图 4-68　安装压缩机对接插头

5. 固定电控盒

安装滤波电感和压缩机插头后，其余连接线和插座均位于主板正面，见图 4-69，将电控盒安装至电控系统的合适位置，并安装室外机前盖部位的两个固定螺钉。

由于电控盒为通用型，原挡风隔板的螺钉孔不能对应安装，但前盖的 2 个螺钉依然可使电控盒稳稳地固定在室外机。

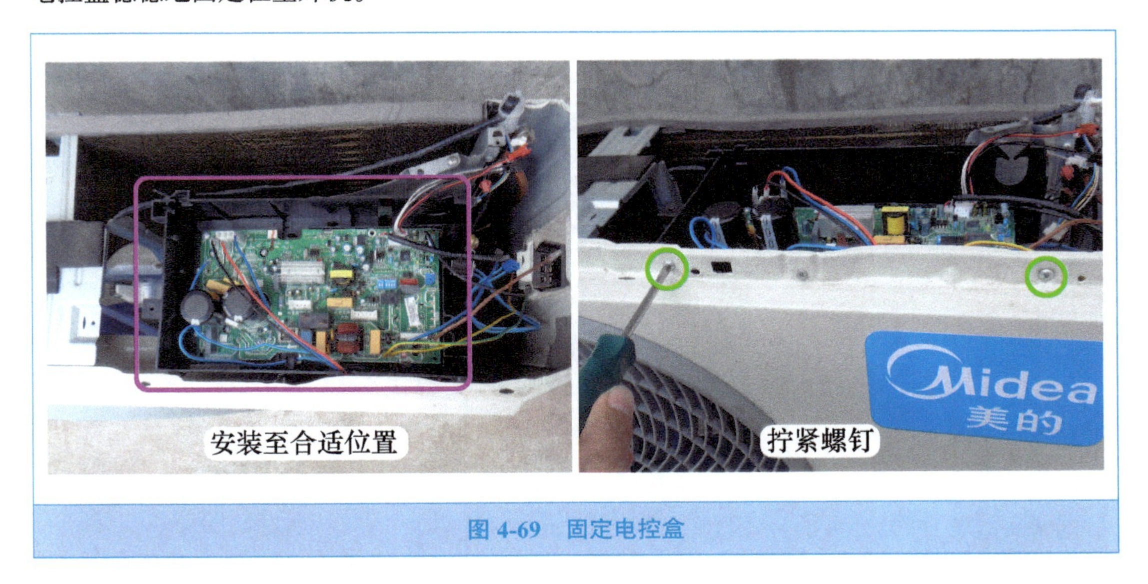

图 4-69　固定电控盒

6. 室内外机连接线

室内外机的 4 根连接线连接室内机和室外机，提供交流 220V 供电和通信回路，见图 4-70，连接线或接线端子位于强电区域。

主板标识 L-IN（棕、CN2）的棕线为相线 L 端输入，焊点经 15A 熔丝管和电感后输出为负载供电。

主板标识 N-IN（蓝、CN1）的蓝线为零线 N 端输入，焊点经电感后输出为负载供电（输出位置 L 和 N 组合电压为交流 220V）。

主板标识 S（黑、CN16）的黑线为通信线，焊点经电阻和二极管等元器件连接通信电路的光耦合器。

主板标识 E（CN3、CN3-1）的黄绿线为地线，共有两根，焊点连接防雷击电路。

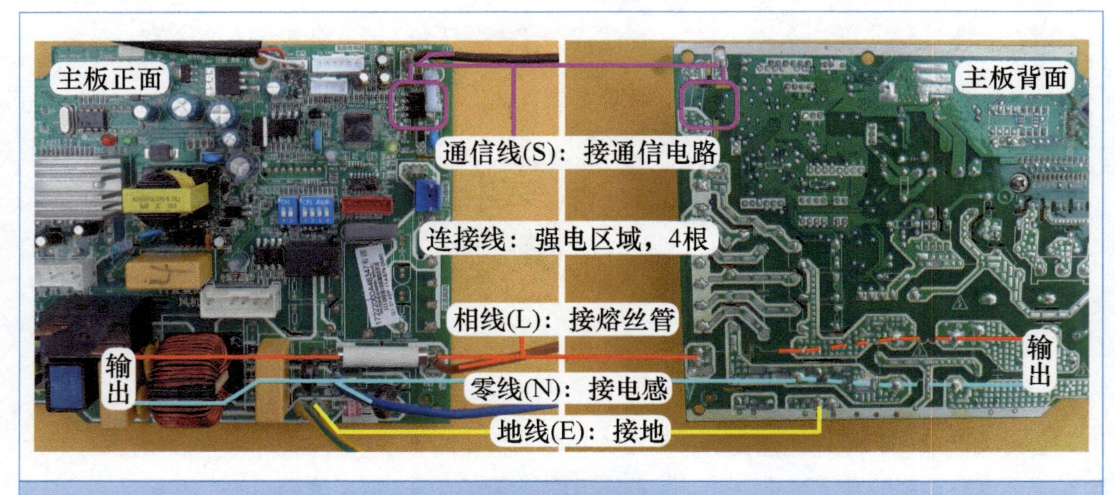

图 4-70　主板室内外机连接线接线端子

室内外机共有 4 根连接线，见图 4-71 中图，其中 1 根黄绿线为地线固定在铁壳位置，3 根位于接线端子下方：棕线接相线 L 端，蓝线接零线 N 端、黑线接通信线 S 端。

见图 4-71 左图，相对应电控盒的主板也设有 4 根引线和接线端子相连：黄绿线 E 为地线，安装在接线端子右侧地线位置，棕线为相线 L 端，接 L 号端子上方，蓝线为零线 N 端，接 N 号端子上方，黑线为通信线 S 端，接 S 号端子上方。

见图 4-71 右图，将主板连接线中的棕线插头安装在接线端子的 L 号端子上方。

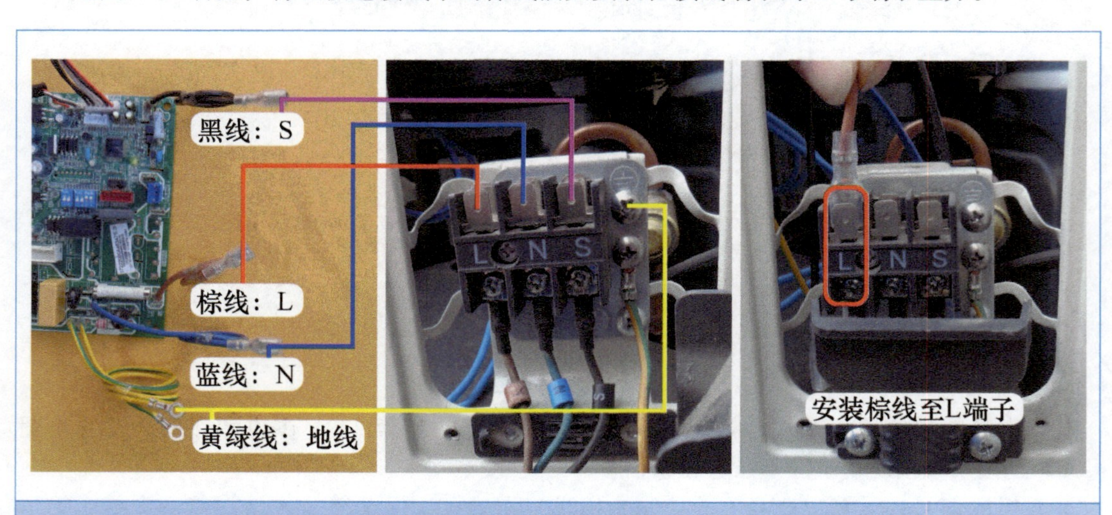

图 4-71　主板引线及接线端子和安装棕线

见图 4-72，将主板连接线中的蓝线插头安装在接线端子的 N 号端子上方，将黑线插头安装在 S 号端子上方，将黄绿线安装在右侧地线位置并拧紧螺钉。

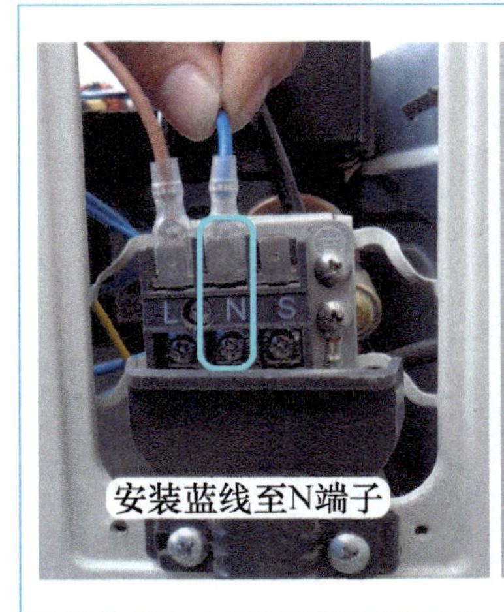

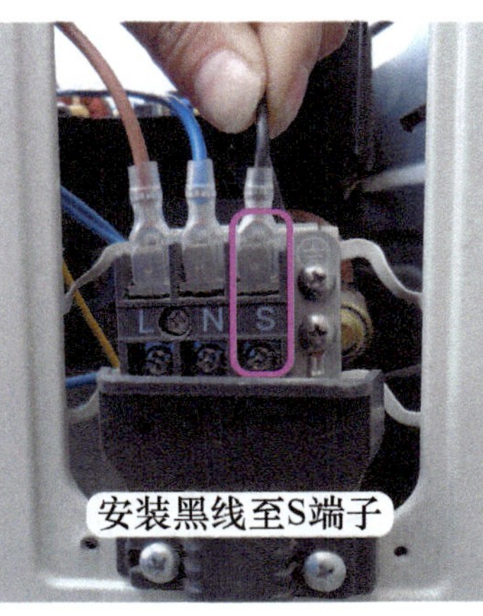

图 4-72　安装蓝线及黑线和地线

7. 室外风机

由于电控盒为售后通用型，为适应更多空调器型号的室外机，见图 4-73 左图，设有两个直流风机的插座，1 个标识为外置直流风机（CN7），是 3 针的白色插座；1 个标识为内置直流风机（CN37），是 5 针的白色插座。

室外风机的作用是驱动室外风扇运行，查看本机室外风机铭牌，见图 4-73 右图，共设有 3 根连接线，标识为 U、V、W，说明本机使用 3 针插座的外置直流风机。

➡ **说明：** 外置直流风机是指驱动线圈绕组的模块等电路设计在室外机主板，直流风机内部只有线圈绕组；内置直流风机是指驱动线圈绕组的模块等电路组成的电路板，和线圈绕组一起封装在直流风机内部。

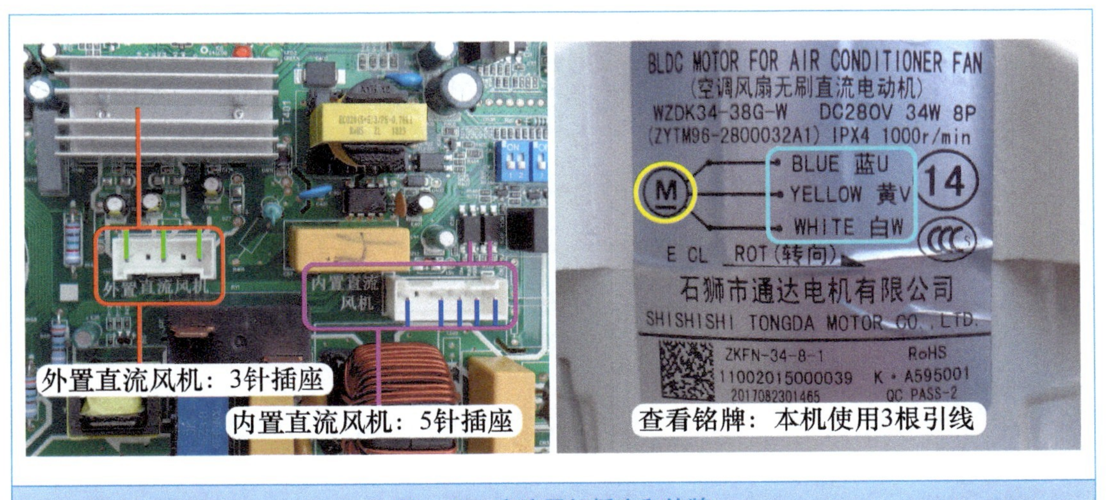

图 4-73　直流风机插座和铭牌

直流风机由风机模块提供电源，模块供电为直流 300V，见图 4-74，插座位于强电区域，为 3 个引针的白色插座，焊点均连接至风机模块引脚。

➡ 说明：风机模块正常运行时由于热量较高，安装有散热片。

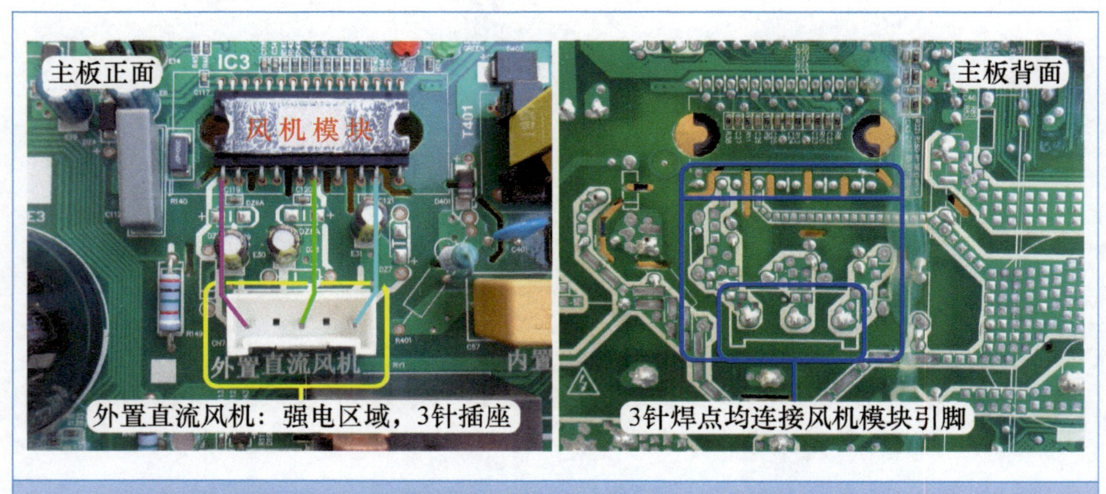

图 4-74　主板室外风机插座

查看室外风机引线，见图 4-75 左图，只设有 1 个插头，安装 3 根引线；见图 4-75 中图，整理室外风机引线至电控盒内部合适位置。

见图 4-75 右图，将室外风机插头安装至主板标识为外置直流风机的插座。

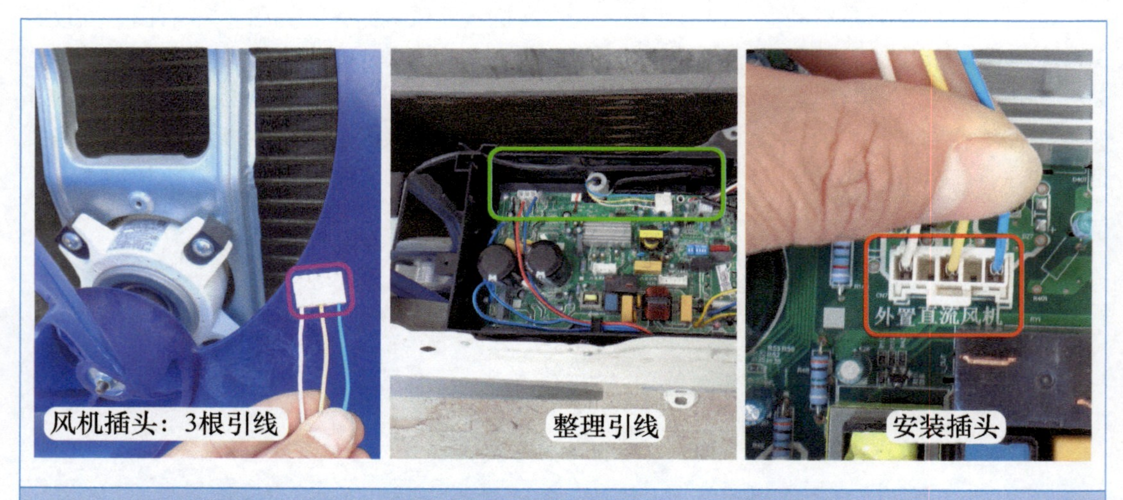

图 4-75　室外风机引线和安装插头

8. 四通阀线圈

四通阀线圈供电为交流 220V，见图 4-76 左图，蓝色的 2 针插座位于强电区域，主板标识为四通阀（CN60）。同时，为使电控盒适应更多型号的空调器，还设有四通阀接线端子，以适配使用两根连接线的单独插头，标识为 CN27 的端子和插座 CN60 上方引针相通，标识为 CN26 的端子和下方引针相通，安装时根据四通阀线圈插头的形状可选择插座或接线端子。

查看主板背面，见图 4-76 右图，插座中的上方引针焊点经继电器触点接相线 L 端，下方引针焊点直接接零线 N 端。

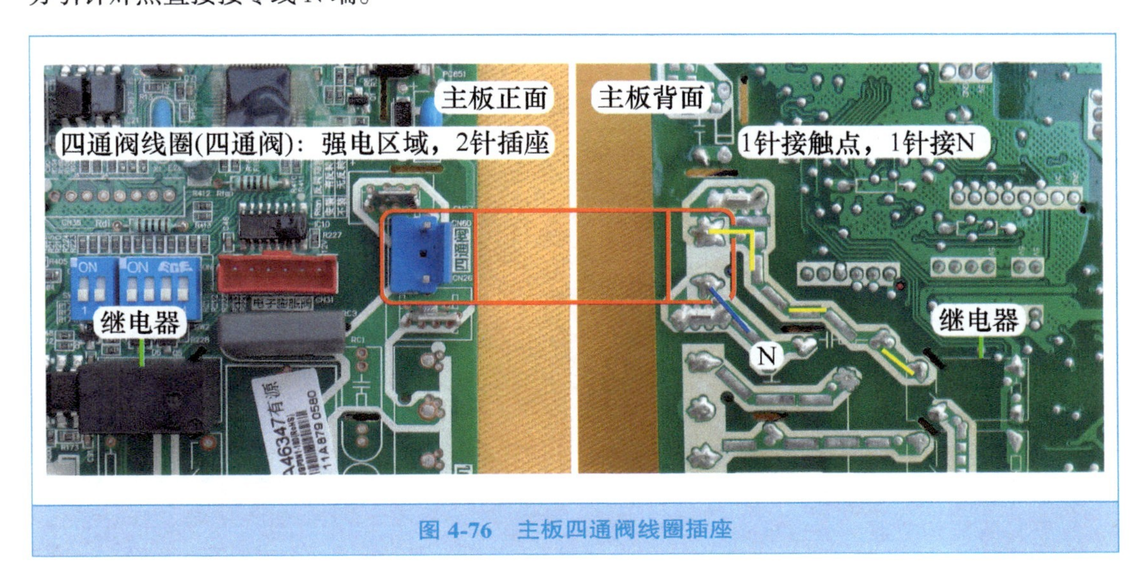

图 4-76　主板四通阀线圈插座

四通阀的作用是转换制冷和制热模式，线圈安装在四通阀上面，见图 4-77 左图，只设有 1 个插头，共有两根引线（蓝线）。

见图 4-77 右图，将四通阀线圈插头安装至主板标识为四通阀的插座。

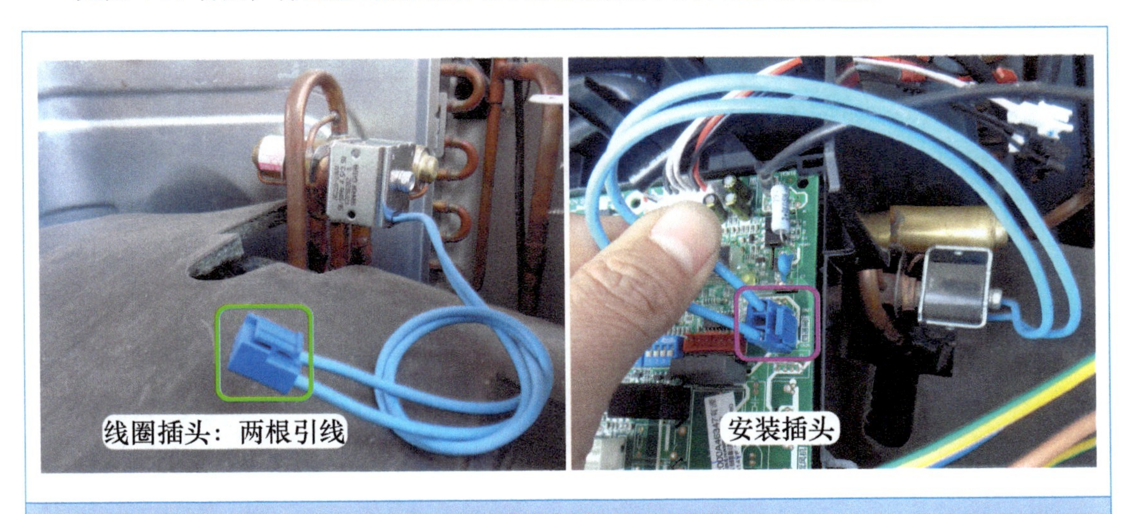

图 4-77　四通阀线圈和安装插头

9. 传感器

见图 4-78 左图，室外环温传感器探头固定在冷凝器的进风面，作用是检测室外温度，使用白色插头；室外管温传感器探头安装在冷凝器的管壁上面，作用是检测冷凝器温度，使用黑色插头。

压缩机排气传感器探头固定在压缩机排气管上面，见图 4-78 右图，作用是检测排气管温度，使用红色插头。

室外机 3 个传感器使用 3 个独立的插头，见图 4-81 左图，室外环温传感器为塑封探头（白色插头），室外管温传感器为铜头探头（黑色插头），压缩机排气传感器为铜头探头（红色插头）。

图 4-78　传感器的安装位置和作用

传感器的作用是检测温度，见图 4-79 左图，对应白色的 6 针插座位于弱电区域，主板标识为温度传感器（CN21、CN22）。

查看主板背面，见图 4-79 右图，插座的 3 个引针焊点连在一起接电源（直流 5V），另外 3 针焊点经电阻等元件接 CPU 引脚。

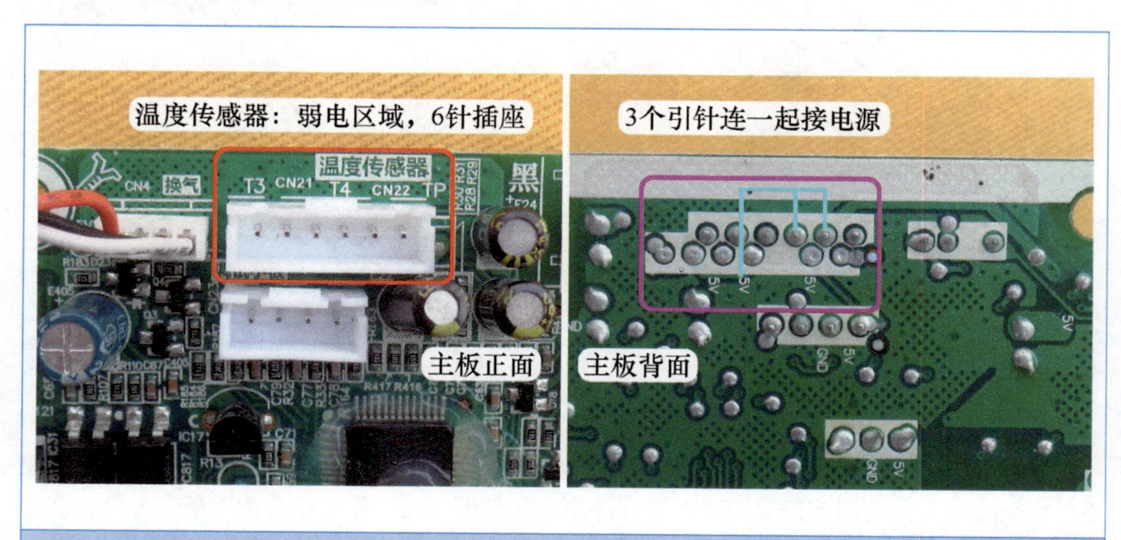

图 4-79　主板传感器插座

电控盒出厂时配备有 1 束 6 根的连接线，见图 4-80，一侧安装至主板标识为温度传感器的插座，另一侧为 3 个对接插头，黑色插头（两根引线）对应主板 T3（室外管温传感器），白色插头对应主板 T4（室外环温传感器），红色插头对应主板 TP（压缩机排气传感器）。

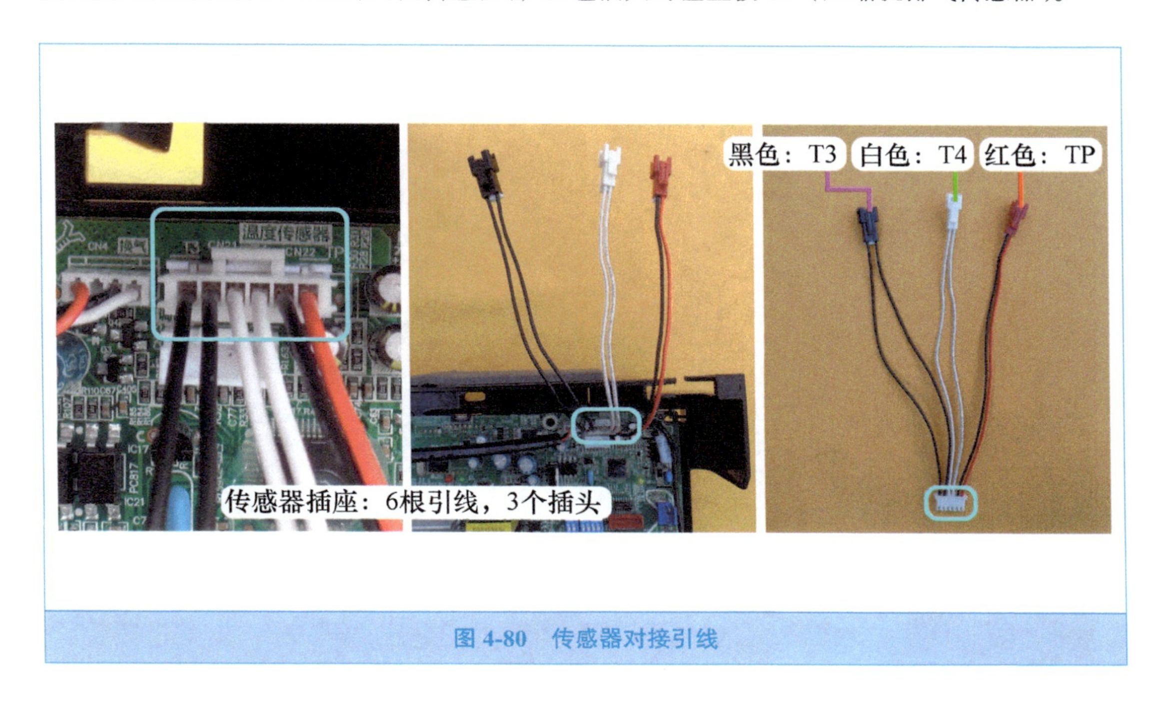

图 4-80 传感器对接引线

见图 4-81 右图，将黑色的室外管温传感器对接插头，安装至主板温度传感器插座对应为 T3 的黑色插头。

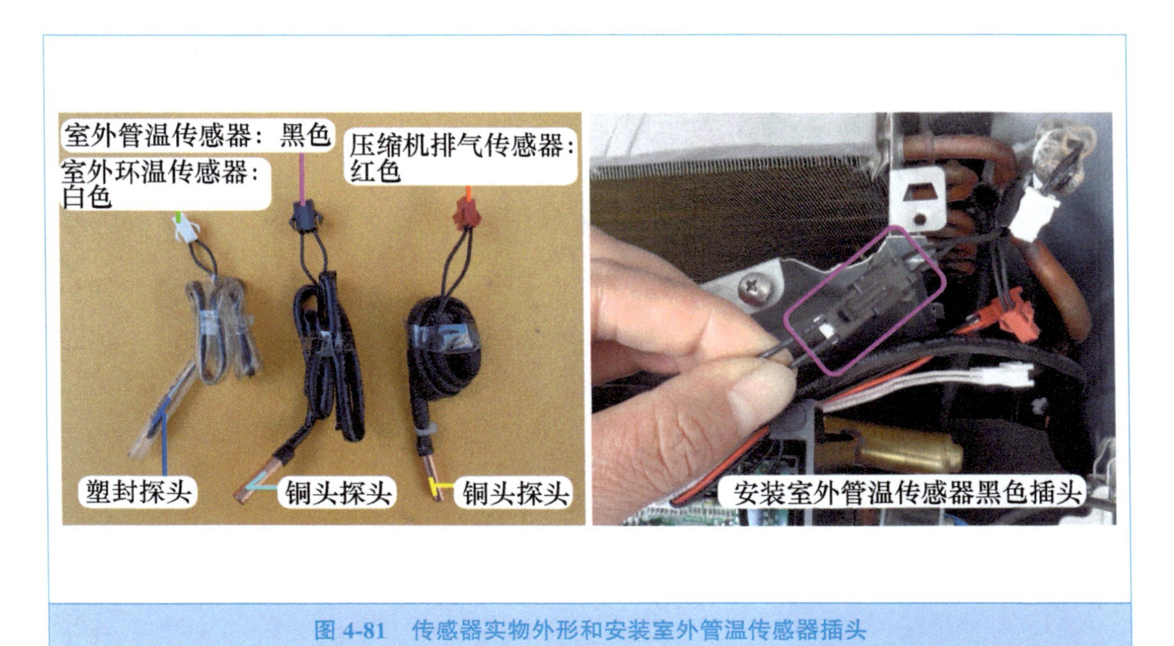

图 4-81 传感器实物外形和安装室外管温传感器插头

见图 4-82，将白色的室外环温传感器对接插头，安装至主板对应为 T4 的白色插头；将红色的压缩机排气传感器对接插头，安装至主板对应为 TP 的红色插头。

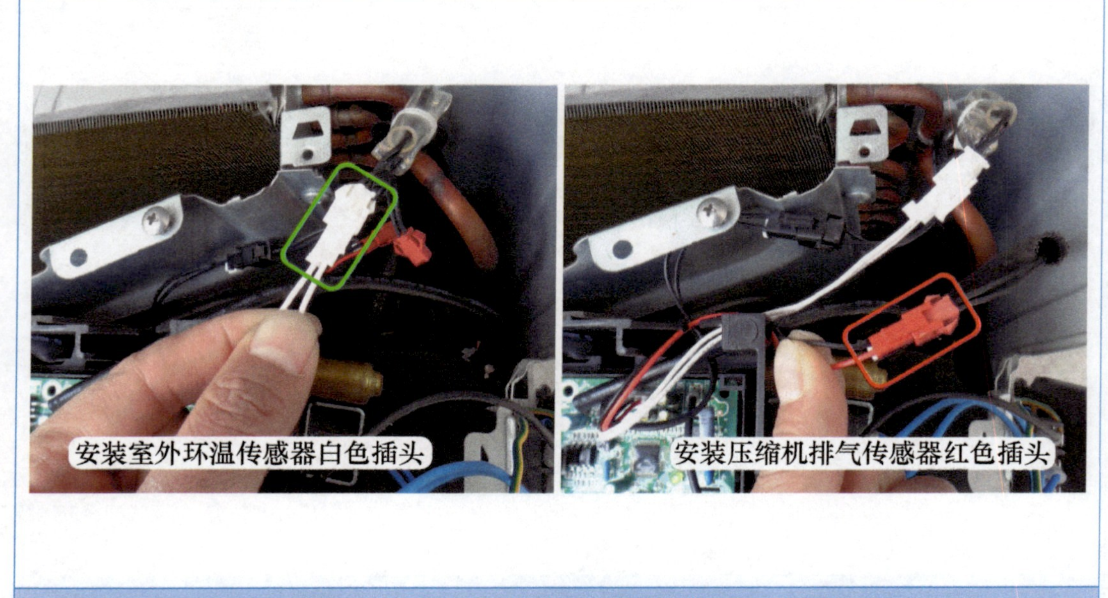

图 4-82　安装室外环温传感器和压缩机排气传感器插头

10. 拨码开关

格力空调器的第二代通用电控盒通过检测室内机主板的跳线帽，来自动区分室外机的机型；而美的空调器第三代通用电控盒，需要人工拨码来适配室外机机型。

图 4-83 左图为粘贴于电控盒外侧的拨码开关使用说明，图 4-83 右图为位于弱电区域的拨码开关实物外形。主板的拨码开关共设有两个，SW1 和 SW2。SW1 为 2 位开关，用于区分制冷量和能效等级，SW2 为 4 位开关，用于区分压缩机型号。

每位拨码开关共分为两个位置，位于上方为 ON（开）用 1 表示，位于下方为 OFF（关）用 0 表示，出厂时均默认位于下方（0）位置，表示为 00 0000。

SW1 的 1 号开关区分制冷量（也相当于空调器能力），位于上方（1）位置时制冷量为 2300W 或 2600W，即 1P 空调器，位于下方（0）位置时制冷量为 3200W 或 3500W，即 1.5P 空调器。

SW1 的 2 号开关区分能效等级，位于上方（1）位置时为一级能效，位于下方（0）位置时为二级或三级能效。

SW2 的 1 号、2 号、3 号、4 号开关位置的组合，用来区分压缩机的型号。

➡ 说明：调整拨码开关位置时应按照“先拨码再上电”的原则，严禁空调器通上电源之后再调整拨码开关位置。

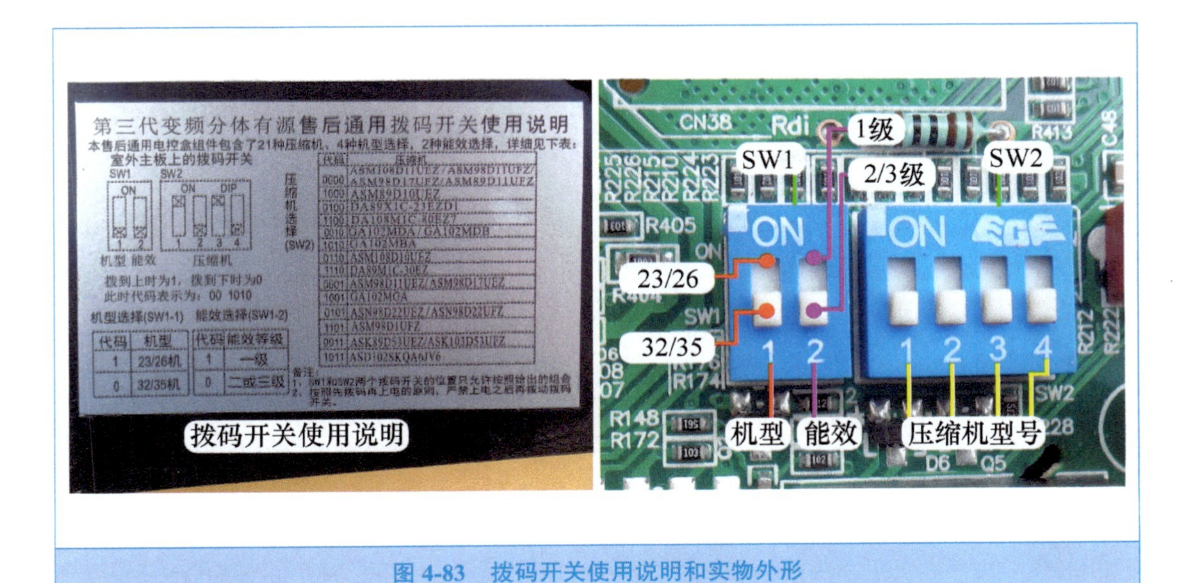

图 4-83　拨码开关使用说明和实物外形

见图 4-84 左图，查看粘贴于室内机前面板的中国能效标识图标，示例空调器制冷量为 3500W，能效等级为二极。

根据拨码开关规则，SW1 的 1 号和 2 号应均位于下方 0 位置，见图 4-84 右图，但电控盒出厂时拨码开关均默认为 0 位置，因此 SW1 开关不用拨动即可。

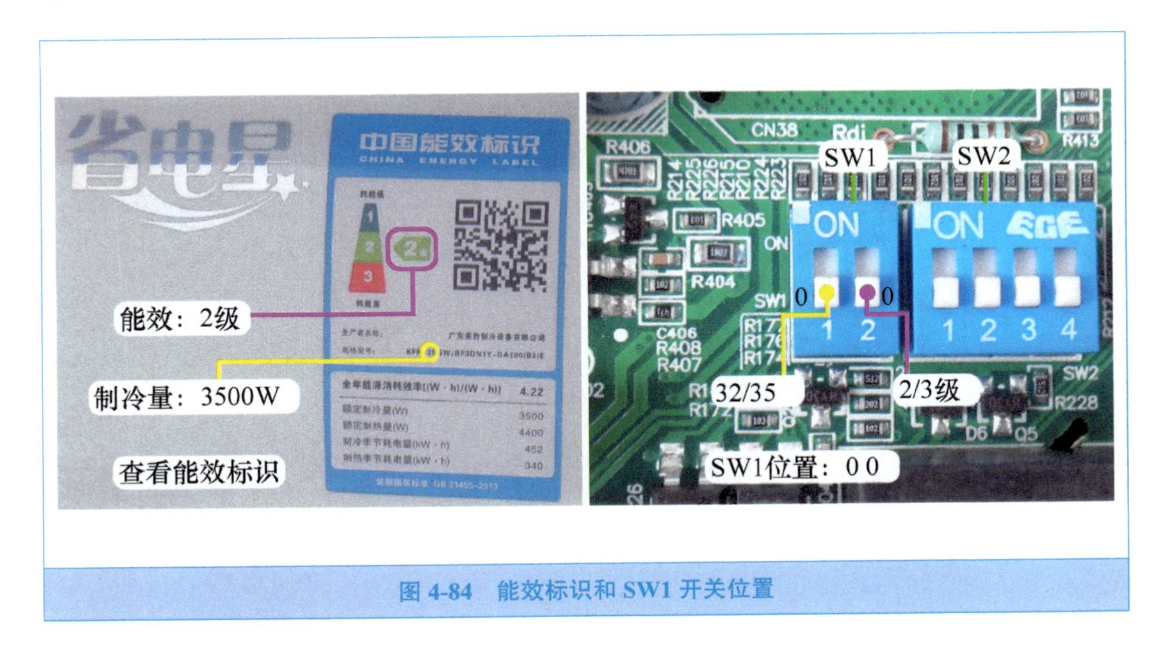

图 4-84　能效标识和 SW1 开关位置

为使售后服务人员更换电控盒时方便查找室外机的信息，见图 4-85，在电控盒的外侧、滤波电容顶部、室外风机电容顶部、空闲位置等粘贴有原机电控盒的标签。

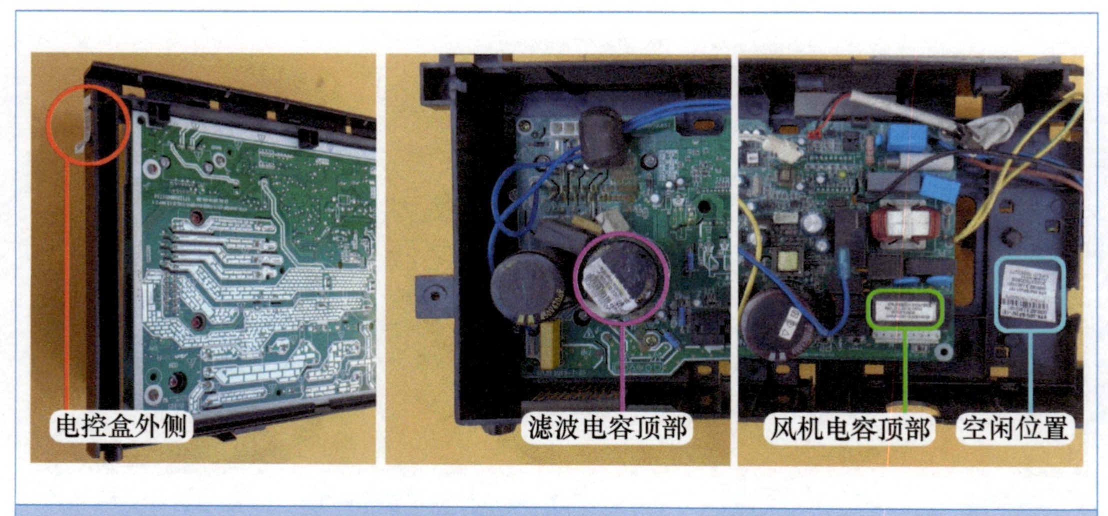

图 4-85　标签粘贴位置

示例空调器位于原机电控盒外侧的标签见图 4-86 左图，可显示压缩机的型号（ASK-103D53UFZ）、室外机型号（KFR-35W/BP3N1-B26）和出厂编号等信息，在更换通用电控盒时根据标签信息进行调整拨码开关的位置。

如果更换电控盒时找不到标签，制冷量和能效等级可参见室内机或室外机铭牌，压缩机型号只能取下室外机前盖和压缩机保温棉，见图 4-86 右图，直接查看压缩机的铭牌标识来确认，可见压缩机实际型号和电控盒标签标示的压缩机型号相同。

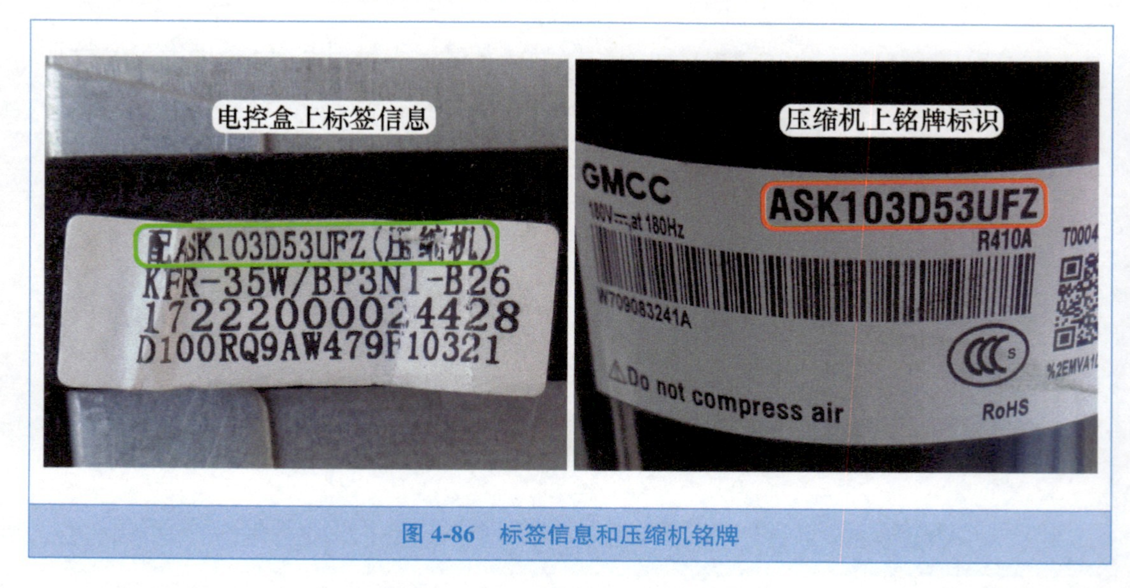

图 4-86　标签信息和压缩机铭牌

查看粘贴于电控盒外侧的拨动开关使用说明或随电控盒附带的说明书，查找到压缩机型号 ASK103D53UFZ 的 SW2 拨码开关代码位置为 0 0 1 1，由于 SW2 的 1 号和 2 号均默认为 0 位置，见图 4-87，使用螺钉旋具头或用手向上推动 SW2 的 3 号和 4 号拨码至 ON（1）位置，使 SW2 实际位置为 0 0 1 1，和说明书上压缩机型号代码相同。

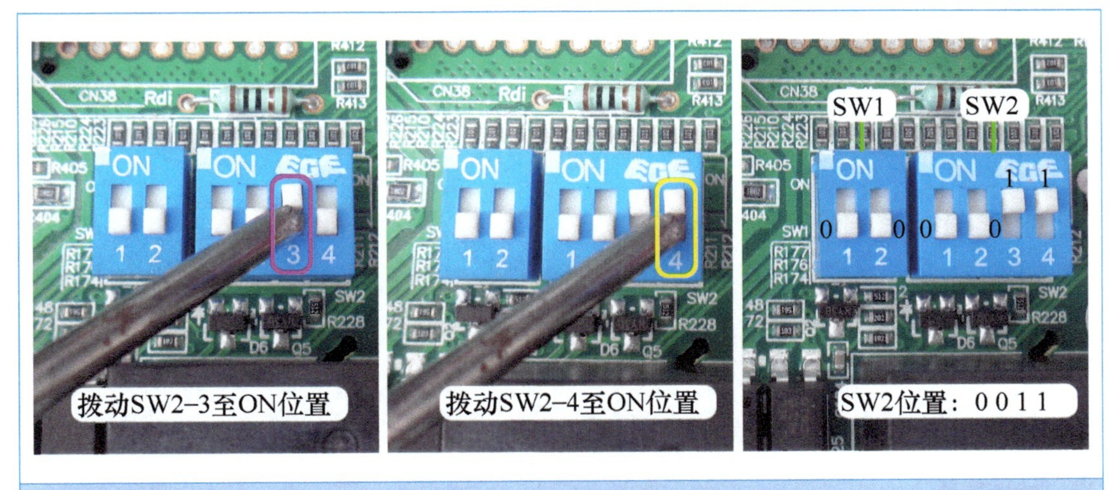

图 4-87 拨动 SW2 开关

11. 安装完成

将电控盒上主板输入引线的另 1 个地线，固定在挡风隔板上方的地线安装孔（其中 1 个已经固定在接线端子的右侧），见图 4-88，再整理引线并安装在各自的卡槽内，完成更换通用电控盒的过程，试机完成后再安装室外机顶盖。

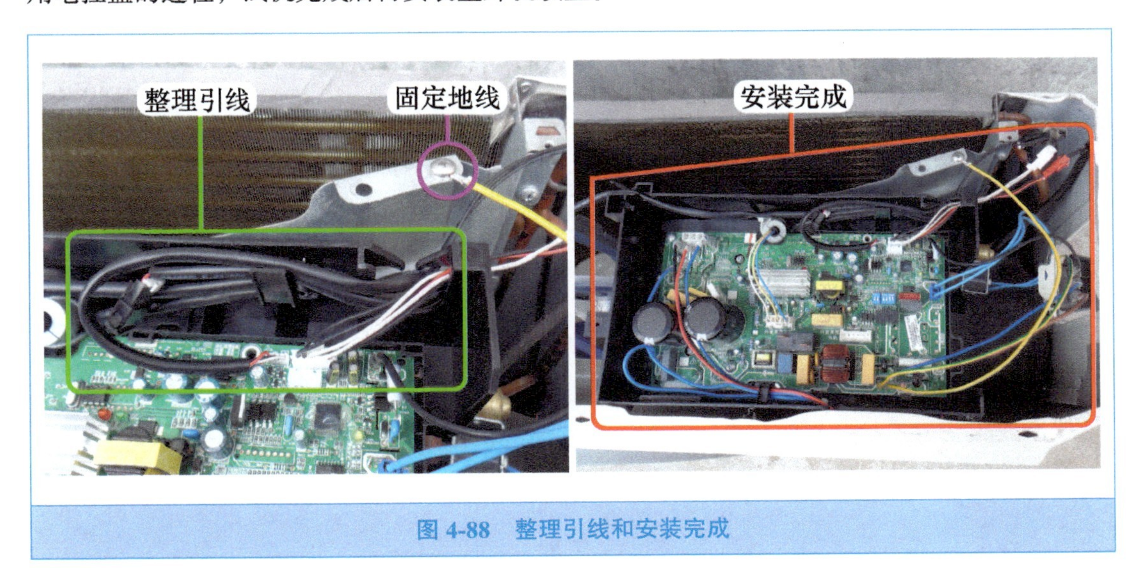

图 4-88 整理引线和安装完成

12. 未使用插座

由于电控盒为售后通用，人们设计出了较多的插座以适应更多型号的空调器，根据机型设计不同，有些插座在电控盒安装完成后处于空置状态（即不需要安装插头）。

示例机型的制冷系统使用毛细管作为节流元件，未使用电子膨胀阀，见图 4-89 左图，位于弱电区域的红色 5 针、主板标识为电子膨胀阀的电子膨胀阀插座（CN31）为空置状态。

本机未使用换气设备，见图 4-89 中图，位于弱电区域白色 3 线、主板标识为换气的插座（CN4）所相通的连接线及对接插头为空置状态。

见图 4-89 右图，位于弱电区域的白色 4 针、主板标识为调试小板的插座（CN23），用于连接美的变频检测仪工装插头，因此为空置状态。

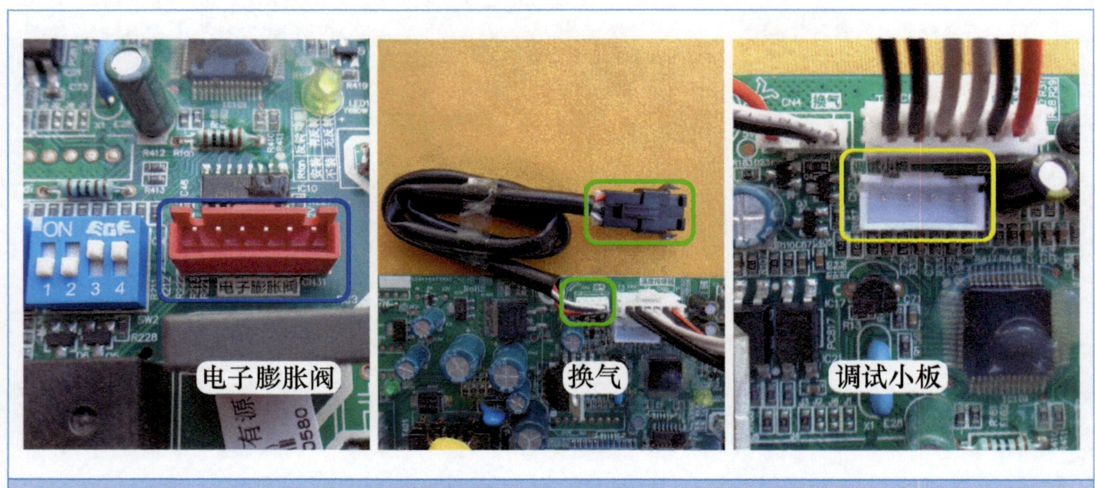

图 4-89　未使用插座

第五章 Chapter 5

变频空调器漏水、噪声和通风系统故障

第一节 漏水和噪声故障

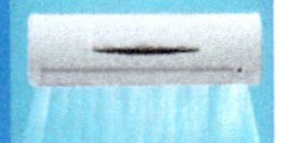

一、漏水

1. 加长水管弯曲

① 格力 KFR-35GW/（35594）FNAa-A1 挂式直流变频空调器，用户反映室内机漏水。

上门检查，用遥控器以制冷模式开机，长时间运行室内机没有漏水，检查室外机，发现加长水管安装在专用的冷凝水落水管里面，出墙孔也远高于水管安装孔，见图 5-1 左图，但加长水管有弯曲部分。

仔细查看加长水管，见图 5-1 右图，发现下垂处有明显的积水，而左侧上方有空气，说明水管弯曲后在最低位置处存有积水，使得加长水管中有空气存在，而蒸发器产生的冷凝水根据自然重力落入接水盘内，接水盘内冷凝水的压力很小，但由于加长水管中空气阻力较

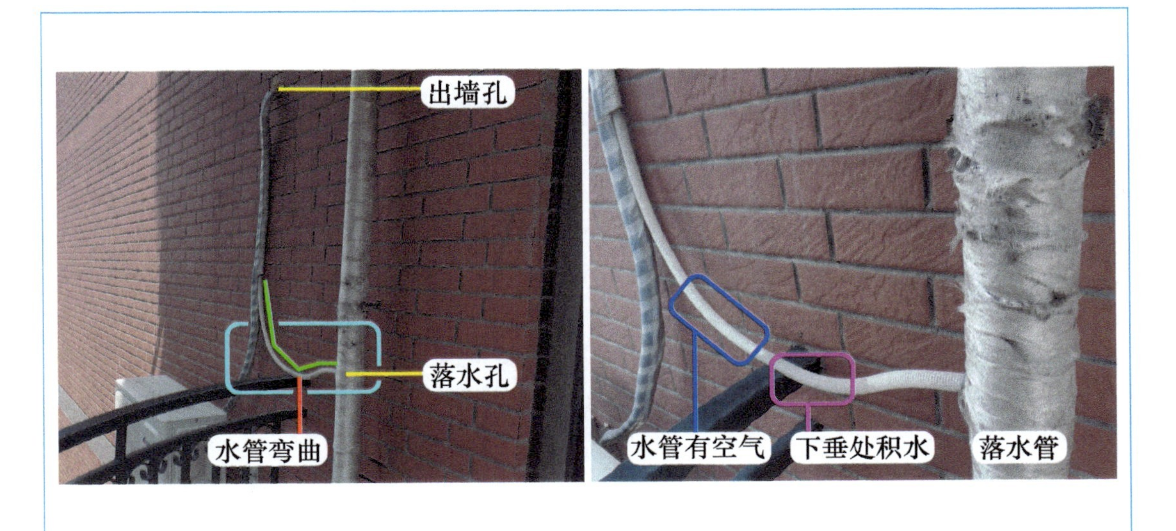

图 5-1 水管弯曲

大，接水盘的冷凝水不能流入加长水管，一直在接水盘内积聚，超过接水盘的储水量（边沿）后，室内机便会出现漏水故障。

维修方法见图 5-2 左图，重新调整水管位置，使水管逐步向下形成坡度，冷凝水流水顺畅，水管内积水不能在某一位置全部堵塞水管，这样加长水管内没有空气阻力，室内机漏水故障自然被排除。注意，调整后为防止水管移动再次造成漏水故障，应使用防水胶布将水管粘牢。

使用饮料瓶向蒸发器内倒水，见图 5-2 右图，水均能顺利流出，室内机不再漏水，说明试水正常。

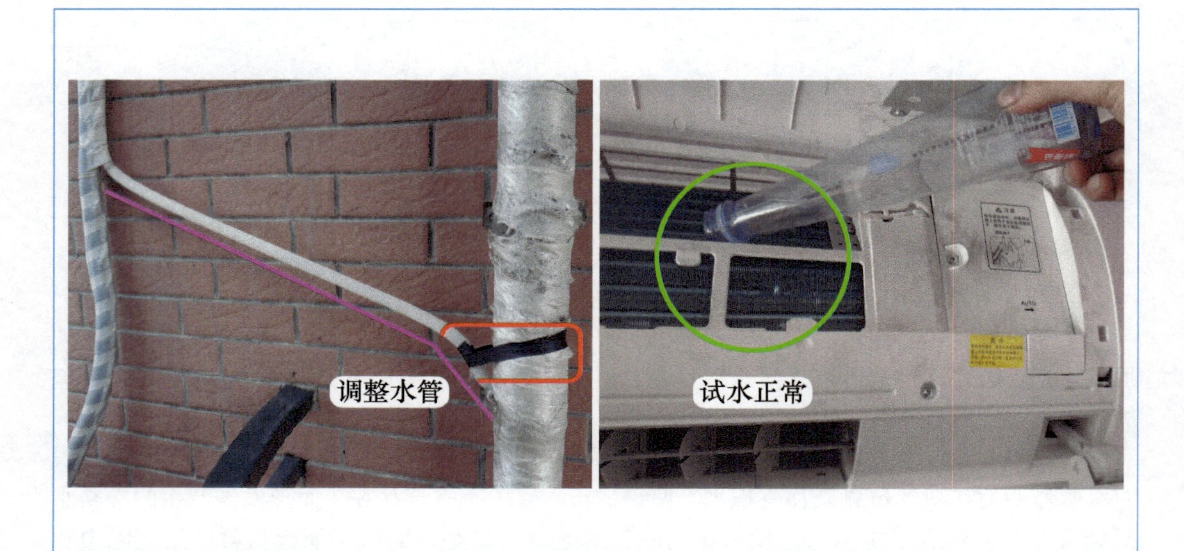

图 5-2　调整水管和试水正常

② 格力 KFR-50GW/（50557）FNDc-A3 挂式直流变频空调器，用户反映使用一直正常，但最近物业公司对小区外墙进行整修之后，夏天使用制冷模式时，室内机漏水严重，水一直向下滴，很短时间就可以接一盆水。

上门检查，用户正在使用空调器，冷凝水一直向下滴，到室外侧检查，发现外墙重新做了一层保温，同时安装了落水管，加长水管也安装在落水管内，见图 5-3 左图，但水管没有全部安装至落水管内，水管有明显的弯曲现象，查看弯曲部位有积水，水管上方有空气，将水管从落水管内抽出，立即从水管处流出了很多的冷凝水，同时室内机滴水速度明显变慢（此时滴水是由于室内机外壳内积聚冷凝水造成的，全部滴完后室内机便不再漏水），说明漏水还是由于水管弯曲引起。

排除方法见图 5-3 右图，由于出墙孔和落水管口距离很近，将加长水管全部伸入落水管内部，使坡度逐步向下，水管不再积聚冷凝水，室内机漏水故障被排除。

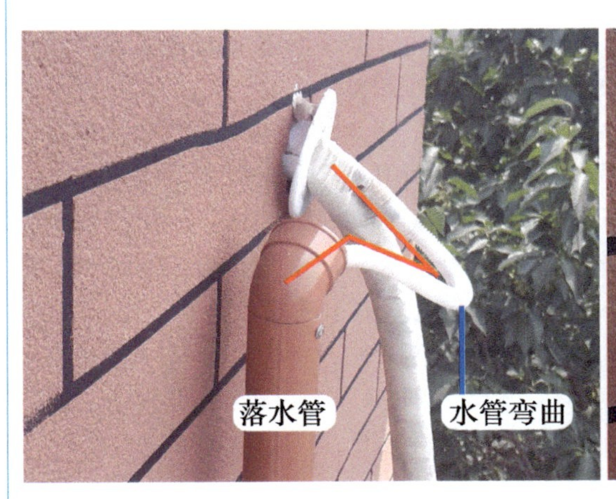

图 5-3 水管弯曲和调整水管

③ 格力 KFR-35GW/（35594）FNhAa-A1 挂式直流变频空调器，用户反映新装机未使用，待到夏天使用时室内机漏水。

上门检查，查看室内机安装水平，使用遥控器以制冷模式开机，室内机没有漏水，为缩短检修时间，掀开前面板（进风格栅），抽出过滤网，使用饮料瓶向蒸发器倒水，室内机立即漏水并且速度较快。查看室外机，室外侧加长水管管口处没有水向下流，查看连接管道，见图 5-4 左图，发现加长水管在室外机支架下方有弯曲现象，查看最下方有明显积水并且堵塞水管，上方为空气，抽出加长水管并垂直放到地上，管口立即有很多冷凝水流出，说明是因为水管弯曲导致积水而造成的漏水。

整理水管走向，见图 5-4 右图，使水管坡度逐步向下，同时为防止水管移动，使用铁丝或胶布将水管固定在室外机支架上面，再次向蒸发器倒水，水均能在室外加长水管管口流出，同时室内机不再漏水，说明故障被排除。

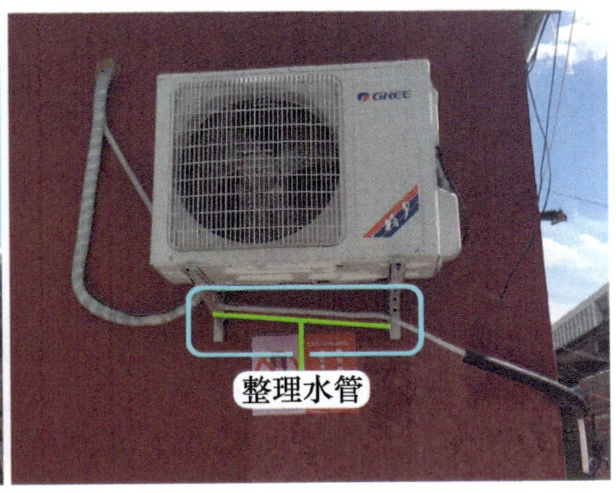

图 5-4 水管弯曲和整理水管

2. 连接管道积水

格力 KFR-26GW/（26559）FNAa-A3 挂式直流变频空调器，用户反映新装机未使用，使用制冷模式时室内机漏水，将空调器关机，很长时间内依旧向下滴水。

上门检查，使用遥控器开机，一段时间内室内机没有向下漏水，使用饮料瓶向室内机蒸发器内倒水用来测试排水管路，如果慢慢向蒸发器倒水，室内机不会漏水，如果倒水速度稍微快一些，室内机就会漏水，说明排水管路流通不顺畅。查看室内机安装水平，但检查室内外机连接管道时，见图 5-5 左图，管路横平竖直，符合安装要求，但水平走向距离过长，使得冷凝水容易积聚在加长水管里面，造成阻力变大，引起室内机漏水故障。

排除方法是调整连接管道，调整后见图 5-5 右图，将管道弯曲，使内部加长水管坡度逐步向下，不再积聚冷凝水，阻力大大减小，再次向蒸发器内倒水，即使倒水速度较快，室内机也不会漏水，故障被排除。

说明：关机之后依旧滴水是由于室内机安装较为水平，接水盘冷凝水溢出后，落在室内机外壳内部，外壳存储了较多的水量，即使关机也会向下滴落很长时间。

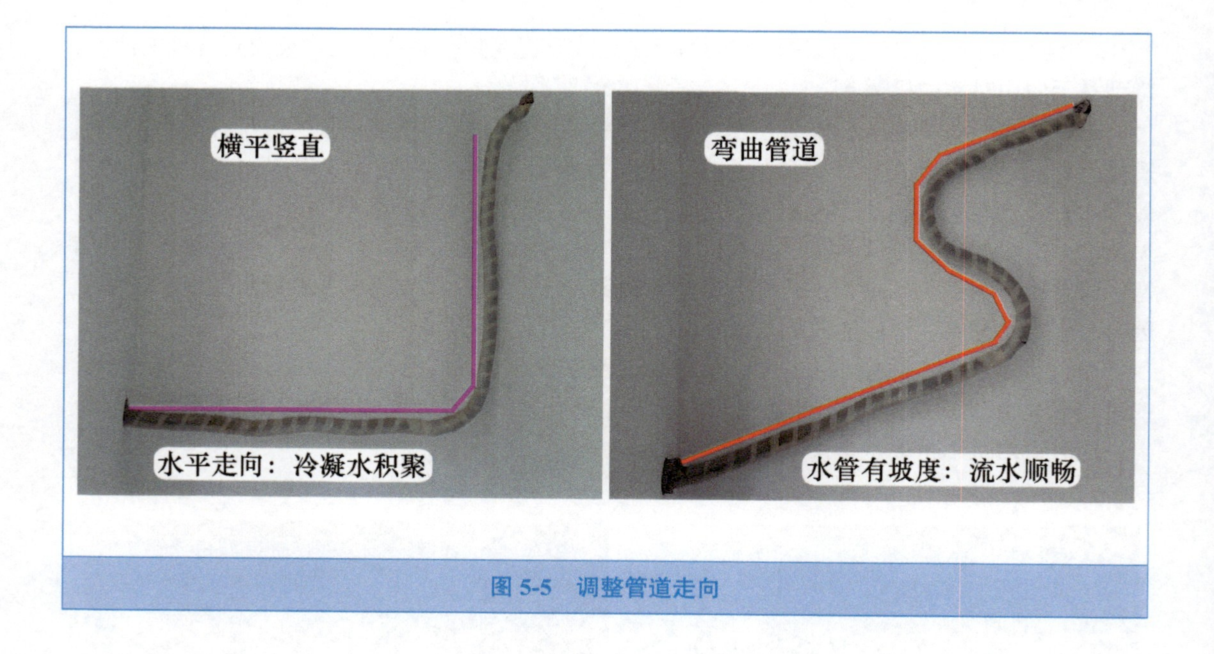

图 5-5 调整管道走向

3. 蒸发器结霜

格力 KFR-50GW/（50551）FNCa-A3 挂式直流变频空调器，用户反映长时间开机室内机漏水。

上门检查，用户正在使用空调器，查看室内机安装水平，室外侧加长水管出口也在滴水，掀开前面板和过滤网，准备往蒸发器倒水测试加长水管是否畅通时，见图 5-6，发现结霜严重，整个蒸发器基本上全部都是霜层，同时室内机出风口风量很小。

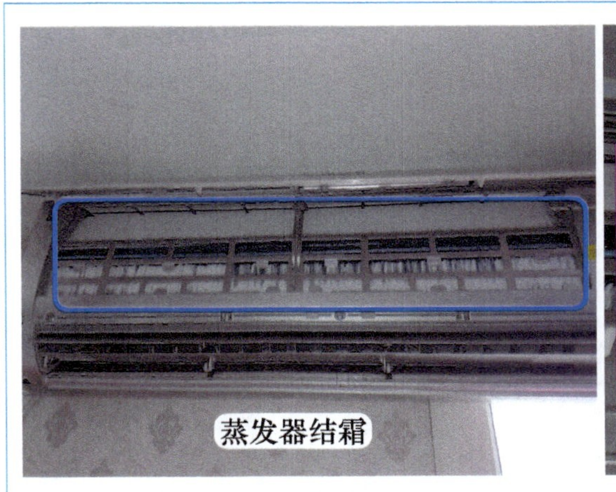

图 5-6 蒸发器结霜

查看室外机，见图 5-7 左图，二通阀和三通阀均结霜严重，说明室内机通风系统不顺畅，蒸发器产生的冷量不能及时吹出，导致温度越来越低而使得二通阀和三通阀均严重结霜。

由于蒸发器霜层较厚且较实，首先使用遥控器转换到制热模式，见图 5-7 右图，约 3min 后室外机运行处于制热状态，蒸发器产生热量，表面霜层逐步融化，再调整遥控器转换为送风模式，室内风机运行，使蒸发器霜层全部融化。

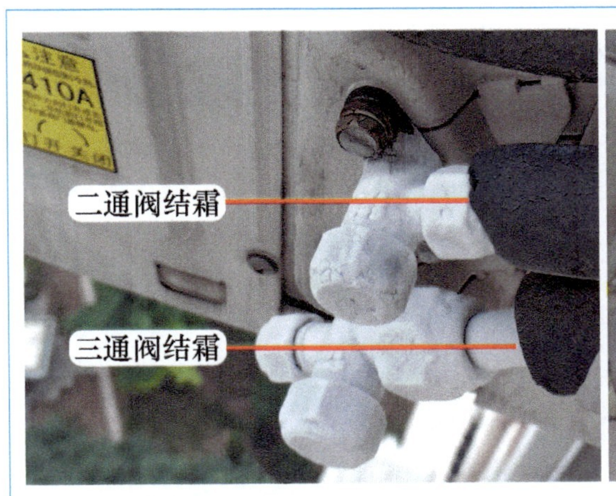

图 5-7 二通阀、三通阀结霜和以送风模式化霜

蒸发器全部结霜时可排除系统缺少制冷剂的情况，常见为通风系统不顺畅，送风模式下将遥控器风速设定为高风，在室内机出风口感觉风量依旧不是很大，关机后查看室内风扇（贯流风扇）表面很干净，排除风扇脏堵故障。仔细查看室内机，见图 5-8，发现其和房间顶部的墙壁距离过近，几乎快要贴着顶部墙壁，再次使用遥控器以送风模式开机，室内风机运行，用手感觉出风口风量较小，但是掀开室内机前面板后，出风口风量显著增加，也说明室内机距顶部墙壁过近使得进风量变小，而同时用户设定遥控器的风速为低风，室内机通风效率下降，导致蒸发器结霜，冷凝水不能顺着翅片间隙流入接水盘，使得室内机漏水。

向用户解释故障原因，建议用户使用制冷模式时风速调整为高风，或者使用时掀开室内机前面板。

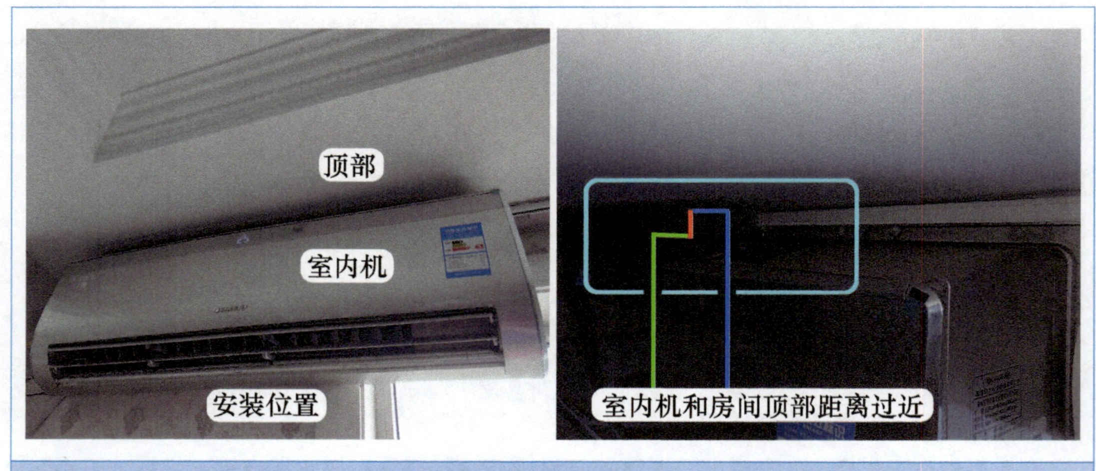

图 5-8　室内机距离房间顶部墙壁过近

4. 出风口凝露

格力 KFR-26GW/（26557）FNDe-A3 挂式直流变频空调器，用户反映室内机漏水。

上门检查，用户正在使用空调器，查看室外侧加长水管滴水速度很快（几乎不间断），说明水路顺畅，查看室内机，用户反映漏水状况见图 5-9 和图 5-10，为显示窗口、出风口、导风板上凝露，此种状况为正常。这是由于环境湿度比较大时，空气中的水分在出风口周围形成凝露，时间长了以后，形成水滴落下，使得用户反映为漏水故障。向用户解释，待天气干燥后出风口不会再有凝露，这种状况只会出现在类似于“桑拿天”很短的几天时间里，同时建议用户设定遥控器风速为高风，使得出风口温度和房间温度的差值较小，便会减少凝露出现的概率。

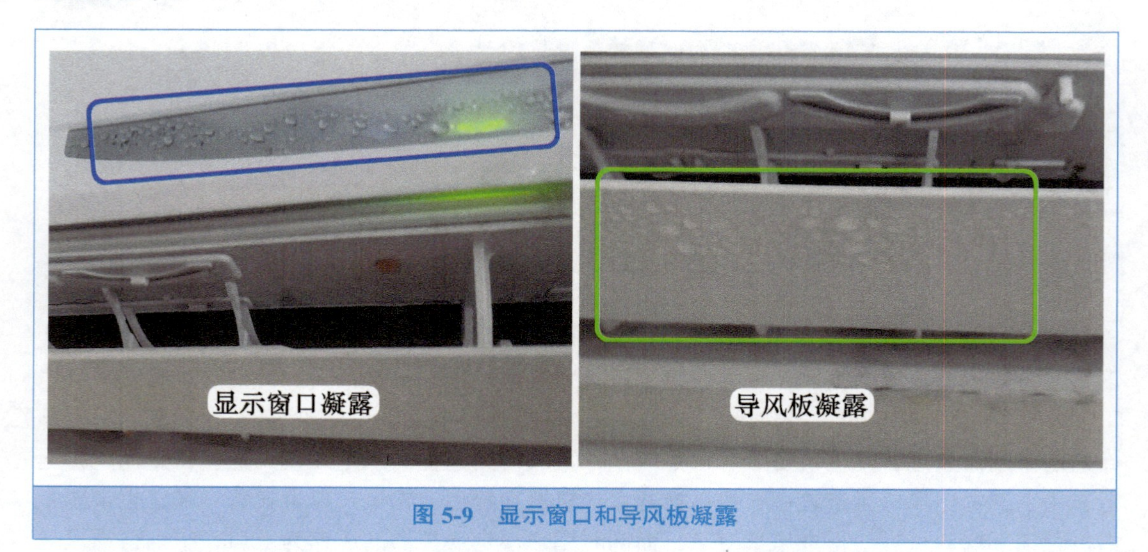

图 5-9　显示窗口和导风板凝露

在空调器配套的说明书中，在假性故障一栏里会有描述，可翻到相应页给用户查看（一般在最后几页)。比如格力空调器相对应的“故障”现象显示为：出风口格栅上有湿气；“故障”分析为如果空调器长时间在高湿度环境下运转，湿气可能会凝结在出风口格栅上并滴下。

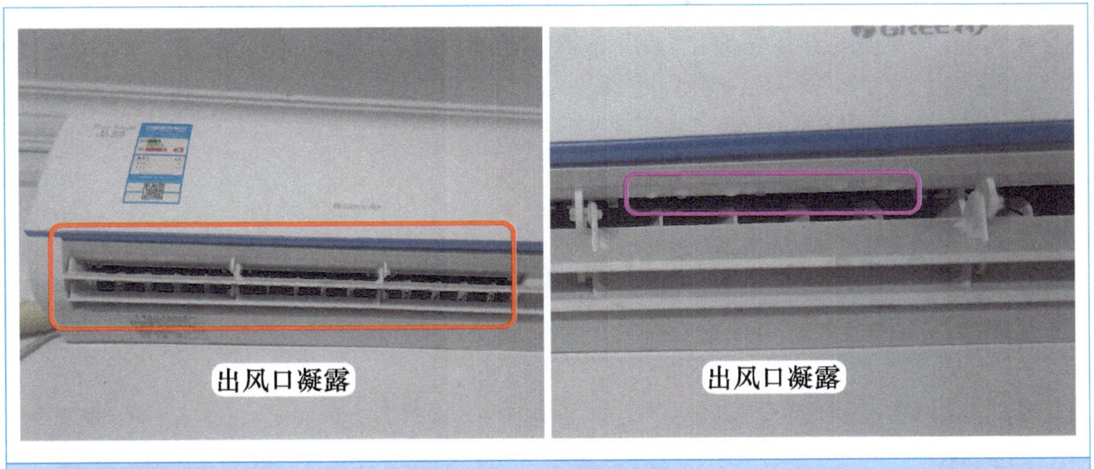

图 5-10 出风口凝露

5. 副接水盘脏堵

格力 KFR-50GW/（50557）FNDc-A2 挂式直流变频空调器，用户反映室内机漏水。

上门检查，使用遥控器开机，空调器开始运行，一段时间内室内机没有漏水，查看室内机安装水平，使用饮料瓶向蒸发器内倒水，均能顺利流出，但用户反映室内机确定漏水，长时间开启空调器试机，室内机开始向下滴水，取下室内机外壳，发现蒸发器表面较脏，接水盘内也有很多泥土（装修墙面使用的腻子粉），仔细清洗蒸发器和接水盘后，室内机依旧滴水，仔细查看滴水的源头，发现水由室内机后部流出，后部设有副接水盘，为测试副接水盘流水是否正常，使用饮料瓶向蒸发器的后部倒水，室内机立即有较快的水滴流出，判断副接水盘堵塞，取下室内机挂钩，查看室内机后部，见图 5-11，腻子粉形成的泥土已经将副接水盘全部堵塞。

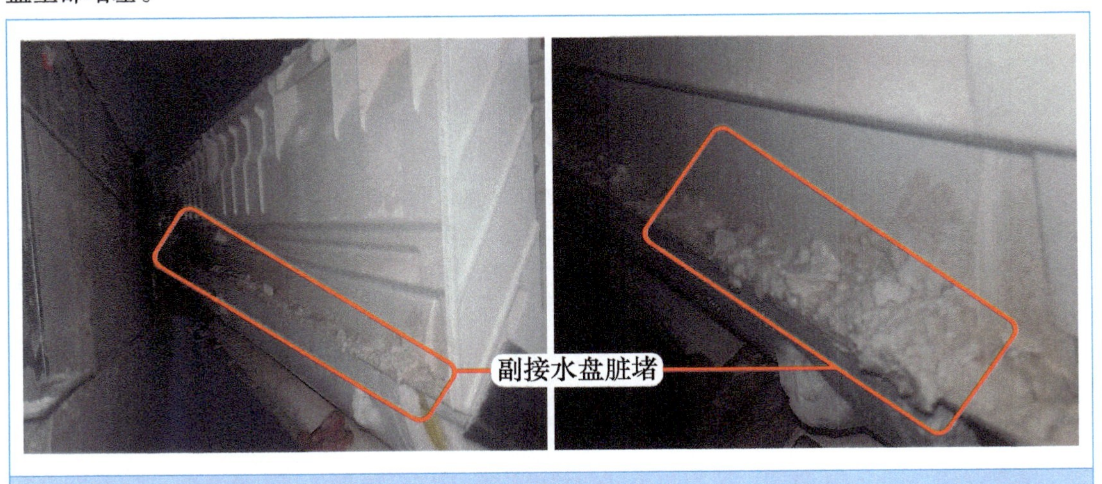

图 5-11 副接水盘脏堵

关闭空调器，首先去掉副接水盘的泥土，再使用清水清洗，见图 5-12 左图，将副接水盘清洗干净，尤其要注意将副接水盘到主接水盘的水路清洗干净。

清洗完成后重新安装室内机，见图 5-12 右图，再次慢慢地向蒸发器后部倒水，室内机不再有水滴出，长时间试机运行正常，漏水故障被排除。

经询问用户得知，房间刚刚重新装修过，判断装修墙面时室内机没有使用塑料包裹，腻子粉向下滴落，堵塞副接水盘，才出现漏水故障。

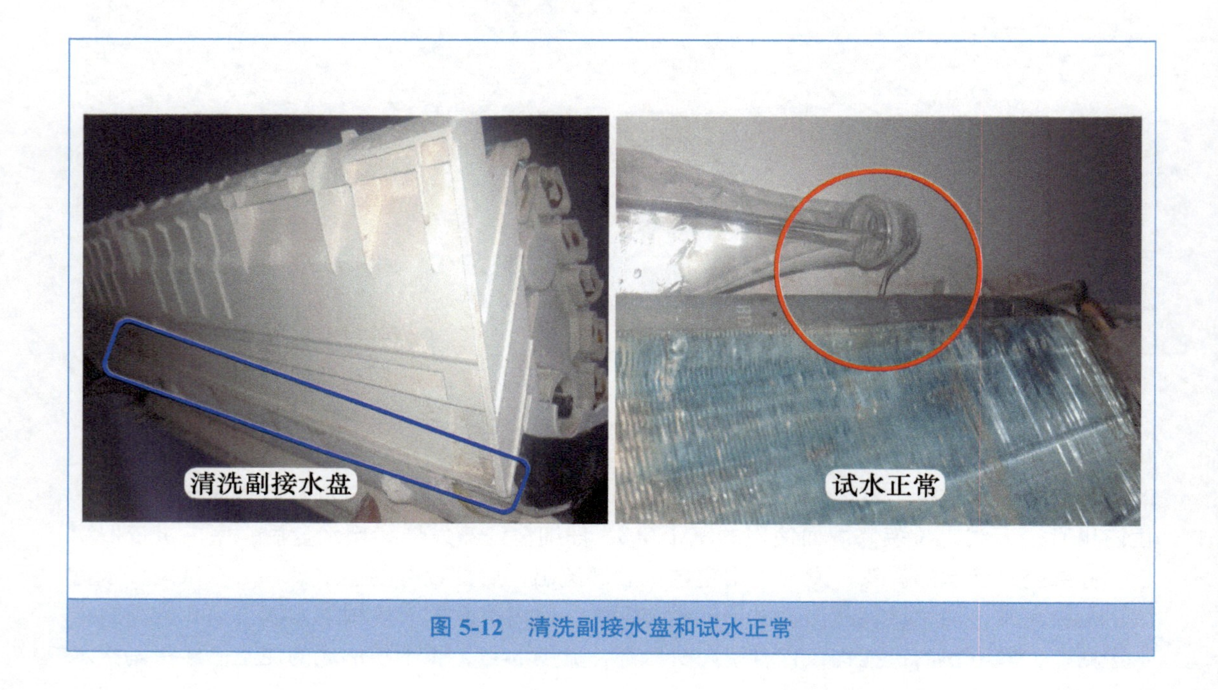

图 5-12　清洗副接水盘和试水正常

6. 水管穿孔或有砂眼

① 格力 KFR-72LW/（72551）FNBa-A2 圆柱柜式直流变频空调器，用户反映移机后只要空调器以制冷方式开机，很短的时间内室内机便开始漏水。

上门检查，用遥控器以制冷模式开机，约 10min 后查看室内机下方已经有冷凝水流出，查看连接管道坡度正常，说明加长水管坡度也正常。仔细查看漏水源头，发现不是从室内机接水盘溢出（排除水管堵塞故障），而是从加长水管流出，见图 5-13 左图，检查加长水管有一个很深的穿孔，导致冷凝水向外流出。

查看水管穿孔位置刚好处于室内机外壳的盖板位置，查看盖板，见图 5-13 中图，连接管道穿孔处有明显的毛刺，判断安装盖板时，由于连接管道没有处理好，盖板的毛刺距离加长水管过近，刺穿加长水管，导致室内机漏水。

维修方法见图 5-13 右图，使用防水胶布包扎很长的一段加长水管，等运行一段时间后查看穿孔处不再漏水时，再慢慢安装盖板，并防止再次刺破水管。

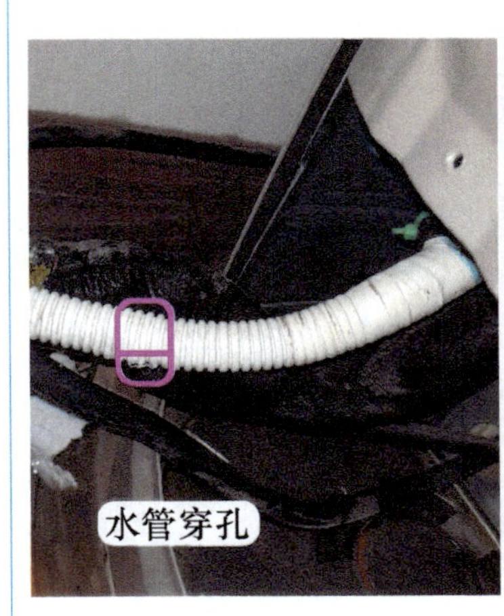

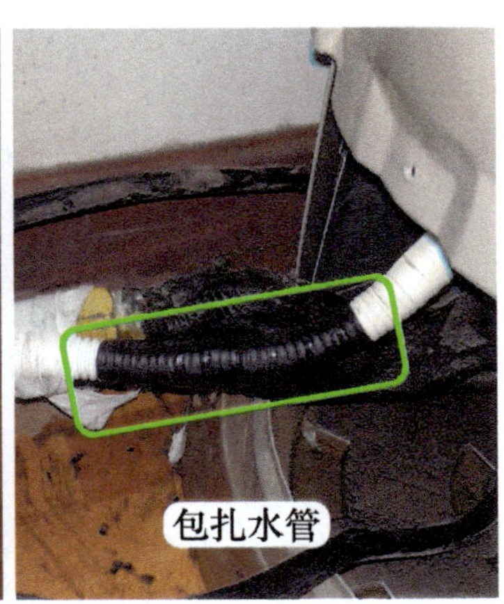

图 5-13 水管穿孔和包扎水管

② 格力 KFR-26GW/（26575）FNAa-A3 挂式直流变频空调器，用户反映新装机，长时间开机后室内机漏水。

上门检查，用户正常使用空调器，漏水比较明显，室内机一直有水向下滴落，查看室内机安装水平，使用饮料瓶向蒸发器内倒水时也能顺利流出，排除水管不畅故障。取下室内机外壳，见图 5-14 左图，发现漏水原因为加长水管有砂眼，查看砂眼位置为硬挤刺破所致，一般为装机时确定连接管道走向后，剪去室内机外壳对应的塑料板时，由于毛刺没有处理，安装时毛刺刺穿水管，导致使用时室内机漏水。

维修方法见图 5-14 右图，使用防水胶布将很长一段的水管全部包裹，再使用饮料瓶向蒸发器内倒水，查看砂眼处不再漏水，安装室内机外壳时要慢慢仔细安装，防止外壳的毛刺再次刺穿加长水管，然后再将连接管道尽量贴近墙壁，远离外壳的毛刺。

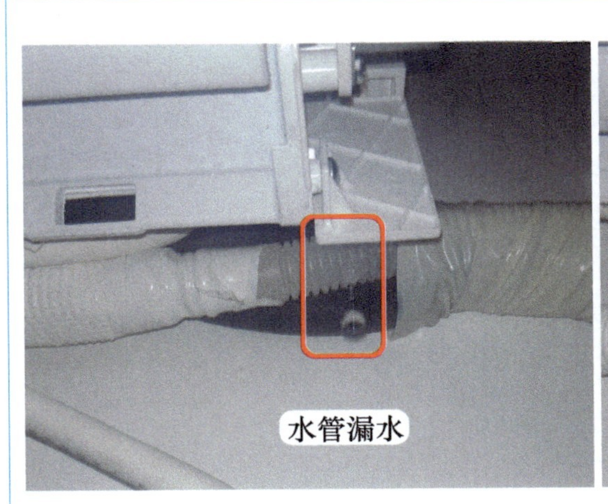

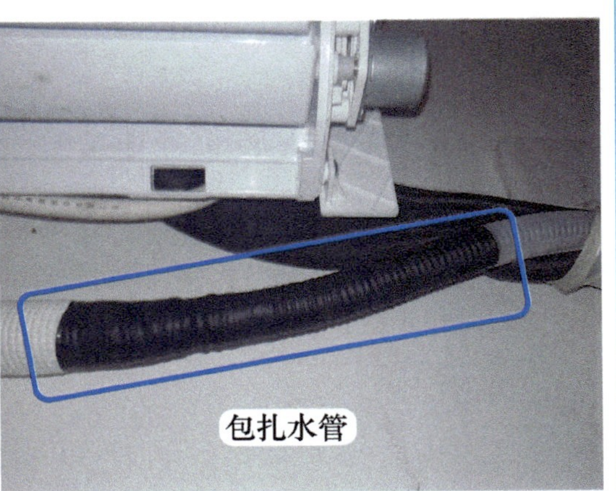

图 5-14 水管漏水和包扎水管

7. 接水盘裂纹

格力 KFR-26GW/（26583）FNAa-A3 挂式直流变频空调器，用户反映开机一段时间后室内机漏水。

上门检查，用户正在以制冷模式使用空调器，室内机有水滴慢慢滴下，到室外侧查看，加长水管管口也有冷凝水滴下且速度较快，使用饮料瓶向蒸发器内倒水时（包括蒸发器后部对应的副接水盘），也能顺利流出，检查室内机安装水平，且连接管道坡度逐步向下，排除加长水管的水路故障。取下室内机外壳，仔细查找漏水源头，见图 5-15，原来为接水盘右侧有裂纹导致（此机接水盘和室内机底座为一体）。

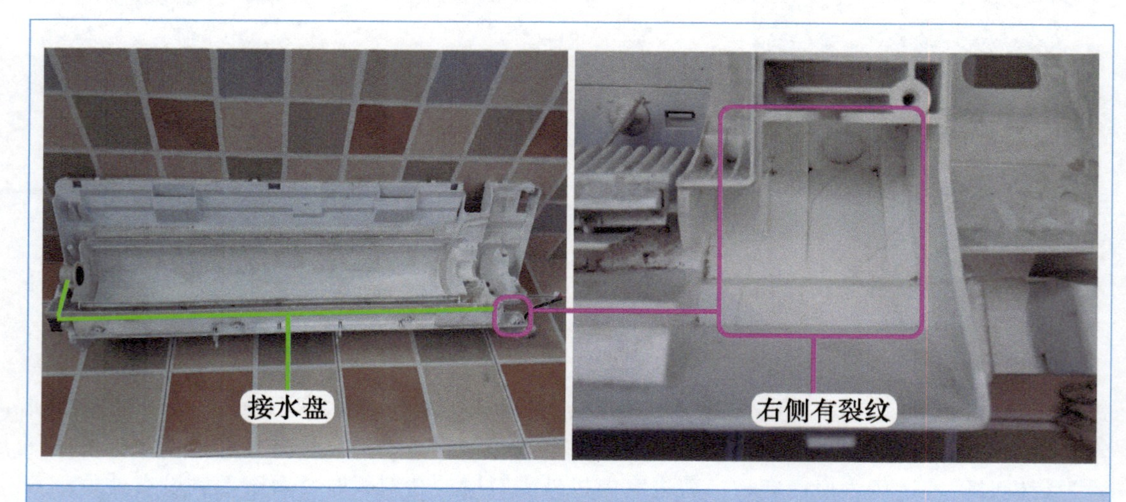

图 5-15　接水盘有裂纹

由于是在保修期内的空调器，申请同型号的室内机底座，库房没有配件，从厂家配送过来需要很长的时间，而用户又着急使用空调器，见图 5-16，维修时使用热熔胶涂抹在裂纹的正面和反面，经试水正常后安装底座，长时间开机运行正常，漏水故障被排除。

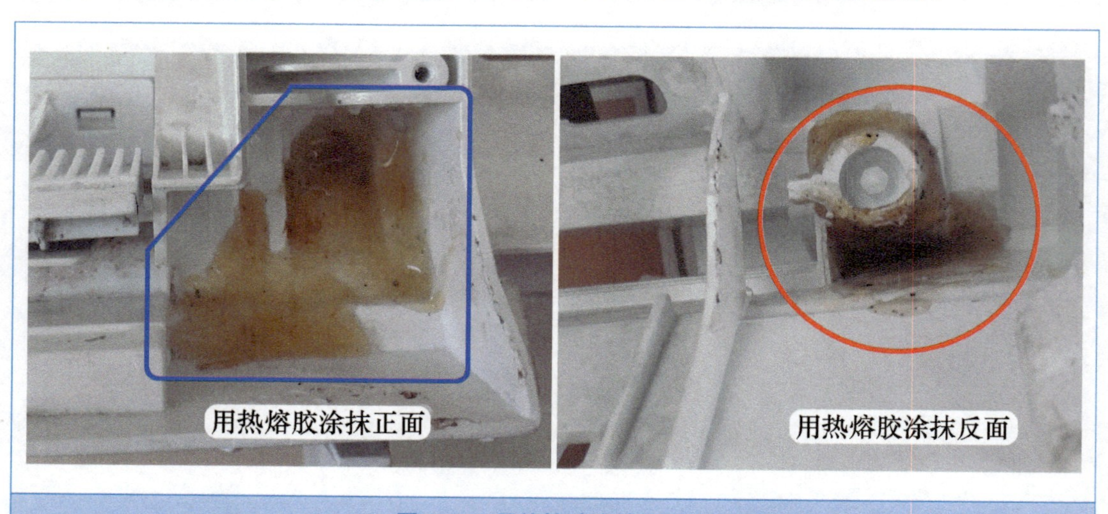

图 5-16　用热熔胶涂抹接水盘

二、贯流风扇有裂纹，室内机噪声大

➡ 故障说明：格力 KFR-32GW/（32561）FNCa-2 挂式变频空调器（U 雅），用户反映制冷正常，但开机时室内机噪声大。

1. 室内机噪声大和手摸振动大

上门检查，使用遥控器开机，室内风机运行，见图 5-17 左图，但随之噪声逐渐变大，不是正常的风声，而是类似于“嗡嗡”的声音。

见图 5-17 右图，将手放在室内机出风口位置，感觉吹出风的温度比较凉，说明制冷正常；但同时感觉振动很大，正常情况下手摸室内机应比较平稳，只有微微的振动。

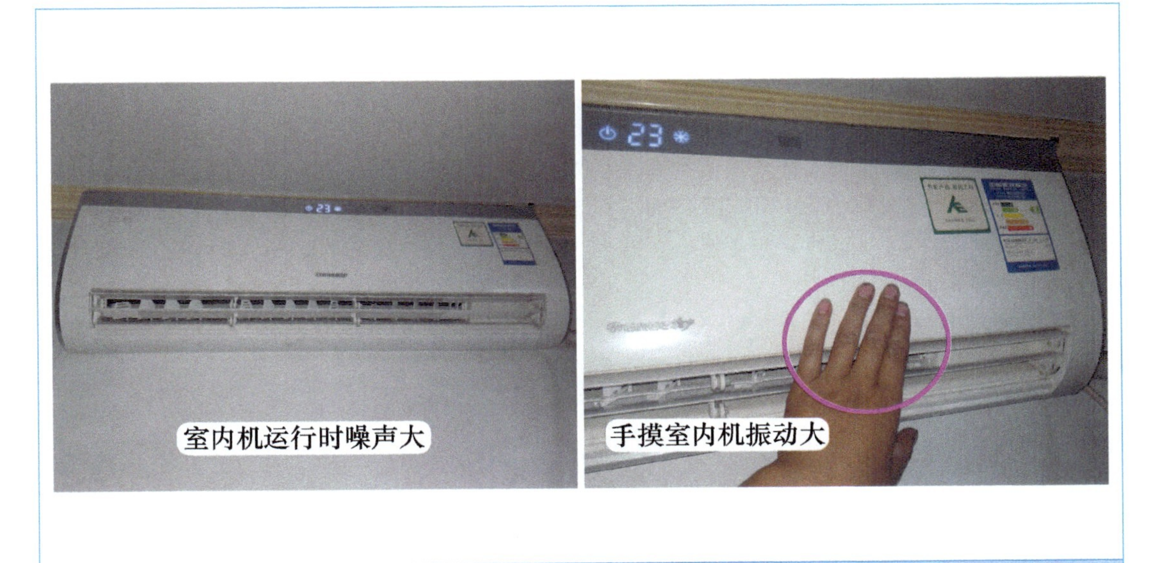

图 5-17 室内机噪声和振动大

2. 贯流风扇断片

室内风机运行后噪声大有可能为变压器或室内风机引起，但振动变大则通常为室内风扇（贯流风扇）的翅片断裂，重心不在同一直线（即一侧较重，另一侧较轻），贯流风扇旋转时振动变大，同时噪声也变大。

使用遥控器关机，室内风机停止运行，将手从出风口伸入，慢慢拨动贯流风扇，见图 5-18，发现贯流风扇偏左位置的翅片断裂。经询问用户得知，在空调器正在运行时，用户准备清洗过滤网，用手扳开前面板的过程中，由于方法不对，手指伸入出风口并碰到正在旋转的贯流风扇，从出风口落下几个翅片，此后室内机的噪声和振动均变大。

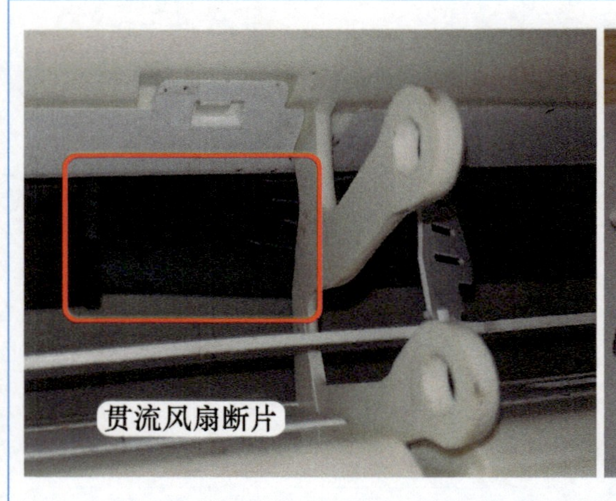

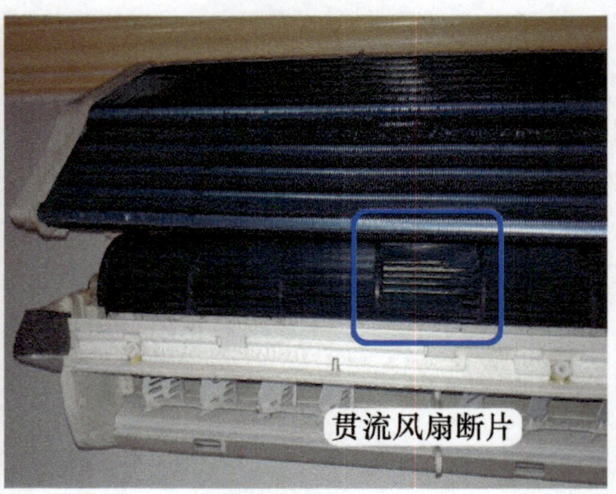

图 5-18　贯流风扇断片

3. 配件贯流风扇

断开空调器电源，取下室内机外壳和右侧电控盒，再取下蒸发器的固定螺钉，向上掀起蒸发器，松开贯流风扇的固定螺钉后，抽出贯流风扇，见图 5-19 左图，查看左侧第 4 节（轮）的翅片连续断裂 9 片，而另一侧正常，使得贯流风扇的平衡性被破坏，运行时重心不稳引起室内机振动变大。

根据室内机的型号，申请同型号的贯流风扇，见图 5-19 右图，主要参数是配件的长度和直径，要与原贯流风扇相同，否则不能安装至室内机。

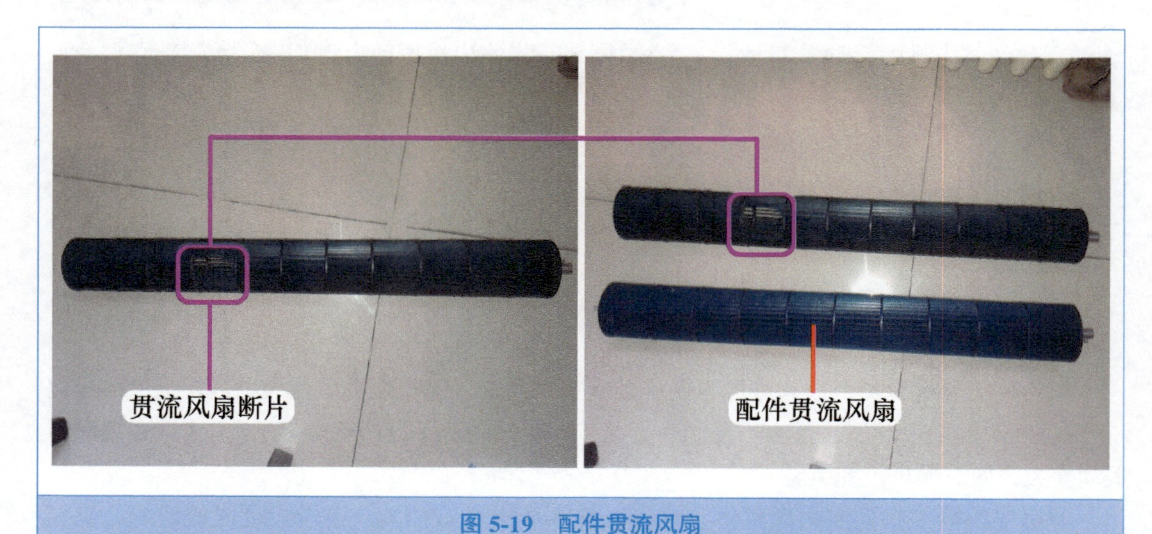

图 5-19　配件贯流风扇

4. 安装和试机

见图 5-20，将配件贯流风扇安装至室内机，调整左右位置后拧紧固定螺钉，再安装蒸发器和电控盒，将空调器上电试机，室内风机运行驱动贯流风扇旋转，出风口只有风声，没有其他的噪声，手摸蒸发器感觉振动很小，说明故障已被排除，然后依次安装室内机外壳和过滤网后再次试机正常。

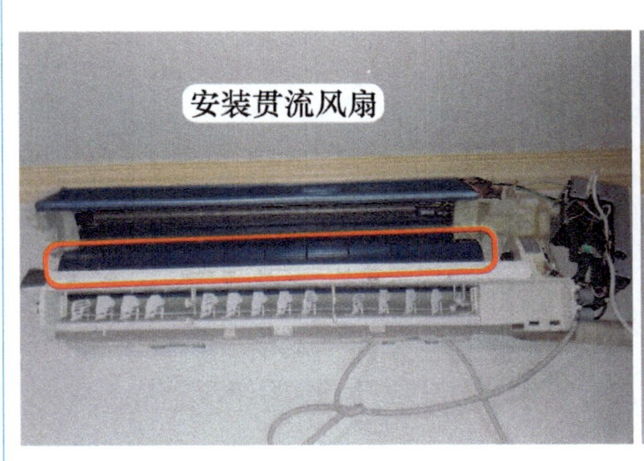

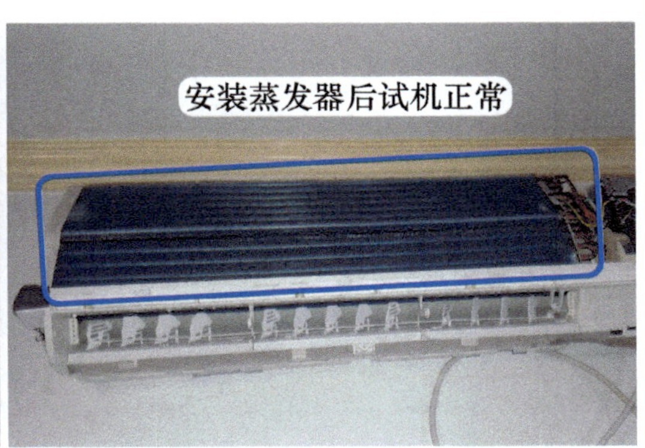

图 5-20 安装和试机

➡ 维修措施：更换贯流风扇。

总 结：

① 本例贯流风扇翅片断裂，引起室内机噪声和振动均变大，故障出现在家庭客户较少，常见于宾馆或者酒店，通常为住户在出风口的位置挂衣服时，晾衣架碰到正在运行的贯流风扇，引起翅片断裂，出现本例故障。

② 假如断裂的翅片不能全部落下或者有部分留在原位，通常会卡住贯流风扇不能运行，再次开机约 1min 后显示屏显示 E6（格力空调器此代码的含义为无室内机电机反馈）或 E3（美的空调器此代码的含义为室内风机失速故障）等室内风机运行不正常的代码。

第二节 通风系统故障

一、出风口有遮挡，制冷效果差

➡ 故障说明：格力 KFR-32GW/（32583）FNAa-A2 挂式全直流变频空调器（冷静王 - Ⅱ），用户反映制冷效果差。

1. 二通阀、三通阀冰凉和运行压力低

上门检查，将遥控器设定温度为 16℃后再上电开机，室外风机和压缩机均起动运行，见图 5-21 左图，约 10min 后手摸二通阀、三通阀感觉冰凉。

在三通阀检修口接上压力表，测量系统运行压力，见图 5-21 右图，实测约为 0.7MPa，略低于正常压力值，根据二通阀、三通阀均冰凉和运行压力略低，判断室内机通风系统出现故障。

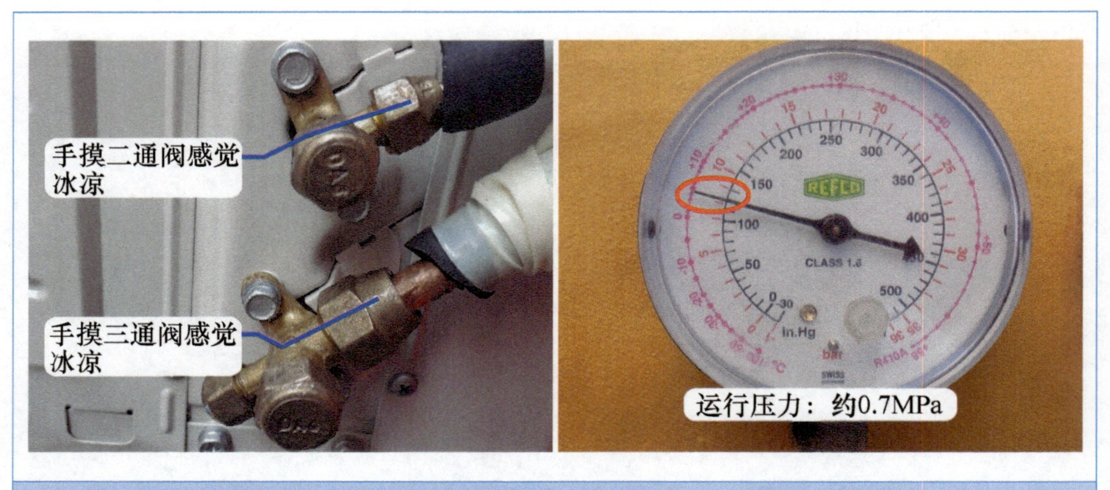

图 5-21　二通阀、三通阀冰凉和运行压力较低

2. 使用检测仪检测代码

格力变频空调器设计有检测电控数据的专用检测仪套装，见图 5-22 左图，主要由检测仪主机和连接线组成。检测仪主机正面为显示屏，右侧设有 3 个按键（确认、翻页、返回）。

断开空调器电源，见图 5-22 中图和右图，将检测仪 3 根连接线中的 1 号蓝线接入 N(1) 号端子，2 号黑线接入 2 号端子，3 号棕线接入 3 号端子，检测仪通过连接线并联在电控系统。

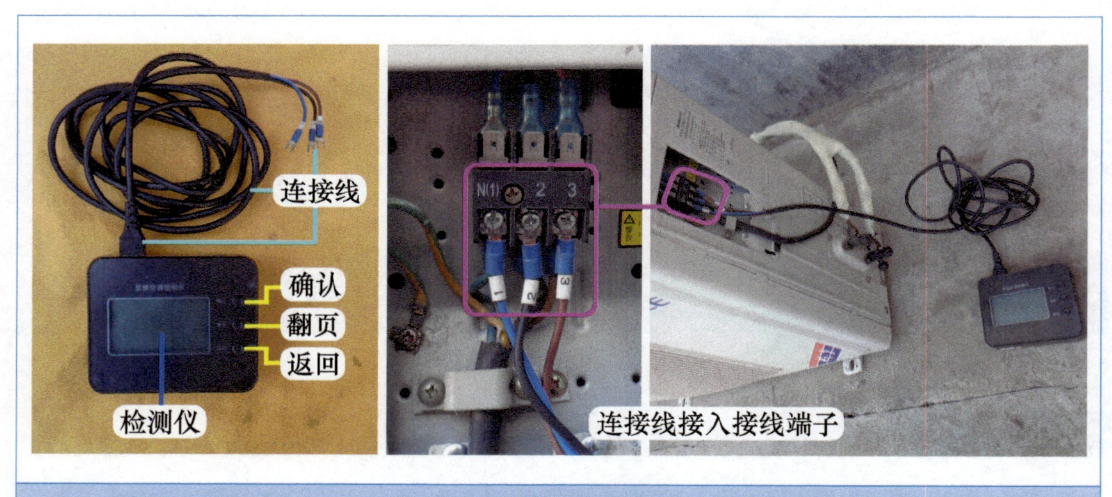

图 5-22　检测仪和安装连接线

3. 查看检测仪数据和室内机出风口

再次上电开机，查看检测仪显示屏点亮，说明室内机主板已向室外机输出供电。检测仪待机界面显示共有 4 项功能，选择第 1 项数据监控，按确认键后显示：信息检测中，请不要进行按键操作。在通信电路正常运行时约 5s 后检测仪即可显示电控系统数据，见图 5-23 左图，运行一段时间后查看内管温度（室内管温传感器）为 4℃，蒸发器温度很低，也说明室内机通风系统有故障，查看内环温度（室内环温传感器）为 20℃，数值明显低于房间实际温度。

查看室内机，用户为了防止出风口吹出的凉风直吹人体，见图 5-23 右图，在出风口部位安装了一块体积较大（长度长于室内机、宽度较宽）的挡风板。

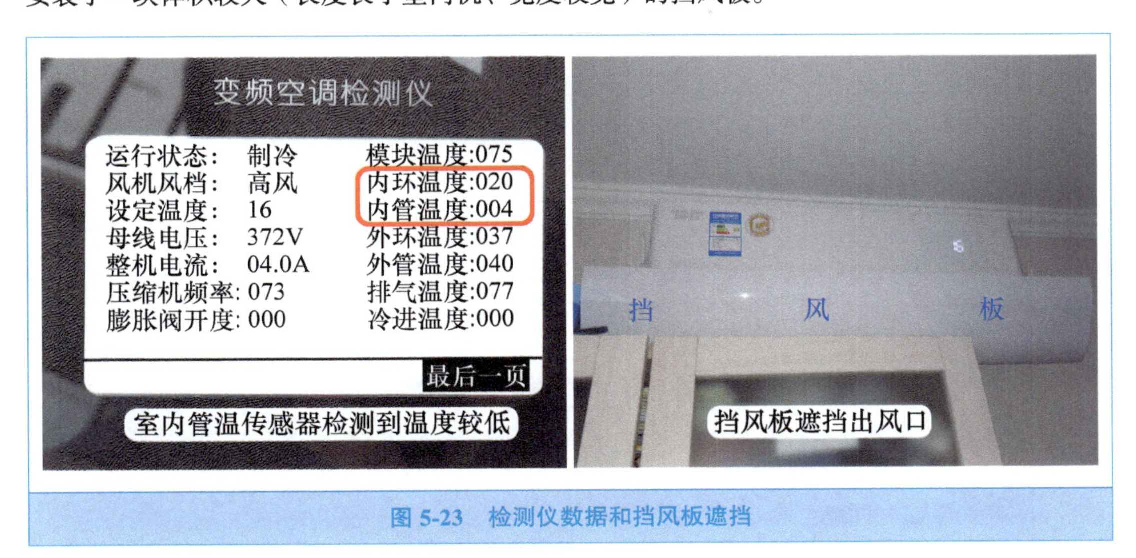

图 5-23 检测仪数据和挡风板遮挡

4. 感觉出风口和挡风板风量

将手放在室内机出风口位置，见图 5-24 左图，感觉温度较低且风量很强，排除室内风机转速慢和过滤网脏堵故障。

再将手放在挡风板上方和下方位置，见图 5-24 右图，感觉温度较低但风量很弱，说明挡风板阻挡了很大部分的风量，使得室内机吹出的冷风不能送到房间里面，只在室内机附近循环，顶部进风口的温度较低，因而蒸发器温度也很低，室内环温传感器检测到的房间温度也较低。

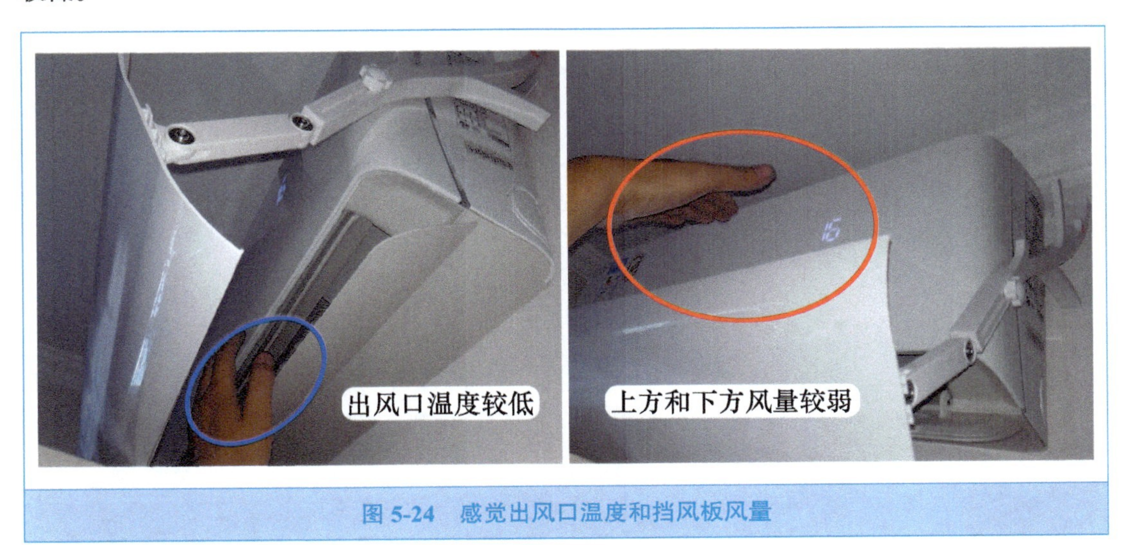

图 5-24 感觉出风口温度和挡风板风量

5. 扳开挡风板和感觉出风口温度

查看挡风板连杆设有角度调节螺钉，见图 5-25 左图，松开螺钉后向下扳动挡风板，角度位于最下方即水平朝下，使挡风板不起作用，室内机出风口吹出的风直接送至房间内。

再将手放在出风口位置，见图 5-25 右图，感觉温度较低，但风量较强，说明通风系统已经恢复正常。

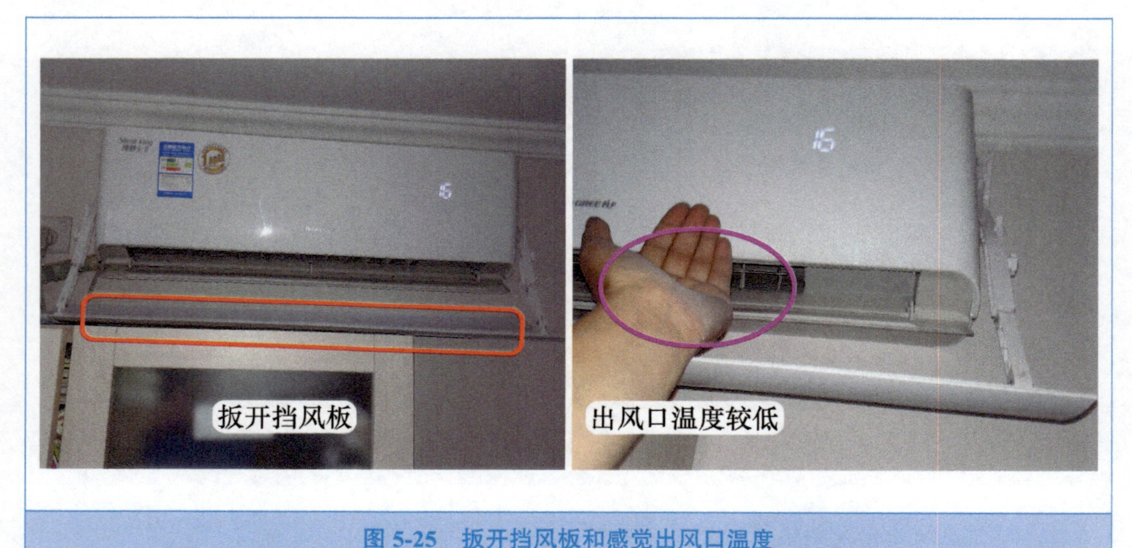

图 5-25　扳开挡风板和感觉出风口温度

6. 查看运行压力和检测仪数据

再检查室外机，见图 5-26 左图，查看运行压力约为 0.95MPa，较扳开挡风板之前略微上升，手摸二通阀和三通阀感觉均较凉（不是冰凉的感觉）。

约 3min 后查看检测仪数据，见图 5-26 右图，内管温度为 9℃，蒸发器温度已经上升，说明由于通风量变大，蒸发器和房间空气的热交换量也明显变大，即蒸发器产生的冷量已经输送至房间内；查看内环温度为 28℃，和实际温度相接近；运行一段时间后，房间的实际温度明显下降，制冷恢复正常。

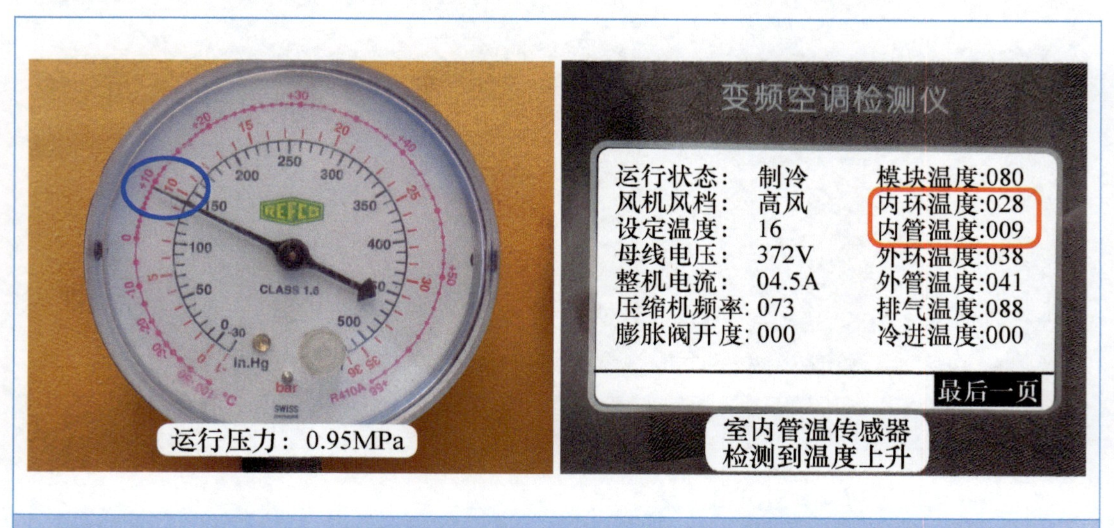

图 5-26　运行压力和检测仪数据

➡ 维修措施：使用时如感觉房间温度下降速度慢，可调整挡风板角度使通风顺畅或直接取下挡风板。

总　结：

① 本例用户加装防止直吹人体的挡风板，使得出风口吹出的冷风一部分以较弱的风量送至房间内，用户感觉房间温度下降较慢，制冷效果差；那是因为吹出的冷风一部分又被进风口吸回重新循环，造成冷风短路，因而检测仪显示内环温度和内管温度数值均较低，同时由于蒸发器温度较低，二通阀、三通阀温度较低、系统运行压力也下降。如果长时间运行，室内机 CPU 检测到蒸发器温度一直较低，程序会进入“制冷防结冰”保护，压缩机会降频或限频运行。

② 如果过滤网脏堵，故障现象和本例相似，主要表现为房间温度下降速度慢，二通阀、三通阀温度较低、运行压力和蒸发器温度均较低等。

二、贯流风扇脏堵，制冷效果差

➡ 故障说明：格力 KFR-26GW/（26556）FNDc-3 挂式直流变频空调器（凉之静），用户反映制冷效果差。

1. 测量压力和手摸二通阀、三通阀

上门检查，用户正在使用空调器，检查室外机，室外风机和压缩机均在运行，见图 5-27 左图，用手摸二通阀感觉冰凉，手摸三通阀感觉也冰凉，说明制冷系统基本正常。

在三通阀检修口接上压力表，测量系统运行压力，见图 5-27 右图，实测约为 0.75MPa，稍微低于正常值，用户反映前一段时间刚加过制冷剂（R410A），根据二通阀、三通阀温度均较低、运行压力稍低，应检查室内机通风系统。

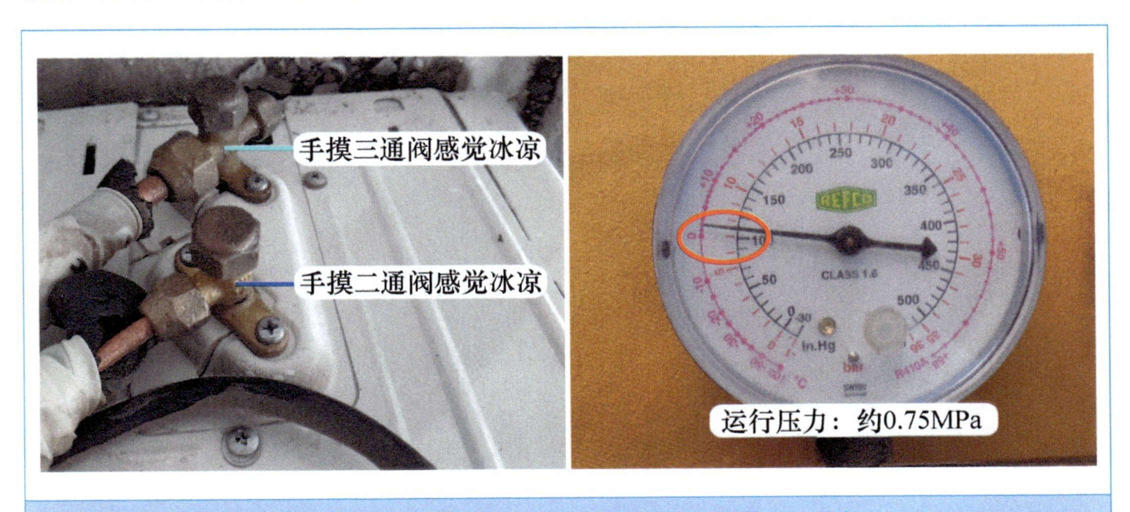

图 5-27　手摸二通阀、三通阀感觉冰凉和测量运行压力

2. 检查出风口温度

检查室内机，掀开前面板首先查看过滤网，发现表面很干净无脏堵现象（用户刚清洗

过），用手摸蒸发器感觉很凉，也说明制冷系统正常。

将手放在出风口感觉温度较低但风量较弱，同时能听到明显“呼呼”的风声，见图5-28，感觉左侧和中部的出风口风量较弱（风量小）、右侧的出风口风量稍微强一些（风量变大），并且将手放在出风口左侧位置时，还能感觉到吹出的风时有时无，判断系统运行压力低和制冷效果差均由出风口风量弱引起。

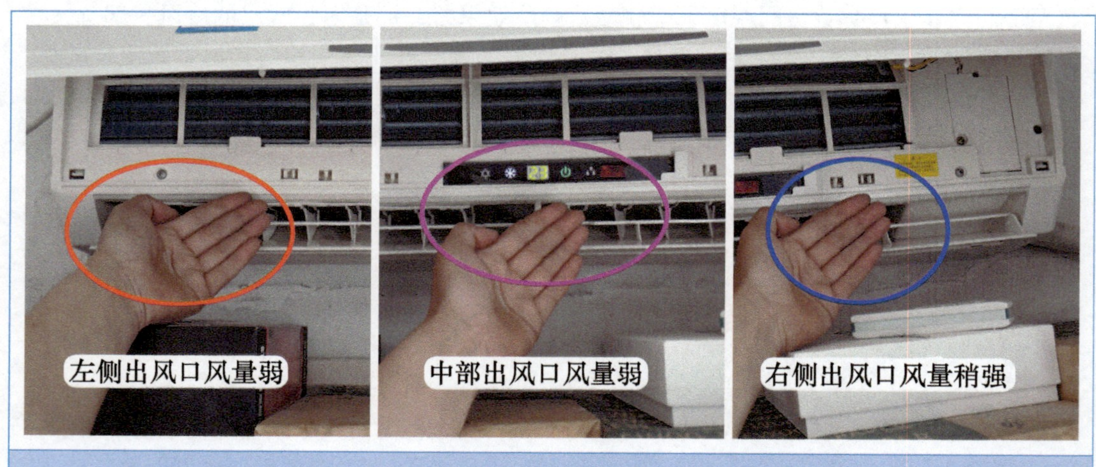

图 5-28　检查出风口温度

3. 贯流风扇毛絮较多

风量弱常见原因为室内风机转速慢、贯流风扇（室内风扇）或蒸发器脏堵，查看遥控器设定模式为制冷、温度为20℃、风速为高速，说明设定正确。

根据出风口有“呼呼”的风声和在左侧感觉风量时有时无，应检查贯流风扇是否脏堵，使用遥控器关机，取下出风口导风板，待室内风机停止运行后，从出风口向里查看并慢慢拨动贯流风扇，见图5-29，发现贯流风扇左侧毛絮较多，但右侧毛絮相对较少，说明贯流风扇脏堵，简单应急的维修方法是用牙刷从出风口伸入，刷掉表面毛絮，但这样清洗不彻底，出风口的风量相对于出厂时依旧偏弱；根治的方法相对比较复杂，即取出贯流风扇，使用高压水泵清洗或直接更换，本例选择使用高压水泵清洗。

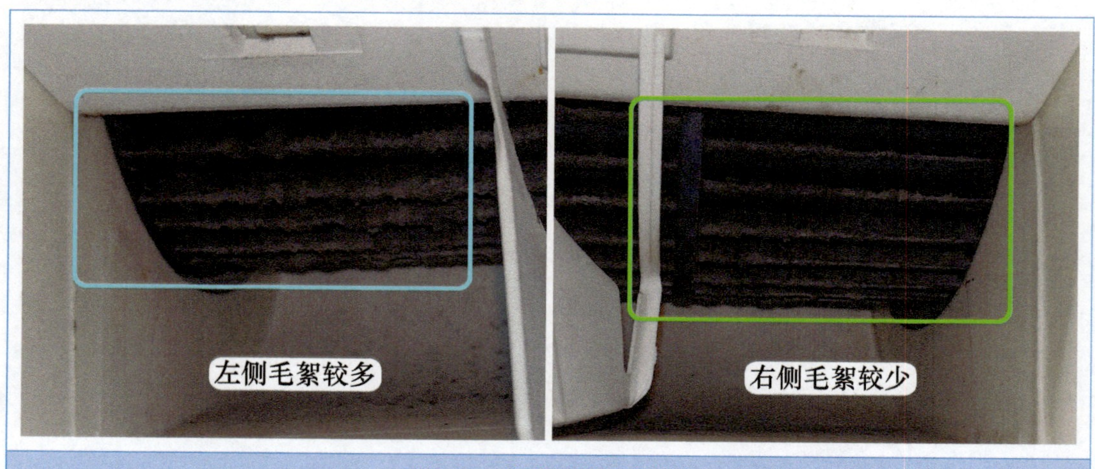

图 5-29　贯流风扇毛絮较多

4. 取出贯流风扇步骤

首先拔下空调器电源插头，见图 5-30 左图，松开固定螺钉后取下室内机外壳，再拔下室内机主板上辅助电加热对接插头、室内风机线圈供电和霍尔反馈等插头，然后取下电控盒。

取下室内风机盖板的固定螺钉，再取下蒸发器左侧和右侧的螺钉，见图 5-30 右图，两侧同时向上掀起蒸发器。

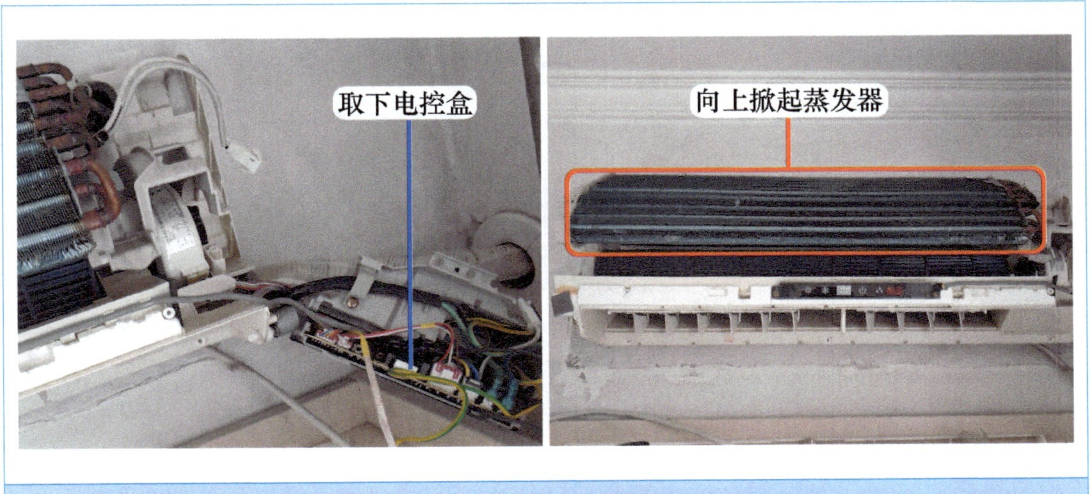

图 5-30　取下电控盒和掀起蒸发器

见图 5-31，松开室内风机和贯流风扇的固定螺钉，取下室内风机，再用手扶住贯流风扇向右侧移动直至取出。

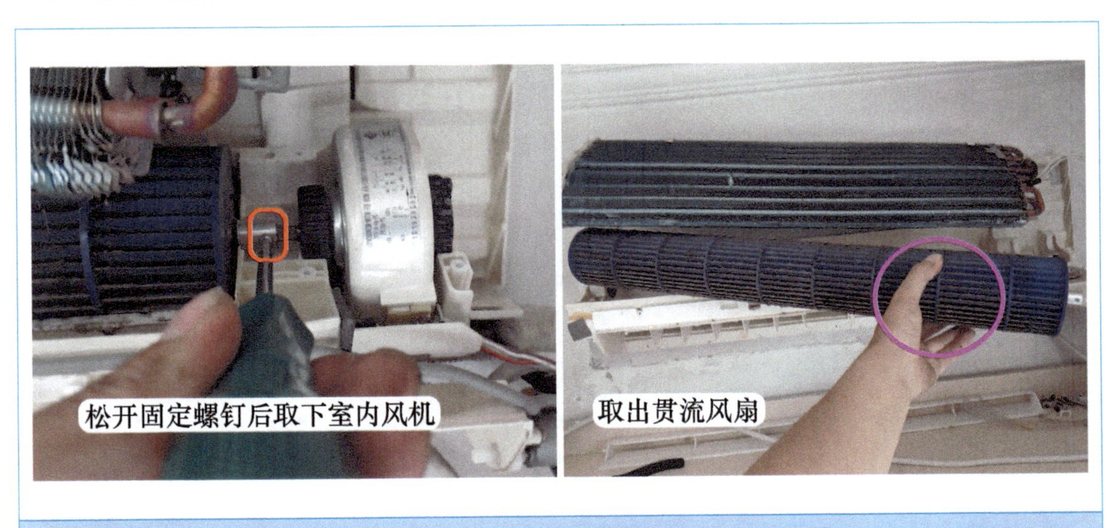

图 5-31　松开螺钉和取出贯流风扇

5. 用高压水泵清洗

将取下的贯流风扇放在地面，见图 5-32 左图，发现表面毛絮较多，尤其是左侧部位，毛絮堵塞了翅片间隙。

为防止压力过高冲断翅片，将高压水泵通上电源，水枪出水口调成雾状，见图 5-32 右图，仔细清洗贯流风扇，以清除毛絮。

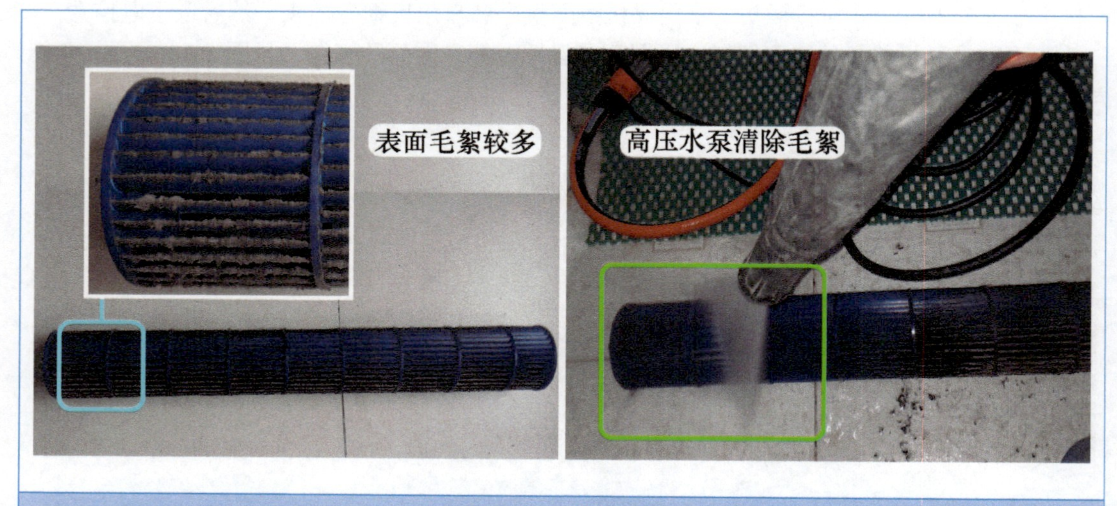

图 5-32　清除毛絮

6. 清洗完成和安装试机

使用高压水泵清洗干净后，将贯流风扇垂直放置约 1min，再使劲甩几下，使其表面附着的水分尽可能流出来。放置地面上查看，见图 5-33 左图，表面干净没有毛絮堵塞翅片。

将贯流风扇安装在室内机底座上面，再依次安装室内风机、室内风机盖板、固定蒸发器、电控盒、室内机主板拔下的插头。再找一条毛巾，见图 5-33 右图，遮挡住出风口，这样可防止贯流风扇残留的水分在高速运行时吹出、落在房间内。使用遥控器开机，室内风机运行，待约 30s 后取下毛巾，将手放在出风口，感觉风量明显变强，吹出的风比清洗前距离远（说明风量变大），并且左侧和右侧相同，待运行一段时间后，查看系统运行压力约为 0.9MPa，同时房间温度也迅速下降，说明制冷恢复正常。

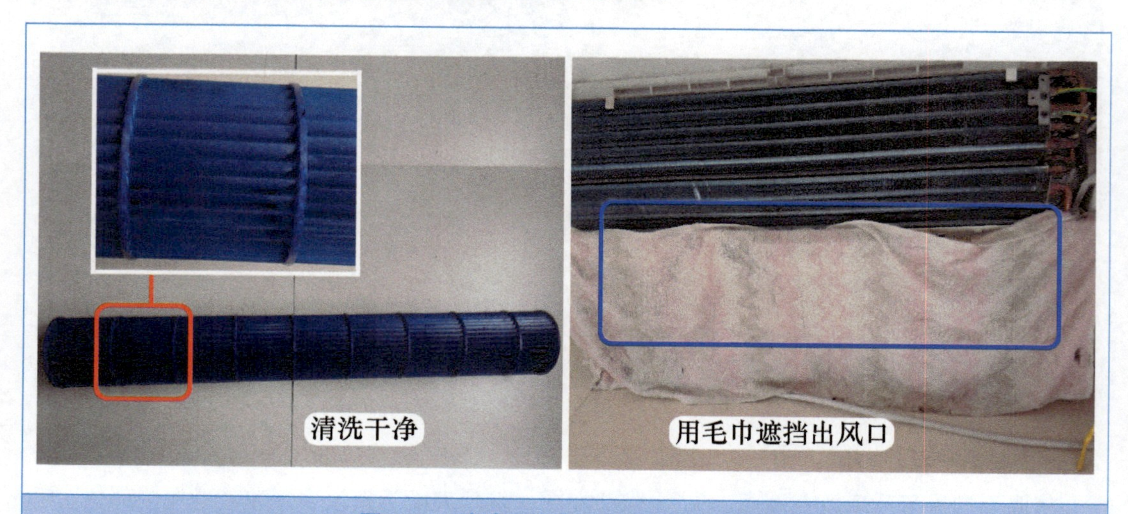

图 5-33　清洗干净和用毛巾遮挡出风口

➡ 维修措施：使用高压水泵清洗贯流风扇。

总 结：

① 本例由于毛絮等脏物堵塞贯流风扇间隙，使通风量下降，制冷时蒸发器产生的冷量不能及时输送至房间内，蒸发器温度较低，使得二通阀和三通阀的温度均较低；同时房间内温度下降较慢，用户感觉为制冷效果差；如果长时间运行，室内机 CPU 检测蒸发器温度一直较低，将进入“制冷防结冰”保护模式，压缩机将降频或限频运行。

② 贯流风扇脏堵时，比较明显的现象为室内机出风口有“呼呼”声，将手放在出风口时感觉风量明显变弱且时有时无。

三、冷凝器脏堵，制冷效果差

➡ 故障说明：格力 KFR-35GW/（35557）FNDe-A3 挂式变频空调器（凉之静），用户反映室外温度 30℃时制冷效果还可以，最近室外温度较高（约 35℃），感觉制冷效果差，长时间开机房间温度下降较慢。

1. 感觉室内机出风口温度和测量压力

上门检查，用户正在使用空调器，查看遥控器设定为制冷模式、温度为 16℃，但房间温度感觉较高。见图 5-34 左图，将手放在室内机出风口，感觉吹出的风量很大，但温度较高，只是略低于房间温度。掀开前面板，查看过滤网干净，取出过滤网后将手放在蒸发器表面，感觉温度也不是很低，只是低于房间温度，说明制冷系统有故障。

检查室外机，在三通阀检修口接上压力表测量系统运行压力，见图 5-34 右图，实测约为 1.2MPa，明显高于正常值，手摸二通阀感觉接近常温而三通阀较凉。

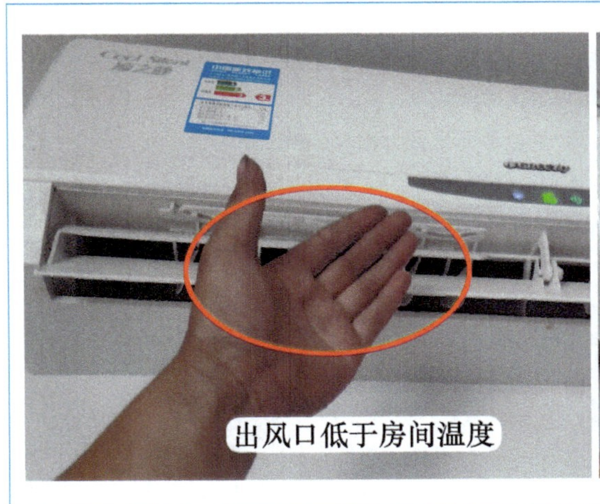

图 5-34 感觉出风口温度和运行压力

2. 测量电流和感觉室外机出风口温度

使用万用表交流电流档，见图 5-35 左图，钳头卡在接线端子上 3 号棕线测量室外机电流，实测约为 4.9A，明显低于正常值。

运行压力高、运行电流低、制冷效果差，说明压缩机未高频运行，处于限频状态。常见原因有冷凝器温度较高、运行电流较大、电源电压低等，本例使用万用表交流电压档，测量 N（1）号和 3 号端子电压为交流 225V，排除电源电压低的故障。见图 5-35 右图，将手放在室外机出风口，从上到下感觉温度均较高，说明为冷凝器温度较高导致压缩机限频，常见原因为冷凝器脏堵、室外风机转速慢等。

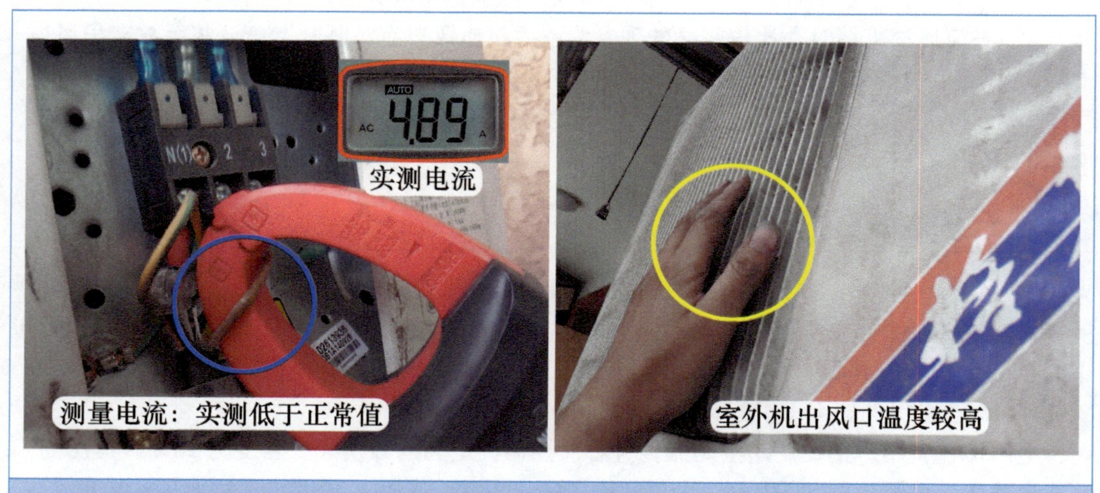

图 5-35　测量电流和感觉出风口温度

3. 冷凝器脏堵和清除毛絮

查看冷凝器进风面即室外机背面和侧面，见图 5-36 左图，发现毛絮将冷凝器堵死，从外面已经看不到翅片，说明故障为冷凝器脏堵。

使用遥控器关机，断开空调器电源，见图 5-36 右图，使用毛刷由上到下轻轻刷掉表面的毛絮，背面刷干净后再慢慢刷掉侧面的毛絮，使冷凝器整个进风面均无毛絮。

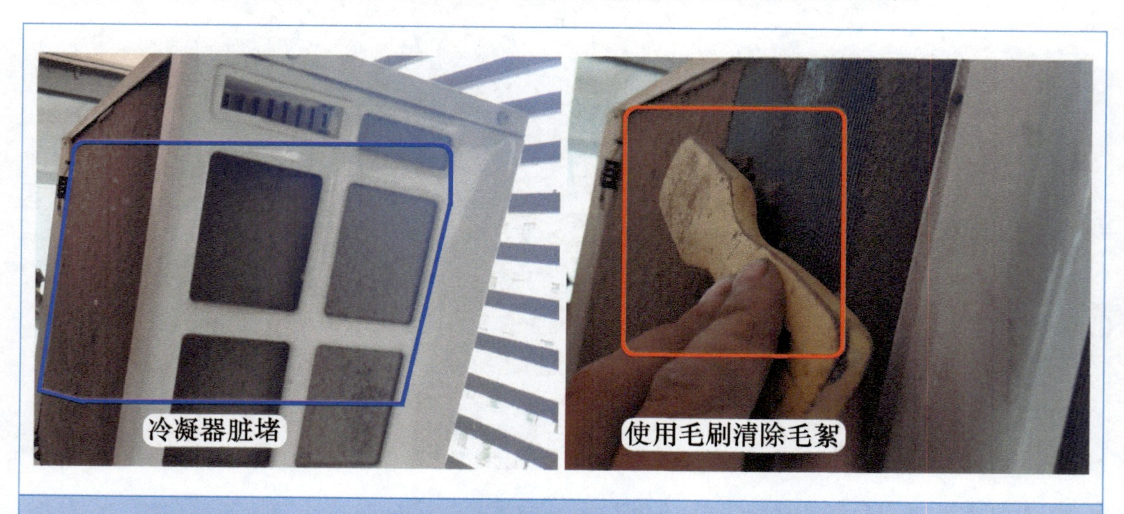

图 5-36　冷凝器脏堵和清除毛絮

4. 用高压水泵和清洗冷凝器

表面毛絮清洗干净后，冷凝器翅片内尘土也会阻挡散热，使得制冷效果下降，彻底的清洗方法是使用洗车用的高压水泵，见图 5-37 左图，进水管放入水桶或水盆，高压水泵运行后，在出水管连接的水枪口处产生约 7.5MPa 的高压压力，以清洗翅片。

将水枪口出水调成雾状，见图 5-37 中图和右图，仔细清洗冷凝器进风面即室外机侧面和背面，清洗时将水枪口从上到下顺着翅片清洗，防止冲倒翅片，或者高压水雾进入室外机电控系统引起短路。

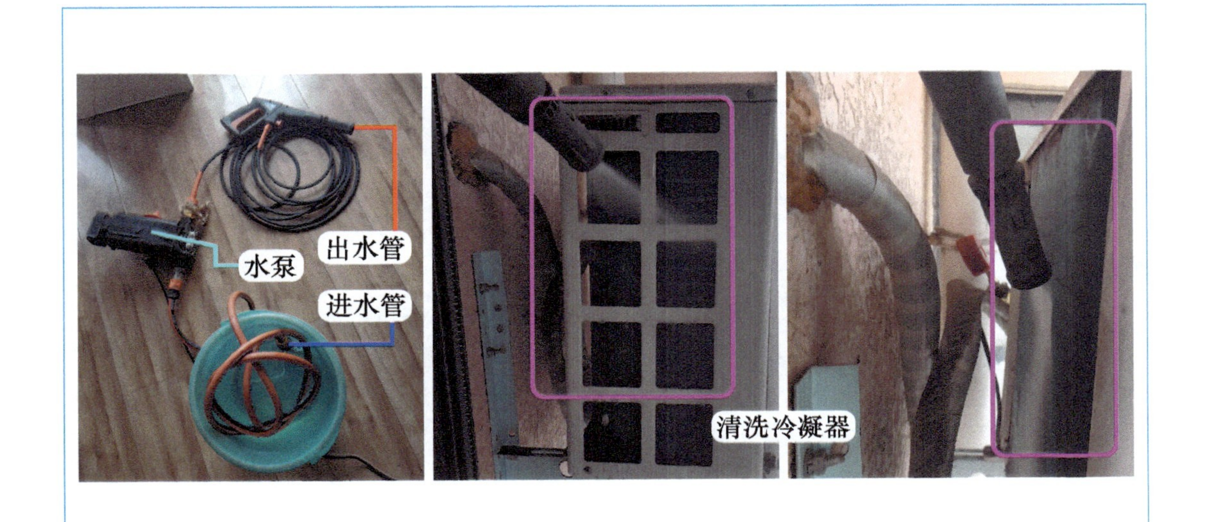

图 5-37 高压水泵和清洗冷凝器

5. 查看系统压力和检测仪数据

冲洗完待 3min 左右，使冷凝器的水分充分地流出来。在室外机接线端子上接上格力变频空调器专用检测仪，再将空调器上电开机，见图 5-38 左图，约 10min 后查看系统运行压力约为 0.95MPa，室外机电流约为 6.5A，手摸二通阀和三通阀感觉均较凉，室外机出风口温度上部热、下部略高于室外温度，检查室内机，手摸蒸发器全部均较凉，出风口也较凉，房间温度也明显下降，说明故障已被排除。

查看检测仪数据，见图 5-38 右图，压缩机频率为 82Hz，说明在高频运行，蒸发器温度（内管温度）为 10℃，说明制冷正常，冷凝器温度（外管温度）为 38℃，在正常范围内，略高于室外环温（外环温度）33℃说明散热很好，从数据也说明空调器制冷恢复正常。

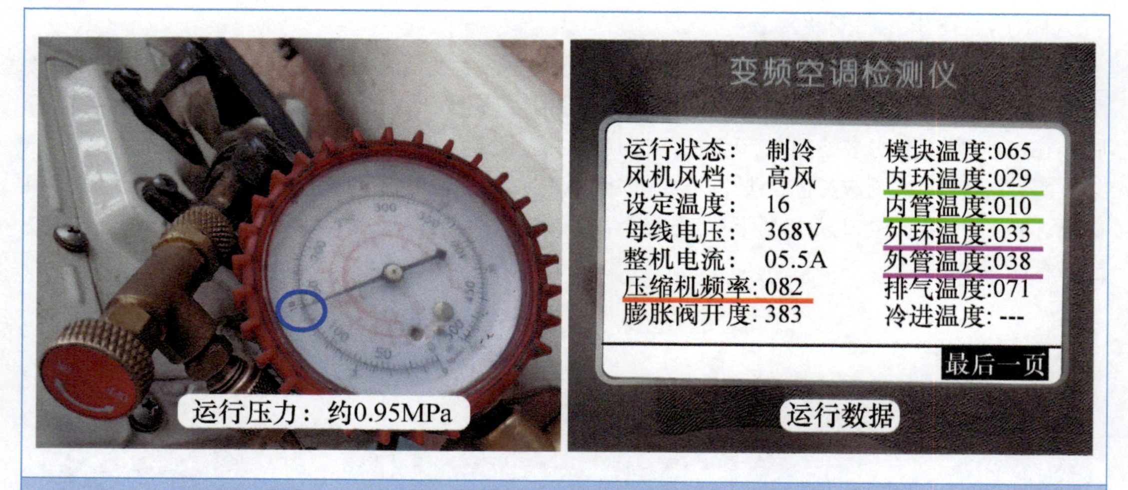

图 5-38　查看运行压力和检测仪数据

➡ **维修措施：** 使用毛刷清除毛絮后再使用高压水泵清洗冷凝器。

总　结：

① 本例为毛絮堵死室外机冷凝器翅片，室外风扇运行时通风不畅，冷凝器的热量不能及时散热，造成冷凝器温度较高，室外机 CPU 通过室外管温传感器（外管温度）检测到后驱动压缩机低频运行，以防止过载而损坏压缩机，制冷效果明显变差。本例中如果冷凝器温度再上升或运行时间较长，室外机 CPU 判断为过负荷保护，室内机显示屏显示 H4 代码。

② 清洗冷凝器翅片时要将高压水泵的水枪出水口调成雾状，一定不要调成点状（出水为直线），因为压力特别高，水所到之处会直接冲倒翅片。

第六章 Chapter 6

变频空调器制冷系统和开关管故障

第一节　制冷系统故障

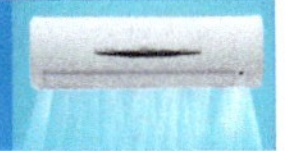

一、细管接口制冷剂泄漏，格力空调器显示 F0 代码

➡ 故障说明：格力 KFR-50LW/（50558）FNCg-A2 柜式直流变频空调器（王者风范），用户反映移机之前使用正常，移机约 1 个月后使用时发现不制冷，室内机吹出自然风，且运行一段时间后显示 F0 代码，见图 6-1，查看代码含义为缺制冷剂 [制冷剂（氟）泄漏] 保护。

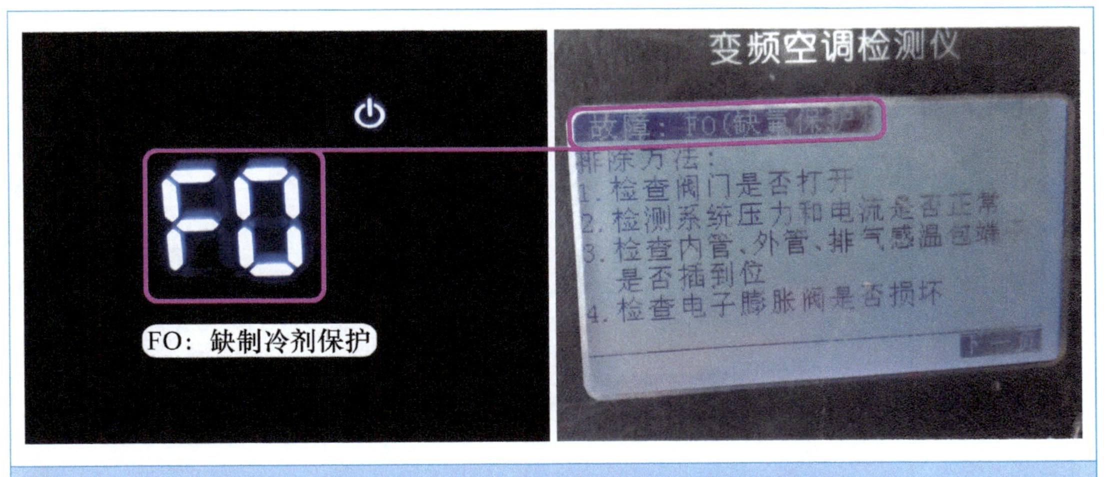

图 6-1　故障代码和检测仪显示故障排除方法

1. 测量系统静态和运行压力

首先在室外机接线端子上接上格力变频空调器专用检测仪，在三通阀检修口接上压力表，见图 6-2 左图，查看系统静态压力约为 1.3MPa。

再将空调器重新接通电源，使用遥控器开机，约 10s 时室内风机运行，约 20s 时室外风机和压缩机开始运行，见图 6-2 右图，系统压力开始下降，直至约为 0.2MPa，此时手摸二通阀感觉较凉而三通阀为常温，说明系统缺少 R410A 制冷剂。

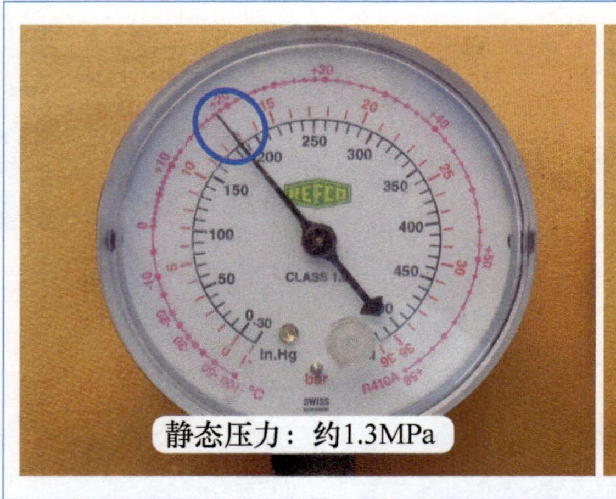

图 6-2　测量静态压力和运行压力

2. 测量室外机电流和查看检测仪数据

使用万用表交流电流档，见图 6-3 左图，钳头夹住接线端子上 3 号棕线，测量室外机电流约为 3.5A，低于正常值。

查看检测仪数据，见图 6-3 右图，内环温度（室内环温）为 26℃，但内管温度（室内管温）未下降，和室内环温相同，为 26℃，待室外机运行约 2min 后停机，室内机显示屏显示 F0 代码时，内管温度仍未下降为 26℃。说明由于系统缺制冷剂使得进入蒸发器的制冷剂较少，蒸发器（或者室内管温传感器检测部位）的温度未下降。

在室外机停机时，室外机主板的 4 个指示灯 D5、D6、D16、D30，由运行时常亮状态，转换为 D5 亮、D6 闪、D16 亮、D30 亮，但查看故障代码表没有此项含义。

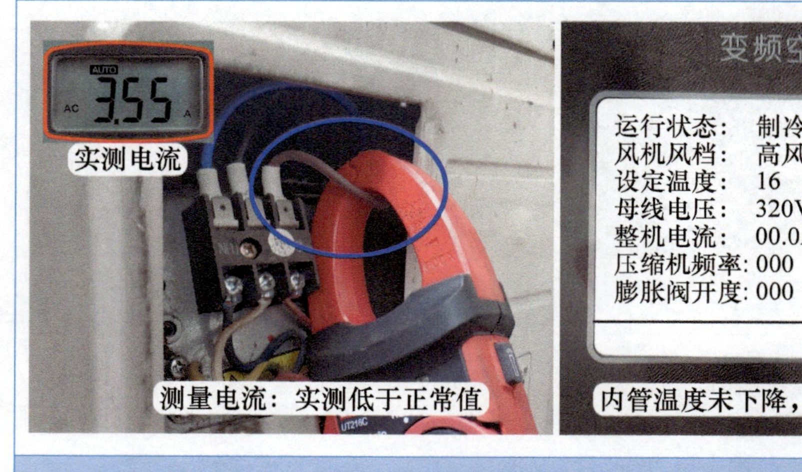

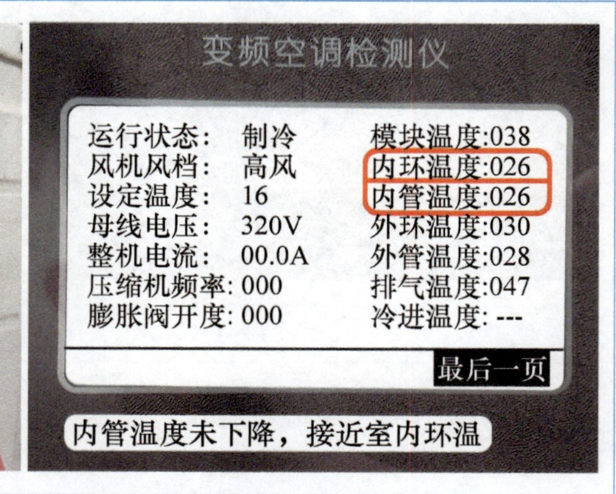

图 6-3　测量室外机电流和查看检测仪数据

3. 检查室内机接口

由于是最近移机的空调器，应首先检查室内机和室外机的接口是否有漏点。使用遥控器关机，压缩机停止运行后系统压力逐步上升，静态压力约为 1.3MPa，此时压力可用于检查漏点，找一条淋湿的毛巾，将洗洁精涂在上面，轻揉出泡沫。

首先涂在室内机粗管和细管接口，见图 6-4，查看粗管螺母正常，未见气泡冒出，但细管螺母一直有气泡冒出，说明漏点在室内机细管螺母。

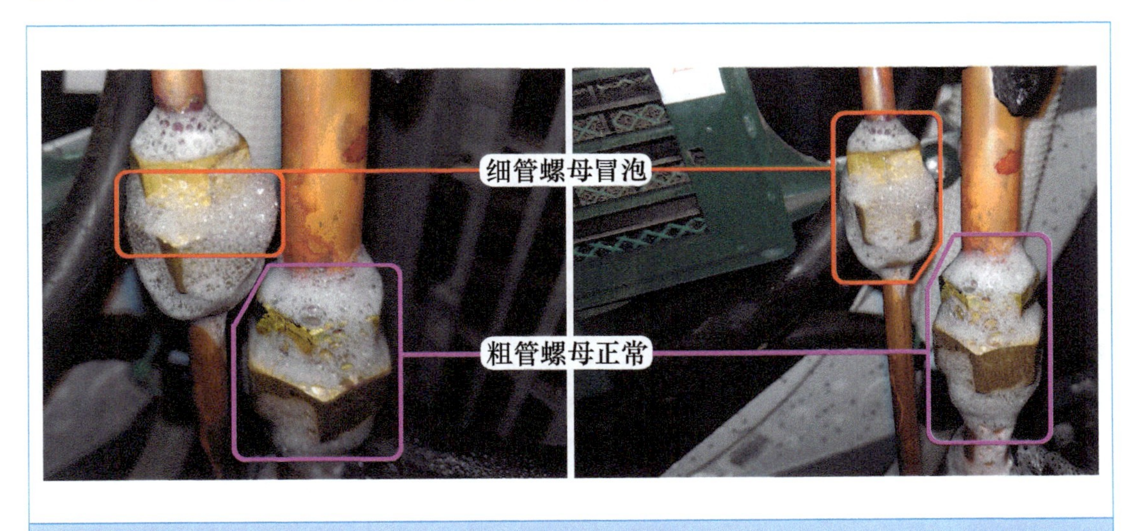

图 6-4　检查室内机接口

4. 检查室外机接口和对接螺母接口

为检查其他部位是否还有漏点，见图 6-5 左图，再将泡沫涂在室外机粗管和细管接口，查看螺母处长时间未有气泡冒出，说明室外机接口正常。

此空调器移机后室内机和室外机距离较远，加长了约 2m 的连接管道，查找原机管道和加长管道接口时，发现未使用焊炬焊接的方式连接，而是使用对接螺母，见图 6-5 右图，将泡沫涂在粗管和细管接口，查看未有气泡冒出，说明对接螺母正常，漏点只在室内机细管接口。

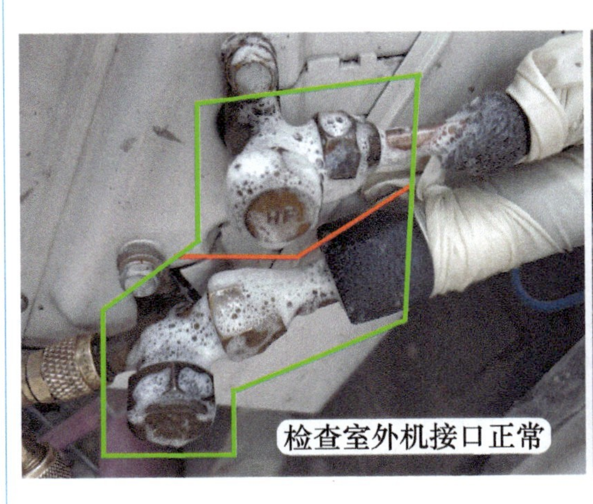

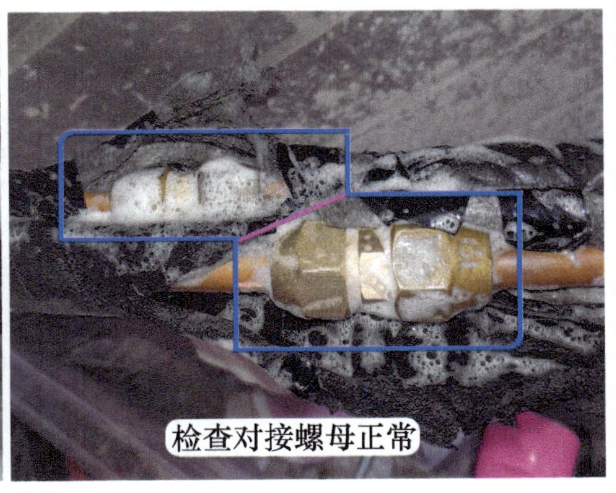

图 6-5　检查室外机接口和对接螺母接口

5. 紧固螺母和再次检漏

使用两个活扳手，见图 6-6，一个扳手卡住细管的上方快速接头而另一个扳手卡住下方螺母，用力紧固，再将泡沫涂在细管接口检查漏点，查看不再有气泡冒出，说明漏点已修复。

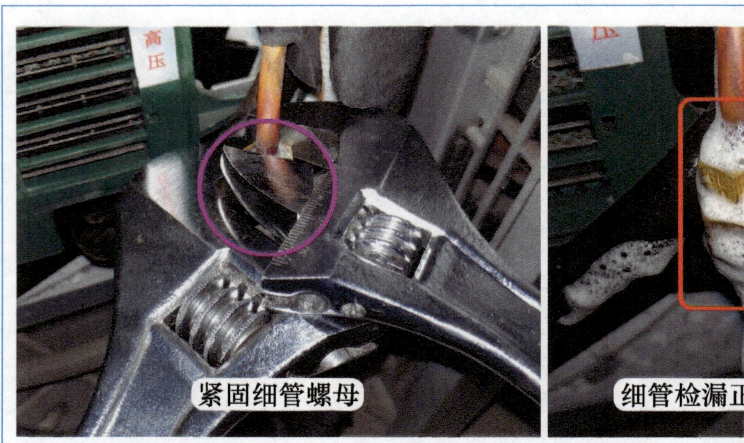

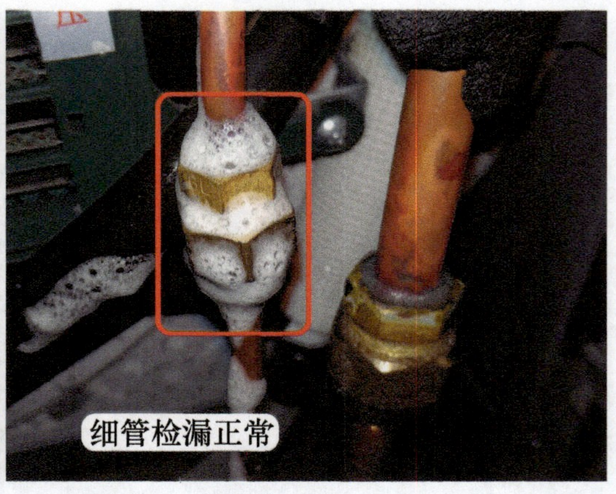

图 6-6　紧固螺母和检漏细管

➡ **维修措施：**使用扳手紧固细管螺母。由于此机的 R410A 制冷剂基本上泄漏完毕，维修时将系统剩余制冷剂全部放掉，使用真空泵抽真空后定量加注，再次上电开机，室内机出风口吹出风的温度较低，查看运行压力为 0.9MPa，运行电流为 7.9A，长时间运行不再显示 FO 代码，制冷恢复正常。

总　结：

安装人员在移机时，室内机细管螺母未紧固到位，使得制冷剂泄漏，进入蒸发器的流量变小，蒸发器温度不下降或下降较少，室内管温传感器检测温度也不下降，当运行一段时间后，本例室内机 CPU 计算室内环温减室内管温的差值为 0℃，判断制冷系统出现故障，显示 F0 代码并停止室外机进行保护。说明：室内环温减室内管温的差值刚开始运行时较小，正常运行时应大于 10℃。

二、　冷凝器铜管内漏，制冷效果差

➡ **故障说明：**海尔 KFR-35GW/02PAQ22 挂式直流变频空调器，用户刚装机不久，刚开始时制冷正常，但现在需要长时间开机房间内温度才能下降一点，说明制冷效果变差。

1. 检查室外机和室内机接口

上门检查，使用遥控器开机，室内机和室外机均开始运行，用手在室内机出风口感觉不是很凉，检查室外机，发现二通阀结霜，说明系统缺 R410A 制冷剂，在三通阀检修口接上压力表测量系统运行压力约为 0.1MPa，也说明系统缺少 R410A 制冷剂。

使用遥控器关闭空调器，压缩机停止运行，系统静态压力约为 1.5MPa 可用于检漏，见图 6-7，使用洗洁精泡沫涂在室外机二通阀和三通阀接口，查看无气泡冒出，说明无漏点；

取下室内机下部卡扣，解开包扎带，将泡沫涂在室内机粗管和细管接口，查看无气泡冒出，说明室内机无漏点；由于新装机的制冷剂泄漏故障原因通常为接口未紧固，于是使用活扳手将室内机接口和室外机接口均紧固后，用遥控器开机补加 R410A 制冷剂至 0.8MPa 时制冷恢复正常。由于此机加长有连接管道，且一个焊点位于墙壁内，告知用户如制冷效果变差将需要两个人上门维修。

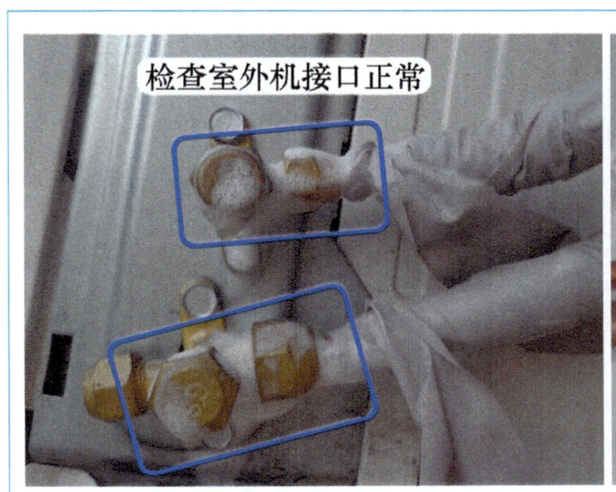

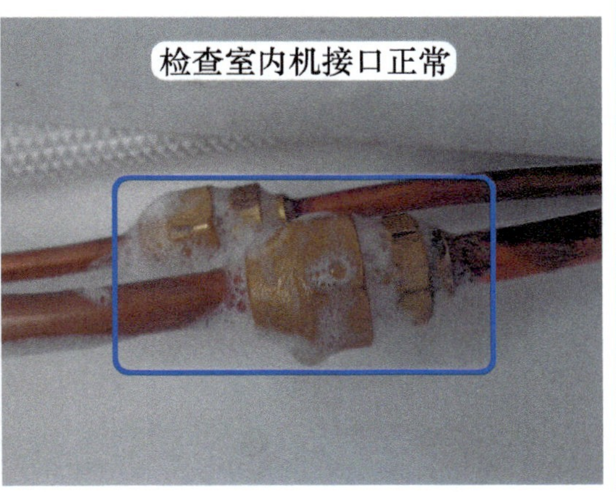

图 6-7 检查室外机和室内机接口

2. 检查加长管道接口和室内外机系统

约 15 天后，用户再次报修制冷效果差，再次上门检查，使用遥控器开机，室内风机和室外机运行，查看室外机时，二通阀结霜，说明系统缺少 R410A 制冷剂，测量系统运行压力约为 0.2MPa，关机后系统静态压力约为 1.6MPa 可用于检查漏点。

取下室内机，将连接管道向里送，找到加长管道焊点，见图 6-8，使用洗洁精泡沫检查无气泡冒出，说明焊点正常，取下室外机顶盖和前盖，仔细查看系统和冷凝器管道无明显油迹，再用手摸常见故障部位的管道也感觉没有油迹，将泡沫涂在相关部位也无气泡冒出，初步排除室外机系统故障。

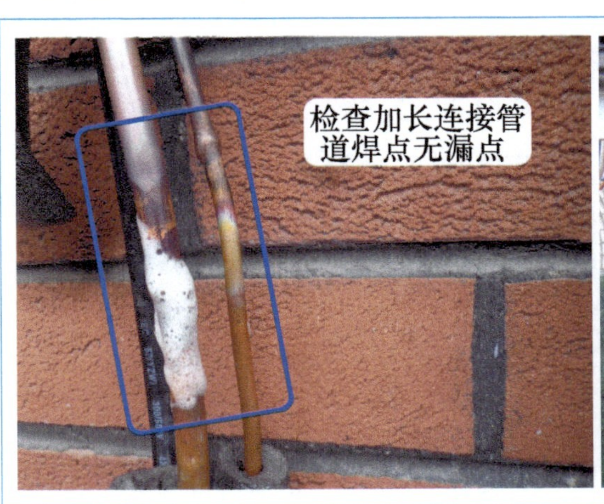

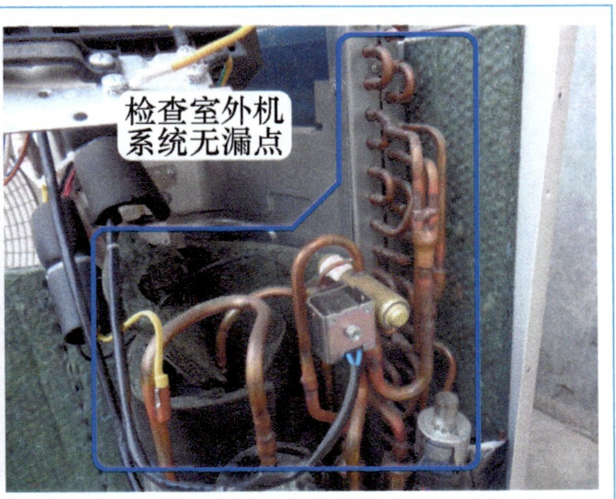

图 6-8 检查加长管道焊点和室外机系统

3. 检查室内机蒸发器和手摸冷凝器后部

取下室内机外壳，见图 6-9 左图，仔细查看蒸发器左侧和右侧管壁无明显油迹，使用泡沫涂在管壁和连接管道弯管处仔细查看，均无气泡冒出，也初步排除室内机故障，由于找不到漏点部位，需要拉修处理，但夏天天热用户着急使用空调器暂时不让拉修，维修时应急补加 R410A 制冷剂使运行压力至 0.8MPa 时制冷恢复正常。

待约 15 天后用户再次报修制冷效果差，与用户协商将空调器整机拆回维修，再次仔细检查蒸发器和室外机管道仍无漏点。

见图 6-9 右图，查看冷凝器背面，下方有少许不明显的脏污，判断漏点在冷凝器翅片部位，但使用泡沫不能检查，需要拆下冷凝器单独检查。

图 6-9　检查蒸发器和冷凝器

4. 检查冷凝器

取下室外风机和固定支架，再取下固定冷凝器的螺钉，见图 6-10 左图，在室外机使用焊炬（焊枪）焊下进口部位的铜管，再找一段 10mm 和 6mm 铜管焊在进口部位，并连接压力表；在室外机取下二通阀的固定螺钉，使用内六方将阀芯完全关闭，并使用堵帽堵在二通阀处。

向冷凝器内充入 R410A 制冷剂，使压力升至约 1.2MPa 用于检漏，见图 6-10 右图，冷凝器放入水盆，将初步判断漏点部位的翅片淹没在清水中。

➡ 说明：空调器拉修后如果条件允许，可充入氮气检漏。

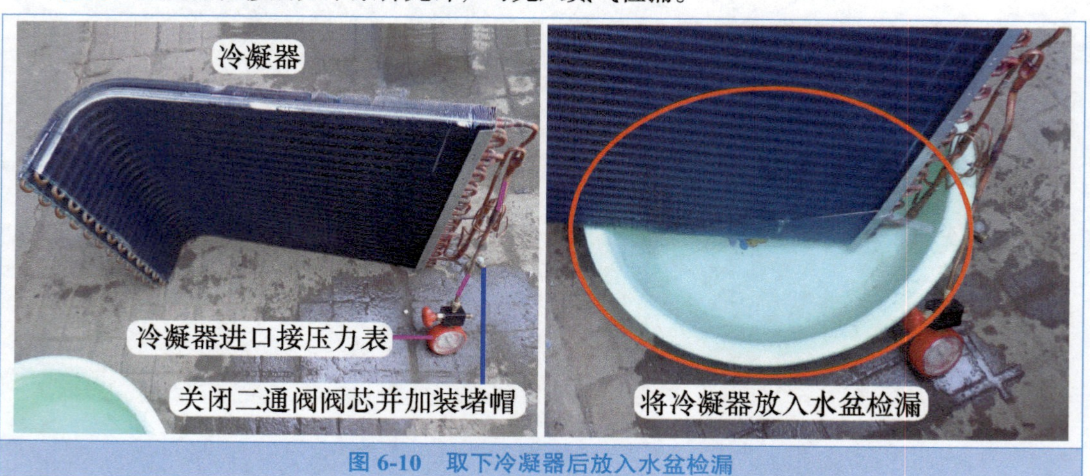

图 6-10　取下冷凝器后放入水盆检漏

5. 检查漏点

见图 6-11，冷凝器放入水盆后，立即发现有气泡冒出，确定漏点在冷凝器，根据冒泡部位，确定出大致在铜管位置，使用螺钉旋具将翅片撬向两边，以露出铜管，再将冷凝器放入水盆中，可看到铜管处快速向外冒泡。

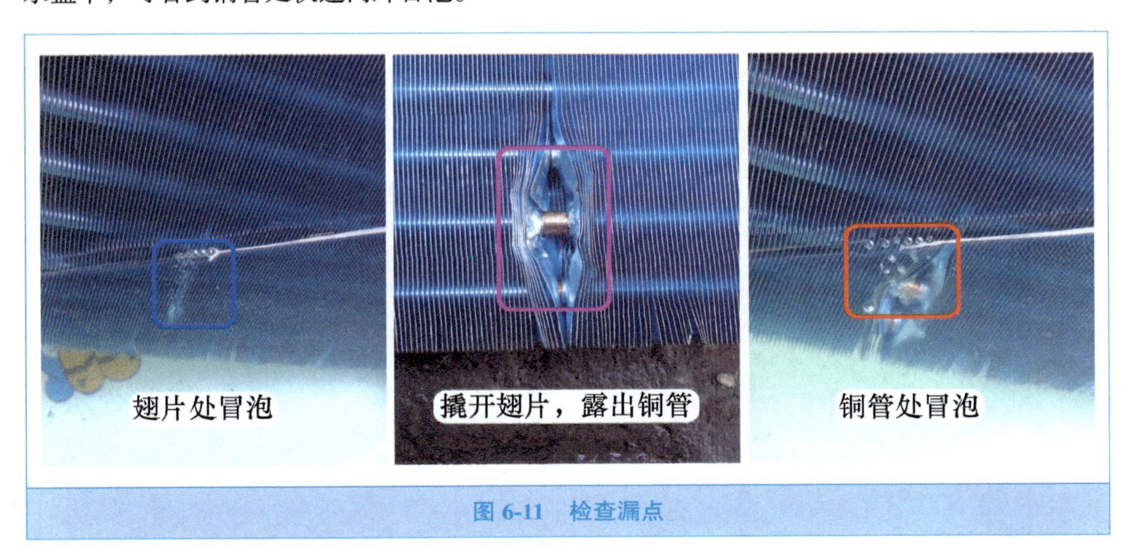

图 6-11　检查漏点

6. 补焊漏点

确定出冷凝器漏点部位后，拧开压力表旋钮，放空冷凝器的 R410A 制冷剂，见图 6-12，使用焊炬补焊铜管，补焊后再次向冷凝器充入 R410A 制冷剂至静态压力约为 1.2MPa 用于检漏，并将焊接部位放入水盆，查看无气泡冒出，说明漏点故障已排除。

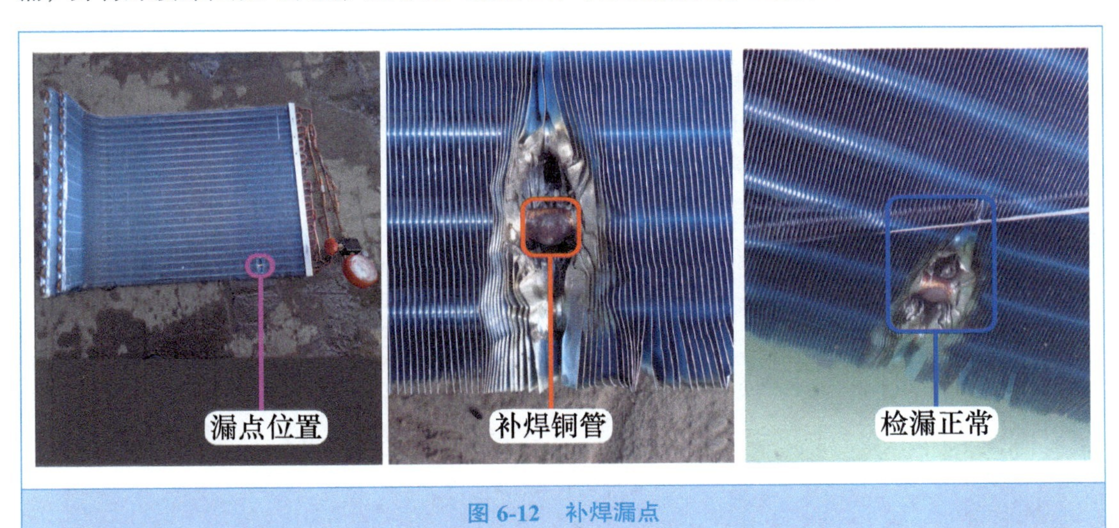

图 6-12　补焊漏点

➡ **维修措施：** 补焊冷凝器翅片内的铜管，检漏后正常，安装冷凝器至室外机，并恢复室外机管道，再用管道连接室内机和室外机，使用真空泵抽真空，并定量加注 R410A 制冷剂，将空调器安装至用户家后制冷正常，长时间使用不再报修，说明空调器恢复正常。

三、膨胀阀阀体卡死，不制冷

➡ 故障说明：格力 KFR-72LW/（72522）FNAb-A3 柜式直流变频空调器（鸿运满堂），用户反映不制冷，长时间运行房间温度不下降，室内风机一直运行，不显示故障代码。

1. 感觉出风口温度和手摸二通阀、三通阀

上门检查，将空调器重新通上电源，使用遥控器开机，室内风机运行，见图 6-13 左图，将手放在出风口感觉为自然风。

检查室外机，室外风机和压缩机正在运行，见图 6-13 右图，用手摸二通阀和三通阀感觉均为常温，说明制冷系统出现故障，常见原因为缺少制冷剂。

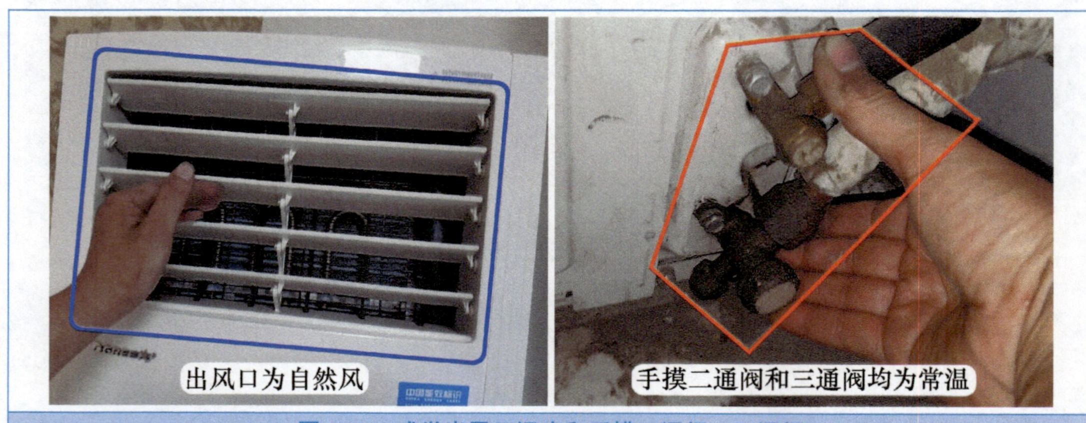

图 6-13　感觉出风口温度和手摸二通阀、三通阀

2. 测量系统压力

在三通阀检修口接上压力表测量系统运行压力，见图 6-14 左图，查看为负压，确定制冷系统有故障。询问用户故障出现时间，回答说是正常使用时突然不制冷，从而排除系统慢漏故障，可能为无制冷剂或系统堵。

为区分是无制冷剂还是系统堵故障，将空调器关机，压缩机停止运行，见图 6-14 右图，查看系统静态（待机）压力逐步上升，1min 后升至约 1.7MPa，说明系统制冷剂充足，初步判断为系统堵，查看本机使用电子膨胀阀作为节流元件而不是毛细管。

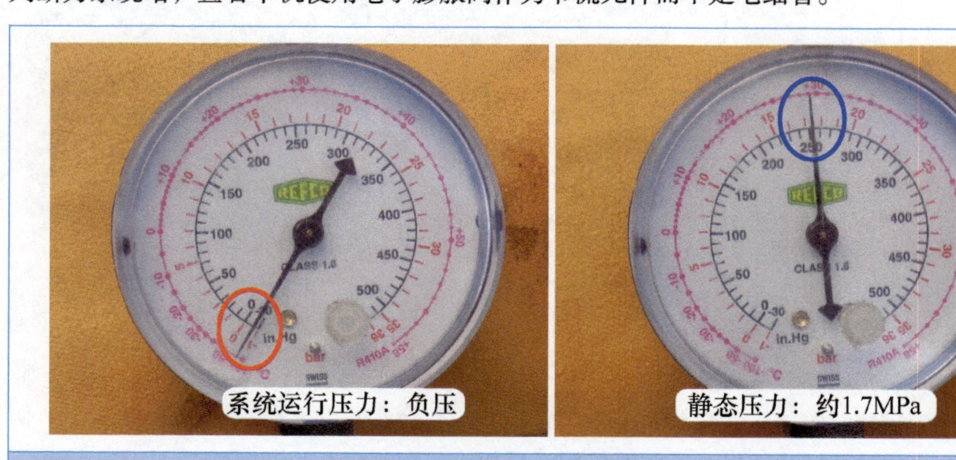

图 6-14　测量系统运行压力和待机静态压力

3. 手摸膨胀阀阀芯和重新安装线圈

断开空调器电源，待 2min 后重新上电开机，见图 6-15 左图，在室外机上电时用手摸电子膨胀阀阀芯，感觉无反应，正常时应有轻微的振动感；同时细听也没有发出轻微的“嗒嗒”声，说明膨胀阀出现故障。

在室外机上电时开始复位，主板上 4 个指示灯 D5（黄）、D6（橙）、D16（红）、D30（绿）同时点亮，35s 时室外风机开始运行，45s 时压缩机开始运行，再次查看系统运行压力直线下降，由 1.7MPa 直线下降至负压，同时空调器不制冷，室外机运行电流为 3.1A，2min55s 时压缩机停止运行，电流下降至 0.7A，系统运行压力逐步上升，主板上指示灯 D5 亮、D6 闪、D16 亮、D30 亮，但查看故障代码表没有此项内容，3min10s 时室外风机停机，此时室内风机一直运行，出风口为自然风，显示屏不显示故障代码。

为判断是否由电子膨胀阀线圈在室外机运行时振动引起移位，见图 6-15 右图，取下线圈后再重新安装，同时断开空调器电源 2min 后再次上电开机，室外机主板复位时手摸膨胀阀阀芯仍旧没有振动感，压缩机运行后系统运行压力由 1.7MPa 直线下降至负压，排除线圈移位造成的阀芯打不开故障。

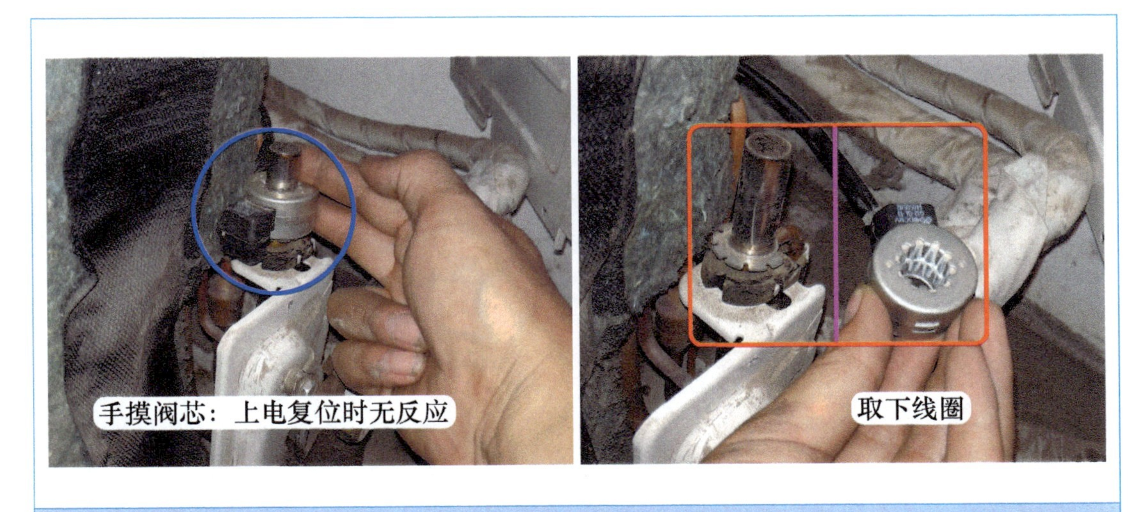

图 6-15　手摸阀芯和取下线圈

4. 测量线圈阻值和驱动电压

为判断线圈是否开路损坏，使用万用表电阻档测量阻值。线圈共有 5 根引线：蓝线为公共端接直流 12V，黑线、黄线、红线、橙线接反相驱动器。见图 6-16 左图，红表笔接公共端蓝线，黑表笔接 4 根驱动引线即黑线、黄线、红线、橙线时阻值均约为 48Ω，4 根驱动引线之间的阻值分别约为 96Ω，说明线圈阻值正常。

使用万用表直流电压档，表笔接驱动引线，见图 6-16 右图，红表笔接黄线、黑表笔接橙线，在室外机上电主板 CPU 复位时测量驱动电压，主板刚上电时为直流 0V，约 5s 时变为 −5~5V 跳动变化的电压，约 45s 时电压变为 0V，说明室外机主板已输出驱动线圈的脉冲电压，故障为电子膨胀阀阀芯卡死损坏。

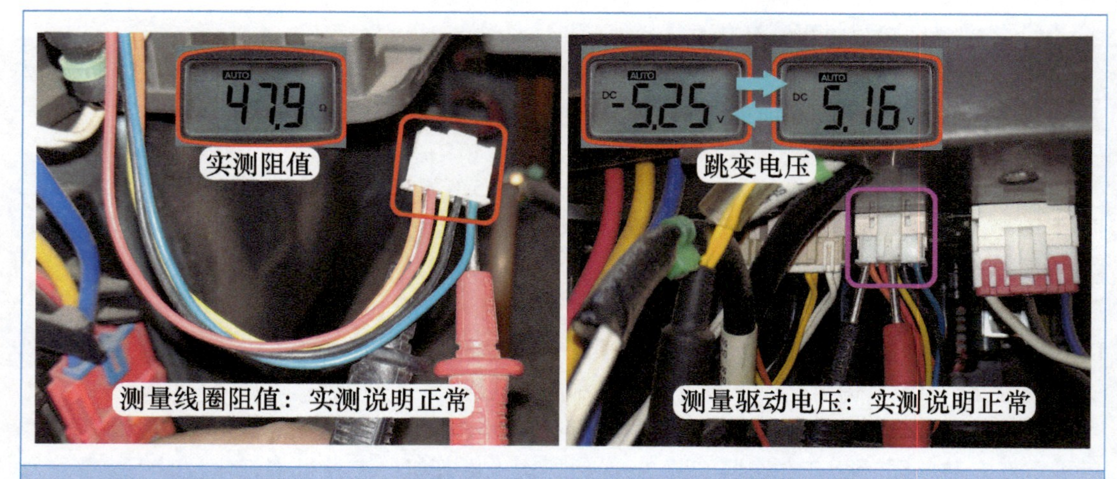

图 6-16　测量线圈阻值和电压

5. 取下膨胀阀

再次断开空调器电源，慢慢松开二通阀上的细管螺母和压力表开关，系统的 R410A 制冷剂从接口处向外冒出，等待一段时间使制冷剂放空后，取下膨胀阀线圈，见图 6-17 左图，松开膨胀阀的固定卡扣，扳动膨胀阀使连接管向外移动。

由于松开细管螺母和打开压力表开关后，系统内仍存有 R410A 制冷剂，在焊接膨胀阀管口时，有毒气体（异味）将向外冒出，此时可将细管螺母拧紧，在压力表处连接真空泵，抽净系统内的剩余制冷剂，在焊接时管口不会有气体冒出，见图 6-17 右图，可轻松取下膨胀阀阀体。

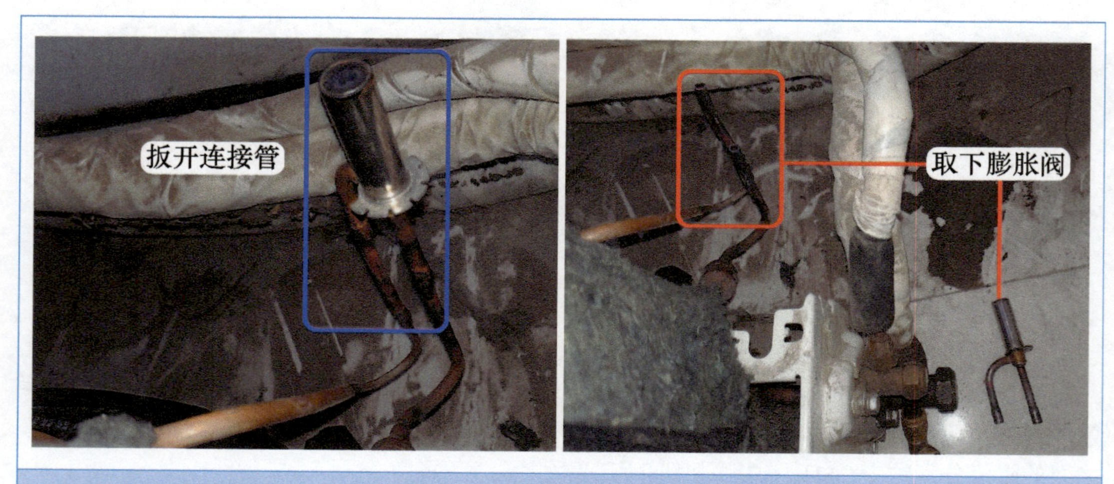

图 6-17　扳开连接管和取下膨胀阀

6. 更换膨胀阀阀芯

见图 6-18 左图，查看损坏的膨胀阀，型号为 Q0116C105，申请的新膨胀阀型号为 DPF1.8C-B053。

取下旧膨胀阀时，应记录管口对应的管道，以防止安装新膨胀阀时管口装反。见图 6-18

右图，将膨胀阀管口对应安装到管道，本例膨胀阀横管（侧方管口）经过滤器连接冷凝器，竖管（下方管道）经过滤器连接二通阀。

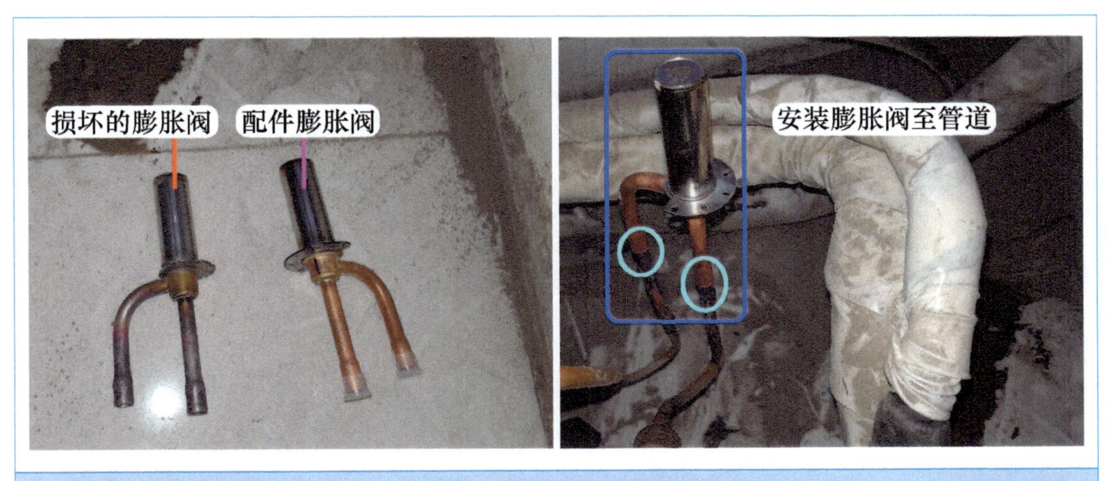

图 6-18　配件和安装膨胀阀

将膨胀阀管口安装至管道后，见图 6-19 左图，再找一条湿毛巾，以不向下滴水为宜，包裹在膨胀阀阀体表面，以防止焊接时由于温度过高损坏内部器件。

见图 6-19 中图，使用焊炬焊接膨胀阀的两个管口，焊接时速度要快，焊接后再将自来水倒在毛巾表面，毛巾向下滴水时为管口降温，待温度下降后，取下毛巾。

向系统充入制冷剂提高压力以用于检查焊点，见图 6-19 右图，再使用洗洁精泡沫涂在管道焊点，仔细查看接口处无气泡冒出，说明焊接正常。

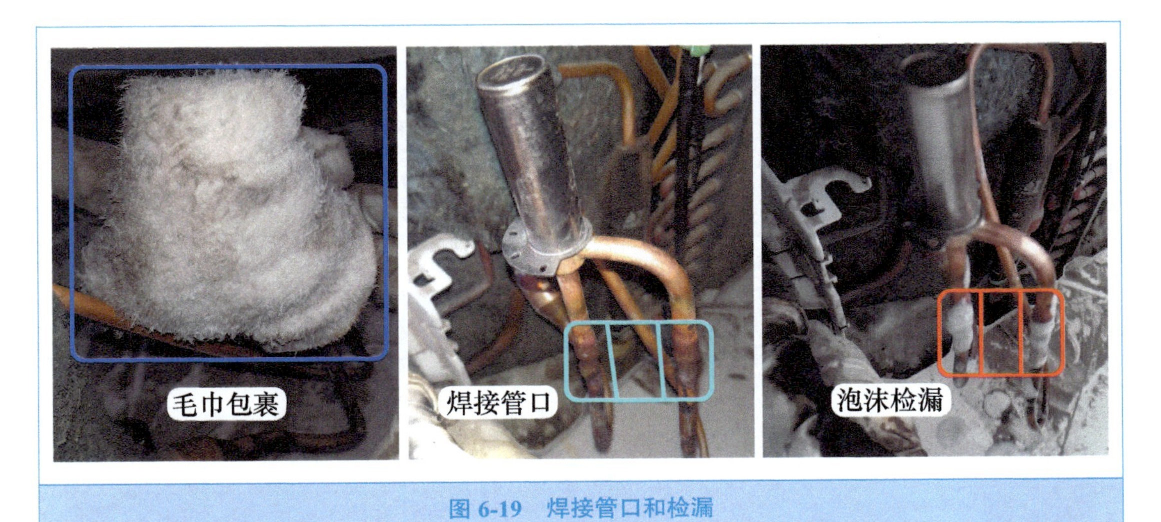

图 6-19　焊接管口和检漏

7. 上电试机

将膨胀阀阀体固定在原安装位置，安装线圈后上电开机，见图 6-20 左图，室外机主板复位时手摸膨胀阀有振动感，同时能听到阀体发出的“嗒嗒”声，说明新膨胀阀内部阀针可上下移动，测试膨胀阀正常后断开空调器电源。

使用活扳手拧紧细管螺母，再使用真空泵对系统抽真空约 20min，定量加注 R410A 制冷剂约 1.8kg，系统运行压力平衡后再上电试机，见图 6-20 右图，查看系统运行压力逐步下降至约 0.9MPa 时保持稳定，手摸二通阀和三通阀感觉也开始变凉，运行一段时间后在室内机出风口感觉吹出的风较凉，说明制冷恢复正常，故障排除。

图 6-20　手摸膨胀阀和测量系统运行压力

➡ 维修措施：更换电子膨胀阀阀体。

总　结：

① 电子膨胀阀损坏的常见原因有线圈开路、膨胀阀卡死。其中膨胀阀卡死故障率较高，表现为正在制冷时突然不制冷；或者关机时正常，再开机时不制冷。

② 膨胀阀阀芯卡死故障时压缩机运行压力为负压，和系统无制冷剂表现相同，应注意区分故障部位。方法是关机查看静态压力，如压力仍旧较低（为 0.1 ~ 0.8MPa），为系统无制冷剂故障；如压力较高（约为 1.8MPa），为膨胀阀阀芯卡死。

第二节　开关管故障

一、模块板 IGBT 短路，海尔空调器显示 E7 代码

➡ 故障说明：卡萨帝（海尔高端品牌）KFR-72LW/01S（R2DBPQXF）-S1 柜式全直流变频空调器，用户反映正在使用时断路器忽然跳闸，后将断路器合上，再将空调器接通电源，开机后室内风机运行但不再制冷，约 4min 后显示 E7 代码，查看代码含义为通信故障。根据正在使用时断路器跳闸断开，初步判断为室外机强电电路部件出现短路故障。

1. 测量直流 300V 电压

上门检查，用遥控器开机，室内风机运行，但吹出的是自然风，空调器不制冷。检查室外机，取下室外机上盖和电控盒盖板，见图 6-21 左图，查看室外机主板上直流 300V 电压指示灯不亮。

使用万用表直流电压档，见图 6-21 右图，黑表笔接滤波电容负极，红表笔接正极测量 300V 电压，实测约为 0V，说明强电通路有开路或短路故障。

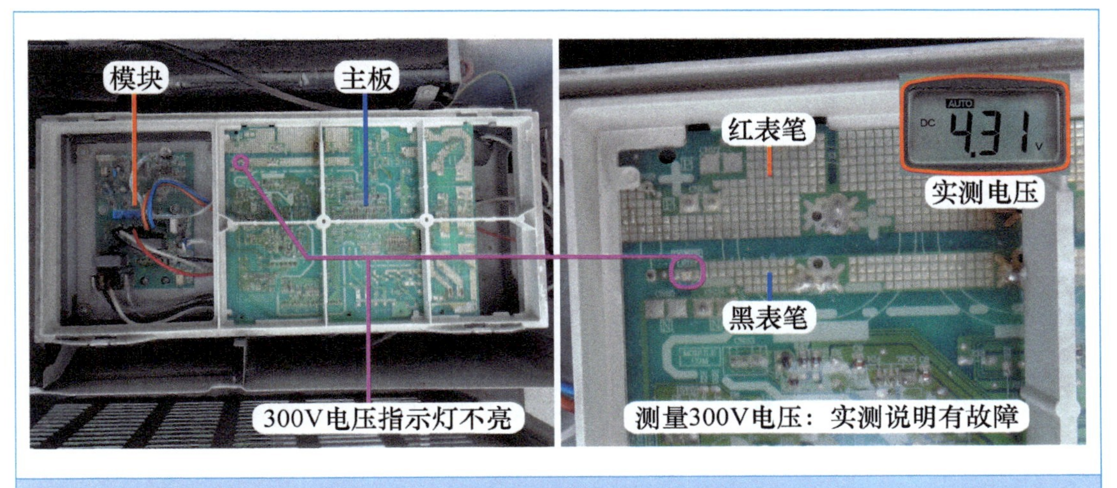

图 6-21　300V 电压指示灯不亮和测量电压

2. 手摸 PTC 电阻和查看模块板背面元件

本机 PTC 电阻位于主板边缘，为防止触电，断开空调器电源，迅速用手摸 PTC 电阻表面，见图 6-22 左图，感觉温度很高，说明强电电路元器件有短路故障。

强电电路主要由硅桥、模块、PFC 电路（IGBT 和快恢复二极管）、开关电源电路等组成，开关电源电路位于室外机主板，其余部件均位于模块板组件，实物外形见图 6-22 右图。

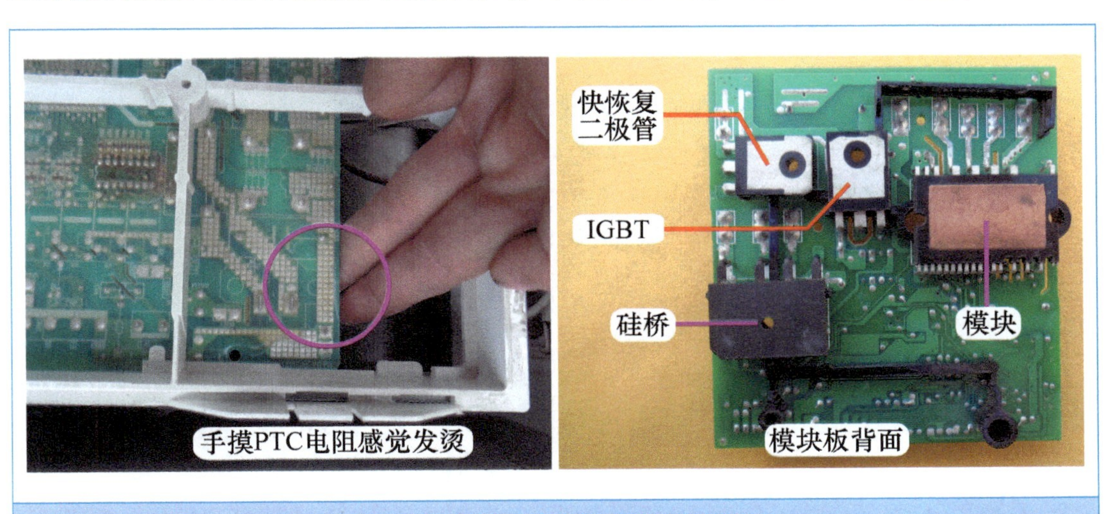

图 6-22　手摸 PTC 电阻和模块板背面

3. 测量模块端子

拔下模块板组件上的所有引线，使用万用表二极管档，首先测量模块的 5 个端子（即 P、N、U、V、W）。

见图 6-23，红表笔接模块 N 端，黑表笔接 P 端，实测为 368mV；红表笔不动依旧接 N 端，黑表笔分别接 U、V、W 端时，实测均为 394mV，根据实测结果说明模块正常。

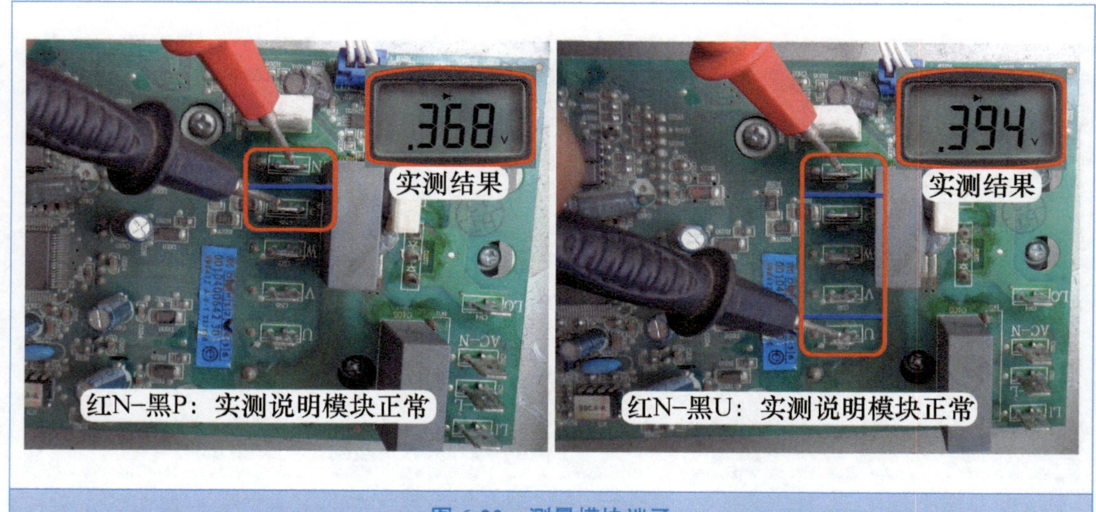

图 6-23　测量模块端子

4. 测量硅桥端子

硅桥直流输出的负极经 5W/10mΩ（0.01Ω）的无感电阻接 IGBT 负极，再经过 1 个 5W/10mΩ 无感电阻接模块的 N 端，模块板组件未设计硅桥负极端子，因此测量硅桥时接模块 N 端相当于接硅桥的负极端子，测量硅桥时依旧使用万用表二极管档。

见图 6-24，红表笔接模块 N 端，黑表笔接 AC N（零线输入端），实测为 482mV；红表笔接模块 N 端，黑表笔接 LI（硅桥正极输出），实测为 858mV，根据实测结果说明硅桥正常。

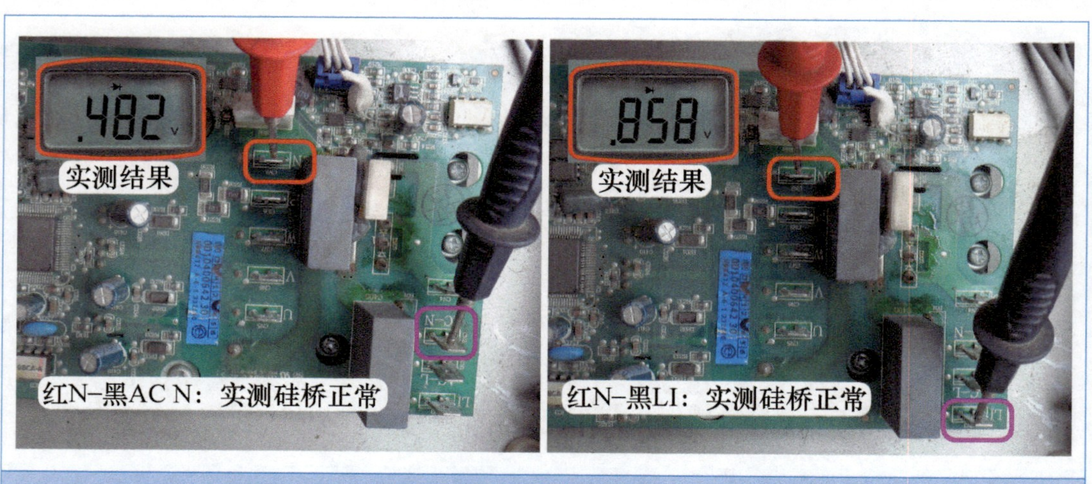

图 6-24　测量硅桥端子

5. 测量 IGBT 端子

IGBT 集电极（漏极 D）接 300V 电压正极 LO（经滤波电感接硅桥正极 LI）、发射极（源极 S）经电阻接模块 N 端。

测量 IGBT 时依旧使用万用表二极管档，见图 6-25，红表笔接模块 N 端（相当于接 IGBT 发射极），黑表笔接 LO 端（相当于接 IGBT 集电极），实测为 0mV，表笔反接（即红表笔接 LO 端、黑表笔接 N 端），实测仍为 0mV，根据测量结果说明 IGBT 短路。

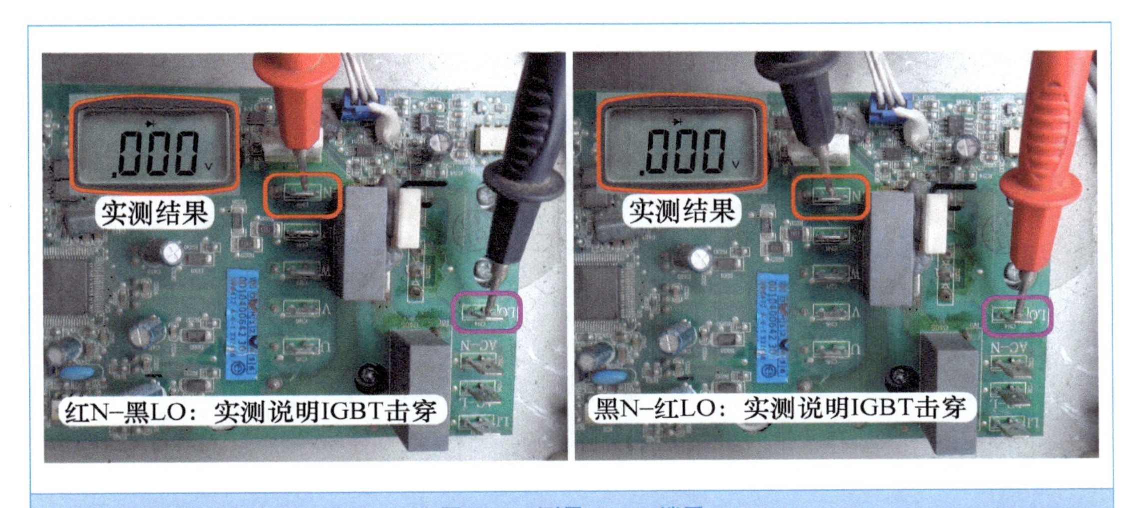

图 6-25　测量 IGBT 端子

➡ **维修措施：** 由于暂时没有同型号的 IGBT 配件更换，维修时申请同型号的模块板组件，见图 6-26 左图，使用万用表二极管档，红表笔接模块 N 端，黑表笔接 LO 端子实测为 386mV，当表笔反接（即红表笔接 LO 端子、黑表笔接 N 端）实测为无穷大。

见图 6-26 右图，经更换模块板组件后上电开机，室外机主板 300V 电压指示灯点亮，随后室外风机和压缩机运行，制冷恢复正常，故障被排除。

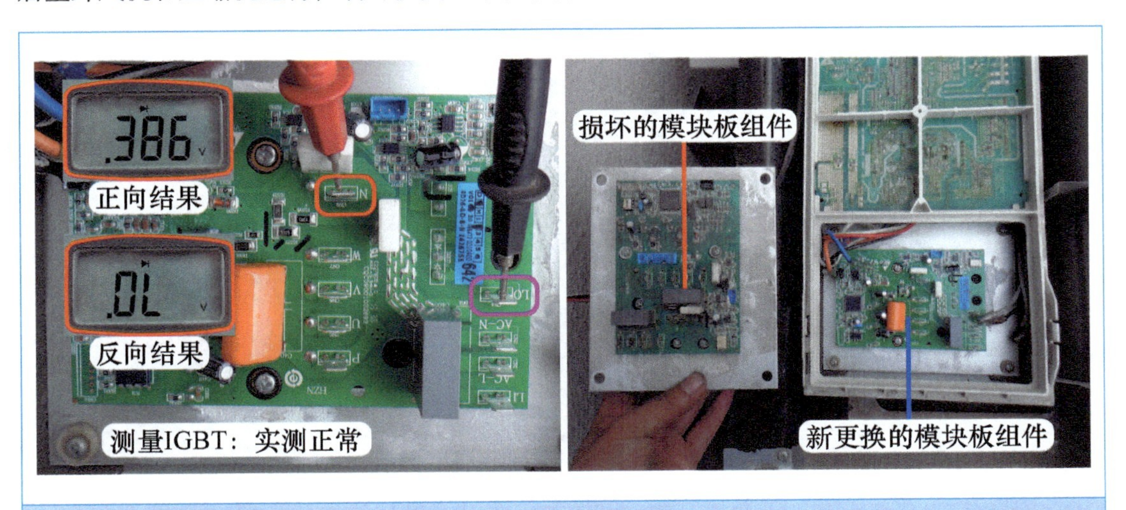

图 6-26　测量 IBGT 和更换模块板组件

二、安装模块板组件引线

本部分以卡萨帝（海尔高端品牌）KFR-72LW/01S（R2DBPQXF）-S1 柜式全直流变频空调器的模块板组件为例，介绍更换模块板组件时，需要安装引线的步骤。

示例模块板组件包含硅桥、模块、IGBT、模块驱动 CPU 等主要元器件，主要端子和插座见图 6-27。

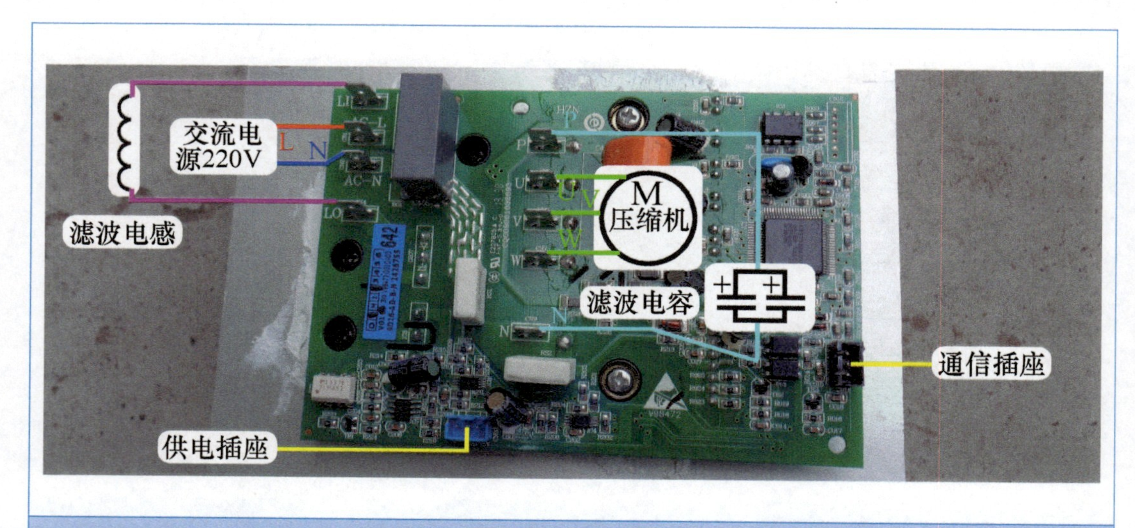

图 6-27　模块板组件主要端子和插座

1. 安装交流供电引线

交流供电引线接硅桥的两个交流输入端，标号 AC-L 的端子为相线，标号 AC-N 的端子为零线。

见图 6-28，将零线白线安装至 AC-N 端子，将相线黑线安装至 AC-L 端子。

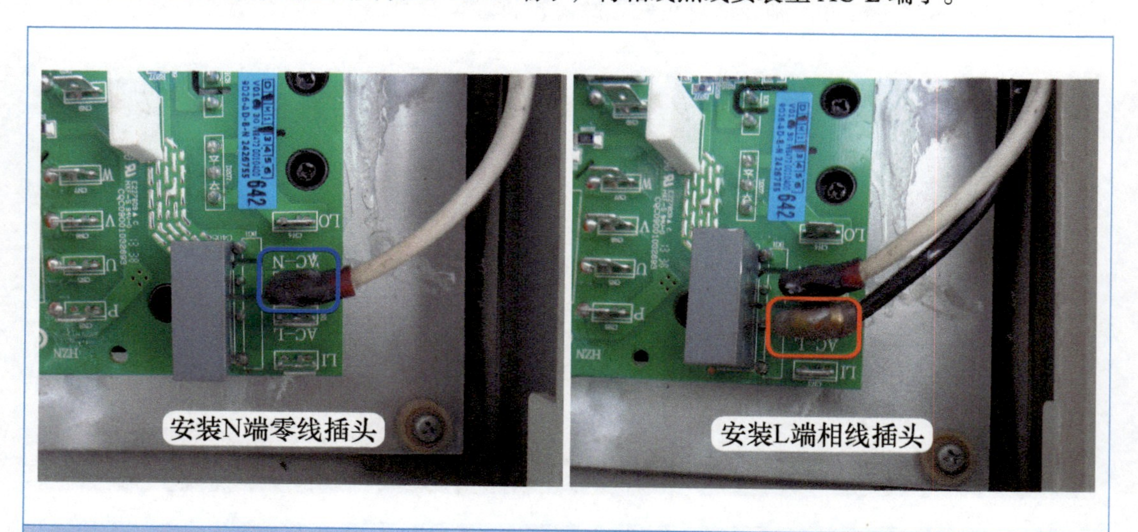

图 6-28　安装交流供电引线

2. 安装滤波电感引线

滤波电感和模块板组件的快恢复二极管、IGBT 等组成 PFC 电路，主要作用是提高功率因数，共设有两个端子，标号 LO 的端子为滤波电感输出，标号 LI 的端子为滤波电感输入（硅桥正极输出）。

见图 6-29，将滤波电感的灰线插在 LO 端子，将另 1 根灰线插在 LI 端子。安装滤波电感的两根灰线时，不分正反或正负极，随便安装在 LO 和 LI 端子即可。

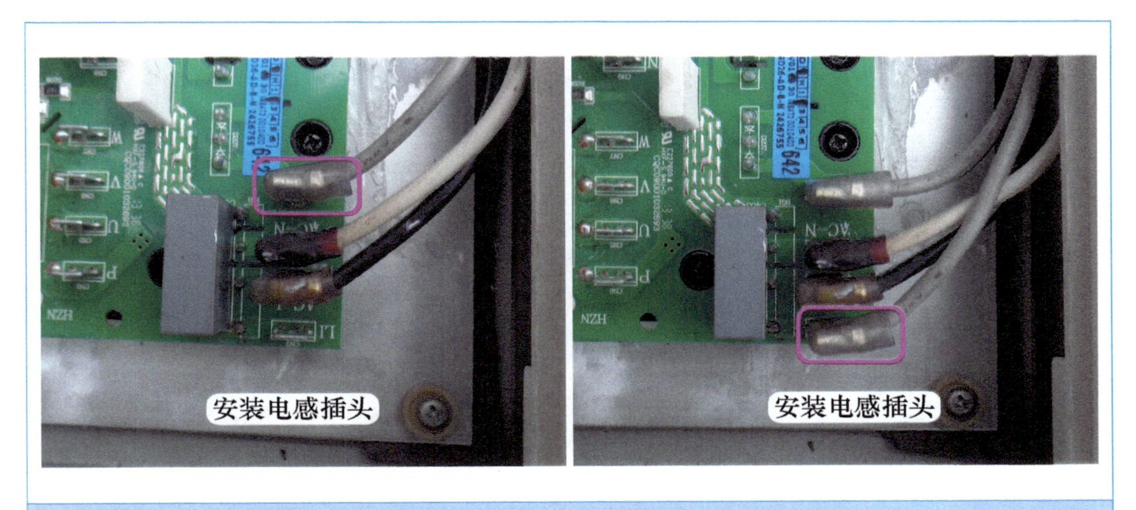

图 6-29　安装滤波电感引线

3. 安装直流供电（滤波电容）引线

滤波电容为模块提供直流 300V 电压，其安装在室外机主板，通过引线连接至模块板组件，共有两根引线，标号为 P 的端子接滤波电容正极，标号为 N 的端子接负极。

见图 6-30，将滤波电容正极橙线安装至模块 P 端子，将负极蓝线安装至 N 端子，两根引线安装时不能接反。

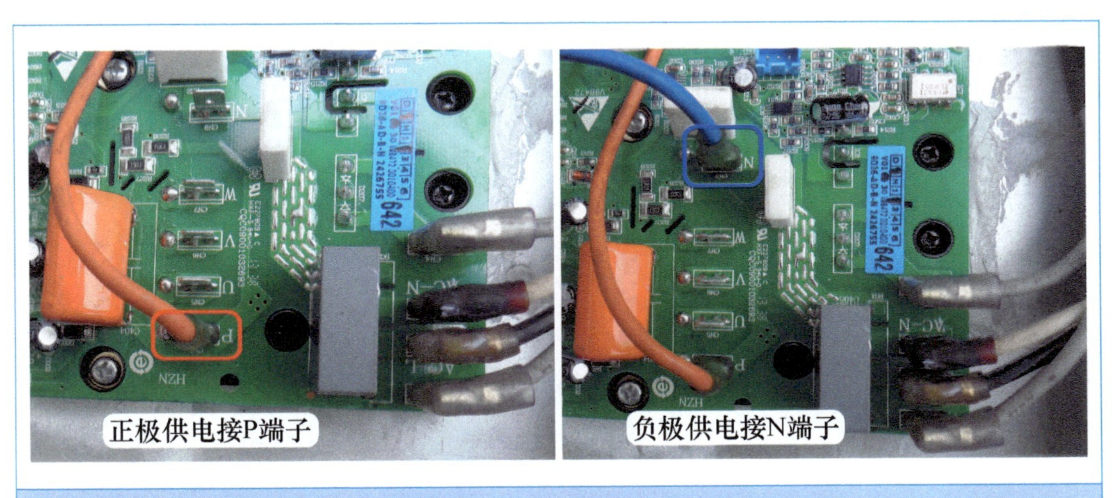

图 6-30　安装滤波电容引线

4. 安装压缩机引线

模块的主要作用是驱动压缩机，共有 3 个端子，标号为 U、V、W，通过 3 根引线连接压缩机线圈。

见图 6-31，将压缩机黑线接至模块 U 端子，将压缩机白线接至 V 端子，将压缩机红线接至 W 端子。注意，3 根引线不能接反，否则将造成压缩机不运行或运行不正常的故障。

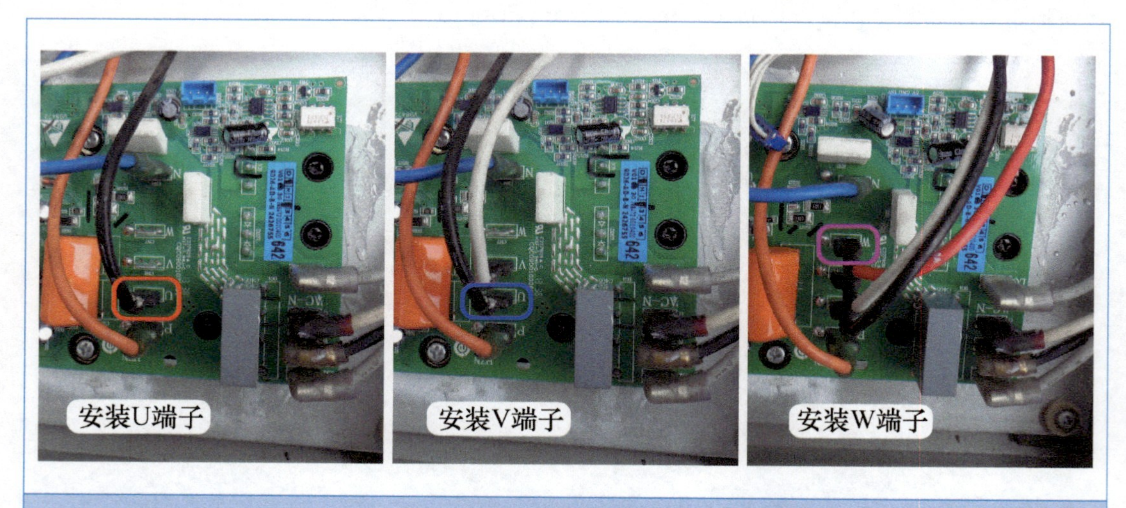

图 6-31　安装压缩机引线

5. 安装弱电电路供电和通信插头

由于模块板组件设有模块 CPU 控制电路，室外机主板要为其提供电压，设有 1 个供电插座；室外机上电后，模块板 CPU 和室外机主板 CPU 需要通信，进行数据交换，设有 1 个通信插座。

见图 6-32，将室外机主板开关电源电路输出直流 15V 和 5V 供电的蓝色插头，安装至模块板组件蓝色插座；将连接室外机主板 CPU 引脚的通信黑色插头，安装至黑色插座。

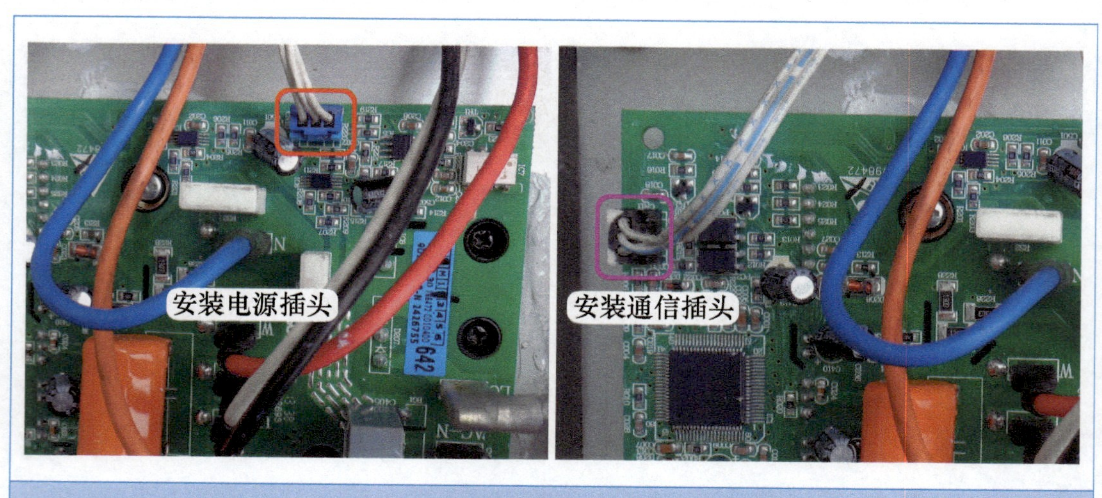

图 6-32　安装弱电电路供电和通信插头

6. 安装完成

将模块的 5 个端子、硅桥的两个端子、滤波电感的两个端子、室外机主板和模块板组件的供电和通信插头全部连接完成，见图 6-33，更换模块板组件时的引线安装工作全部完成。

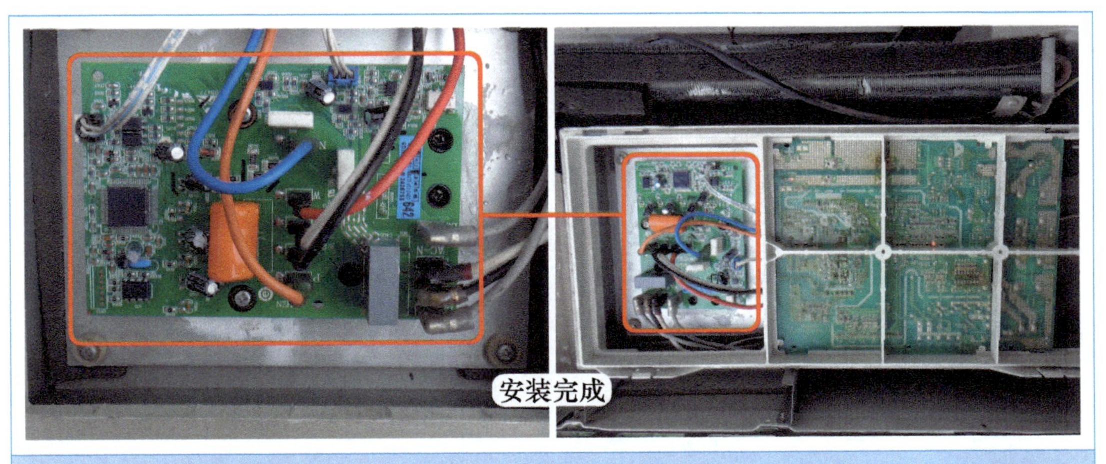

图 6-33 安装模块板组件引线完成

三、PFC 板 IGBT 短路，室外机不运行

➡ 故障说明：海信 KFR-50LW/27BP 柜式交流变频空调器，用遥控器开机后，室外风机和压缩机均不运行，室内机吹出的是自然风。

1. 测量室外机接线端子电压和直流 300V 电压

使用万用表交流电压档，见图 6-34 左图，测量室外机接线端子上 1 号 L 端和 2 号 N 端电压，实测为交流 220V，说明室内机主板已向室外机供电。

取下室外机外壳，见图 6-34 右图，使用万用表直流电压档，测量滤波电容上直流 300V 电压，正常为直流 300V，实测为直流 0V，说明室外机电控系统有故障。

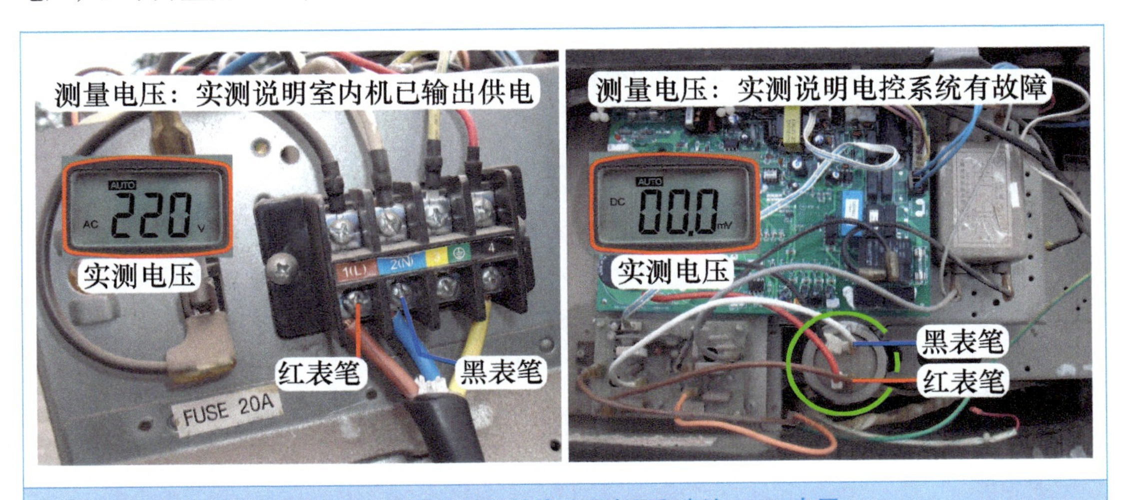

图 6-34 测量室外机接线端子电压和直流 300V 电压

2. 手摸 PTC 电阻和测量电容阻值

用手摸室外机主板上的 PTC 电阻，见图 6-35 左图，感觉烫手，判断电控系统有短路故障。

断开空调器电源，使用万用表直流电压档，测量滤波电容电压仍为直流 0V，再使用万用表电阻档，见图 6-35 右图，测量正极和负极两个端子阻值约为 0Ω，确定电控系统存在短路故障。

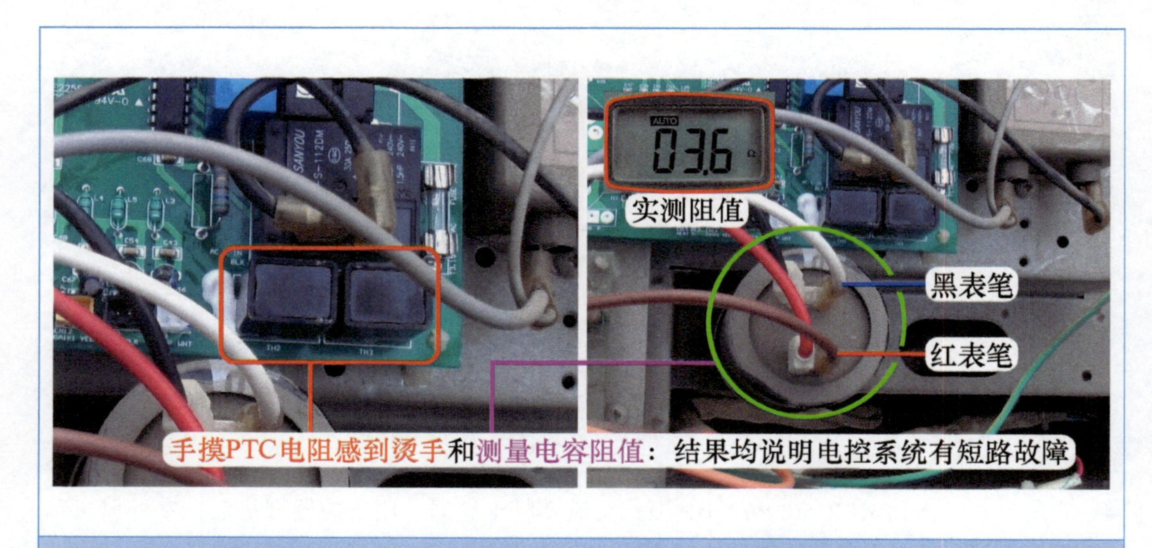

图 6-35　PTC 电阻烫手和测量滤波电容阻值

3. 测量模块和 PFC 板

见图 6-36 左图，拔下室外机主板上直流 300V 的正极和负极引线、压缩机线圈的 3 个引线，使用万用表二极管档，测量模块正极输入（相当于 P 端）、负极输入（相当于 N 端）、U、V、W 共 5 个端子，符合正向导通、反向截止的二极管特性，判断模块正常。

由于模块和开关电源电路共同设计在一块电路板上，且模块 PN 端子和开关电源集成电路并联，如果集成电路击穿，则测量模块 P 和 N 端子时应为击穿值，这也间接说明开关电源电路正常。

拔下 PFC 板上的所有引线，见图 6-36 右图，使用万用表二极管档，黑表笔接 CN06 端子（DC OUT _ －，连接滤波电容负极），红表笔接 CN05(DC OUT _ ＋，连接滤波电容正极），正常值应为无穷大，实测结果为 0mV，判断 PFC 板上的 IGBT 短路损坏。

➡ 说明：此机室外机主板正极输入和模块 P 端直接相连，负极输入和模块 N 端直接相连，主板上没有专门的 P 端子和 N 端子。

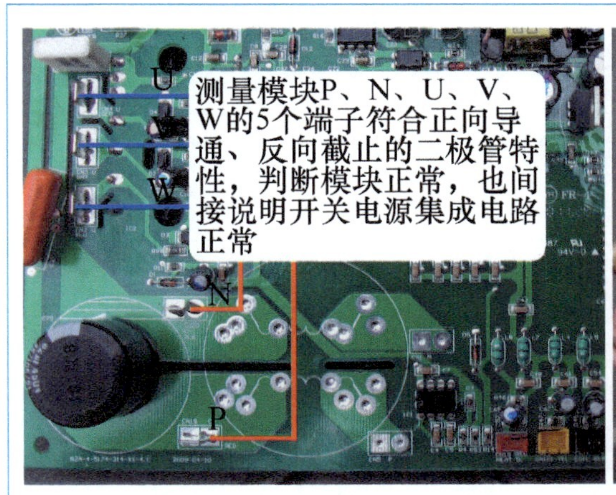

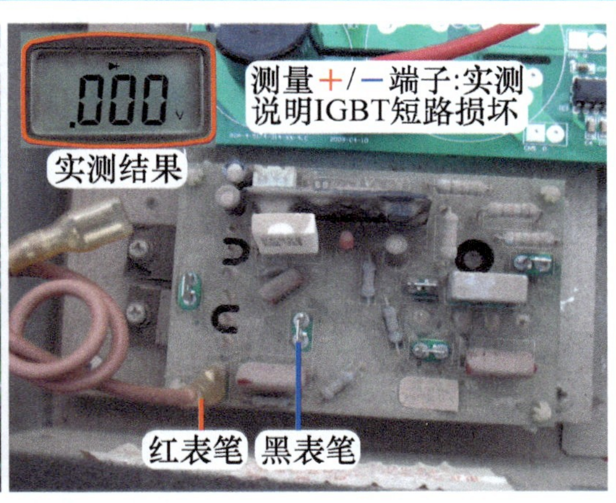

图 6-36 测量模块和 PFC 板

➡ **维修措施：** 见图 6-37，更换 PFC 板。将空调器通上电源，用遥控器开机后室内机主板向室外机供电，室外机主板上的开关电源电路立即工作，指示灯点亮，压缩机和室外风机开始运行，故障被排除。

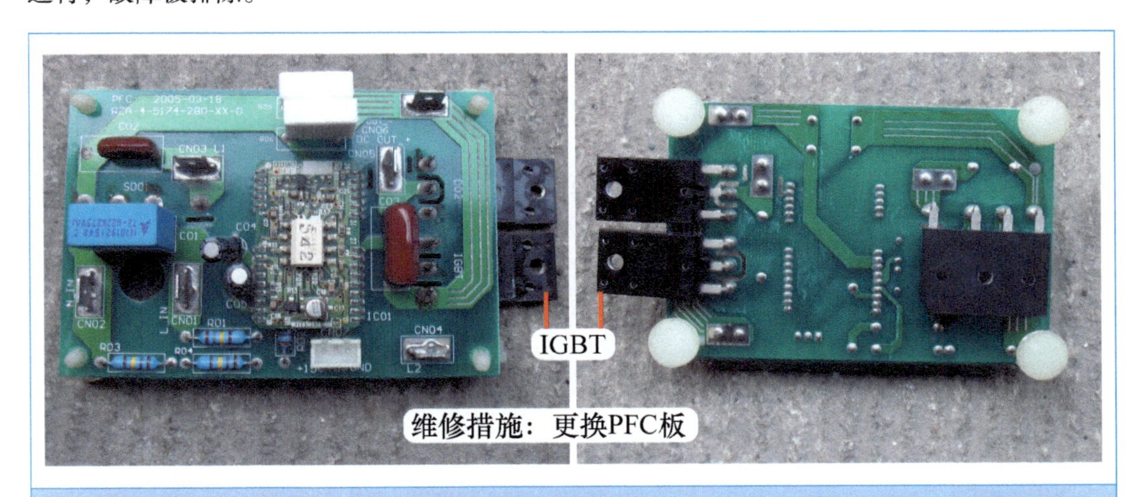

图 6-37 更换 PFC 板

➡ **资料：** PFC 板

① 变频空调器由于模块中 IGBT 器件的存在，电路中的电流相对于电压的相位发生畸变，造成电路中的谐波电流成分变大，功率因数降低，PFC 电路的作用就是降低谐波成分，使电路的谐波指标满足国家 CCC 认证要求。工作时 PFC 控制电路检测电压的零点和电流的大小，然后通过系列运算，对畸变严重零点附近的电流波形进行补偿，使电流的波形尽量跟上电压的波形，达到消除谐波的目的。

② 本例机型的 PFC 板为独立的一块电路板，电路简图见图 6-38，控制电路电源为直流 15V 和 5V 双电压，上面集成有大功率 IGBT、快恢复二极管、控制电路等。目前 PFC 电路通常集成在室外机主板或模块板。

③ PFC 板最常见的故障为 IGBT 开关管击穿，相当于直流 300V 直接短路，表现为室外机上电后无反应，直流 300V 电压为 0V，同时手摸 PTC 电阻感到烫手。

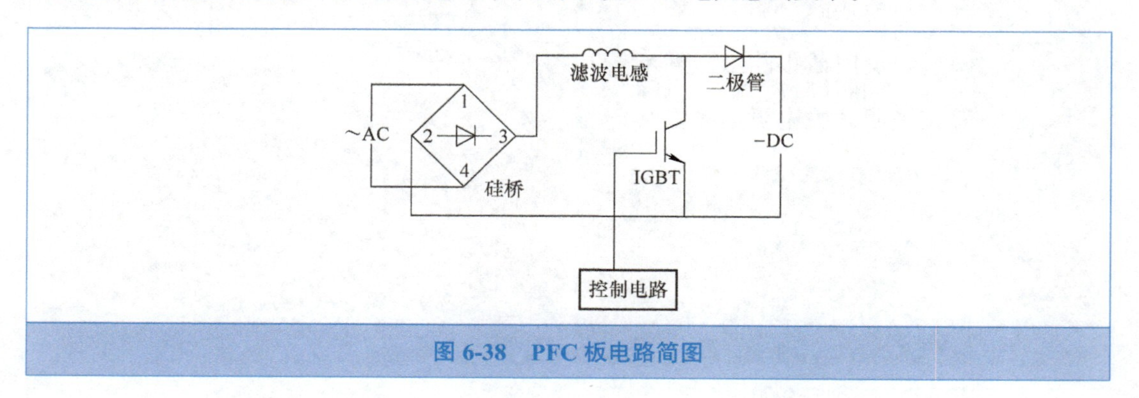

图 6-38 PFC 板电路简图

四、PFC 板损坏的应急维修方法

➡ 故障说明：海信 KFR-50LW/27BP 柜式交流变频空调器，开机后室外机无反应，检查为室外机主板和 PFC 板损坏。由于室外机主板无法修复只能更换，而 PFC 板由于作用不大并且价格太贵，更换没有实际意义，因此将其短接，常见有 3 种方法。

1. 更改引线

以海信 KFR-50LW/27BP 空调器为例，假如 PFC 板上的 IGBT 短路，而暂时没有配件更换时，可通过更改引线的方法应急维修，见图 6-39。

① PFC 板上的 300V 正极输出（CN05、DC OUT _ +）的棕线连接至滤波电容正极，在滤波电容正极端子处拔下棕线，这根引线不再使用。

② 原机滤波电感输入的橙线接 PFC 板上的硅桥正极，输出的棕线接 PFC 板上标号为 CN04、L2 的端子，将棕线从 L2 端子上拔下。

③ 滤波电感输出的棕线直接连接至滤波电容正极，这样硅桥正极输出经滤波电感后，直接送至滤波电容滤波，短接 PFC 板的 IGBT 调节功能，再开机就能正常使用。

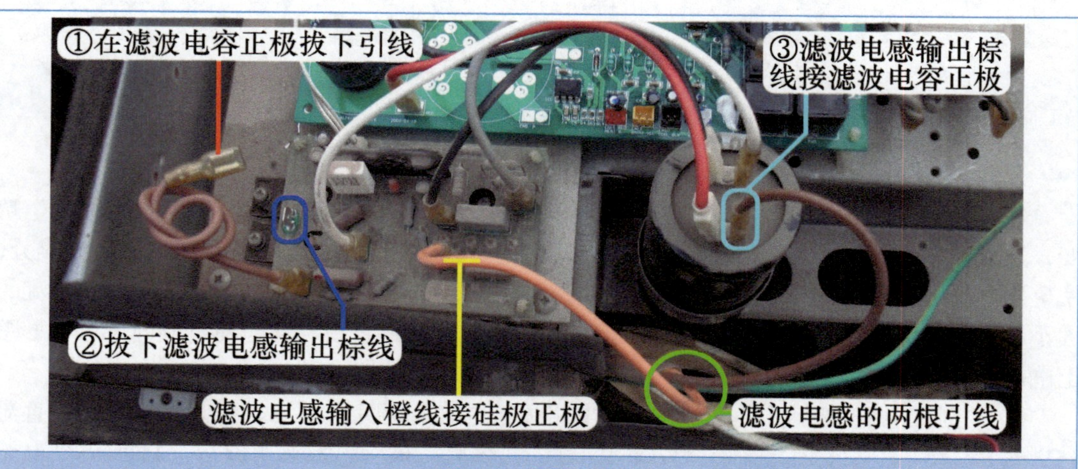

图 6-39 更改引线

2. 剪去 IGBT 开关管引脚

在维修过程中如果对更改引线的方法掌握不好，见图 6-40，可以使用偏口钳直接将 IGBT 的 3 个引脚直接剪断，使 IGBT 脱离 PFC 板，这样硅桥正极经滤波电感、PFC 板上的快恢复二极管至滤波电容正极，在不更改任何引线时也能排除故障，此方法适用于 PFC 板上只是 IGBT 短路的故障。

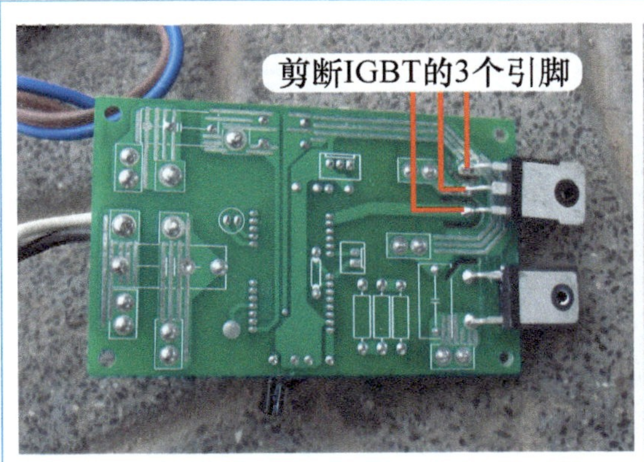

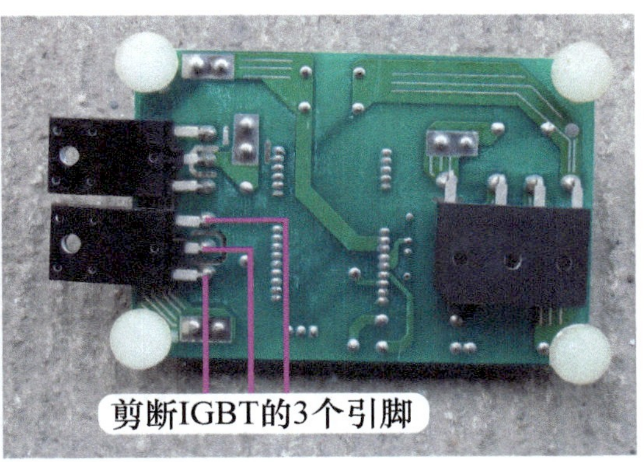

图 6-40 剪断 IGBT 的 3 个引脚

3. PFC 板控制电路损坏

如果海信空调器 2P 机型中集成硅桥的 PFC 板控制电路损坏，或 3P 机型中 PFC 板控制电路损坏等原因，导致无法修复只能更换电路板时，如果暂时没有配件或者不想更换 PFC 板，可以使用加装硅桥的方法来维修，以 2P 机型海信 KFR-50LW/27BP 空调器为例进行介绍，3P 机型如果未集成硅桥，只需要拆除 PFC 板，利用原硅桥并更改引线即可。

（1）拆除引线

见图 6-41 左图，首先拆除 PFC 板上的各种输入引线。

再选用合适的硅桥，见图 6-41 右图，本例选用硅桥型号为 S25VB60，最大电流为 25A，最高反向电压为 600V。

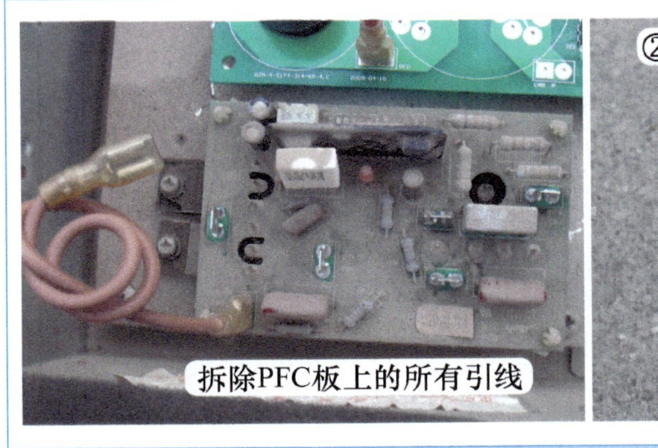

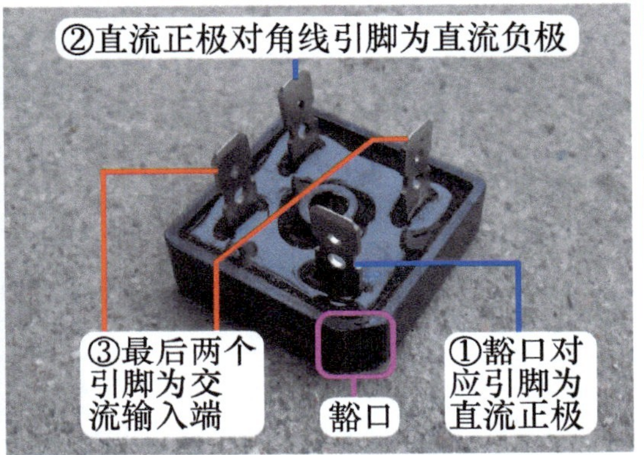

图 6-41 拆除引线和选择硅桥

（2）固定硅桥和安装交流输入端引线

见图 6-42 左图，将硅桥固定在原硅桥位置，并使用螺钉拧紧，使散热面紧紧贴在散热片上，以增强散热效果。

见图 6-42 右图，电源 L 相线（黑线）由室外机主板上的主控继电器端子引出，电源 N 零线（灰线）由滤波器端子引出，将两根引线不分极性安装在硅桥的 2 个输入引脚。

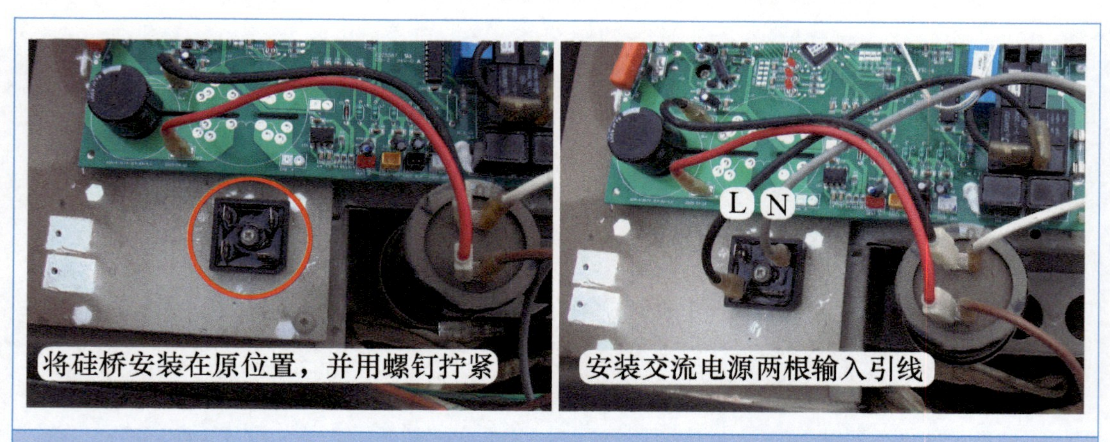

图 6-42　固定硅桥和安装交流输入引线

（3）安装直流输出引线

见图 6-43 左图，将滤波电容负极的白线另一端安装在硅桥负极引脚。

硅桥正极引脚连接滤波电感的输入橙线，见图 6-43 右图，将输出的棕线连接滤波电容正极，这样硅桥正极经滤波电感连接至滤波电容正极。

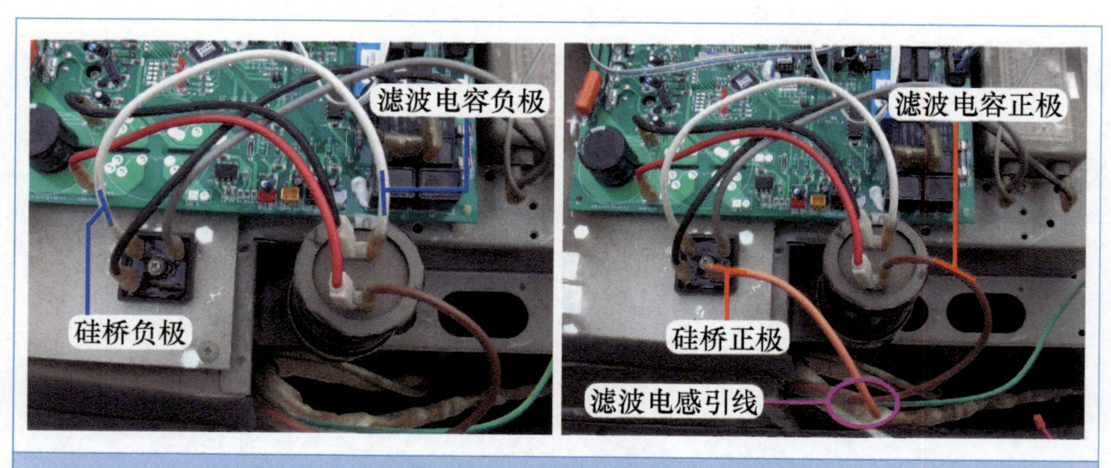

图 6-43　安装直流输出引线

至此，引线全部更改结束，维修方法实际上就是拆除 PFC 板，更改后的电控系统和早期变频空调器（如海信 KFR-2601GW/BP）相同，实际使用对电路没有任何影响。如果为 3P 机型 PFC 板损坏，维修时直接拆除即可，硅桥不用更换，将连接引线按顺序接好，空调器也能正常使用。

第七章 Chapter 7

变频空调器的常见故障

第一节 室内机故障

一、变压器损坏，上电无反应

➡ 故障说明：海信 KFR-2601GW/BP 挂式交流变频空调器，用户反映上电后室内机无反应，使用遥控器不能开机。图 7-1 为室内机电源电路原理图。

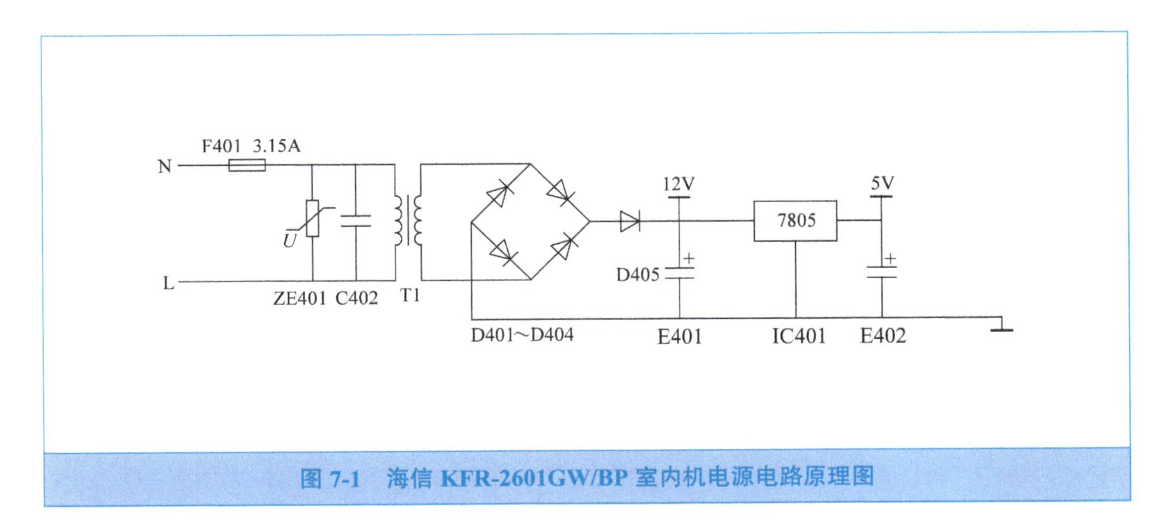

图 7-1 海信 KFR-2601GW/BP 室内机电源电路原理图

1. 用手扳动导风板至中间位置后通电试机

见图 7-2 左图，将导风板扳至中间位置，再将空调器接通电源，观察导风板，如果导风板能自动关闭，说明主板直流 12V、5V 供电正常，且 CPU 三要素电路工作正常；如果导风板不动，则说明主板直流 12V、5V 供电不正常或者空调器没有工作电源，也有可能为 CPU 三要素电路故障。

见图 7-2 右图，本例扳动导风板至中间位置，接通电源后导风板不动。

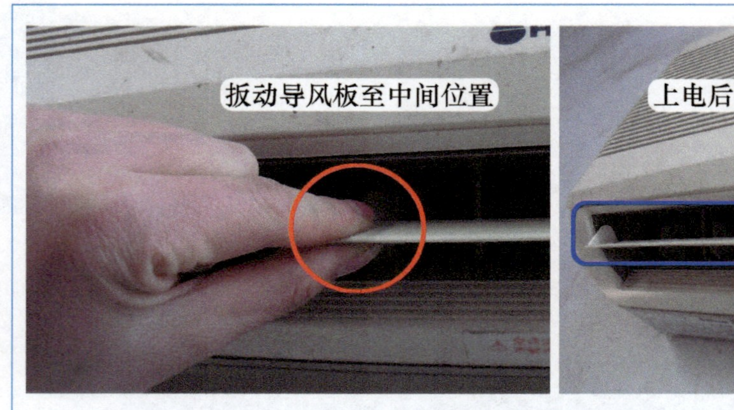

图 7-2　将导风板扳至中间位置和上电试机

2. 按压按键和测量插座电压

按压显示板组件上的“应急开关”按键，见图 7-3 左图，室内机蜂鸣器不响、导风板不动、室内风机不运行、指示灯不亮，即没有任何反应，也表明室内机主板 CPU 没有工作。

使用万用表交流电压档，见图 7-3 右图，测量插座电压，如果为交流 0V，则说明空调器没有供电，主要检查用户的断路器和空调器插座等，检查故障并排除；如果为 220V，则说明供电正常，本例实测为 224V，说明插座电压正常。

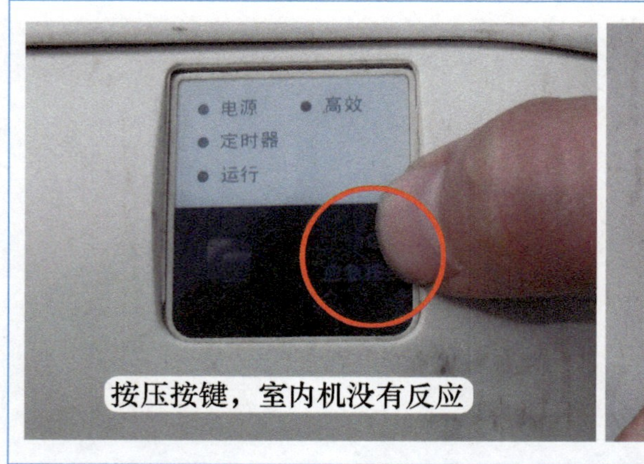

图 7-3　按压按键和测量插座电压

3. 测量插头和熔丝管阻值

由于变压器一次绕组与交流 220V 电源并联，所以测量插头 L、N 阻值相当于测量一次绕组阻值，见图 7-4 左图，使用万用表电阻档，测量插头 L、N 阻值为无穷大，需要重点检查变压器一次绕组阻值和熔丝管（俗称保险管）阻值。

断开空调器电源，取下室内机外壳，抽出主板，首先查看熔丝管，目测内部熔丝没有熔断，初步判断正常，为准确判断，使用万用表电阻档，测量熔丝管阻值，见图 7-4 右图，实测约为 0Ω，确定熔丝管正常。

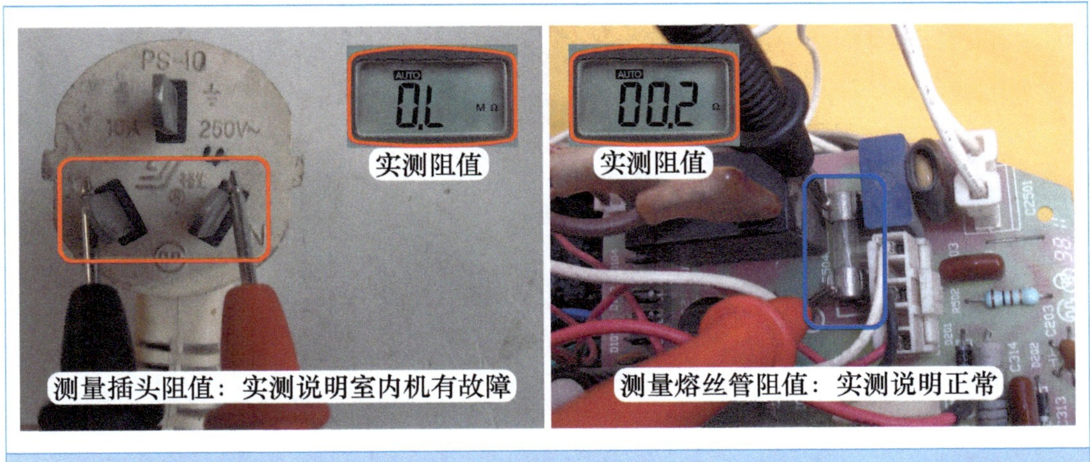

图 7-4 测量插头和熔丝管阻值

4. 测量变压器绕组阻值

使用万用表电阻档，测量变压器绕组阻值，测量时应将变压器一次绕组和二次绕组插头从主板上拔下单独测量，见图 7-5，实测一次绕组阻值为无穷大，二次绕组阻值为 1.6Ω，说明变压器一次绕组开路损坏。

➡ 说明：如果测量一次绕组阻值正常（为 300 ～ 700Ω），应当测量电源线阻值。

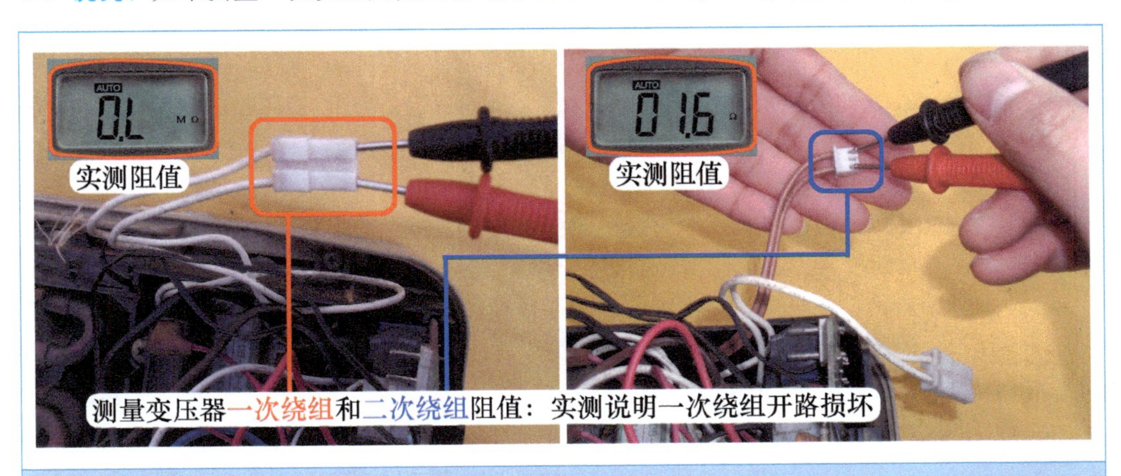

图 7-5 测量变压器一次绕组和二次绕组阻值

➡ 维修措施：见图 7-6 左图和中图，更换变压器，更换后将空调器接通电源，导风板自动关闭，说明 CPU 已经开始工作，也间接说明室内机主板直流 12V 和 5V 电压正常。按压遥控器上的“开关”按键，蜂鸣器响一声后，导风板打开，室内风机运行，室外风机和压缩机也开始运行，空调器制冷恢复正常，故障被排除。

拔下空调器电源插头，使用万用表电阻档，见图 7-6 右图，测量插头 L 和 N 阻值，实测为 337Ω。

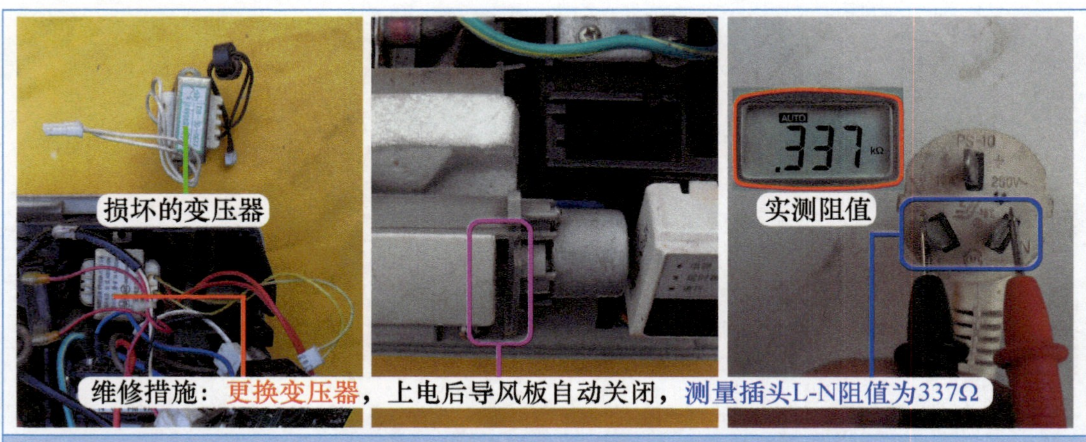

图 7-6　更换变压器后上电试机和测量插头阻值

总　结：

变压器一次绕组开路引起空调器上电无反应故障，在实际维修中占到很大的比例，本例检修思路和定频空调器基本相同，按定频空调器上电无反应故障的检修步骤，同样可以检查出故障根源。

二、接收器损坏，不接收遥控器信号

➡ **故障说明：** 海信 KFR-2601GW/BP 挂式交流变频空调器，将电源插头插入插座，导风板自动关闭，使用遥控器开机时，室内机没有反应。

1. 按压按键开机和检测遥控器

见图 7-7 左图，按压显示板组件上的“应急开关”按键，导风板自动打开，室内风机运行，制冷正常，判断故障为遥控器损坏或接收器损坏。

打开手机的摄像功能，见图 7-7 右图，并将遥控器发射头对准手机的摄像头，按压遥控器上的“开关”按键，在手机屏幕上能观察到遥控器发射头发出的白光，说明遥控器正常，判断故障在接收器电路。

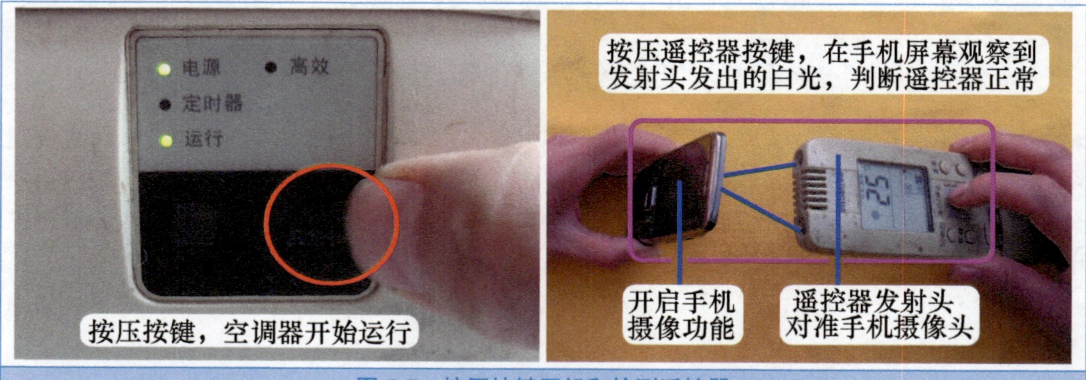

图 7-7　按压按键开机和检测遥控器

2. 测量接收器电源和信号引脚电压

使用万用表直流电压档，见图 7-8 左图，黑表笔接接收器地（GND）引脚，红表笔接电源引脚（VCC、供电）测量电压，正常为 5V，实测为 5V，说明供电电压正常。

见图 7-8 右图，黑表笔仍旧接地，红表笔接信号引脚（OUT、输出）测量电压，在静态即不接收遥控器信号时应接近供电电压 5V，而实测约为 3V，初步判断接收器出现故障。

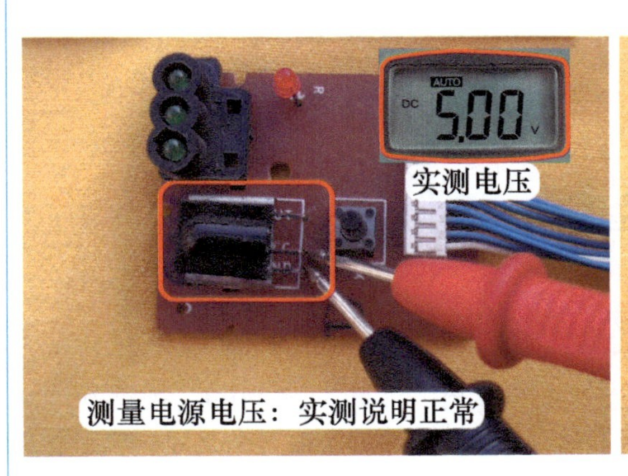

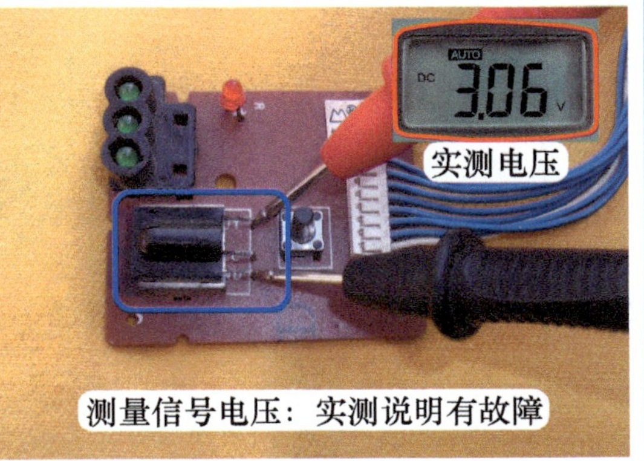

图 7-8 测量接收器电源和信号引脚电压

3. 动态测量接收器信号引脚电压

见图 7-9，按压遥控器上的“开关”按键，动态测量接收器信号引脚电压，接收器在接收遥控器信号的同时应有电压下降过程，而实测不变一直恒定约为 3V，确定接收器损坏。

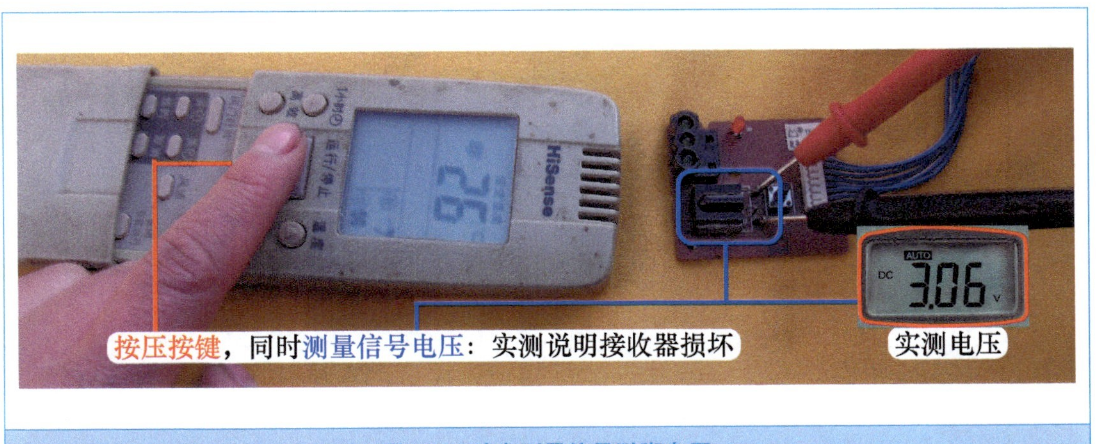

图 7-9 动态测量信号引脚电压

➡ **维修措施：**见图 7-10，本机接收器型号为 0038，更换接收器后按压遥控器上的“开关”按键，室内机主板蜂鸣器响一声后，导风板打开，室内风机运行，制冷正常，不接收遥控器信号故障被排除。

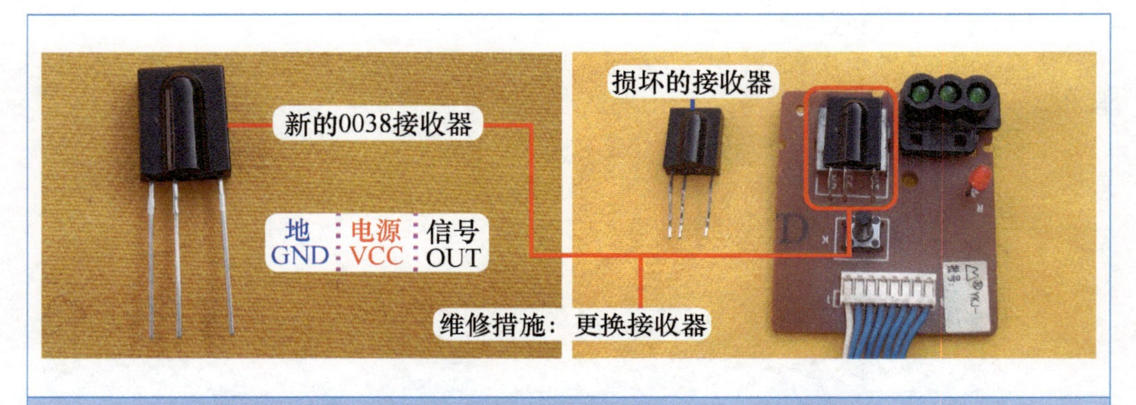

图 7-10 更换 0038 接收器

三、连接线接错，海信空调器报通信故障

➡ 故障说明：海信 KFR-26GW/11BP 挂式交流变频空调器，移机安装后开机，室内机主板向室外机供电，但室外机不运行，同时空调器不制冷。按压遥控器上的“传感器切换”键两次，显示板组件上“运行（蓝）- 电源”指示灯点亮，查看代码含义为通信故障。

1. 测量接线端子电压

使用万用表直流电压档，见图 7-11 左图，黑表笔接室内机接线端子上 2 号 N 端，红表笔接 4 号 S 端测量通信电压，将空调器接通电源但不开机（即处于待机状态），实测为直流 24V，说明室内机主板通信电压产生电路正常。

使用遥控器开机，室内机主控继电器触点闭合为室外机供电，见图 7-11 右图，通信电压由直流 24V 上升至 30V 左右，而不是正常的 0 ~ 24V 跳动变化的电压，说明通信电路出现故障。使用万用表交流电压档，测量 1 号 L 端和 2 号 N 端电压为交流 220V，也说明室内机主板已输出供电。

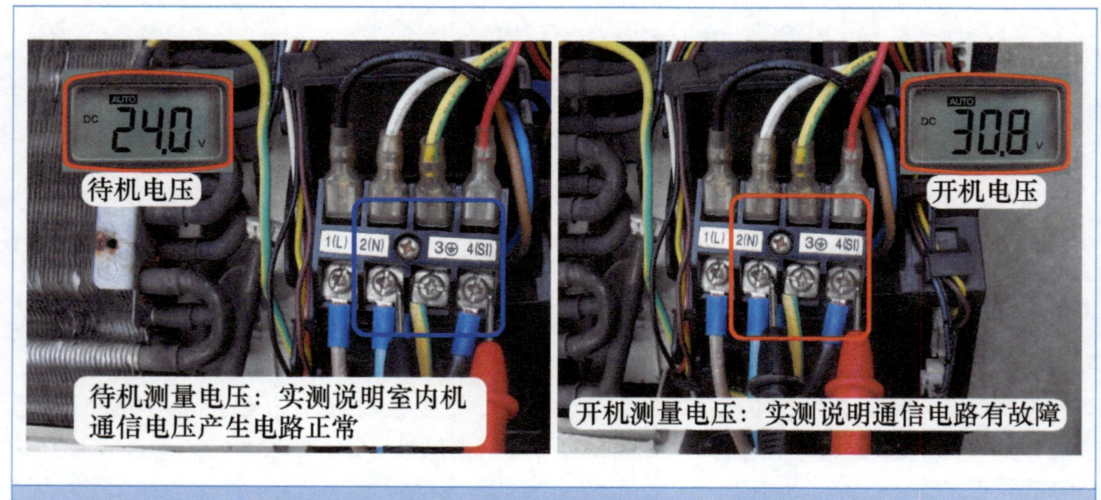

图 7-11 测量室内机接线端子通信电压

2. 测量室外机接线端子电压

使用万用表交流电压档，黑表笔接室外机接线端子 1 号 L 端，红表笔接 2 号 N 端测量电压，实测为交流 220V，说明室内机主板输出的交流供电已送至室外机。

使用万用表直流电压档，见图 7-12 左图，黑表笔接 2 号 N 端，红表笔接 4 号 S 端，测量通信电压约为直流 0V，说明通信信号未传送至室外机通信电路。由于室内机接线端子 2 号 N 端和 4 号 S 端有通信电压 24V，而室外机通信电压为 0V，说明通信信号出现断路。

见图 7-12 右图，红表笔接 4 号 S 端子，黑表笔接 1 号 L 端测量电压，正常应接近 0V，而实测为直流 30V，和室内机接线端子中的 2 号 N 端 -4 号 S 端电压相同，由于是移机的空调器，应检查室内外机连接线是否对应。

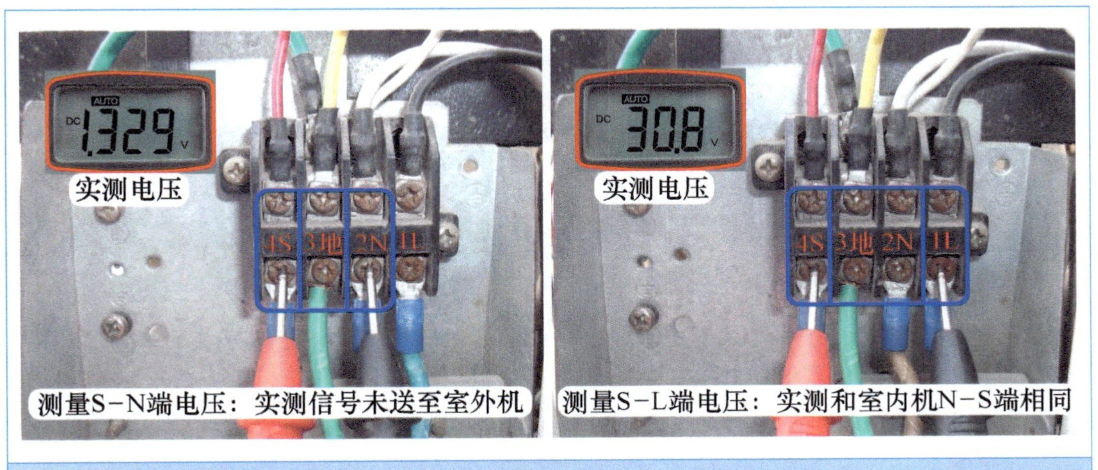

图 7-12 测量室外机 S-N 端和 S-L 端电压

3. 查看室内机和室外机接线端子引线颜色

断开空调器电源，此机原配引线足够长，中间未加长引线，仔细查看室内机和室外机接线端子上的引线颜色，见图 7-13，发现为 1 号 L 端和 2 号 N 端的引线接反。

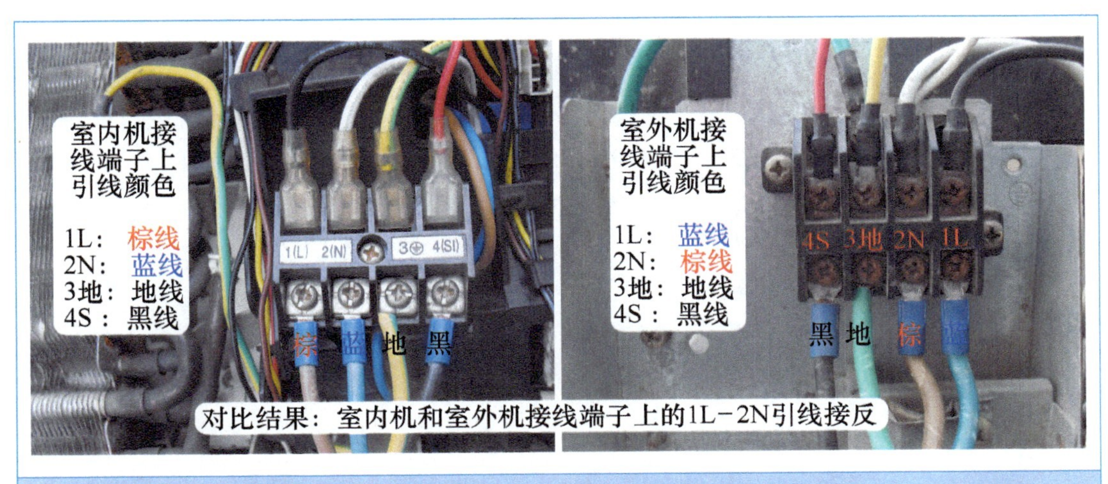

图 7-13 查看室内机和室外机接线端子上的引线颜色

➡ **维修措施：** 对调室外机接线端子上的 1 号 L 端和 2 号 N 端引线位置，使室外机与室内机引线相对应，再次上电开机，室外机运行，空调器开始制冷，测量 2 号 N 端和 4 号 S 端的通信电压在直流 0 ～ 24V 之间跳动变化。

总 结：

① 通信电压直流 24V 正极由电源 L 线降压、整流，与电源 N 线构成回路，因此 2 号 N 线具有双重作用，既和 1 号 L 线组合为交流 220V 为室外机供电，又和 4 号 S 线组合为室内机和室外机的通信电路提供回路。

② 本例 1 号 L 线和 2 号 N 线接反后，由于交流 220V 无极性之分，因此室外机的直流 300V、5V 电压均正常，但室外机通信电路的公共端为电源 L 线，与 4 号 S 线不能构成回路，通信电路中断，造成室外机不运行，室内机 CPU 因接收不到通信信号，约 2min 后停止为室外机供电，并报故障代码为“通信故障”。

③ 遇到开机后室外机不运行、报代码为“通信故障”时，如果为新装机或刚移机未使用的空调器，应检查室内机和室外机的连接线是否对应。

第二节 室外机故障

一、20A 熔丝管开路，海信空调器报通信故障

➡ **故障说明：** 海信 KFR-60LW/29BP 柜式交流变频空调器，用遥控器开机后室外风机和压缩机均不运行，空调器不制冷。

1. 测量室内机接线端子电压

取下室内机进风格栅和电控盒盖板，将空调器接通电源但不开机（即处于待机状态），使用万用表直流电压档，见图 7-14 左图，黑表笔接 2 号零线 N 端子，红表笔接 4 号通信 S 端子测量电压，实测为 24V，说明室内机主板通信电压产生电路正常。

万用表的表笔不动，使用遥控器开机，听到室内机主板继电器触点闭合的声音，说明已经向室外机供电，见图 7-14 右图，但实测通信电压仍为 24V 不变，而正常应为 0 ～ 24V 跳动变化的电压，判断室外机由于某种原因没有工作。

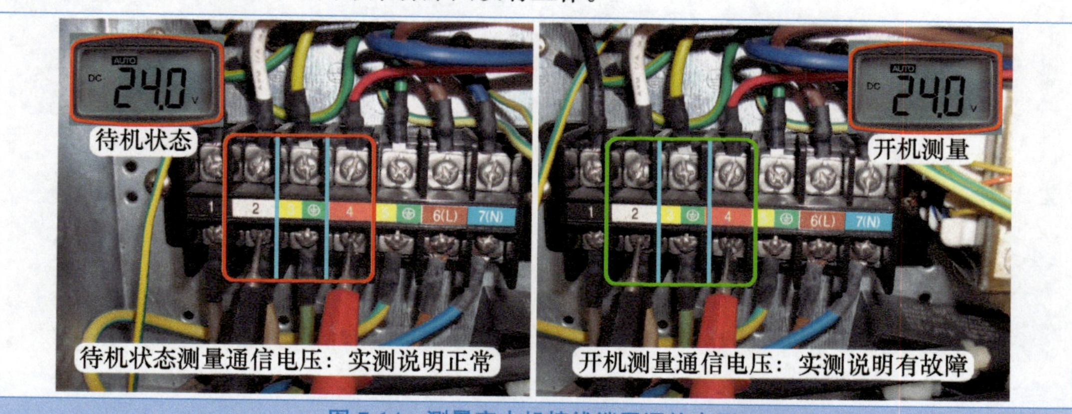

图 7-14 测量室内机接线端子通信电压

2. 测量室外机接线端子电压

检查室外机，见图 7-15 左图，使用万用表交流电压档测量接线端子上 1 号相线 L 端和 2 号零线 N 端电压为交流 220V，使用万用表直流电压档测量 2 号零线 N 端和 4 号通信 S 端电压为直流 24V，说明室内机主板输出的交流 220V 和通信 24V 电压已送到室外机接线端子。

见图 7-15 右图，观察室外机电控盒上方设有 20A 熔丝管，使用万用表交流电压档，黑表笔接 2 号零线 N 端，红表笔接熔丝管输出端引线测量电压，正常为 220V，而实测为 0V，判断熔丝管出现开路故障。

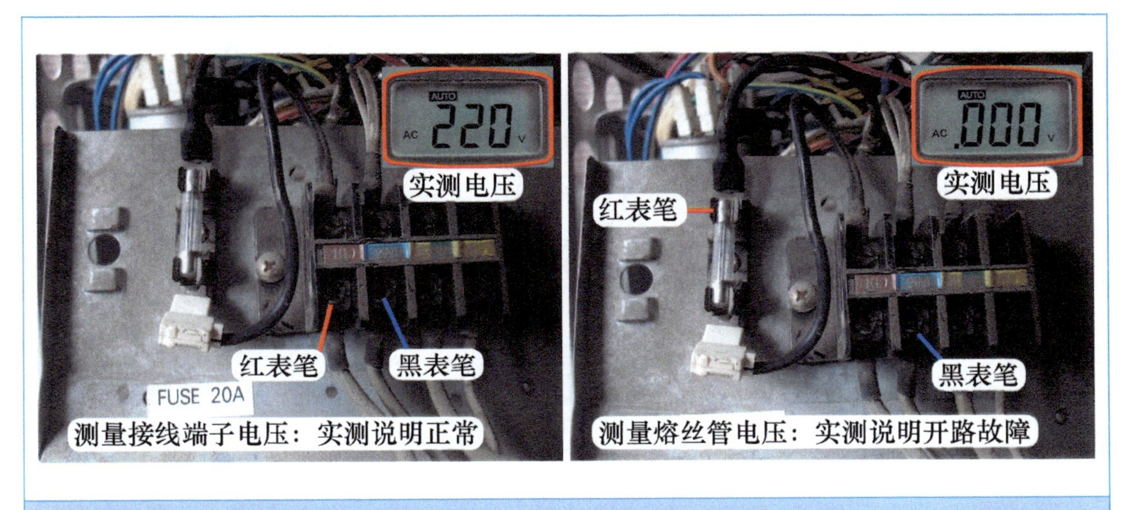

图 7-15　测量室外机接线端子和熔丝管后端电压

3. 查看熔丝管

断开空调器电源，取下熔丝管，见图 7-16 左图，发现一端焊锡已经断开，烧出一个大洞，使得内部熔丝与外壳金属脱离，表现为开路故障。

正常熔丝管接口处焊锡平滑，焊点良好，见图 7-16 右图，也说明本例熔丝管开路为自然损坏，不是由于过电流或短路故障引起。

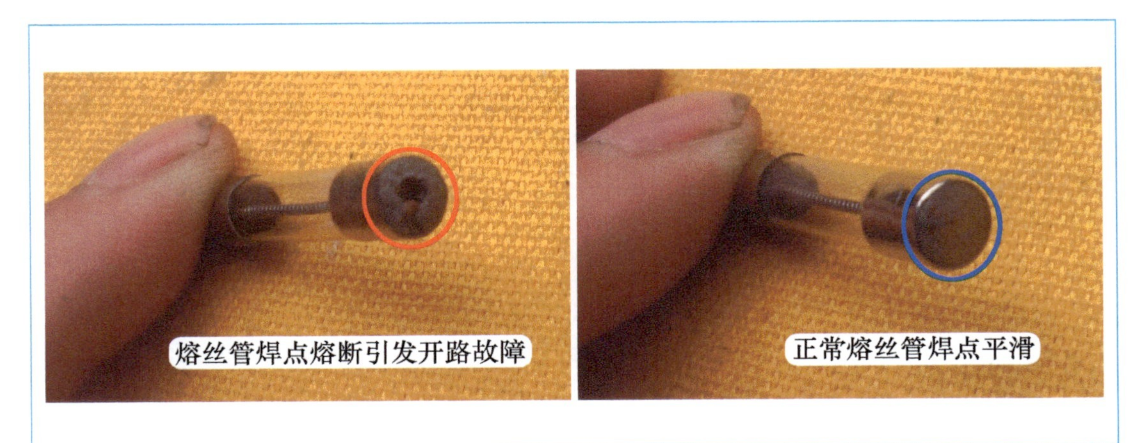

图 7-16　损坏的熔丝管和正常的熔丝管

4. 应急试机

为检查室外机是否正常，应急为室外机供电，见图 7-17 左图，将熔丝管管座的输出端引线拔下，直接插在输入端子上，相当于短接熔丝管，再次上电开机，室外风机和压缩机均开始运行，空调器制冷良好，判断只是熔丝管损坏。

➡ 维修措施：更换熔丝管，见图 7-17 右图，更换后恢复线路上电开机，制冷正常，故障被排除。

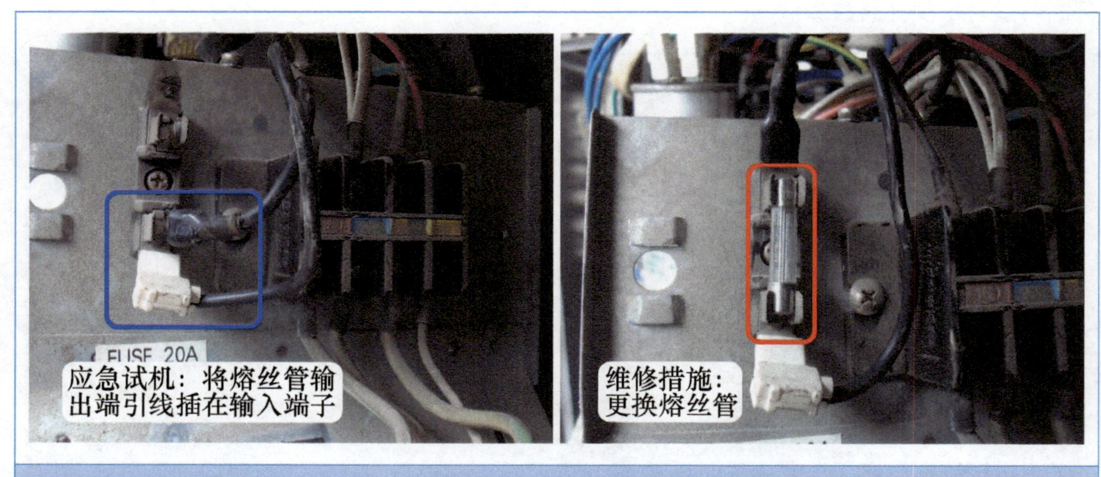

图 7-17　短接熔丝管试机和更换熔丝管

总　结：

① 熔丝管在实际维修中由于过电流引发内部熔丝开路的故障很少出现，熔丝管常见故障如本例，由于空调器运行时电流过大，熔丝发热使得焊口部位焊锡开焊而引发开路故障，并且多见于柜式空调器，也可以说是一种通病，通常出现在使用几年之后的空调器。

② 目前变频空调器熔丝管通常直接焊接在室外机主板上，可排除本例故障。

二、硅桥击穿短路，格力空调器显示 E6 代码

➡ 故障说明：格力 KFR-32GW/（32556）FNDe-3 挂式直流变频空调器（凉之静），用户反映上电开机后室内机吹出的是自然风，显示屏显示 E6 代码，查看代码含义为通信故障。

1. 查看指示灯和测量 300V 电压

上门检查，重新上电开机，室内风机运行但不制冷，约 15s 后显示屏显示 E6 代码。检查室外机，室外风机和压缩机均不运行，使用万用表交流电压档，测量接线端子 N（1）蓝线和 3 号棕线电压，实测约为 220V，说明室内机主板已向室外机输出供电。使用万用表直流电压档，黑表笔接 N（1）号蓝线，红表笔接 2 号黑线测量通信电压，实测约为 0V，由于通信电路专用电源由室外机提供，初步判断故障在室外机。

取下室外机外壳，查看室外机主板上的指示灯，见图 7-18 左图，发现绿灯 D2、红灯 D1、黄灯 D3 均不亮，而正常时为闪烁状态，这也说明故障在室外机。

使用万用表直流电压档，见图 7-18 右图，黑表笔接和硅桥负极水泥电阻相通的焊点（即电容负极），红表笔接快恢复二极管的负极（即电容正极）测量 300V 电压，实测约为 0V，说明强电通路出现故障。

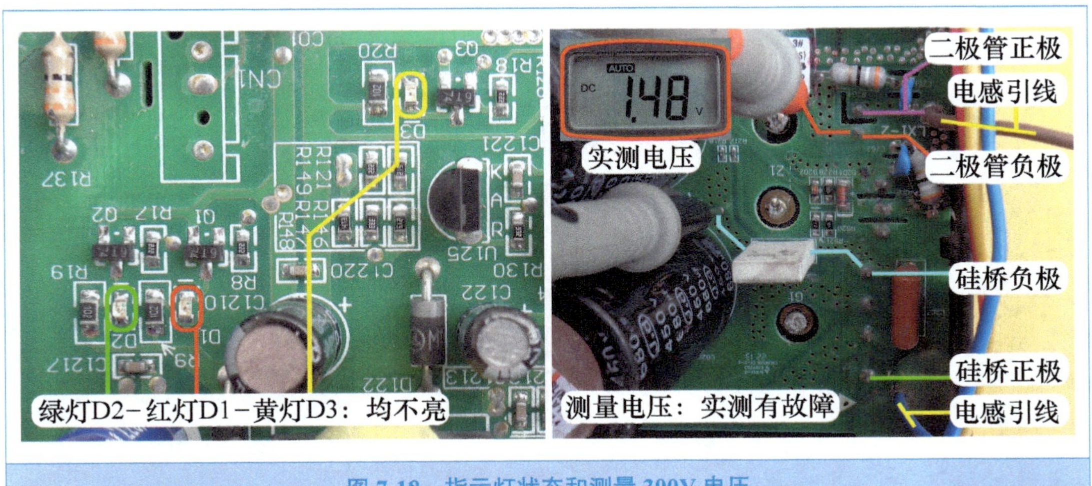

图 7-18　指示灯状态和测量 300V 电压

2. 测量硅桥输入端电压和手摸 PTC 电阻

硅桥位于室外机主板的右侧最下方位置，其共有 4 个引脚，中间的两个引脚为交流输入端（~1 引脚接电源 N 端、~2 引脚经 PTC 电阻和主控继电器触点接电源 L 端），上方引脚接水泥电阻为负极（经水泥电阻接电容负极），下方引脚接滤波电感引线（图中为蓝线）为正极，经 PFC 升压电路（滤波电感、快恢复二极管、IGBT）接电容正极。

将万用表档位改为交流电压档，见图 7-19 左图，表笔接中间两个引脚测量交流输入端电压，实测约为 0V，正常应为市电 220V 左右。

为区分故障部位，见图 7-19 右图，用手摸 PTC 电阻表面，感觉很烫，说明其处于开路状态，判断为强电负载有短路故障。

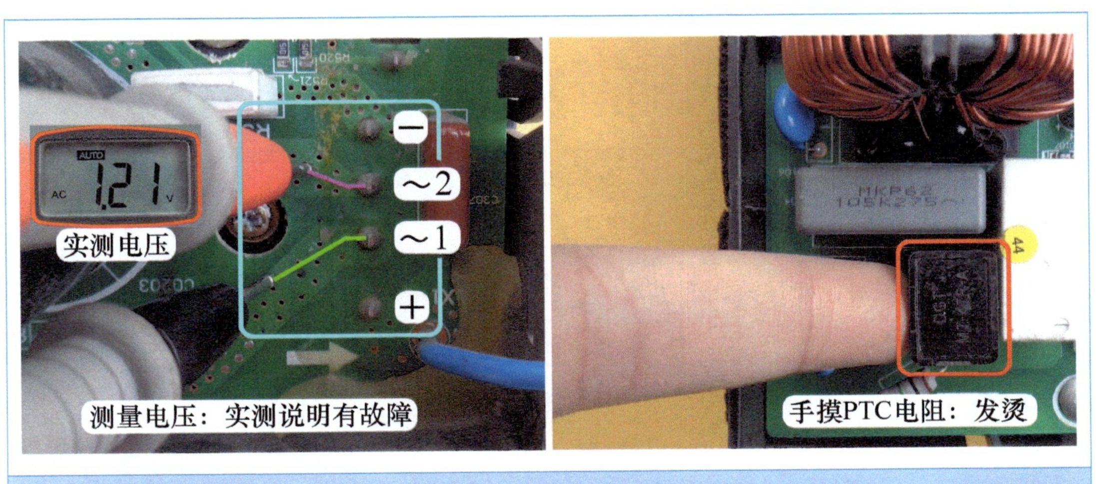

图 7-19　测量硅桥输入端电压和手摸 PTC 电阻

3. 300V 负载主要部件

直流 300V 负载主要部件见图 7-20，电路原理图见图 7-21，由模块 IPM、快恢复二极管 D203、IGBT Z1、硅桥 G1、电容 C0202 和 C0203 等组成，安装在室外机主板上的右侧位置，最上方为模块、向下依次为二极管和开关管，最下方为硅桥，两个滤波电容安装在靠近右侧的下方位置。

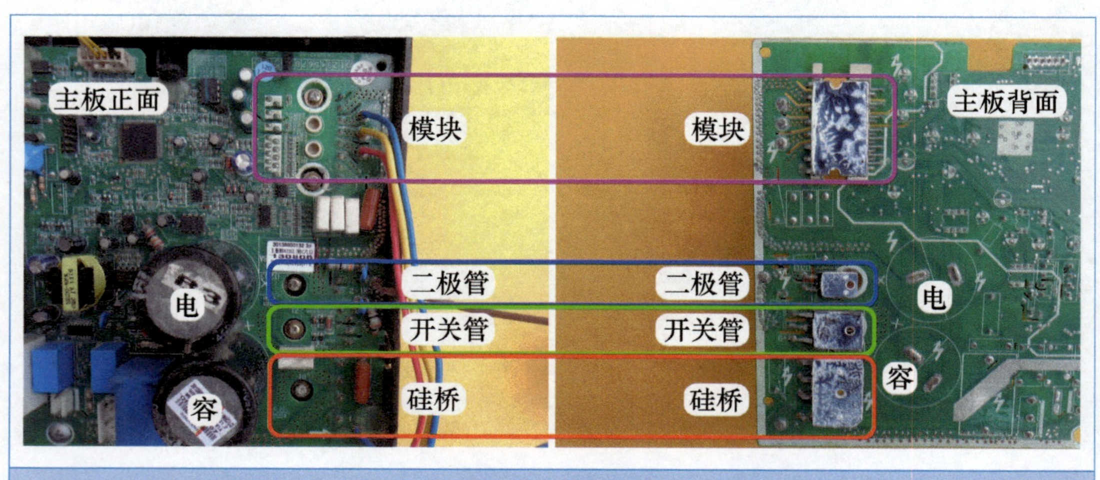

图 7-20　300V 负载主要部件

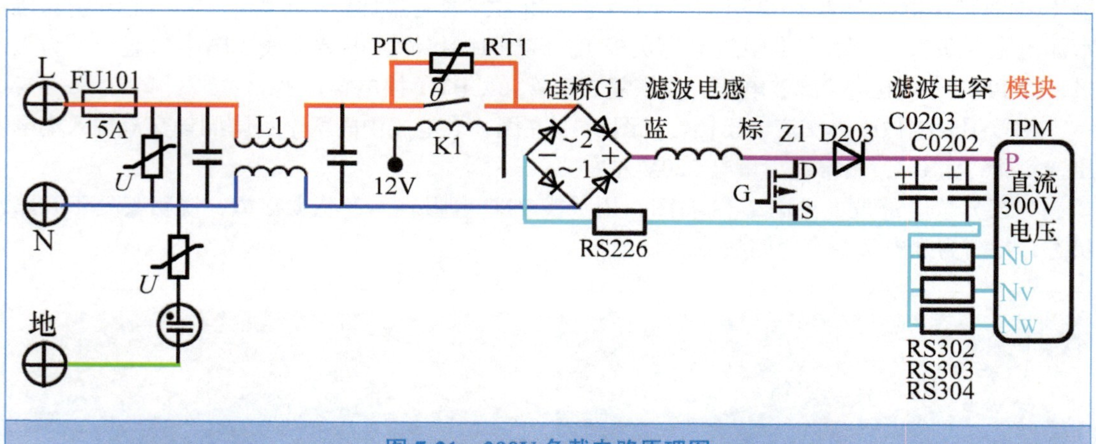

图 7-21　300V 负载电路原理图

4. 测量模块

断开空调器电源，使用万用表直流电压档测量滤波电容 300V 电压，确认约为 0V 时，再使用万用表二极管档，测量模块是否正常，测量前应拔下滤波电感的两根引线和压缩机的 3 根引线（或对接插头）。测量模块时主要测量 P、N、U、V、W 共 5 个引脚，假如主板未标识引脚功能，可按以下方法判断。

P 端为正极接 300V 正极，和电容正极引脚相通，比较明显的标识是，和引脚相连的铜箔走线较宽且有很多焊孔（或者焊孔已镀上焊锡）；假如铜箔走线在主板背面，可使用万用表电阻档，测量电容正极（或300V熔丝管）和模块阻值为0Ω 的引脚即为P端。

N端为负极接300V负极地，通常通过1个或3个水泥电阻接电容负极，因此和水泥电阻相通的引脚为N端，目前模块通常设有3个引脚，只使用1个水泥电阻时3个N端引脚相通，使用3个水泥电阻时，3个引脚分别接3个水泥电阻，但测量模块时只接其中1个引脚即为N端。

U、V、W端为负载输出，比较好判断，和压缩机引线或接线端子相通的3个引脚依次为U、V、W端。

见图7-22左图，红表笔接N端，黑表笔接P端，实测为475mV（0.475V），表笔反接即（红表笔接P端、黑表笔接N端），实测为无穷大，说明P、N端正常。

见图7-22中图，红表笔接N端，黑表笔分别接U、V、W端，3次实测均为446mV，表笔反接（即红表笔分别接U、V、W端、黑表笔接N端），3次实测均为无穷大，说明N端和U、V、W端正常。

见图7-22右图，红表笔分别接U、V、W端，黑表笔接P端，3次实测均为447mV（实际显示446或447），表笔反接（即红表笔接P端、黑表笔分别接U、V、W端），3次实测均为无穷大，说明P端和U、V、W端正常。

根据上述测量结果，判断模块正常，无短路故障。

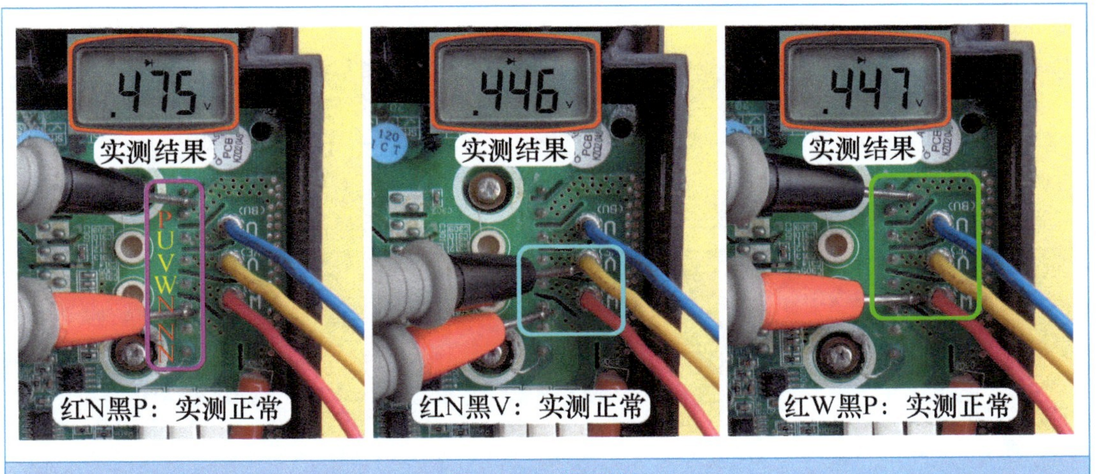

图7-22 测量模块

5. 测量开关管和二极管

IGBT Z1共有3个引脚，源极S、漏极D、门极G。S和D与直流300V并联，漏极D接硅桥正极连接的滤波电感引线另一端（棕线），相当于接正极，源极S接电容负极。见图7-23左图，测量时使用万用表二极管档，红表笔接D（电感棕线），黑表笔接S实测为无穷大，红表笔接S，黑表笔接D实测为无穷大，没有出现短路故障，说明开关管正常。

快恢复二极管D203共有两个引脚，正极接硅桥正极连接的滤波电感引线另一端（棕线），负极接电容正极。测量时使用万用表二极管档，见图7-23右图，红表笔接正极（电感棕线），黑表笔接负极，正向测量实测为308mV，红表笔接负极，黑表笔接正极，反向测量实测为无穷大，两次实测说明二极管正常。

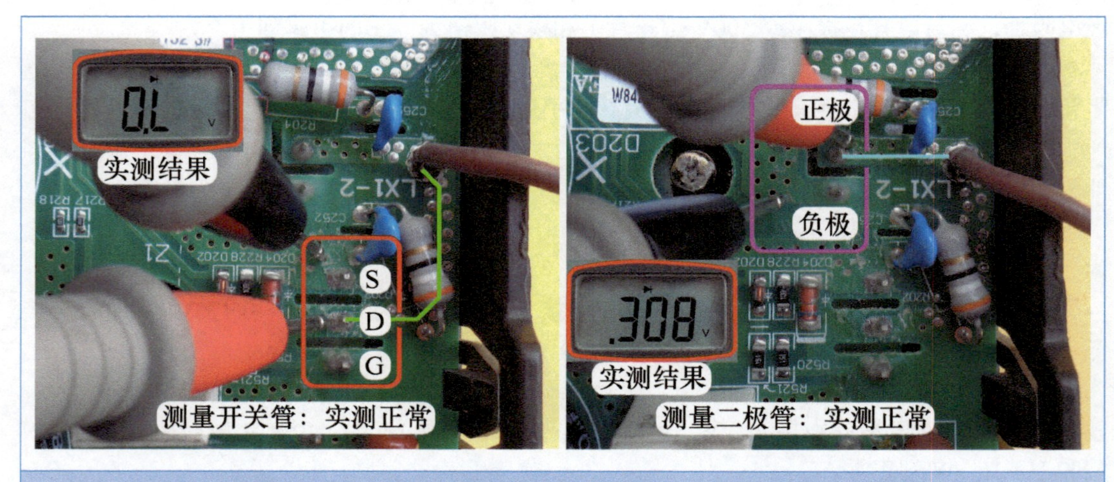

图 7-23　测量开关管和二极管

6. 在路测量硅桥

测量硅桥 G1 依旧使用万用表二极管档，见图 7-24 左图，红表笔接负极（ – ），黑表笔接交流输入端 ~ 2，实测为 479mV，说明正常。

红表笔依旧接负极（ – ），黑表笔接 ~ 1，见图 7-24 中图，实测接近 0mV，正常时应正向导通，结果和红表笔接负极（ – ），黑表笔接 ~ 2 时相等为 479mV。

见图 7-24 右图，红表笔接 ~ 1，黑表笔接正极（ + ），实测为接近 0mV，正常时应正向导通，结果和红表笔接负极（ – ），黑表笔接 ~ 2 时相等为 479mV，根据两次实测均为 0mV，说明硅桥短路损坏。

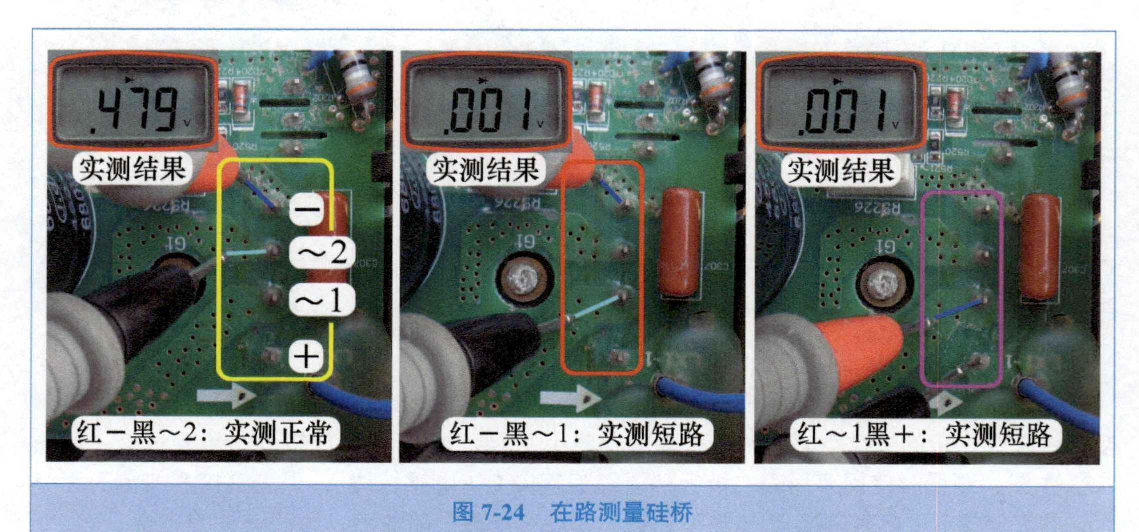

图 7-24　在路测量硅桥

7. 单独测量硅桥

取下固定模块的两个螺钉、快恢复二极管的 1 个螺钉、IGBT 的 1 个螺钉、硅桥的 1 个螺钉共 5 个安装在散热片的螺钉，以及固定室外机主板的自攻螺钉，在室外机电控盒中取下室外机主板，使用电烙铁焊下硅桥，型号为GBJ15J，见图7-25左图，使用万用表二极管档，单独测量硅桥，红表笔接负极（-），黑表笔接~1时，实测仍接近0mV，排除室外机主板短路故障，确定硅桥短路损坏。

测量型号为D15XB60的正常配件硅桥，见图7-25中图和右图，红表笔接负极（-），黑表笔分别接~1和~2，两次实测均为480mV，表笔反接为无穷大；红表笔接负极（-），黑表笔接正极（+），实测为848mV，表笔反接为无穷大；红表笔分别接~1和~2，黑表笔接正极（+），两次实测均为480mV，表笔反接为无穷大。

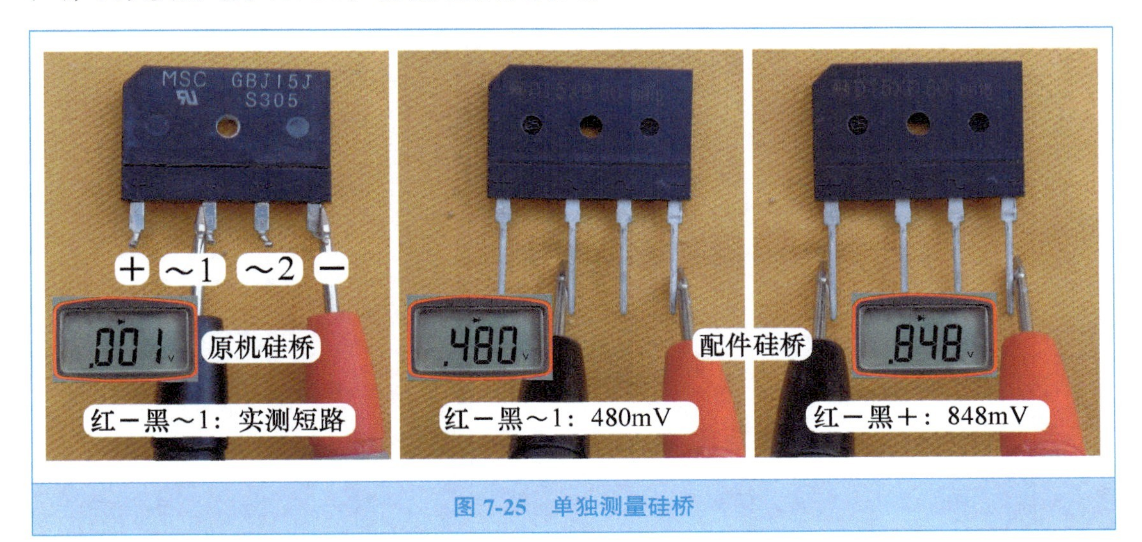

图7-25　单独测量硅桥

8. 安装硅桥

参照原机硅桥引脚，见图7-26左图和中图，首先将配件硅桥的4个引脚掰弯，再使用尖嘴钳子剪断多余的引脚，使配件硅桥引脚长度和原机硅桥相接近。

将硅桥引脚安装至室外机主板焊孔，调整高度使其和IGBT等相同，见图7-26右图，使用电烙铁焊接4个引脚。

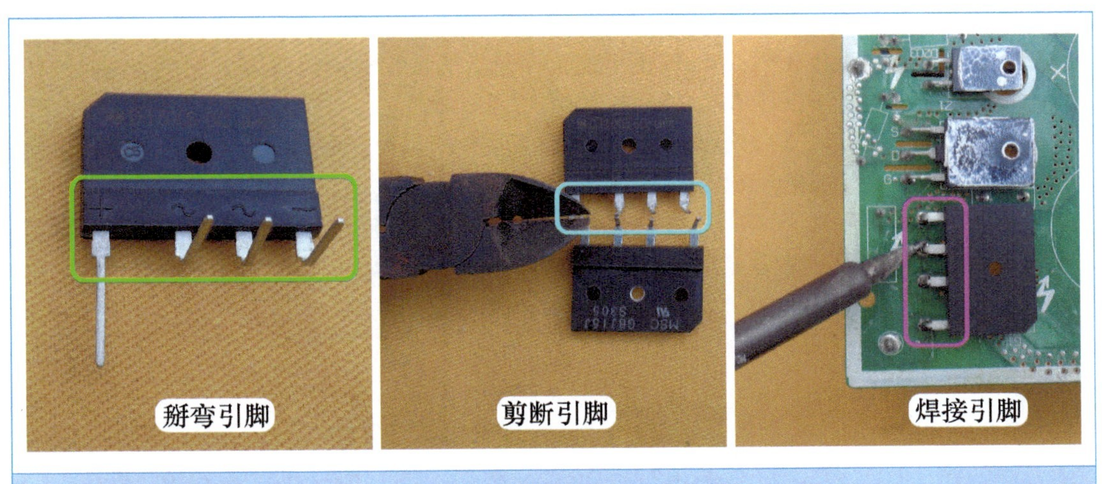

图7-26　掰弯、剪断和焊接引脚

图 7-27 左图为损坏的硅桥和焊接完成的配件硅桥。

由于硅桥运行时热量较高，见图 7-27 中图，应在表面涂抹散热硅脂，使其紧贴散热片，以降低表面温度和故障率，并同时查看模块、开关管、二极管表面的硅脂，如已经干涸时应擦掉，再涂抹新的散热硅脂至表面。

将室外机主板安装至电控盒，调整位置使硅桥、模块等的螺钉眼对准散热片的螺钉孔，见图 7-27 右图，使用螺钉旋具安装螺钉并均匀的拧紧，再安装其他的自攻螺钉。

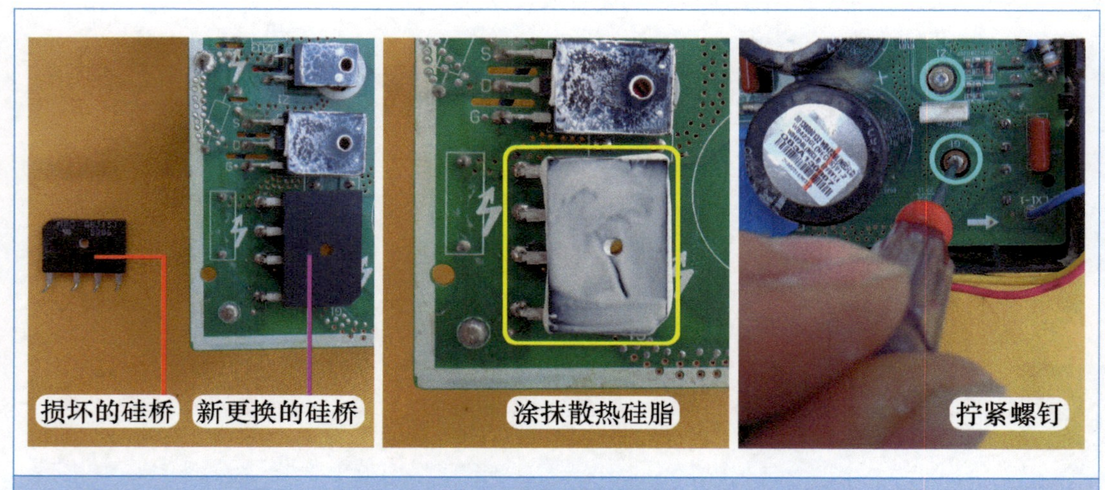

图 7-27 涂抹散热硅脂和拧紧螺钉

➡ **维修措施：**更换硅桥。更换安装完成后上电开机，测量 300V 电压恢复正常约为直流 323V，3 个指示灯按规律闪烁，室外风机和压缩机开始运行，空调器制冷恢复正常。

总 结：

① 硅桥内部设有 4 个大功率的整流二极管，本例部分损坏（即 4 个没有全部短路），在室外机主板上电时，因短路电流过大使得 PTC 电阻温度逐渐上升，其阻值也逐渐上升直至无穷大，输送至硅桥交流输入端的电压逐渐下降直至约为 0V，直流输出端电压约为 0V，开关电源电路不能工作，因而 CPU 也不能工作，不能接收和发送通信信号，室内机主板 CPU 判断为通信故障，在显示屏显示 E6 代码。

② 由于硅桥工作时通过的电流较大，表面温度相对较高，焊接硅桥时应在室外机主板正面和背面均焊接引脚焊点，以防止引脚虚焊。

③ 原机硅桥型号为 GBJ15J，其最大正向整流电流为 15A；配件硅桥型号为 D15XB60，其最大正向整流电流为 15A，最高反向工作电压为 600V，两者参数相同，因此可以进行代换。

三、模块 P-N 端子击穿，海信空调器报通信故障

➡ **故障说明：**海信 KFR-2601GW/BP 挂式交流变频空调器，用遥控器以制冷模式开机，“电

源、运行”灯亮，室内风机运行，但室外风机和压缩机均不运行，室内机指示灯显示故障代码内容为通信故障，使用万用表交流电压档测量室内机接线端子上 1 号 L 和 2 号 N 端子电压为交流 220V，说明室内机主板已输出交流电源，由于室外风机和压缩机均不运行，室内机又报出通信故障的代码，因此应检查室外机。

1. 测量直流 300V 电压和室外机主板输入电压

使用万用表直流电压档，见图 7-28 左图，黑表笔接主滤波电容负极，红表笔接正极测量直流 300V 电压，正常为 300V，实测为 0V，判断故障部位在室外机，可能为后级负载短路或前级供电电路出现故障。

向前级检查故障，使用万用表交流电压档，见图 7-28 右图，测量室外机主板输入端电压，正常为交流 220V，实测为 220V，说明室外机主板供电正常。

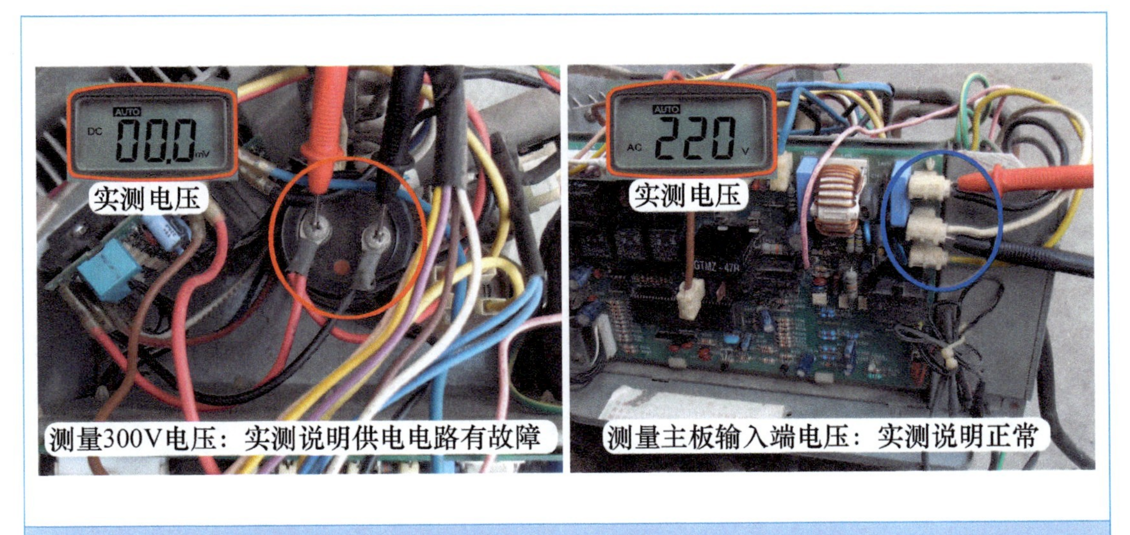

图 7-28 测量直流 300V 和室外机主板输入端电压

2. 测量硅桥交流输入端电压和手摸 PTC 电阻

使用万用表交流电压档，见图 7-29 左图，黑表笔和红表笔接硅桥的两个交流输入端子测量电压，正常为交流 220V，实测为 0V，判断直流 300V 电压为 0V 的原因由硅桥输入端无交流供电引起。

室外机主板输入电压交流 220V 正常，但硅桥输入端电压为 0V，而室外机主板输入端到硅桥的交流输入端只串接有 PTC 电阻，见图 7-29 右图，用手摸 PTC 电阻表面，感觉很烫，说明后级负载有短路故障。

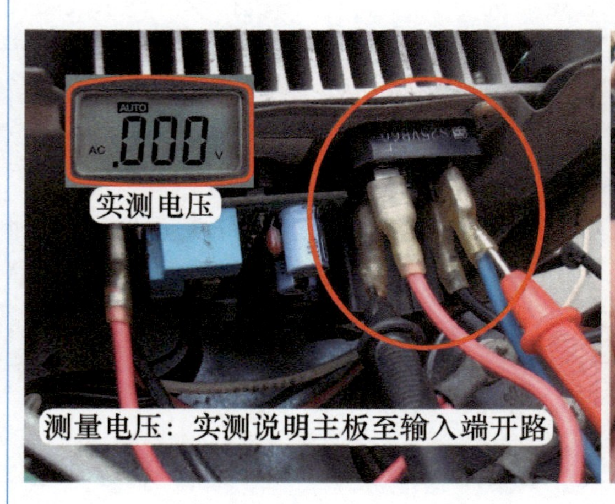

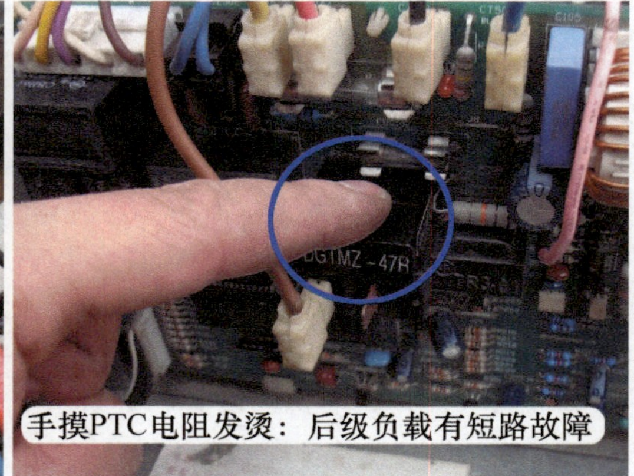

图 7-29　测量硅桥交流输入端电压和手摸 PTC 电阻

3. 断开模块 P–N 端子引线

引起 PTC 电阻发烫的原因主要是模块短路、开关电源电路的开关管击穿、硅桥击穿等。见图 7-30，拔下模块上 P 端红线和 N 端黑线，再次上电开机，使用万用表直流电压档测量直流 300V 电压已恢复正常，初步判断模块出现短路故障。

图 7-30　拔下模块 P-N 端子引线和测量直流 300V 电压

4. 测量模块

断开空调器电源，使用万用表二极管档，见图 7-31，测量 P、N 端子，模块正常时应符合正向导通、反向无穷大的特性，但实测正向和反向均为 58mV，说明模块 P、N 端子已短路。

➡ 说明：此处为使用图片清晰，将模块拆下测量；实际维修时模块不用拆下，只需要将模块 P、N、U、V、W 共 5 个端子的引线拔下，即可测量。

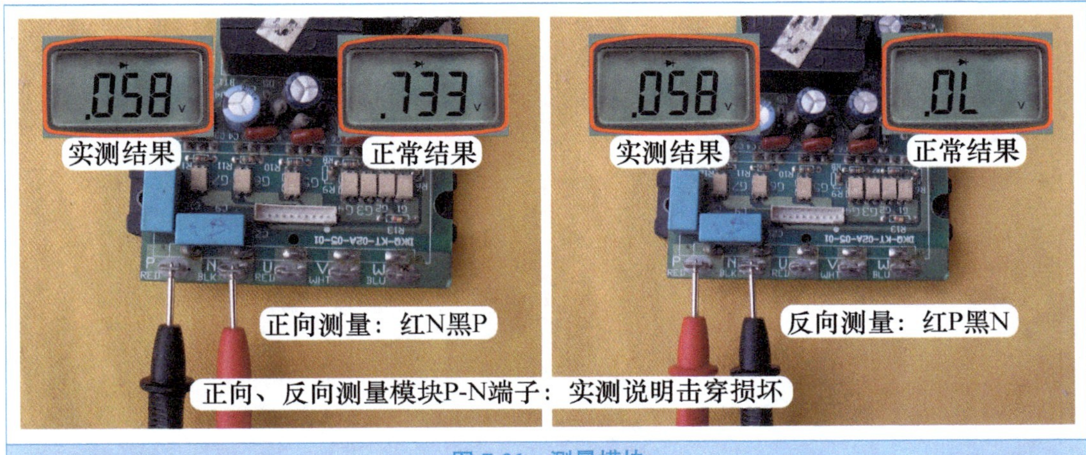

图 7-31 测量模块

➡ **维修措施：** 更换模块，见图 7-32，再次上电开机，室外风机和压缩机均开始运行，空调器开始制冷，使用万用表直流电压档测量直流 300V 电压已恢复正常。

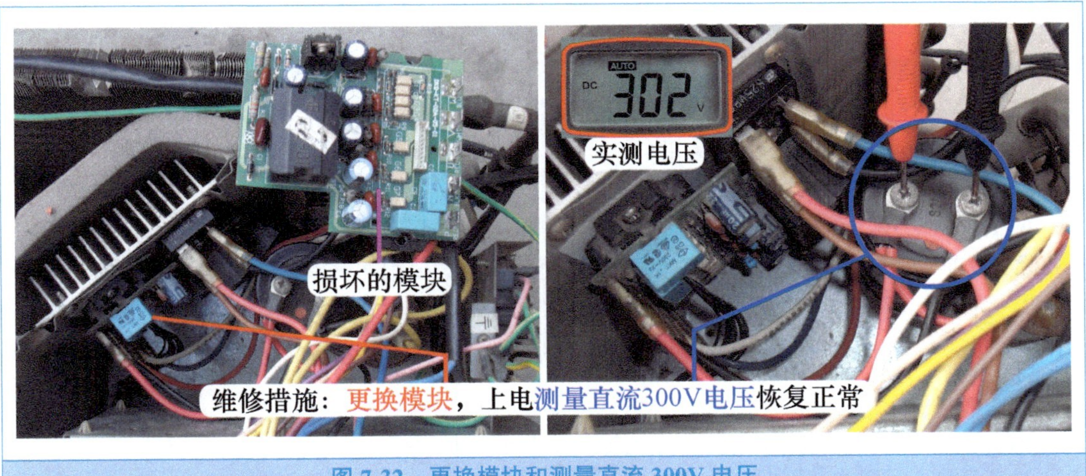

图 7-32 更换模块和测量直流 300V 电压

总 结：

本例模块 P-N 端子击穿，使得室外机上电时因负载电流过大，PTC 电阻过热，阻值变为无穷大，室外机无直流 300V 电压，室外机主板 CPU 不能工作，室内机 CPU 因接收不到通信信号，报出通信故障的故障代码。

四、 风机电容容量减小，制冷效果差

➡ **故障说明：** 海信 KFR-26GW/27BP 挂式交流变频空调器，用户反映制冷效果差，长时间开机房间温度下降很慢。

1. 测量系统运行压力和电流

查看室外机，手摸二通阀为常温、三通阀较凉，在室外机三通阀检修口接上压力表，见图

7-33 左图，测量系统运行压力约为 0.56MPa，高于正常值 0.45MPa（本机使用 R22 制冷剂）。

使用万用表交流电流档，见图 7-33 右图，钳头夹住室外机接线端子 1 号 L 相线测量室外机电流，实测约为 6A，也高于正常值（4A），实测压力和电流均高于正常值，说明冷凝器散热系统有故障，应检查室外风机转速和冷凝器是否脏堵。

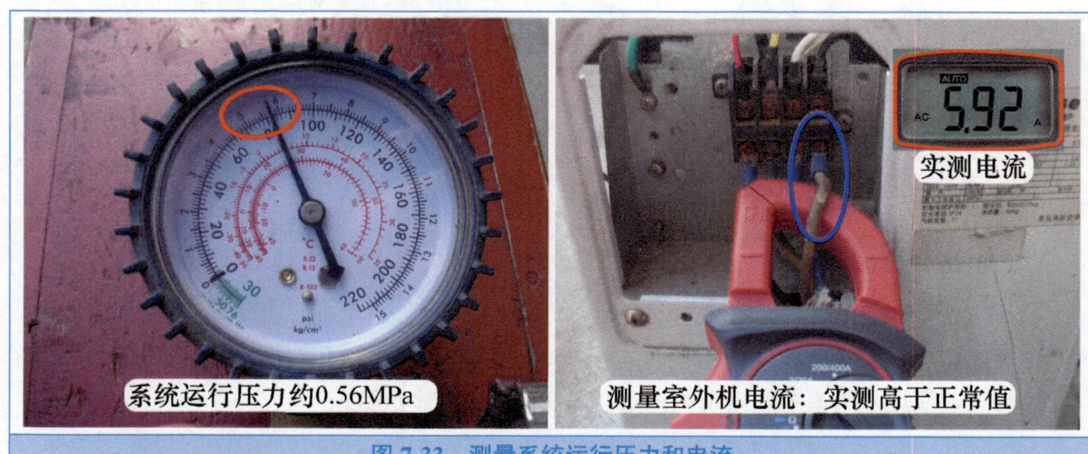

图 7-33 测量系统运行压力和电流

2. 查看冷凝器和出风口温度

观察冷凝器背面干净，并无毛絮或其他杂物，见图 7-34 左图，手摸冷凝器上部烫手、中部较热、最底部温度也高于室外温度较多，判断冷凝器散热不良，用手轻拍冷凝器背面，从出风口处几乎没有尘土吹出，排除冷凝器脏堵故障。

见图 7-34 右图，将手放在室外机出风口约 15cm 的位置，感觉出风量很小，几乎感觉不到；将手靠近出风口时，才感觉到很微弱的风量，同时吹出的风很热，综合判断室外风机转速慢。

➡ **说明：** 室外风机驱动室外风扇（轴流风扇），风从出风口的边框送出，以约 45° 的角度向四周扩散，如将手放到正中心，即使正常的空调器，也无风吹出。

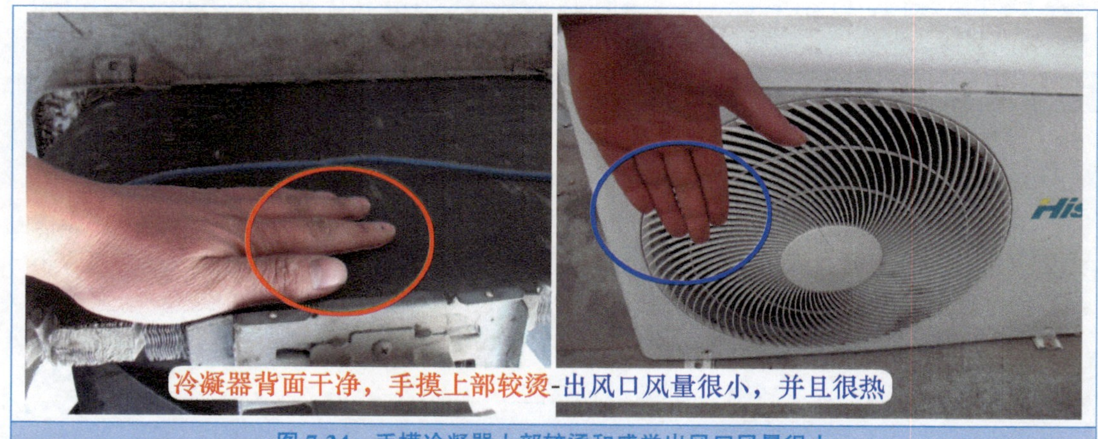

图 7-34 手摸冷凝器上部较烫和感觉出风口风量很小

3. 测量室外风机电压

取下室外机外壳，见图 7-35 左图，观察室外风机转速确实很慢。使用万用表交流电压档，测量室外风机电压，见图 7-35 右图，表笔接插座中的白线和棕线，实测为交流 220V，说明室外机主板输出供电正常。

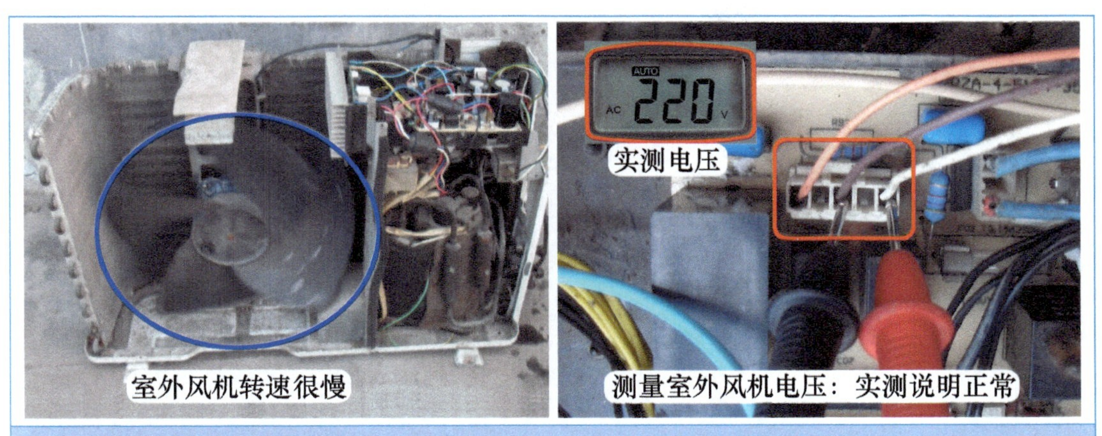

图 7-35 室外风机转速慢和测量室外风机电压

4. 测量室外风机电流

室外风机在供电电压正常的前提下转速慢，常见原因有线圈短路、电容容量变小、电机轴承缺油引起阻力大等。

见图 7-36 左图，使用万用表交流电流档，钳头夹住室外风机公共端白线，测量室外风机电流，实测约为 0.4A，和正常值基本接近，可排除线圈短路故障，因为室外风机线圈短路时电流高于正常值很多。

断开空调器电源，用手转动室外风扇，感觉无阻力，转动很轻松，排除轴承因缺油而引起的滚珠卡死或阻力大等故障，应检查室外风机电容。

5. 测量室外风机电容容量

电容容量普通万用表不能测量，应使用专用仪表或带有电容测量功能的万用表，本例选用某品牌 VC97 型万用表，将档位拨至电容测量。

拔下室外风机线圈插头，表笔接电容的两个引脚，见图 7-36 右图，显示值仅为 35nF 即 0.035μF，还不到 0.1μF，接近于无容量，而电容标称容量为 3μF，说明电容接近无容量损坏。

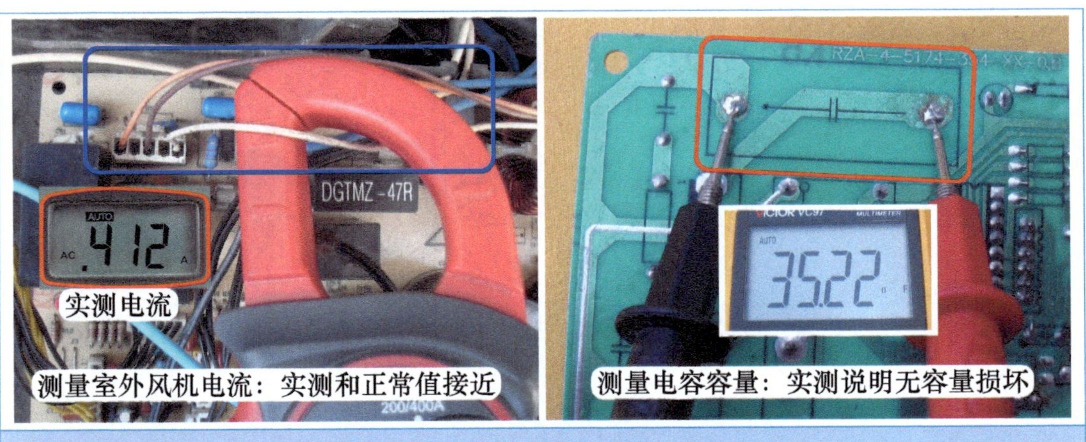

图 7-36 测量室外风机电流和电容容量

维修措施：见图 7-37，更换室外风机电容，容量为 3μF，使用电烙铁焊在室外机主板上面。

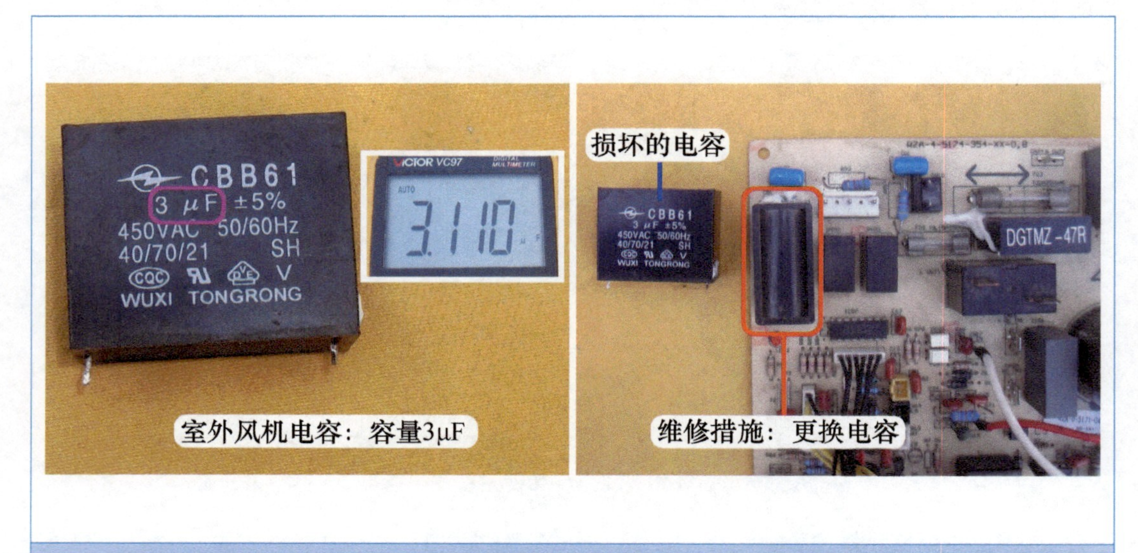

图 7-37　更换室外风机电容

更换后上电开机，室外风机和压缩机开始运行，见图 7-38 左图，目测室外风机转速明显加快，在室外机出风口约 60cm 的位置即能感觉到明显的风量。

使用万用表交流电流档，见图 7-38 右图，测量室外风机电流约为 0.3A，比更换电容前下降约 0.1A。

手摸冷凝器上部热、中部较温、下部接近室外温度，二通阀和三通阀均较凉，测量系统运行压力约为 0.45MPa，室外机运行电流约为 4.2A，室内机出风口温度较低，并且房间温度下降速度比更换前明显加快，说明空调器恢复正常，故障被排除。

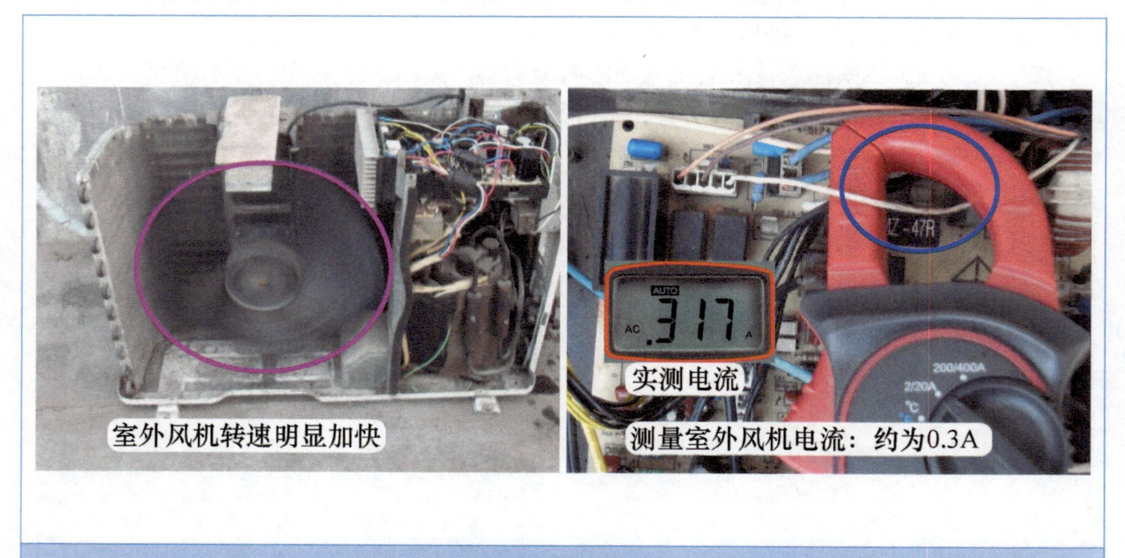

图 7-38　室外风机转速加快和测量电流

总 结：

① 室外风机容量变小或无容量故障在实际维修中出现的比例很大，通常空调器使用几年之后，室外（内）风机电容容量均会下降，由于室外风机转速下降时使用肉眼不容易判断，因此故障相对比较隐蔽，本例室外风机电容容量为 3μF，如果容量下降至 1.5μF，室外风机转速会下降，但单凭肉眼几乎很难判断。室外风机电容无容量时室外风机因无起动力矩而不能运行。

② 室外风机转速下降即转速慢时故障现象表现为：冷凝器温度高、室外机运行电流大、系统运行压力高、在室外机出风口感觉风量小且很热、二通阀不结露、制冷效果差。

③ 检修室外风机转速慢故障时，为判断故障由线圈短路或电容容量小引起，通过测量室外风机电流即可判断故障：电流很大为线圈短路，电流接近正常值为电容容量变小。

五、室外风机线圈开路，海尔空调器显示 F1 代码

➡ 故障说明：海尔 KFR-35GW/01（R2DB0）-S3 挂式直流变频空调器，用户反映不制冷，开机一段时间以后显示 F1 代码，查看代码含义为模块故障。

1. 测量室外机电流和查看室外机主板

上门检查，使用遥控器开机，在室外机 1 号 N 端零线接上电流表测量室外机电流，室内机主板向室外机供电，约 30s 后电流由 0.5A 逐渐上升，空调器开始制冷，手摸室外机开始振动，且连接管道中的细管开始变凉，说明压缩机正在运行，用手在室外机出风口感觉无风吹出，说明室外风机不运行。

在室外机运行 5min 之后，见图 7-39 左图，测量电流约为 6A 时，压缩机停止运行，查看室外机主板指示灯闪 2 次，代码含义为模块故障。

约 3min 后压缩机再次运行，但室外风机仍然不运行，手摸冷凝器烫手，判断为室外风机或室外机主板单元电路出现故障，应先检查室外风机的供电电压是否正常，因室外机主板表面涂有一层薄薄的绝缘胶，应使用万用表的表笔尖刮开涂层，见图 7-39 右图，以便万用表测量。

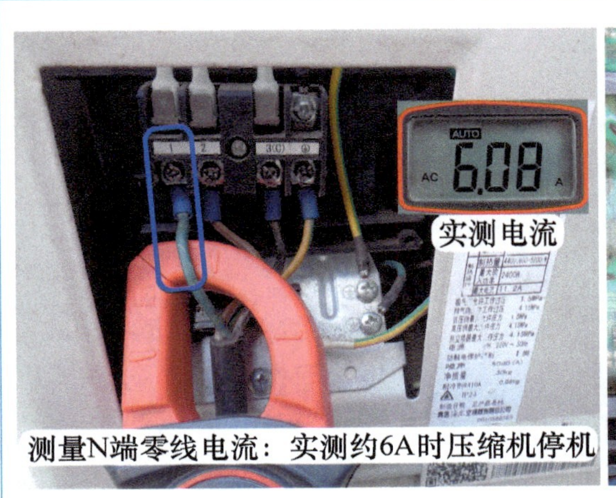

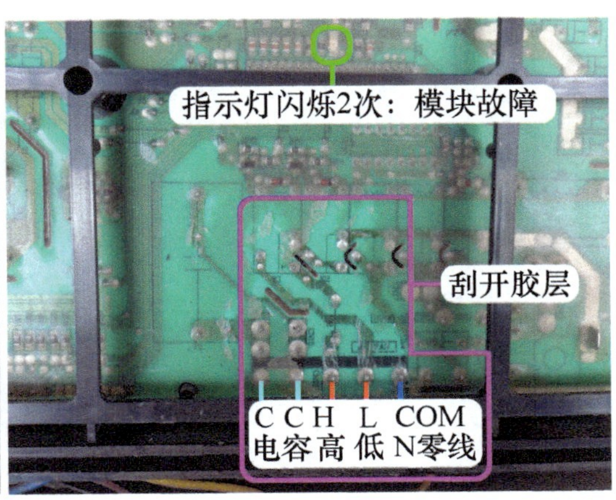

图 7-39 测量室外机电流和查看室外风机电路

2. 测量室外风机供电

使用万用表交流电压档，见图 7-40 左图，黑表笔接零线 N 端，红表笔接高风端子测量电压，实测约为 220V。

见图 7-40 右图，黑表笔接 N 端，红表笔改接低风端子测量电压，实测仍约为 220V，说明室外机主板已输出供电，排除供电电路故障。

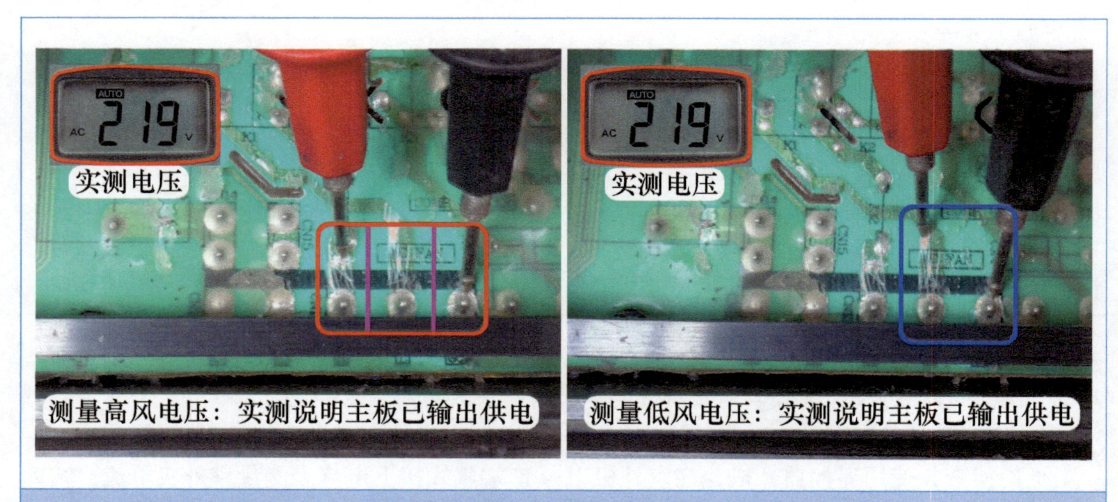

图 7-40　测量室外风机高风和低风电压

3. 用手拨动风扇

由于风机电容损坏也会引起室外风机不能运行的故障，见图 7-41，用手摸室外风扇时，感觉没有振动；再用手拨动室外风扇，仍不能运行，从而排除风机电容故障。

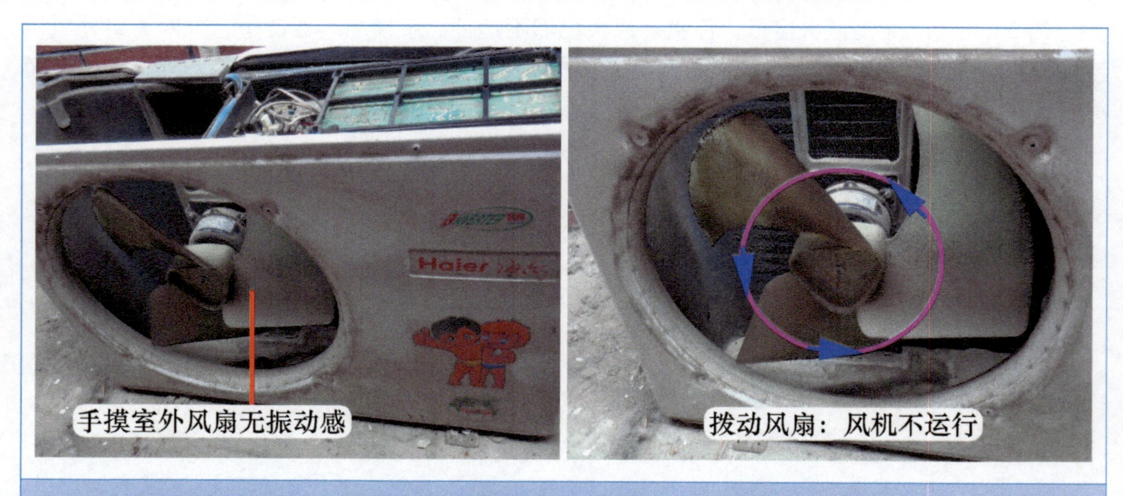

图 7-41　手摸室外风扇和拨动风扇

4. 测量室外风机引线阻值

断开空调器电源，见图 7-42，使用万用表电阻档，测量室外风机引线阻值，结果见表 7-1，测量公共端接零线 N 的白线和高风抽头黄线阻值为无穷大，白线和低风抽头的黄线阻值也为无穷大，说明室外风机内部的线圈开路损坏，可能为白线串接的温度熔丝开路。

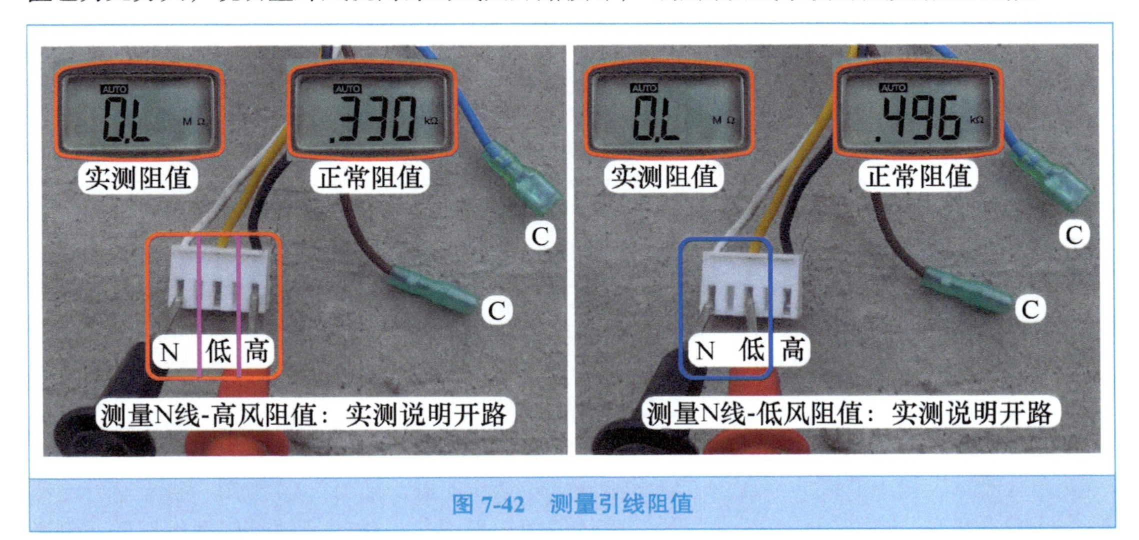

图 7-42　测量引线阻值

表 7-1　测量室外风机线圈阻值

红表笔 和 黑表笔	白线 - 黄线 N-L 公共 - 低风	白线 - 黑线 N-H 公共 - 高风	白线 - 棕线 N-C 公共 - 电容	白线 - 蓝线 （内部相通）	黄线 - 黑线 L-H 低风 - 高风	黄线 - 棕线 L-C 低风 - 电容	黑线 - 棕线 H-C 高风 - 电容
结果	无穷大	无穷大	无穷大	无穷大	166Ω	174Ω	339Ω

➡ **维修措施：**见图 7-43，更换室外风机。更换后上电开机，室外风机和压缩机均开始运行，制冷恢复正常。

图 7-43　更换室外风机

总 结：

本例室外风机线圈开路，室外机主板输出供电后不能运行，压缩机运行时冷凝器因无法散热，表面温度很高，使得压缩机运行电流迅速上升，相对应模块电流也迅速上升，超过一定值后输出保护信号至室外机 CPU，室外机 CPU 检测后停止驱动压缩机进行保护，并显示代码为模块故障。

六、 直流电机损坏，海尔空调器报直流电机故障

➡ 故障说明：卡萨帝（海尔高端品牌）KFR-72LW/01B（R2DBPQXFC）-S1 柜式全直流变频空调器，用户反映不制冷。

1. 查看室外机主板指示灯和直流电机插头

上门检查，使用遥控器开机，室内风机运行但不制冷，出风口吹出的为自然风。检查室外机，室外风机和压缩机均不运行，取下室外机外壳和顶盖，见图 7-44 左图，查看室外主板指示灯闪烁 9 次，查看代码含义为室外或室内直流电机异常。由于室内风机运行正常，判断故障在室外风机。

本机室外风机使用直流电机，用手转动室外风扇，感觉转动轻松，排除轴承卡死引起的机械损坏，说明故障在电控部分。

见图 7-44 右图，室外直流电机和室内直流电机的插头相同，均设有 5 根引线，其中红线为直流 300V 供电，黑线为地线，白线为直流 15V 供电，黄线为驱动控制，蓝线为转速反馈。

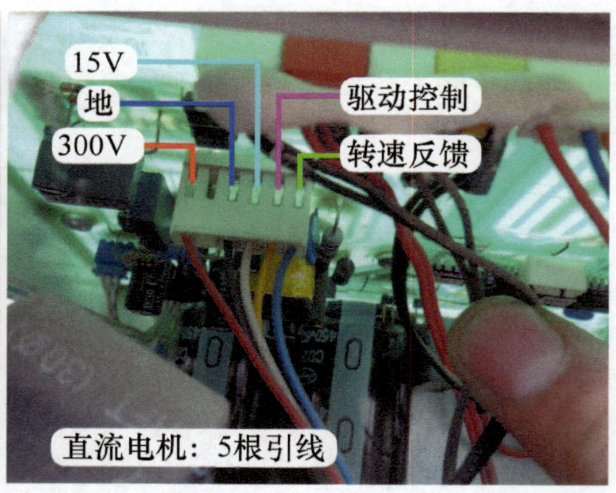

图 7-44 室外机主板指示灯闪烁 9 次和室外直流电机引线

2. 测量 300V 和 15V 电压

使用万用表直流电压档，见图 7-45 左图，黑表笔接黑线地线，红表笔接红线测量 300V 电压，实测为 312V，说明主板已输出 300V 电压。

见图 7-45 右图，黑表笔依旧接黑线地线，红表笔接白线测量 15V 电压，实测约为 15V，说明主板已输出 15V 电压。

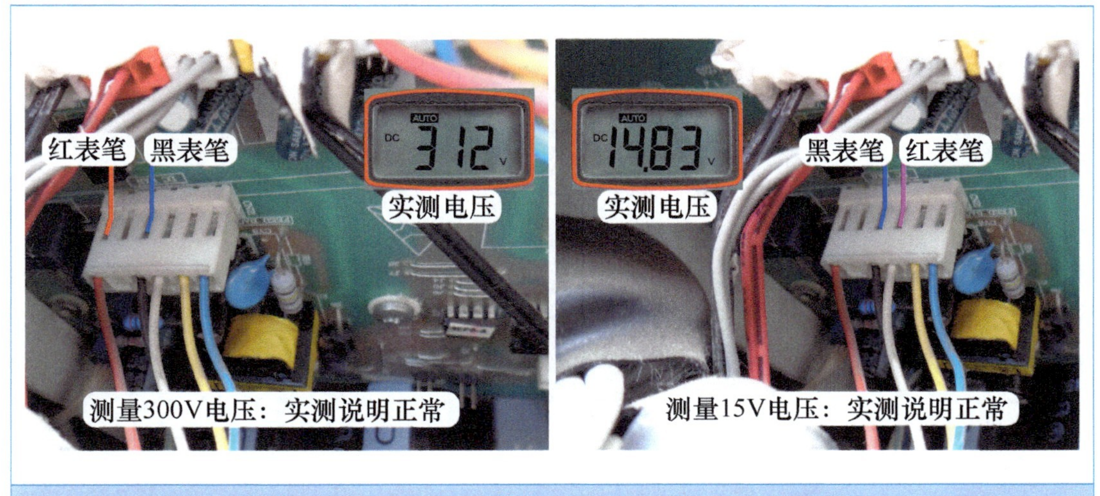

图 7-45 测量 300V 和 15V 电压

3. 测量反馈电压

见图 7-46，黑表笔依旧接黑线地线，红表笔接蓝线测量反馈电压，实测约为 1V，慢慢用手拨动室外风扇，同时测量反馈电压，蓝线电压约为 1V ~ 15V ~ 1V ~ 15V 跳动变化，说明室外风机输出的转速反馈信号正常。

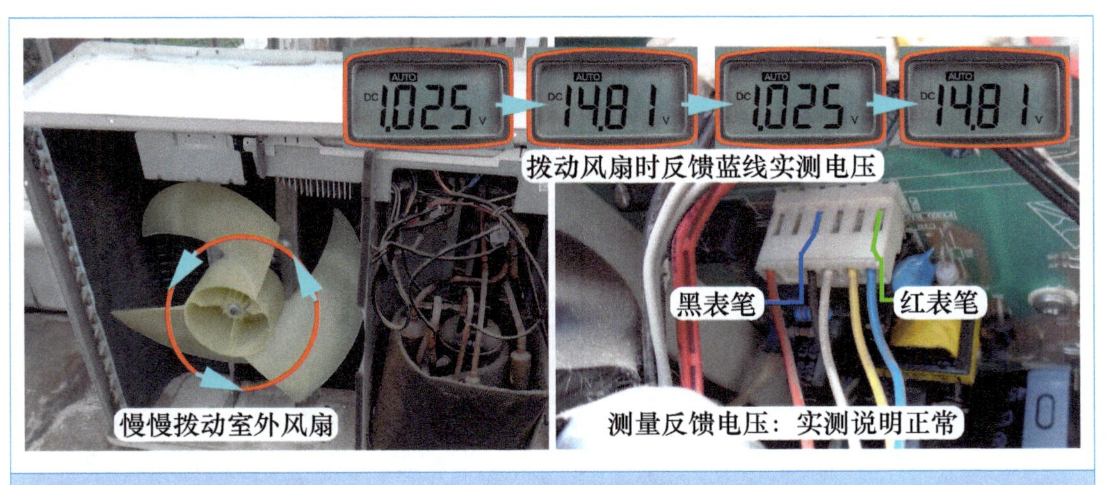

图 7-46 测量反馈电压

4. 测量驱动电压

将空调器重新上电开机，见图 7-47，黑表笔依旧接黑线地线，红表笔接黄线测量驱动电压，电子膨胀阀复位后，压缩机开机始运行，约 1s 后黄线驱动电压由 0V 上升至 2V，再上升至 4V，最高约为 6V，再下降至 2V，最后变为 0V，但同时室外风机始终不运行，约 5s 后压缩机停机，室外机主板指示灯闪烁 9 次报出故障代码。

根据上电开机后驱动电压由 0V 上升至最高约 6V，同时在直流 300V 和 15V 供电电压正常的前提下，室外风机仍不运行，判断室外风机内部控制电路或线圈开路损坏。

➡ 说明：由于空调器重新上电开机，室外机运行约 5s 后即停机保护，因此应先接好万用表表笔，再上电开机。

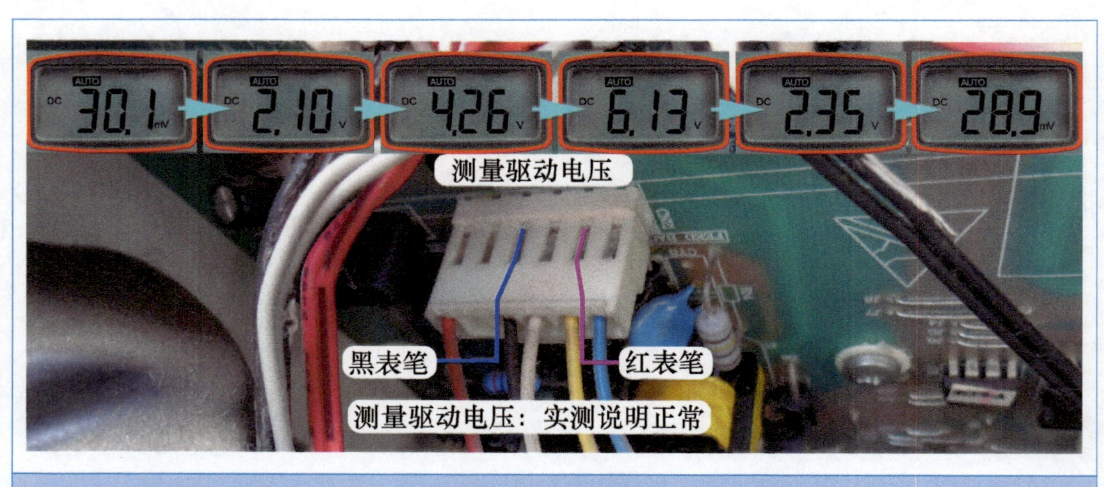

图 7-47　测量驱动电压

➡ 维修措施：本机室外风机由松下公司生产，型号为 EHDS31A70AS，见图 7-48，申请同型号电机，将插头安装至室外机主板，再次上电开机，压缩机运行，室外机主板不再停机保护，也确定室外风机损坏，经更换室外风机后上电试机，室外风机和压缩机一直运行不再停机，制冷恢复正常。

在室外风机运行正常时，使用万用表直流电压档，黑表笔接黑线地线，红表笔接黄线测量驱动电压为 4.2V，红表笔接蓝线测量反馈电压为 10.3V。

➡ 说明：本机如果不安装室外风扇，只将室外风机插头安装在室外机主板试机（见图 7-48 左图），室外风机运行时抖动严重，转速很慢且时转时停，但不再停机显示代码；将室外风机安装至室外机固定支架，再安装室外风扇后，室外风机运行正常，转速较快。

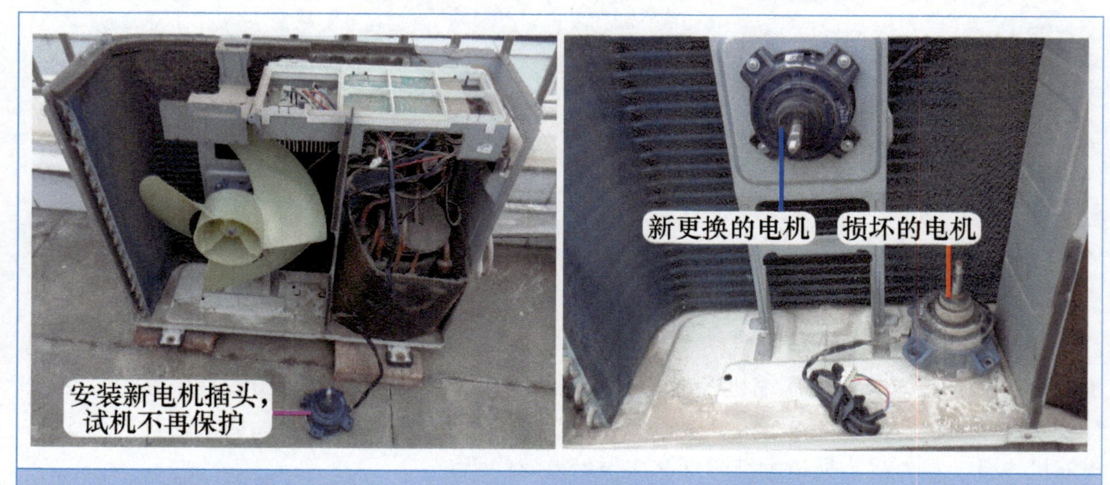

图 7-48　更换室外风机